信 息 技 术 人 才 培 养 系 列 教 材

Java
程序设计基础与实战

微课版

千锋教育 | 策划　李松阳 马剑威 | 主编　彭健 浦晓威 马海昕 | 副主编

人 民 邮 电 出 版 社
北 京

图书在版编目（CIP）数据

Java程序设计基础与实战 ：微课版 / 李松阳，马剑威主编. -- 北京 ：人民邮电出版社，2022.8
信息技术人才培养系列教材
ISBN 978-7-115-59174-6

Ⅰ. ①J… Ⅱ. ①李… ②马… Ⅲ. ①JAVA语言—程序设计—教材 Ⅳ. ①TP312.8

中国版本图书馆CIP数据核字(2022)第065361号

内 容 提 要

本书知识系统全面，涵盖 Java 基本语法、面向对象编程、抽象类、接口、异常、常用类、集合框架、I/O 流、图形用户界面、线程、并发、网络编程、JDBC 等主流 Java 开发技术。同时，本书知识根据当前主流开源的 JDK 版本进行了全面优化。本书配有微课视频、源代码、习题、教学 PPT、教学设计等资源，秉持实现校企无缝连接的目标，希望能让更多的读者受益。

本书可作为高等院校各专业计算机程序设计课程的教材，也可作为程序开发人员的参考书。

◆ 主　　编　李松阳　马剑威
副 主 编　彭　健　浦晓威　马海昕
责任编辑　李　召
责任印制　王　郁　陈　犇
◆ 人民邮电出版社出版发行　　北京市丰台区成寿寺路 11 号
邮编　100164　　电子邮件　315@ptpress.com.cn
网址　https://www.ptpress.com.cn
涿州市京南印刷厂印刷
◆ 开本：787×1092　1/16
印张：20.75　　2022 年 8 月第 1 版
字数：613 千字　　2024 年 12 月河北第 7 次印刷

定价：69.80 元

读者服务热线：(010)81055256　印装质量热线：(010)81055316
反盗版热线：(010)81055315
广告经营许可证：京东市监广登字 20170147 号

如今，科学技术与信息技术的快速发展和社会生产力的变革对 IT 行业从业者提出了新的需求，从业者不仅要具备专业技术能力，还要具备业务实践能力和健全的职业素质——复合型技术技能人才更受企业青睐。党的二十大报告中提到："全面提高人才自主培养质量，着力造就拔尖创新人才，聚天下英才而用之。"高校毕业生求职面临的第一道门槛就是技能，因此教科书也应紧随时代，根据信息技术和职业要求的变化及时更新。

Java 是面向对象的编程语言，它具有功能强大和简单易学两大特征，是目前十分流行的计算机编程语言，广泛应用于企业级 Web 程序开发和移动端应用开发。此外，Java 程序设计也是高等院校信息技术类的重要专业课。本书知识覆盖全面、讲解详细，可帮助读者了解 Java 编程的应用领域与发展前景，在章节编排上循序渐进，在语法阐述中尽量避免使用生硬的术语和枯燥的公式。同时，书中引入企业实战项目，针对重要知识点，精心挑选案例，将理论与技能深度融合，促进隐性知识向显性知识转化。案例讲解包含设计思路、运行效果、实现思路、代码实现、技能技巧详解，从实践的角度帮助读者快速积累项目开发经验，从而在职场中拥有较高的起点。

本书特点

1．案例式教学，理论结合实战

（1）经典案例涵盖所有主要知识点

✧ 根据每章重要知识点，精心挑选案例，促进隐性知识与显性知识的转化，将书中隐性的知识外显，或将显性的知识内化。

✧ 案例包含运行效果、实现思路、代码详解。案例设置结构清晰，方便教学和自学。

（2）企业级大型项目，帮助读者掌握前沿技术

✧ 引入企业一线项目，进行精细化讲解，厘清代码逻辑，从动手实践的角度，帮助读者逐步掌握前沿技术，为高质量就业赋能。

2．立体化配套资源，支持线上线下混合式教学

✧ 文本类：教学大纲、教学 PPT、课后习题及答案、测试题库。

✧ 素材类：源码包、实战项目、相关软件安装包。

✧ 视频类：微课视频、面授课视频。

✧ 平台类：教师服务与交流群，锋云智慧教辅平台。

3．全方位的读者服务，提高教学和学习效率

✧ 人邮教育社区（www.ryjiaoyu.com）。教师通过社区搜索图书，可以获取本书的出版信息及相关配套资源。

✧ 锋云智慧教辅平台（www.fengyunedu.cn）。教师可登录锋云智慧教辅平台，获取免费的教学和学习资源。该平台是千锋专为高校打造的智慧学习云平台，传承千锋教育多年来在IT职业教育领域积累的丰富资源与经验，可为高校师生提供全方位教辅服务，依托千锋先进教学资源，重构IT教学模式。

✧ 教师服务与交流群（QQ群号：777953263）。该群是人民邮电出版社和图书编者一起建立的，专门为教师提供教学服务，分享教学经验、案例资源，答疑解惑，提高教学质量。

致谢及意见反馈

本书的编写和整理工作由高校教师及北京千锋互联科技有限公司高教产品部共同完成，其中主要的参与人员有李松阳、马剑威、彭健、浦晓威、马海昕、吕春林、徐子惠、李彩艳等。除此之外，千锋教育的500多名学员参与了本书的试读工作，他们站在初学者的角度对本书提出了许多宝贵的修改意见，在此一并表示衷心的感谢。

在本书的编写过程中，我们力求完美，但书中难免有一些不足之处，欢迎各界专家和读者朋友给予宝贵的意见，联系方式：textbook@1000phone.com。

编者

2023年5月

第1章 走进 Java 的世界

第2章 Java 编程基本功

第 3 章 面向对象编程

第 4 章 面向对象的特性

第5章 抽象类和接口

第6章 异常和常用类

第7章 集合框架

第 8 章 I/O 流

第 9 章 图形用户界面

第 10 章 线程与并发

第 11 章 网络编程

第 12 章 使用 JDBC 操作数据库

第1章 走进 Java 的世界

本章学习目标

- 了解 Java 的发展历史。
- 了解 Java 语言的特性。
- 熟练掌握 Java 开发环境的搭建。
- 熟练掌握 IntelliJ IDEA 的安装和配置方法。
- 理解 Java 程序的编译和运行机制。

走进 Java 的世界

Java 语言是一门非常流行的计算机编程语言，广泛应用于个人计算机、数据中心、游戏控制台、超级计算机、移动电话和互联网等领域，同时拥有全球最大的开发者专业社群。本章将介绍 Java 的发展历史和 Java 语言的特性，重点讲解 Java 开发环境的搭建和 IntelliJ IDEA 工具的使用，并演示如何编写一个简单的 Java 程序，为读者打开 Java 程序开发的大门。

1.1 初识 Java

Java 是非常受欢迎的语言之一，有 20 多年的发展历史。从已经没落的诺基亚，到现在火热的大数据、微服务等，都能看到 Java 的身影。从 1995 年的第一个版本到现在的 Java 17，我们能从 Java 的版本迭代中看到不同时代编程语言关注的重点。

1.1.1 计算机编程语言

计算机编程语言是指用于实现人与计算机之间通信的语言，是人与计算机之间传递信息的媒介。它是用来进行程序设计的，所以又称程序设计语言或编程语言。

从计算机诞生至今，计算机编程语言经历了机器语言、汇编语言和高级语言 3 个阶段。

1．机器语言

机器语言是机器能直接识别的程序语言或指令代码，不同的计算机都有各自的机器语言。机器语言是由 0 和 1 组成的一串代码，它有一定的位数，并分成若干段，各段的编码表示不同的含义，如 0000 代表加载（Load），0001 代表存储（Store）。

2．汇编语言

汇编语言又称符号语言，是使用一些特殊的符号来代替机器语言的二进制码，常见的汇编指令有加法指令 ADD/ADC、减法指令 SUB/SBB。汇编语言不能直接被计算机识别，需要经汇编过程转换成机器语言，现在通常被应用在底层硬件操作和高要求的程序优化的场合，如驱动程序、嵌入式操作系统等。汇编语言依赖于硬件体系，开发难度大。

3．高级语言

高级语言是一种高度封装的编程语言。使用高级语言按一定的语法格式编写源代码，通过编译器将源代码翻译成计算机能直接识别的机器语言，之后再由计算机执行，不直接操作硬件，把烦琐的翻译操作交给编译器完成。C、C++和 Java 等语言都属于高级语言。

1.1.2 Java 的发展历史

一般公认詹姆斯 • 高斯林（James Gosling，见图 1.1）是“Java 之父”，他是加拿大软件专家，是 Java 语言的创始人之一。20 世纪 90 年代初，美国 Sun 公司为进军电子消费市场，让“Green 计划”工作小组研究一种新的技术，用于智能家电的程序设计。詹姆斯 • 高斯林等工程师考虑对 C++进行扩展开发。但是 C++太复杂且功能不满足需求，他们最终决定创造一种全新的语言，命名为“Oak”。这就是 Java 语言的雏形。Oak 最初用于家用电器等的小型系统的控制和通信，但智能家电的市场需求并没有预期的高。

随着互联网的发展，Sun 公司看到了 Oak 在互联网上的应用前景，于是对它进行改造。当时“Oak”商标已经被一家显卡制造商注册，一位创始团队成员想到自己在 Java 岛（爪哇岛）曾喝过的一种美味的咖啡，提出改名为“Java”，得到了所有人的认可。Java 语言中很多库、类的名称也都与咖啡有关，如 JavaBeans（咖啡豆）、NetBeans（网络豆）等，而 Java 的 Logo 是一杯冒着热气的咖啡，如图 1.2 所示。Sun 公司于 1995 年正式发布 Java 语言。

图 1.1　詹姆斯 • 高斯林

图 1.2　Java 的 Logo

20 世纪 90 年代，互联网时代来临，Java 语言成为重要的编程语言。2009 年 4 月，美国数据软件巨头 Oracle 公司收购 Sun 公司，Java 也随之成为 Oracle 公司的产品，并获得了更好的发展。

生活中，Java 语言的使用无处不在。无论是手机软件、手机游戏，还是计算机软件等，只要你使用电子产品，你就会在无形中接触 Java，越来越多的企业采用 Java 语言进行开发。

根据应用领域的不同，Java 有 3 个技术平台，分别是 Java SE、Java EE 和 Java ME。

（1）Java SE：主要用于桌面应用程序的开发，如桌面版的微信。Java SE 包含 Java 语言的核心类，为 Java EE 和 Java ME 提供开发基础。

（2）Java EE：主要用于网页程序的开发，如企业的应用系统等。Java EE 是在 Java SE 的基础上构建的，它提供 Web 服务、组件模型、管理和通信 API，可以用来实现企业级的面向服务的体系结构和 Web 等应用程序。目前，Java EE 是 Java 的主要应用方向。

（3）Java ME：主要用于移动设备和嵌入式设备的应用程序开发，如手机、平板电脑、电视机顶盒和打印机等。

1.1.3 Java 语言的特性

Java 与 C 和 C++有关联，但组织结构是完全不同的，并且进行了简化和提高。作为面向对象编程语言的代表，它极好地实现了面向对象的理论，符合人类常规的思维方式，可重用性好，并且用 Java 编写的程序可在任何操作系统上运行，从而吸引了众多开发者学习和使用。Java 语言的特性如下。

1．Java 语言是简单易学的

Java 语言的语法与 C 语言和 C++语言很接近，但是为了使开发者更容易学习和使用这门语言，Java 语言设计者把 C++语言中许多特性去掉了，这些特性是一般程序员很少使用的。例如，Java 语言隐藏了其他语言中一些晦涩难懂的概念，如容易引起错误的指针、多继承等。

2．Java 语言是面向对象的

对 Java 语言而言，一切皆是对象。将现实世界中的实体抽象地体现在编程世界中，一个对象代表了某个具体的物体。一个个对象最终组成了完整的程序设计，对象之间通过相互作用传递信息，实现程序功能。这种方式更利于大型软件的设计，能增强软件的健壮性，降低软件失败的可能性。

3．Java 语言是安全可靠的

Java 通常被用在网络环境中，为此，Java 提供了一个安全机制以防恶意代码攻击。Java 具有许多安全特性，并且对于通过网络下载的类具有安全防范机制，如分配不同的命名空间以防替代本地的同名类、字节代码检查等，并提供安全管理机制，让 Java 应用设置安全哨兵。

4．Java 语言是跨平台的

Java 语言通过 Java 虚拟机实现在不同的操作系统上运行 Java 程序。使用 Java 语言编写的程序，可以在编译后不用经过任何更改，就能在任何硬件设备条件下运行。跨平台特性经常被称为“一次编译，到处运行”。

5．Java 语言是多线程的

Java 语言的一个重要特性就是支持多线程机制。线程是操作系统分配 CPU 时间的基本单位，多线程可以同时完成多个任务，使程序的响应速度更快。编程语言自身支持多线程机制能够为程序设计者在设计多线程功能时带来方便。

6．Java 语言是健壮的

Java 的强类型机制、异常处理、垃圾的自动收集等是 Java 程序健壮性的重要保证。对指针的丢弃和使用安全检查机制，使 Java 更具健壮性。

7．Java 语言是分布式的

Java 语言支持 Internet 应用的开发，在基本的 Java 应用编程接口中有一个网络应用编程接口，它提供了用于网络应用编程的类库。Java 的 RMI（远程方法调用）机制也是开发分布式应用的重要手段。

1.1.4 JVM 简介

Java 的跨平台特性是通过 Java 虚拟机（Java Virtual Machine，JVM）实现的，虚拟机是一个虚构出来的计算机，是指在真实的计算机上仿真模拟各种计算机功能。JVM 是 Java 语言的运行环境，也是 Java 最具吸引力之处。JVM 是 Java 的解释和执行器，它屏蔽了与具体操纵系统平台相关的信息，从而实现了 Java 程序只需生成在 JVM 上运行的字节码文件（class 文件），就可以在多种平台上不加修改地运行，这就是 Java 的可移植性。但值得注意的是，JVM 是不跨平台的，不同平台对应不同的 JVM，在执行字节码文件时，JVM 负责将每一条要执行的字节码送给解释器，解释器再将其翻译成特定平台环境的机器指令并执行。通过图 1.3 可知，JVM 包含于 JRE（Java Runtime Environment，Java 运行环境）中，而 JRE 包含于 JDK（Java Development Kit，Java 开发工具包）中。开发者需要下载操作系统对应的 JDK 来创建 Java 的开发运行环境。

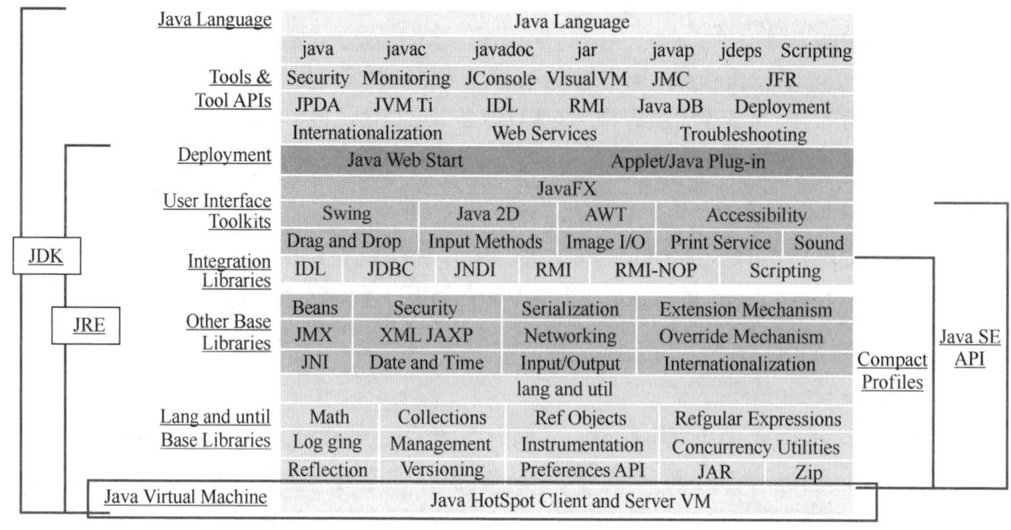

图 1.3 Java 模型概念图

- JRE：Java 运行环境，如果要运行 Java 程序，就需要 JRE 的支持，JRE 包含 JVM。
- JDK：Java 开发工具，包含开发 Java 程序的所有工具，如 javac 和 java 等命令，JDK 包含 JRE。

1.2 搭建 Java 开发运行环境

要运行 Java 程序，首先需要在计算机上搭建 Java 开发运行环境，这也是 Java 跨平台特性的要求。因此，在学习编写和运行 Java 程序时，第一步需要搭建计算机的 Java 开发运行环境，即下载并安装、配置 JDK。

1.2.1 下载 JDK

JDK 是整个 Java 的核心，包括 Java 运行环境、Java 开发工具及 Java 基础类库。本书使用 Windows 10 系统安装 JDK 8 版本（JDK 8、Java 8、JDK1.8 等专业词汇的概念相同）进行讲解和案例演示，该版本是目前企业中应用最多的版本。同时，本书也会对 JDK 11 版本中比较重要的新特性进行介绍。

下面介绍下载 JDK 的具体步骤。

（1）打开浏览器后输入 Oracle 官网网址，进入 Oracle 官网主页。在 Oracle 官网下载内容，需要登录 Oracle 账号，如图 1.4 所示。

（2）在 Oracle 官网主页的导航栏选择“Products”→“Java”，如图 1.5 所示。

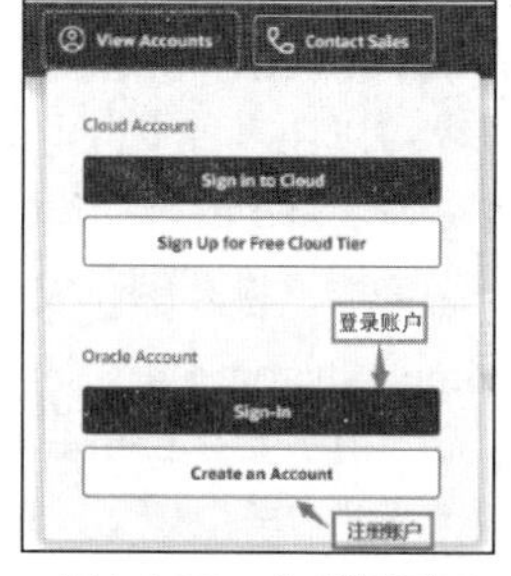

图 1.4 Oracle 登录页面

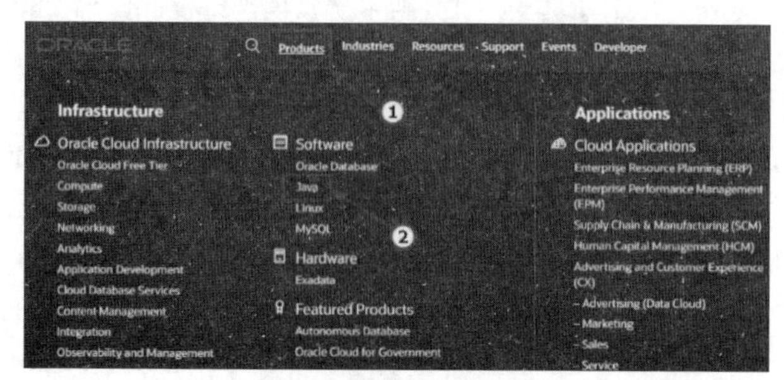

图 1.5 Oracle 官网主页

（3）打开 Oracle Java 介绍页，在该页面单击“Download Java”按钮，如图 1.6 所示。

图 1.6 Oracle Java 介绍页

（4）打开 JDK 下载页，滚动页面找到“Java SE subscribers have more choices”，并单击“Java 8”超链接，如图 1.7 所示。

（5）在 Java 8 下载列表中，根据计算机的操作系统选择下载对应的 JDK 安装包，如图 1.8 所示。注意：Windows 系统需要区分位数，如 64 位操纵系统，需要下载 jdk-8u301-windows-x64.exe 文件，单击文件超链接即可下载。

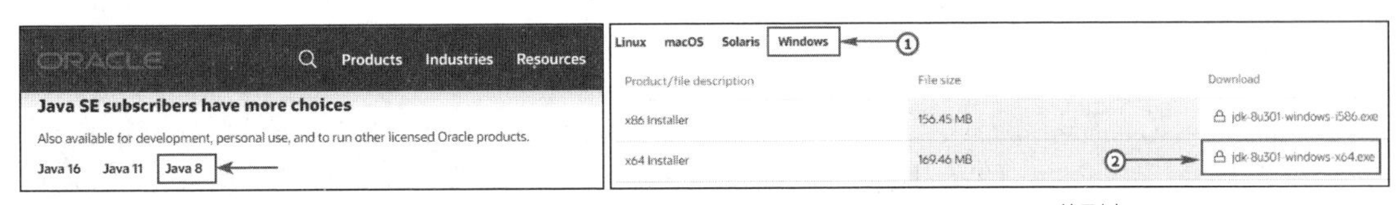

图 1.7 JDK 下载页

图 1.8 Java 8 下载列表

（6）选中“I reviewed and accept the Oracle Technology Network License Agreement for Oracle Java SE”复选框，接受许可协议，再单击“Download jdk-8u301-windows-x64.exe”按钮即可开始下载，如图 1.9 所示。

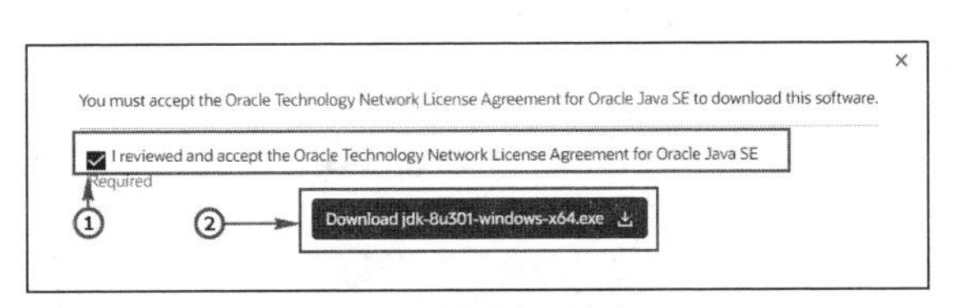

图 1.9 接受许可协议

1.2.2 JDK 的安装和配置

1. 安装 JDK

JDK 的安装步骤如下。

（1）双击已经下载的安装文件，将弹出图 1.10 所示对话框，单击“下一步”按钮。

（2）弹出图 1.11 所示对话框，用户可以根据需求来选择要安装的功能组件，并且可以自定义 JDK 的安装路径。初学者采用默认设置即可，单击“下一步”按钮。

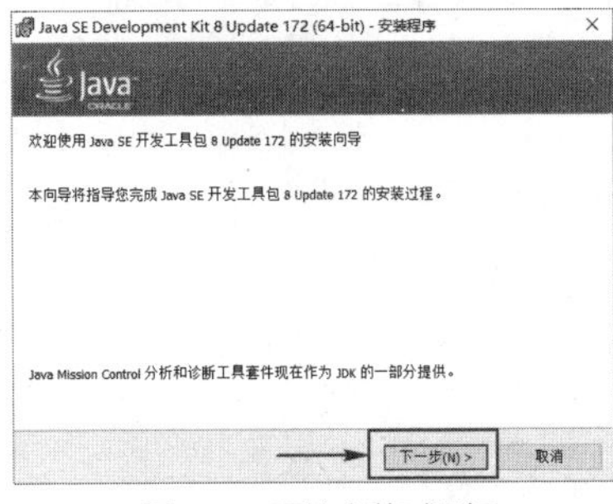

图 1.10 开始安装对话框

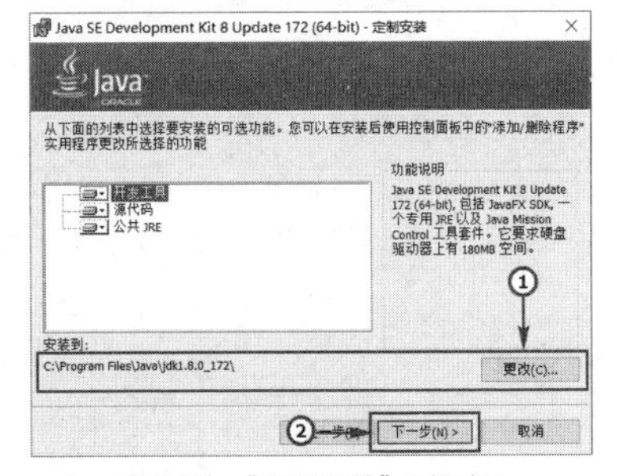

图 1.11 “定制安装”对话框

（3）弹出图 1.12 所示对话框，在该对话框中表示 JDK 已经安装完成，提示是否需将 JRE 安装到图中所示路径，单击“下一步”按钮，即可安装 JDK。

（4）完成 JDK 安装后，将弹出图 1.13 所示对话框，到此 JDK 已经安装成功，单击“关闭”按钮。

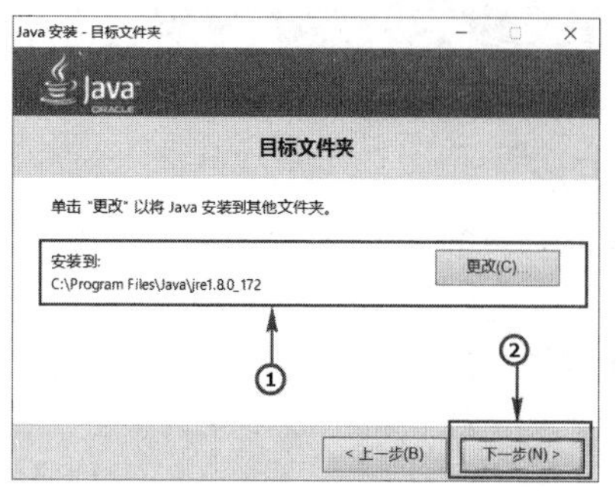

图 1.12 “目标文件夹”对话框

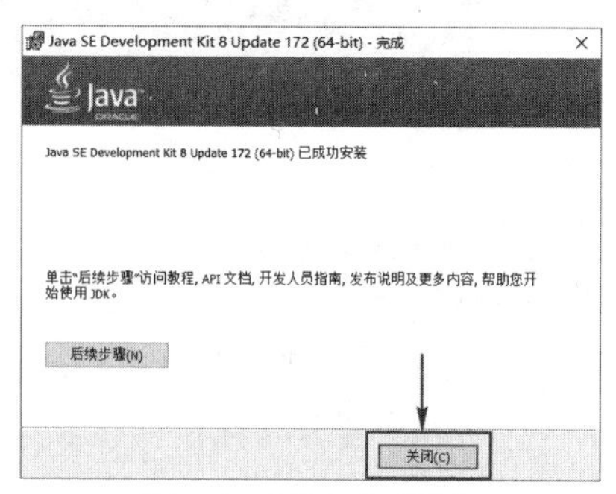

图 1.13 安装完成对话框

2. 配置环境变量

安装完 JDK 后，需要配置环境变量才能使用 Java 开发运行环境。一般需要配置 2 个环境变量，依次为 JAVA_HOME 和 Path。JAVA_HOME 的作用是指定 JDK 的安装路径，Path 能够使系统在任何路径下都可以识别 Java 命令。具体操作步骤如下。

（1）在计算机桌面的“此电脑”图标上右键单击，在弹出的快捷菜单中选择“属性”命令，在打开的界面中单击“高级系统设置”选项，打开“系统属性”对话框，切换到“高级”选项卡，并单击“环境变量”按钮，如图 1.14 所示。

（2）弹出图 1.15 所示对话框，在“系统变量”栏下单击“新建”按钮，以添加新的系统变量。

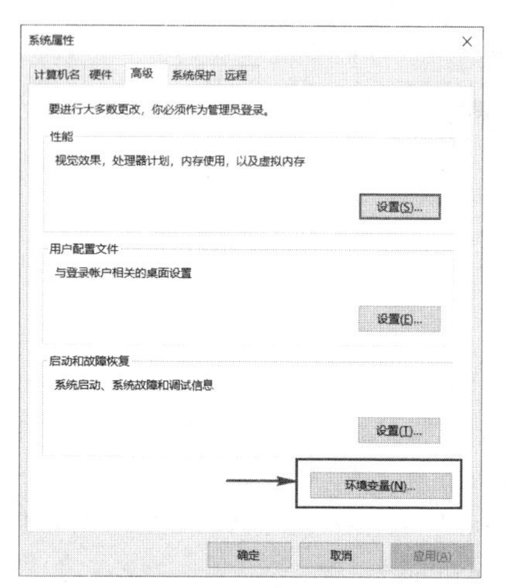

图 1.14 “系统属性”对话框

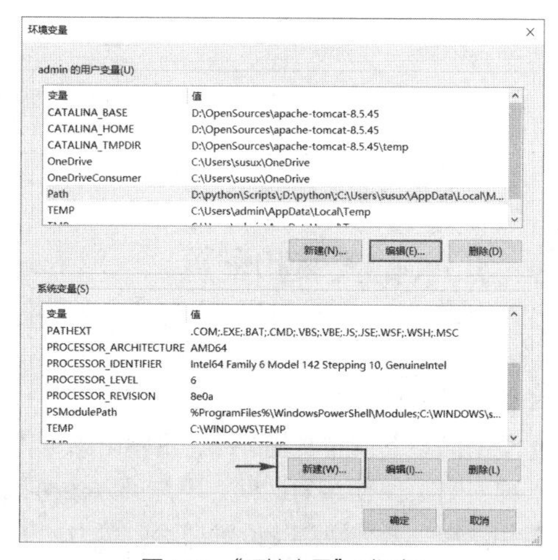

图 1.15 “环境变量”对话框

（3）在图 1.16 所示对话框中添加变量名“JAVA_HOME”，变量值为 JDK 的安装路径，单击“确定”按钮。

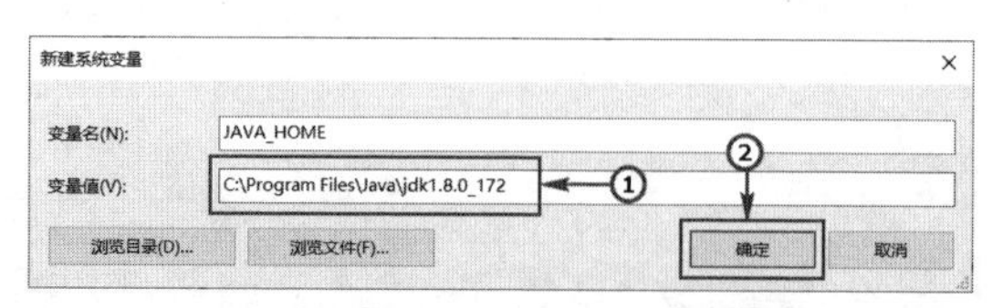

图 1.16 配置 JAVA_HOME 环境变量

（4）选择编辑 Path 变量，如图 1.17（a）所示；新建变量值为“%JAVA_HOME%\bin”，如图 1.17（b）所示。

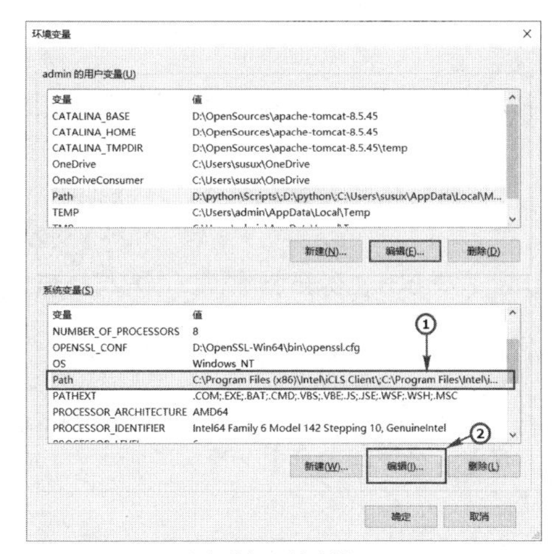

（a）编辑环境变量

（b）新建变量值

图 1.17　配置 Path 环境变量

（5）环境变量配置好之后，需要检查是否配置准确。按“Win+R”组合键，打开运行窗口，输入“cmd”，按“Enter”键，打开命令行提示符对话框，在对话框中输入“javac”，按“Enter”键，如果输出图 1.18 所示的 JDK 编译器信息，则说明 Java 开发运行环境搭建成功。

图 1.18　JDK 编译器信息

1.2.3　JDK 目录文件分析

JDK 8 的目录结构如图 1.19 所示，JDK 11 的目录结构如图 1.20 所示。

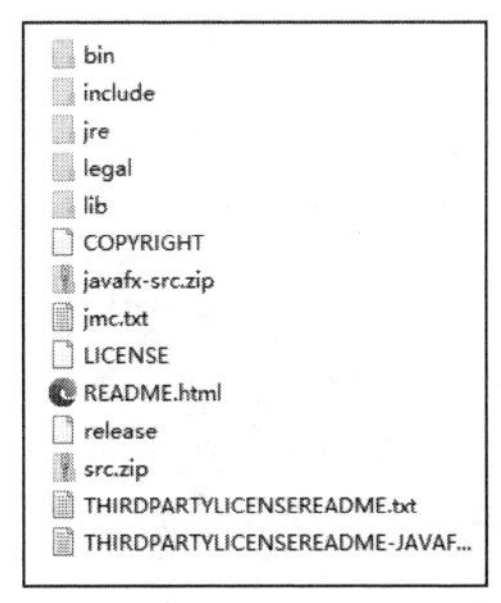

图 1.19　JDK 8 的目录结构

图 1.20　JDK 11 的目录结构

JDK 主要目录文件的功能介绍如下。

- bin：存放了 JDK 的各种工具命令，java 和 javac 命令就存放在这个目录中。
- include：存放了一些供 C 语言使用的头文件，可让 Java 调用 C/C++实现的函数功能。
- lib：Java 的核心类库，JDK 工具命令的实际存放位置。

JDK 11 于 2018 年 9 月 25 日发布，它是一个 LTS 版本（长期支持版本）。JDK 11 的最大变化就是删除了一些内容，直观体现在 JDK 的目录结构上，如删除了以下两项。

- jre：运行 Java 程序所必需的 JRE 环境。
- sic.zip：Java 源代码的压缩包。

JDK 11 不再提供 JRE 和 Server JRE 的下载，在 JDK 11 中 JRE 已经被删除了，用户可以通过其他方式搭建更小的 Java 运行环境。

- javafx-src.zip：JavaFX 模块的源代码压缩包。

JavaFX 是 Oracle 针对 Java 的富客户端开发技术，和 Java 一样具有跨平台特性。Oracle 将从 JDK 11 开始，将 JavaFX 从 JDK 的核心发行版中分离出来，作为 Java 富客户端技术的第一个独立发行版（现已上市）。如果需要，读者可以从 JavaFX 网站下载。

JDK 11 也有一些新增的内容，体现在目录结构上的有以下两点。

- jmods：存放了 JDK 的各种模块（从 JDK 9 开始引入模块系统）。
- conf：存放了 JDK 的相关配置文件。

1.3 揭开 Java 程序的面纱

在完成 Java 开发运行环境的搭建后，就可以开始开发 Java 程序了。本节将使用记事本开发一个 Java 程序，进而介绍 Java 编译运行机制。

1.3.1 编写第一个 Java 程序

人们可以使用任何一种文本编辑器来编写 Java 源代码，再使用 JDK 中的对应工具来编译和运行 Java 程序。目前流行的开发工具编译和运行 Java 程序非常方便，但是初学者的第一个程序通常会使用普通的文本编辑器来编写，这样有助于更好地了解 Java 这门语言的语法并加深记忆。

下面在命令行提示符窗口输出“没有太晚的开始，不如就从今天行动”，具体操作步骤如下。

（1）在本案例的硬盘目录 E:\com\1000phone\chapter01 中创建一个文本文件，命名为“HelloWorld.java”，“.java”是文件的扩展名。

（2）使用记事本打开 HelloWorld.java 文件，在其中编写一段 Java 代码，如例 1-1 所示。

【例 1-1】HelloWorld.java

```
1   class HelloWorld{
2       public static void main(String[] args){
3           System.out.println("没有太晚的开始，不如就从今天行动");
4       }
5   }
```

（3）打开命令行提示符窗口，输入“cd E:\com\1000phone\chapter01”和“e:”，进入当前 Java 源文件所在的目录，使用 javac 命令对 HelloWorld.java 文件进行编译，编译成功后，会生成 HelloWorld.class 文件（字节码文件），如图 1.21 所示。

（4）启动 JVM，使用 java 命令加载 HelloWorld.class 文件，并解释运行，运行结果如图 1.22 所示。

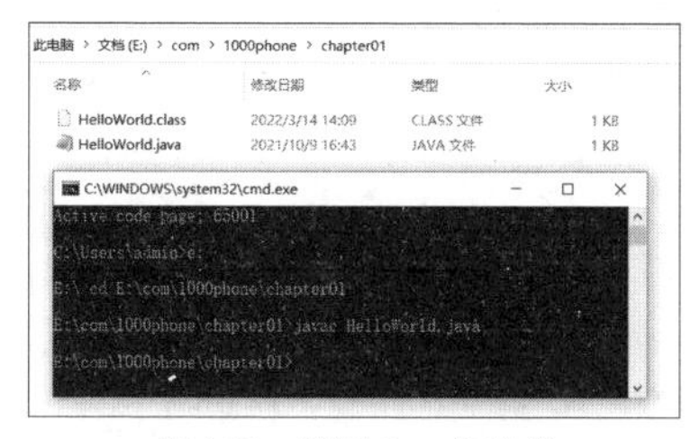

图 1.21　编译 Java 源文件

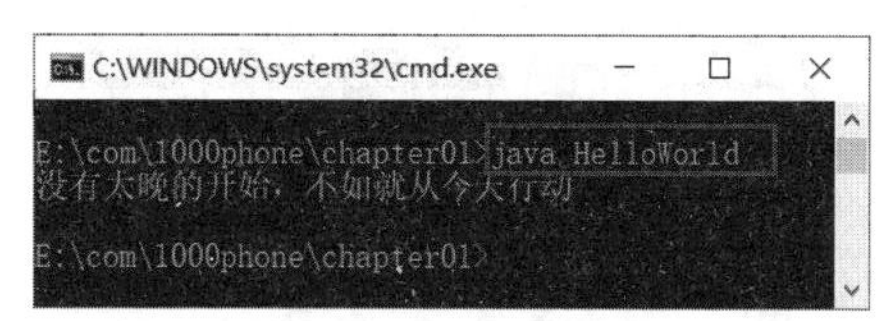

图 1.22　程序运行结果

上述步骤演示了一个 Java 程序从编写、编译到运行的全过程，使用到的 javac 和 java 命令都在 JDK 的 bin 目录中。需要注意的是，使用 javac 命令编译源文件时，需要输入完整的文件名，但是在使用 java 命令运行程序时，需要输入的是类名，不能加“.class”后缀。

下面分别对 HelloWorld.java 中的每条语句进行讲解。

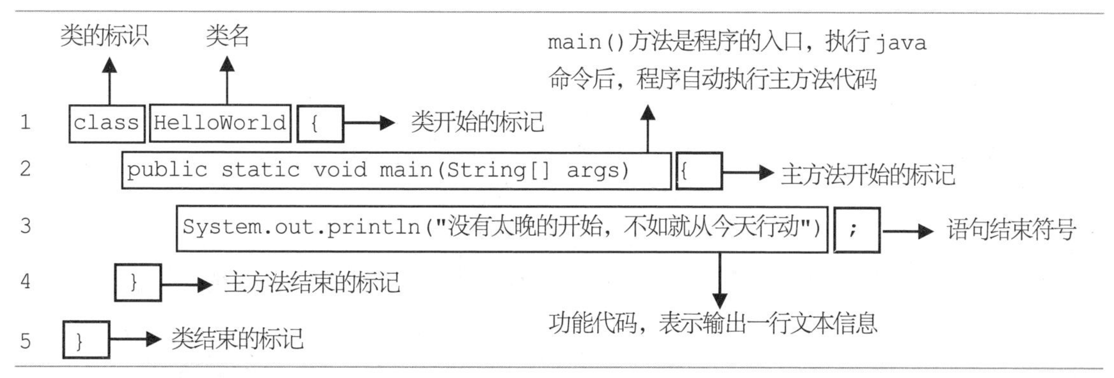

在编写 Java 程序时，应注意以下 3 点。

- 大小写敏感：Java 是大小写敏感的，“Hello”与“hello”是不同的。
- 主方法入口：所有的 Java 程序从 public static void main(String[ ] args)方法开始执行。
- 花括号必须成对出现。

1.3.2　Java 编译运行机制

Java 是编译型语言与解释型语言的结合体。用 Java 语言编写的程序需要进行编译，但编译时并不会产生特定平台的机器码，而是生成一种与平台无关的字节码文件，也就是*.class 文件。这种字节码文件不是可执行的，必须使用 JVM 来解释运行，因此，Java 是一种在编译基础上进行解释运行的语言。

Java 程序的成功运行必须经过编写、编译和运行 3 个过程。

（1）编写：在 Java 开发环境中进行程序代码的输入，最终形成后缀名为“.java”的 Java 源文件。

（2）编译：使用 Java 编译器对源文件进行错误排查，编译后将生成后缀名为“.class”的字节码文件。简单来说，编译经过了 4 个步骤，即词法分析、语法分析、语义分析、代码生成。词法分析就是从左到右扫描源程序代码，将识别出的符号序列组合成各类语法短语，如语句表达式等。语法分析是判断源程序语句是否符合定义的语法规则，在语法结构上是否正确。语义分析就是要确认源程序的各个语法单位之间的关系是否合法。最终编译器将代码进行优化并生成与平台无关的字节码文件。编程人员和计算机都无法直接读懂字节码文件。

（3）运行：使用 Java 解释器将字节码文件翻译成机器代码，执行并显示结果。Java 中类的运行大概可分为两个过程：类的加载和类的执行。需要说明的是，JVM 只有在程序第一次主动使用某个类的时候，才会去加载该类，即 JVM 并不是在一开始就把一个程序所有的类都加载到内存中，而是使用到时才会加载，而且只加载一次。这也提高了 Java 程序的运行速度。

1.4 Java 开发利器

1.3 节中介绍了如何使用记事本编写 Java 程序，常用的文本编辑器还有 Notepad++、EditPlus 等，但文本编辑器功能十分有限，只能用于编写一些简单的程序。Java 作为一种十分流行的计算机语言，有很多优秀的集成开发环境。集成开发环境简称 IDE（Integrated Development Environment），是用于提供程序开发环境的应用程序，集成了代码编写功能、分析功能、编译功能、调试功能等一体化的开发软件服务，能够大大提高开发效率。Java 常用的 IDE 有 Eclipse、NetBeans、IntelliJ IDEA 等。推荐使用 IntelliJ IDEA。

1.4.1 IntelliJ IDEA 简介

IntelliJ IDEA 是 JetBrains 公司的产品，该公司总部位于捷克共和国的首都布拉格，大多数开发人员是以严谨著称的东欧程序员。该公司旗下还有其他产品，比如用于前端开发的 WebStorm、用于 Python 开发的 PyCharm 等。IntelliJ IDEA 在业界被公认为是极好的 Java 开发工具，尤其在智能代码助手、代码自动提示、重构、Java EE 支持、JUnit、代码审查、创新的 GUI 设计等方面，其功能可以说是非常强大的。IntelliJ IDEA 插件非常丰富，支持目前主流的技术和框架，非常适用于企业应用、移动应用和 Web 应用的开发。

1.4.2 下载 IntelliJ IDEA

（1）进入 JetBrains 官网主页，单击导航栏的“Developer Tools”可以看到 JetBrains 的所有开发工具，选择“IntelliJ IDEA”，如图 1.23 所示。

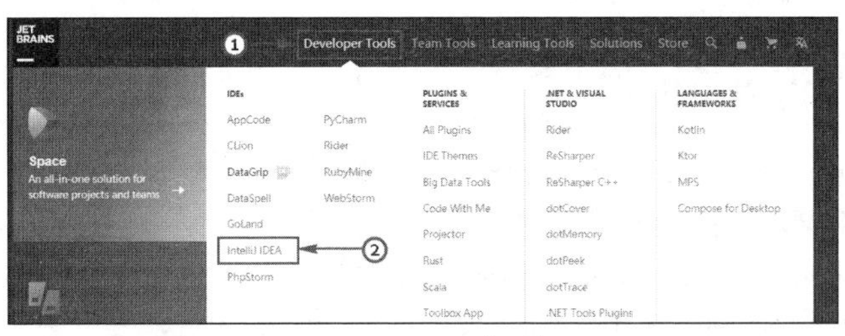

图 1.23　JetBrains 官网主页

（2）进入 IntelliJ IDEA 介绍页，单击“Download”按钮下载 IntelliJ IDEA，如图 1.24 所示。

图 1.24　IntelliJ IDEA 介绍页

（3）选择对应系统版本下载，官网中有 Windows、macOS、Linux 3 种操作系统可供选择，每种操作系统都有两个版本可供下载——Ultimate（旗舰版，付费）和 Community（社区版，免费），如图 1.25 所示。通常情况下，企业开发使用 Ultimate 版本，个人学习可以使用 Community 版本，本书使用 Ultimate 版本。单击“Other versions”超链接可以下载 IntelliJ IDEA 的历史版本。用户可以根据具体需求选择适合自己的版本。本书中讲解使用 ideaIU-2021.2.2 版的 IntelliJ IDEA Ultimate Windows 版本。

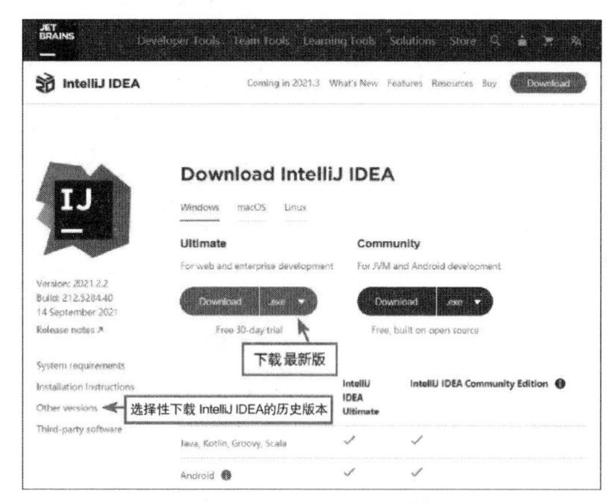

图 1.25　IntelliJ IDEA 下载页

1.4.3 IntelliJ IDEA 的安装和配置

1．IntelliJ IDEA 的安装

（1）双击下载好的可执行文件 ideaIU-2021.2.2.exe，出现欢迎安装对话框，单击“Next”按钮，如图 1.26 所示。

（2）弹出选择安装路径对话框，选择安装路径后（初学者可以直接使用默认路径），单击“Next”按钮，如图 1.27 所示。

图 1.26　欢迎安装对话框

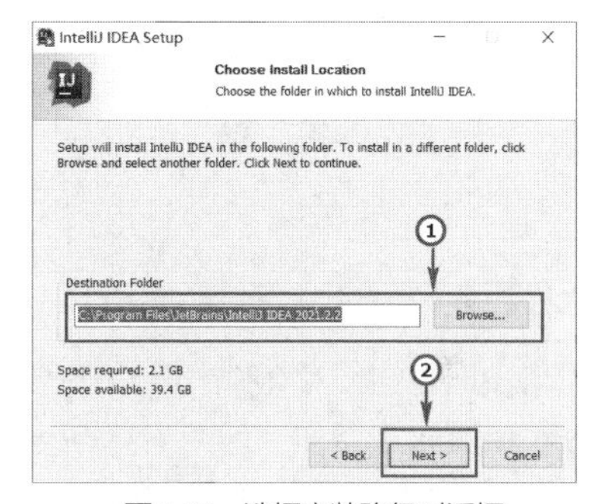

图 1.27　选择安装路径对话框

（3）弹出安装选项对话框，用户可根据自己的需要单击选项前的复选框（初学者只需要创建 IntelliJ IDEA 的桌面快捷方式即可），然后单击“Next”按钮，如图 1.28 所示。

（4）弹出选择插件对话框，选择好插件后，单击“Install”按钮开始安装，如图 1.29 所示。

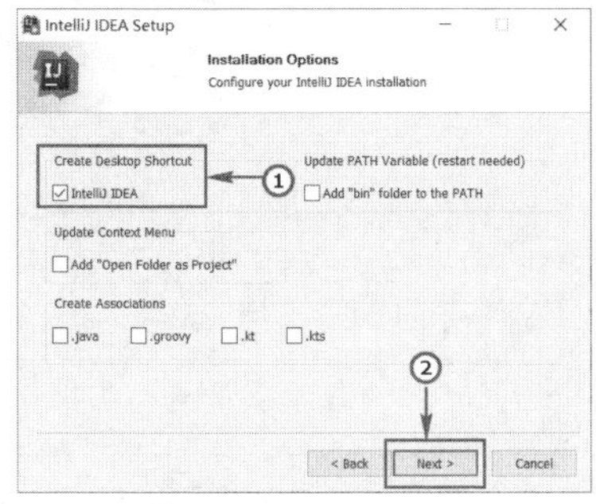

图 1.28　安装选项对话框

图 1.29　选择插件对话框

（5）弹出安装进度对话框，等待安装完成即可，如图 1.30 所示。

（6）弹出安装完成对话框，单击“Finish”按钮，如图 1.31 所示。

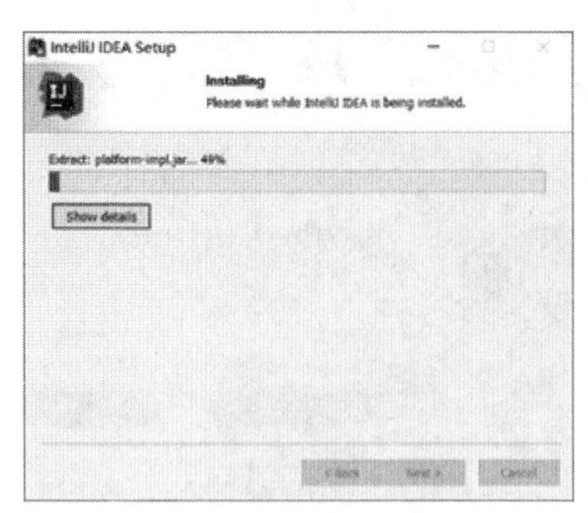

图 1.30　安装进度对话框

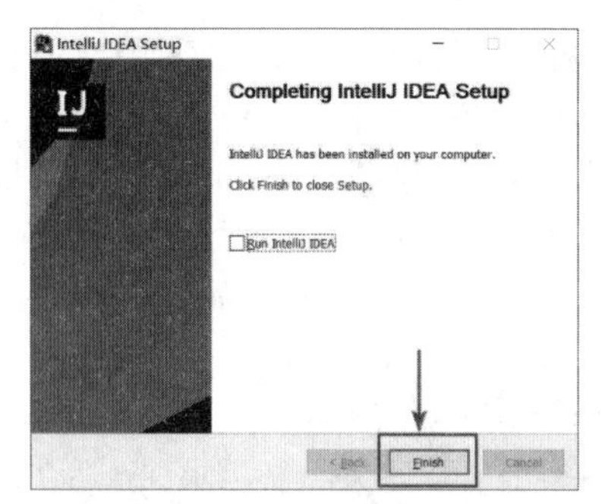

图 1.31　安装完成对话框

2．IntelliJ IDEA 的配置

（1）首次安装 IntelliJ IDEA 需要做一些基础配置。在弹出的 JetBrains 用户协议对话框中，选中“I confirm that I have read and accept the terms of this User Agreement”复选框，确认接受协议，单击“Continue”按钮，如图 1.32 所示。

（2）弹出数据共享对话框，可以选择不共享，直接单击“Don't Send”按钮即可，如图 1.33 所示。

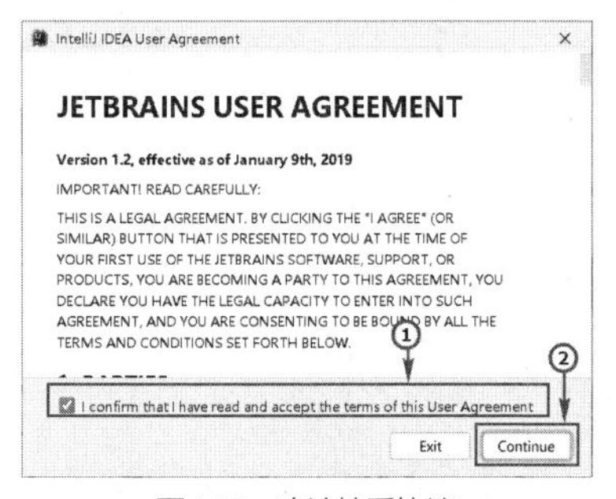

图 1.32　确认接受协议

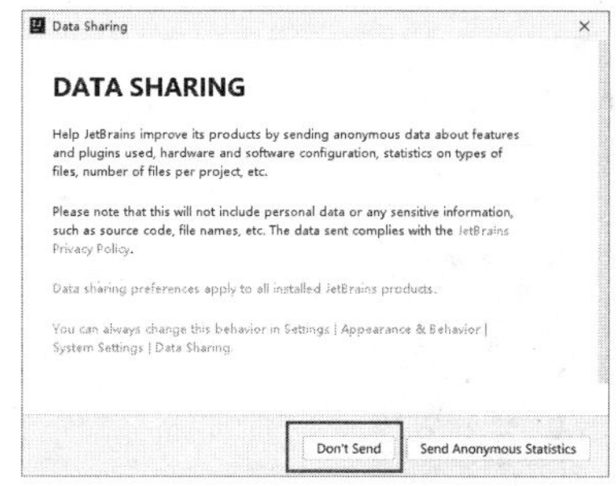

图 1.33　数据共享对话框

（3）首次运行 IntelliJ IDEA 会弹出导入配置对话框，询问是否导入配置，单击“Do not import settings”单选按钮，再单击“OK”按钮，如图 1.34 所示。

（4）在开始界面单击“Customize”选项卡，在“Color theme”下拉列表中选择主题样式，如图 1.35 所示。

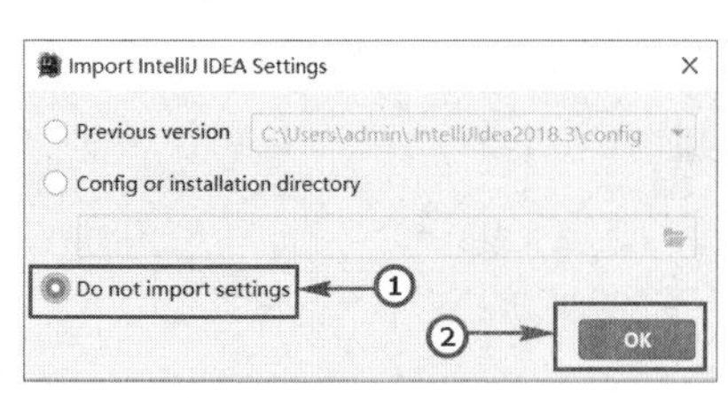

图 1.34　导入配置对话框

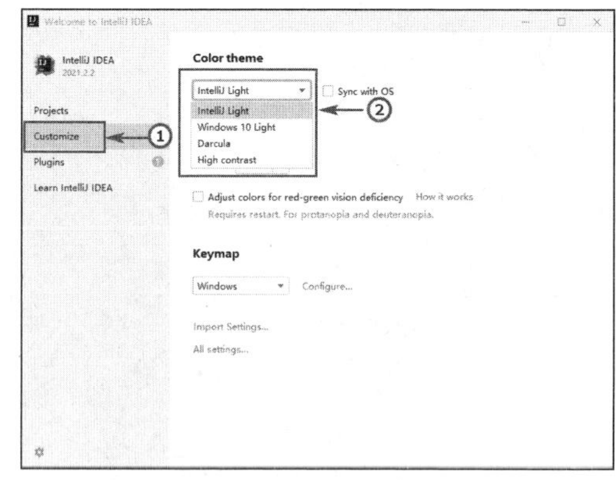

图 1.35　进行基础配置

3．使用 IntelliJ IDEA 创建 Java 项目

（1）第一次使用 IntelliJ IDEA 开发 Java 程序，在开始界面选择“Projects”→“New Project”创建

新项目，如图 1.36 所示。

（2）在“New Project”对话框中可以选择创建很多种类的项目，其中 Java 项目用于管理和编写 Java 程序。单击“Java”选项卡，在“Project SDK”下拉列表中选定项目要使用的 JDK，这里已经自动设定使用的 JDK 版本为 JDK 1.8，单击“Next”按钮如图 1.37 所示。

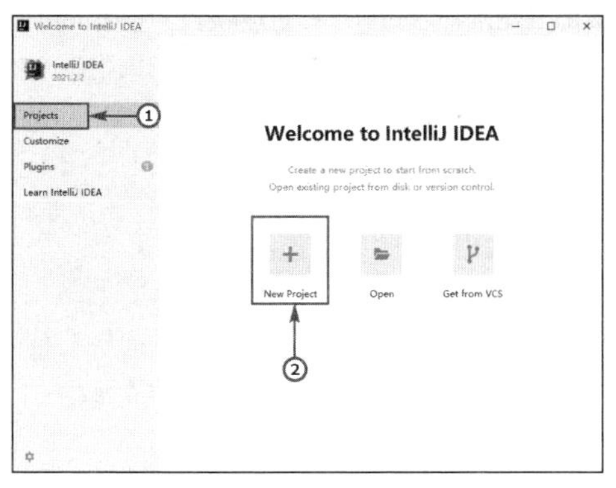

图 1.36　开始界面

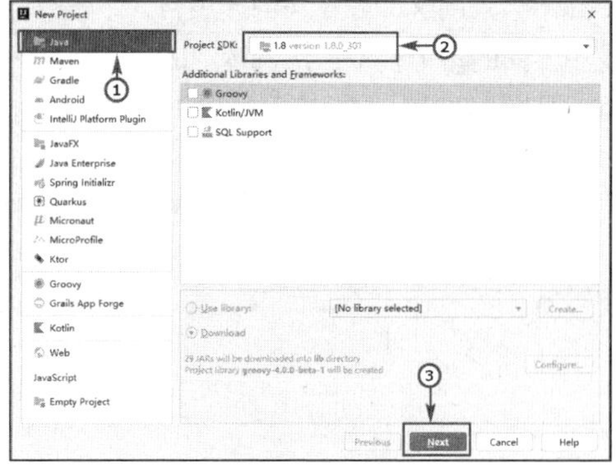

图 1.37　配置 JDK

（3）在图 1.38 所示对话框中直接单击“Next”按钮即可，无须使用模板创建项目。

（4）给项目命名，并填写项目的存储路径，单击“Finish”按钮，如果提示存储路径不存在，则单击“Create”按钮完成项目创建，如图 1.39 所示。

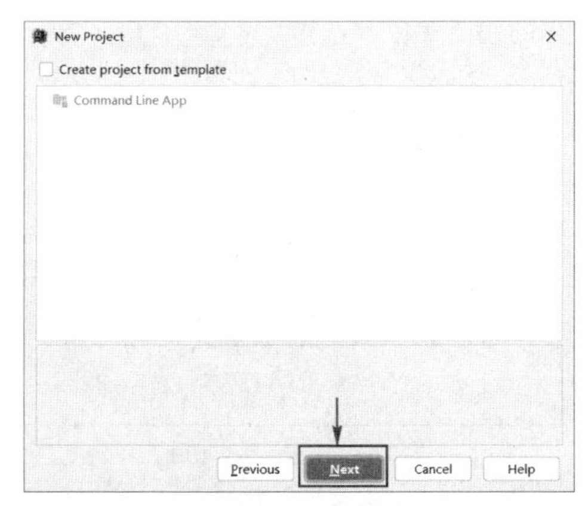

图 1.38　不使用模板

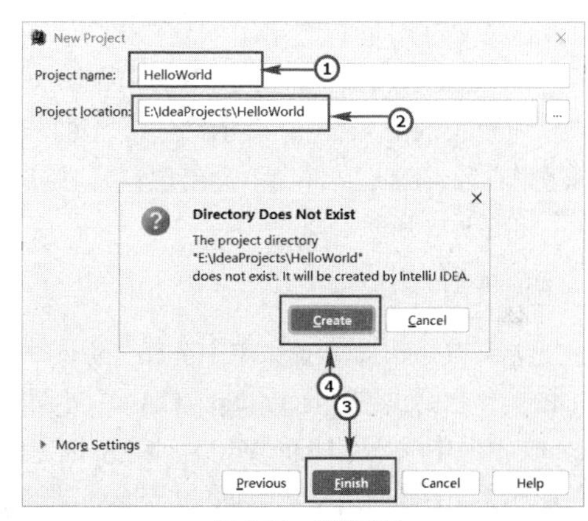

图 1.39　创建项目

（5）关掉 IntelliJ IDEA 首次运行时弹出的提示信息，进入 IntelliJ IDEA 的开发主界面，如图 1.40 所示。由图 1.40 可见，开发主界面左上角显示当前项目的名称为“HelloWorld”，项目名称下面为该项目的结构图，说明 Java 项目创建成功。

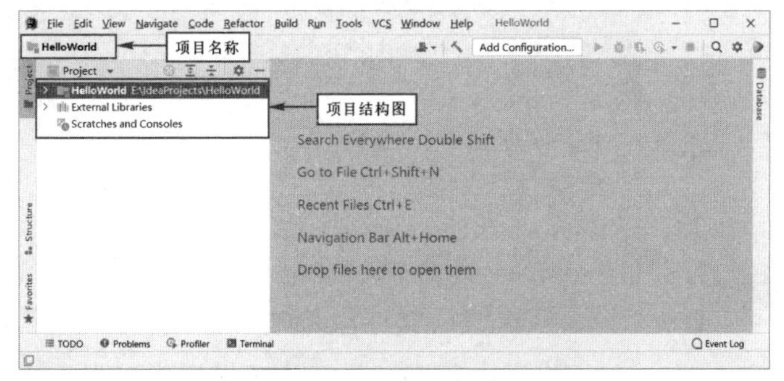

图 1.40　开发主界面

1.4.4 使用 IntelliJ IDEA 进行程序开发

1. 创建 Java 项目

在 1.4.3 小节中，首次运行 IntelliJ IDEA 创建了 HelloWorld 项目，但是在平时使用 IntelliJ IDEA 的过程中并不会采用这种方式来创建项目，一般通过 IntelliJ IDEA 的菜单栏来创建项目。在 IntellIJ IDEA 的开发主界面的菜单栏中依次选择 “File” → “New” → “Project”，如图 1.41 所示。弹出 “New Projet” 对话框（见图 1.37 所示），接着可按 1.4.3 小节中描述的步骤创建 Java 项目。

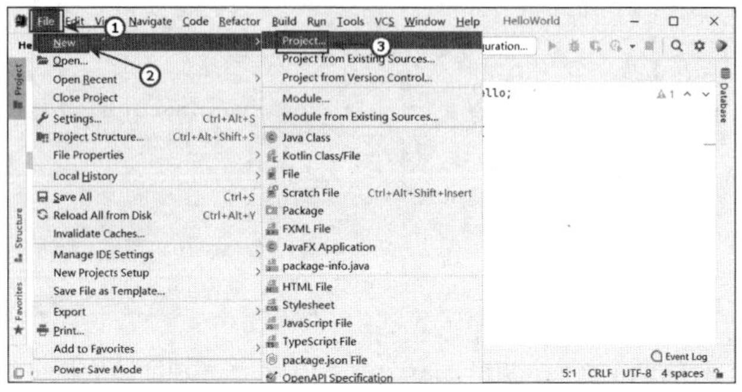

图 1.41 创建项目

成功创建 Java 项目后，单击 HelloWorld 文件夹左侧的箭头，下方列出的 src 文件夹是 Java 项目用来存放 Java 源文件的，右键单击 src 文件夹，在弹出的快捷菜单中选择 “New” → “Package”，在弹出的 “New Package” 界面的 “Name” 文本框中输入 “com.qianfeng.hello”，表示创建该名称的 Java 包，如图 1.42 所示。

图 1.42 创建 Java 包

创建完成后，在 src 文件夹下会出现包名对应的文件夹，如图 1.43 所示。

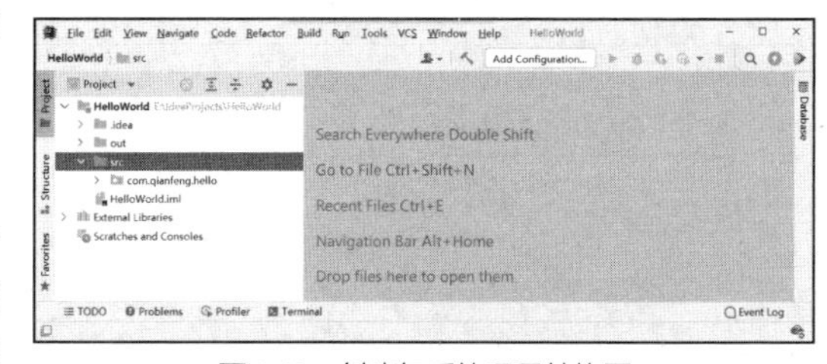

图 1.43 创建包后的项目结构图

2. 创建类文件

右击包名，在弹出的快捷菜单中选择 “New” → “Java Class”，在弹出的 “New Java Class” 界面的 “Name” 文本框中输入 “HelloWorld”，表示创建该名称的 Java 类文件，然后双击下面的 “Class” 选项，即可创建成功，如图 1.44 所示。

在 HelloWorld 项目的包文件夹中，会出现名为 HelloWorld.java 的类文件，并且该类文件会在代码编辑区自动打开，如图 1.45 所示。

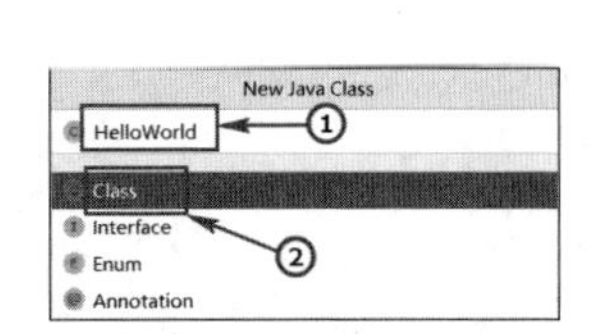

图 1.44 创建类文件

图 1.45 创建类文件后的项目结构图

3．编写代码

开发主界面右边的区域叫作代码编辑区，其在创建类文件后会自动打开类文件，现在 HelloWorld.java 类文件中只有几行代码，参考例 1-1 继续编写代码，如图 1.46 所示。

程序编辑完成后，单击代码编辑区左侧的两个小箭头中的任何一个，都可以运行程序，如图 1.46 所示。

程序运行完成后，在开发主界面下方的 Run 窗格中会显示程序运行结果，如图 1.47 所示。

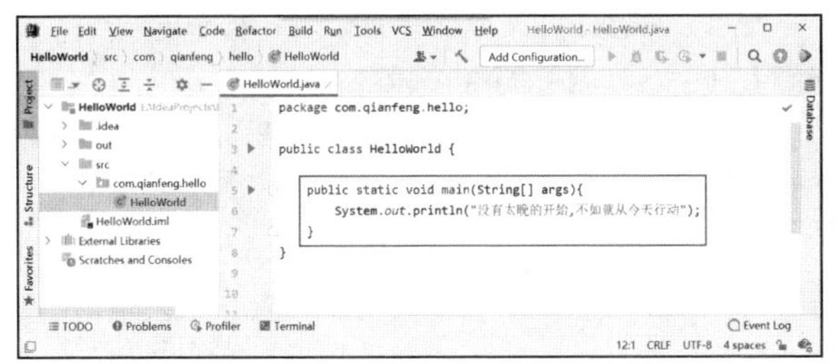

图 1.46 在 IntelliJ IDEA 中编写代码

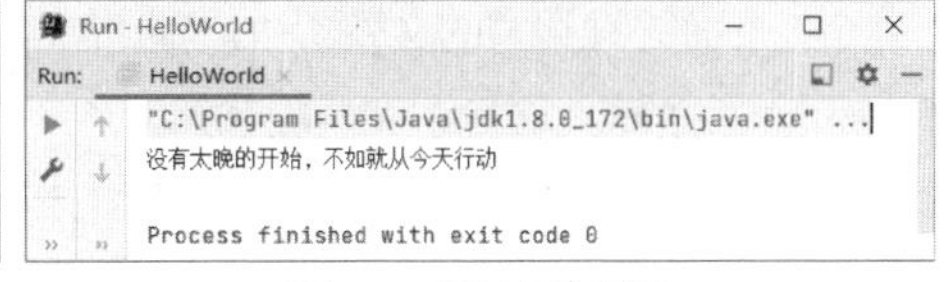

图 1.47 程序运行结果

图 1.47 显示的信息表明程序已经运行成功。这是使用专业的 Java IDE 开发的第一个 Java 程序，不需要在命令行提示符窗口中输入 Java 命令，IntelliJ IDEA 会根据开发者选择的菜单，自动执行相应的命令。

1.5 流浪猫救助平台介绍

几乎每所大学校园都会有流浪猫、流浪狗出现，流浪猫、流浪狗的生存环境恶劣，并且也给校园生活带来了卫生和安全方面的隐患。为了规范校园内的流浪猫、流浪狗管理，很多学校、社团、大学生开发并上线了流浪猫、流浪狗救助小程序，用于管理流浪猫、流浪狗的信息，记录它们在校园里的游走和留存状态。本书将使用 Java SE 模拟开发流浪猫救助平台，用户可以在该平台查阅、搜索、发布或领养宠物。第 2～12 章将使用本章所讲解的知识点，实现流浪猫救助平台的部分功能。在第 13 章对该平台的功能进行完善。

1.6 本章小结

本章主要带领读者了解了 Java 的发展历史；介绍了 Java 针对不同应用方向的 3 个技术平台和 Java 语言的特性；讲解了 Java 语言的核心——JDK，并且演示了如何编写 Java 入门程序；通过对 HelloWorld.Java 进行剖析，详细解释了 Java 源文件的构成；简单介绍了 Java 的编译运行机制；重点介绍了在 Windows 平台上搭建 Java 集成开发环境 IntelliJ IDEA 的基本方法；最后介绍了贯穿本书的项目——流浪猫救助平台。

1.7 习题

1．填空题

（1）Java 语言最早诞生于 1991 年，起初被称为________语言。

（2）Java 的跨平台特性是通过在________中运行 Java 程序实现的。

（3）Java 运行环境简称为________。

（4）Java 的源文件和字节码文件的扩展名分别是________和________。

（5）javac 和 java 两个命令存放在 JDK 安装目录的________目录下。

2．选择题

（1）Java 属于以下哪种语言？（　　）

A. 机器语言　　B. 汇编语言　　C. 高级语言　　D. 以上都不是

（2）简单来说，Java 程序的运行机制分为编写、（　　）和运行 3 个过程。

A. 编辑　　B. 汇编　　C. 编码　　D. 编译

（3）下面哪种类型的文件不可以在 Java 虚拟机中运行？（　　）

A. .java　　B. .jre　　C. .exe　　D. .class

（4）安装好 JDK 后，在其 bin 中有许多后缀为“.exe”的可执行文件，其中 java 命令的作用相当于（　　）。

A. Java 文档制作工具　　B. Java 解释器

C. Java 编译器　　D. Java 启动器

（5）用 Java 虚拟机执行类名为 Hello 的应用程序的正确命令是（　　）。

A. java Hello.class　　B. java Hello.java　　C. Hello.class　　D. java Hello

3．简答题

（1）简述 Java 语言的特点。

（2）简述 Java 的 3 个技术平台及它们分别适合开发的应用。

（3）简述什么是 JRE 和 JDK。

（4）简述 Java 的编译运行机制。

（5）简述使用 IntelliJ IDEA 进行 Java 程序开发的步骤。

4．编程题

编写程序，实现在 IntelliJ IDEA 的程序运行区域显示“路漫漫其修远兮，吾将上下而求索”。

第 2 章 Java 编程基本功

本章学习目标

- 熟练掌握 Java 的基本语法。
- 理解 Java 的常量与变量。
- 熟练掌握 Java 的基本数据类型及数据类型转换。
- 掌握 Java 的运算符的使用方法。
- 掌握 Java 的流程控制语句的使用方法。
- 掌握数组的定义。
- 掌握数组的常用操作。

学习 Java 的第一步，是学会使用 Java 语言来编写程序，而学习编程语言的第一步是掌握其基础知识。建成一栋高楼大厦的前提是将地基打牢。本章将讲解 Java 的基本语法，介绍 Java 编程的规定，并讲解如何使用变量和数据类型来存储程序中的数据，以及如何使用运算符来操作变量，带领读者学习 Java 中的流程控制语句，控制程序的执行步骤，最后介绍数组的定义和使用。

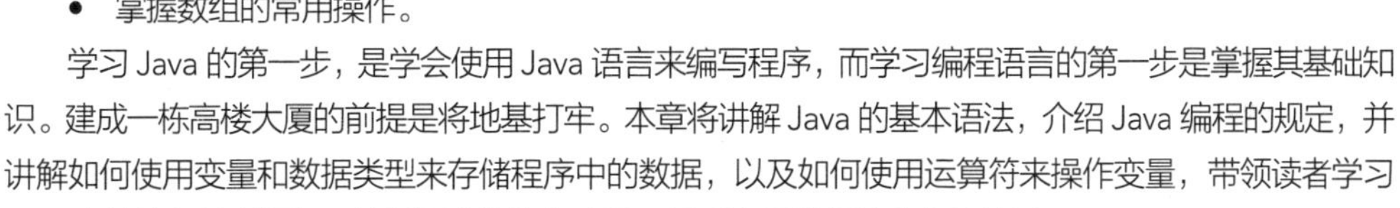

2.1 Java 的基本语法

编程语法掌握得如何，对于熟练运用编程语言有非常直接的影响，因为语法知识是基本的编程规则，通过掌握编程语法能够了解编程语言的特点及功能边界。不同的编程语言具有不同的语法规则，这也在根本上决定了编程语言的应用场景。

2.1.1 代码注释

Java 虽然是一门高级编程语言，但可读性与自然语言仍然差距很大，为了使代码易于阅读，通常会在实现功能的同时为代码加一些注释。比如第 1 章中的例 1-1，里面的很多细节都让人困惑，通过代码注释可以提高代码的可读性。注释并不属于编程语句，因此会被编译器忽略，不会被编译到字节码文件中。另外，注释还可以用来屏蔽一些暂时不用的语句，等需要使用时直接取消该语句的注释即可，注释是代码调试的重要方法。

在 Java 中根据功能的不同，注释主要分为单行注释、多行注释和文档注释。下面对 HelloWorld.java 程序进行代码注释，如例 2-1 所示。

【例 2-1】为 HelloWorld.java 程序添加注释

```
1    /**
2        定义一个类，类名为“HelloWorld”
3     */
```

```
4   class HelloWorld {
5       /*
6           main()方法：程序的入口
7        */
8       public static void main(String[] args){
9           //向屏幕输出文本“没有太晚的开始，不如就从今天行动”
10          System.out.println("没有太晚的开始，不如就从今天行动");
11      }
12  }
```

1．单行注释

使用“//”作为标记，从“//”开始到本行结束的所有字符会被编译器忽略，语法格式如下。

```
//注释信息
```

2．多行注释

使用“/*　*/”作为标记。当需要注释的内容有多行时，在注释内容前面以“/*”开头，在注释内容末尾以“*/”结束，语法格式如下。

```
/*
    注释信息
    注释信息
    注释信息
*/
```

3．文档注释

使用“/**　*/”作为标记，能注释多行内容，一般用在类、方法和变量上面，用来描述其作用。例如 Java 的 API 文档，是 Java 底层开发者的文档注释。javadoc 命令能够提取程序中文档注释的内容，生成正式的帮助文档。程序中修改注释后，只需要使用 javadoc 命令重新生成文档即可，不用花费时间和人力维护文档。对于文档注释，在注释内容前面以“/**”开头，在注释内容末尾以“*/”结束。

值得注意的是，在 Java 中，有的注释可以嵌套使用，有的则不能嵌套。下面列出两种具体的情况。

（1）多行注释嵌套单行注释，语法格式如下。

```
/*
  多行注释信息  //单行注释信息
*/
```

（2）多行注释中不能嵌套多行注释，下面的注释方式是错误的。

```
/*
   多行注释信息 1
   /*
       多行注释信息 2
   */
 */
```

软件开发会涉及各方面人员的交互、协作，可以通过代码注释架起程序设计者与程序阅读者之间的通信桥梁，代码注释能够最大限度地提高团队开发合作效率。注释要简单明了，只需要提供准确理解程序所必要的信息即可。

2.1.2 关键字、标识符及分隔符

生活中，指定某个人或物品，都要用到他、她或它的名字；在数学中解方程式时，也会用到各种变量名或函数名。同理，在编程语言中也需要对程序中的各个元素通过命名加以区分，否则就无法描述程序。下面将介绍 Java 中的关键字、标识符和分隔符。

1．关键字

关键字在编程语言中有特殊的含义且是语法的一部分，在编程语言设计之时就被预先定义，一般用来标记该语言中的原始数据类型或用来识别程序结构，例如 HelloWorld.java 中，class 是用来声明类的关键字。Java 中的关键字如表 2.1 所示，其中包括两个保留字——const 和 goto，它们在其他语言中有特殊意义，但在 Java 中还未被使用，它们可以在 Java 未来的版本中使用且不会破坏已编写好的 Java 源码。true、false 和 null 是直接量，也具有特殊含义。

表 2.1 Java 中的关键字

abstract	assert	boolean	break	byte
case	catch	char	class	const
continue	default	do	double	else
enum	extends	final	finally	float
for	goto	if	implements	import
instanceof	int	interface	long	native
new	package	private	protected	public
return	strictfp	short	static	super
switch	synchronized	this	throw	throws
transient	try	void	volatile	while

2．标识符

Java 中的标识符是开发者为类、方法或变量所定义的名称。标识符可以有一个或多个字符。Java 语言规定，标识符由数字、字母、下画线和美元符号（$）组成，并且不能以数字开头。在使用标识符时应注意以下几点。

（1）命名时应遵循见名知义的原则。

（2）不能使用 Java 中的关键字作为标识符。

（3）下画线对解释器有特殊意义，建议避免使用以下画线开头的标识符。

（4）Java 中严格区分大小写，如 Name 和 name 是两个不同的标识符。

3．分隔符

空格、逗号、分号及行结束符都被称为分隔符，任意两个相邻标识符、数字或语句之间至少要有一个分隔符，以便程序编译时能够识别。分隔符必须是半角英文符号。

2.2 变量和常量

在程序中使用大量的数据来代表程序的状态，其中有些数据在程序运行过程中值会发生改变，有些数据在程序运行过程中值不会发生改变，这些数据在程序中分别叫作变量和常量。在开发过程中，可以根据数据在程序运行过程中是否需要发生改变，来选择是使用变量代表还是使用常量代表。

2.2.1 变量

变量，顾名思义就是可以发生变化的量，本质上是一个“可操作的存储空间”，可用来存放某一类型的数据，没有固定值，可以重复使用，也可以用来存储某种类型的未知数据。

计算机是使用内存来记忆计算时所使用到的数据的。内存就像旅馆，旅馆有一个一个的房间，住进房间的客人是各式各样的，需要根据客人的需求为客人安排一个合适的房间。计算机中也是类似的，需要根据具体的数据需求在内存中为数据分配一个合适的存储空间，即变量。不同的数据存入内存中的空间具有不同的内存地址，内存地址使用十六进制表示，如 0x0001，不方便记忆，编程中为了方便操作，为内存地址起了别名，即变量名。借助图 2.1，我们可以更直观地理解变量。

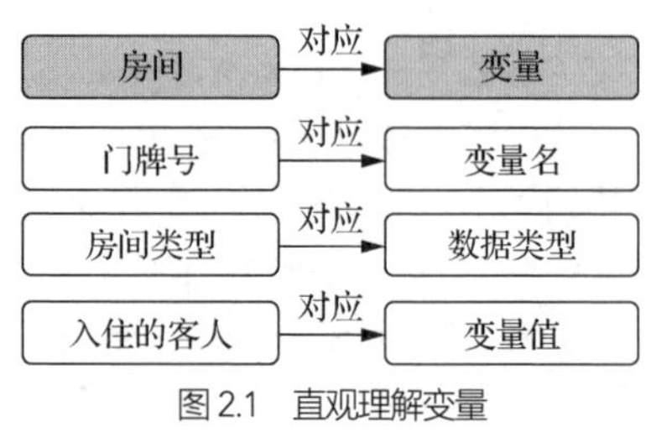

图 2.1　直观理解变量

变量的命名必须是合法的标识符。声明变量的语法格式如下。

```
数据类型 变量名;            //先声明变量再赋值
数据类型 变量名=初始值;     //声明变量的同时赋值
```

Java 支持同时声明多个相同类型的变量，语法格式如下。

```
数据类型 变量名 1,变量名 2,…,变量名 n;
```

下面通过具体的代码示例来介绍变量的声明方法及赋值方法。

```
int x = 10;          //声明 int 类型的变量 x，赋初始值为 10
int y;               //声明 int 类型的变量 y
y = 20;              //给变量 y 赋值为 20
y = 30;              //给变量 y 赋值为 30
int n,q = 1;         //定义 2 个 int 类型的变量 n、q，给 q 赋初始值为 1
double i,j,k;        //定义 3 个 double 类型的变量 i、j、k
```

同时定义多个同类型的变量，程序可读性较差，不推荐使用。

对变量进行命名并不是任意的，应遵循以下 4 条规则。

（1）变量名必须是一个有效的标识符。

（2）变量名不可以使用 Java 关键字。

（3）变量名不能重复。

（4）应选择较有意义的单词作为变量名。

2.2.2 常量

常量是程序中的固定值，是不能被改变的数据。Java 程序中使用的直接量称为常量，是在程序中通过源代码直接给出的值，且只能被赋值一次，在整个程序的运行过程中都不会改变，也称为最终量。

常量在程序运行过程中主要有以下两个作用。

（1）代表常数，便于程序的修改（如圆周率的值）。

（2）增加程序的可读性（如常量 UP、DOWN、LEFT、RIGHT 分别代表上、下、左、右，其数值分别是 1、2、3、4）。

声明常量的语法格式和变量类似，只需要在变量的语法格式前面添加关键字 final 即可。Java 编码规范要求常量名必须大写。

声明常量的语法格式如下。

```
final 数据类型 常量名称=值;
```

常量也可以先声明再进行赋值，但是只能赋值一次。

2.3 数据类型

数据类型是编程语言描述事物、对象的方法。学习任何一种编程语言都要了解其数据类型。Java 是一种强类型的编程语言，现实世界中不同的事物的数据，在 Java 语言中需要用相应的数据类型来描述。Java 中所有的变量都必须先明确定义其数据类型，然后才能使用。Java 中所有的变量、表达式和值都必须有自己的类型，没有“无类型变量”的概念。

Java 的数据类型分为基本数据类型和引用数据类型两类。本节将介绍 Java 中数据类型的相关知识，并且将通过一个实战训练来具体展示 Java 中数据类型的使用方法。

2.3.1 基本数据类型

Java 中有 8 种基本数据类型，根据存储类型分为 3 个大类——数值型、字符型和布尔型，如图 2.2 所示。

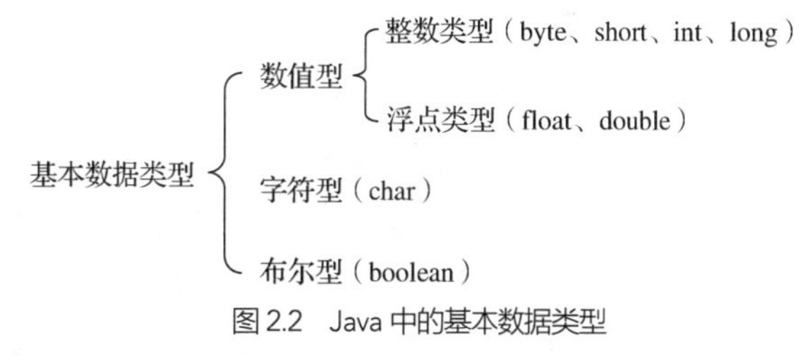

图 2.2　Java 中的基本数据类型

1. 数值型

在计算机发展的早期阶段，计算机的内存空间很有限，所以早期的编程语言十分注重节约存储空间，Java 也不例外。Java 中单是用来处理、表达数字的数据类型就有 6 种，这 6 种分别为整数类型 byte、short、int、long 和浮点类型 float、double。Java 中的数值类型不存在无符号的，它们的取值范围是固定的，不会随着机器硬件环境或者操作系统的改变而改变。

（1）整数类型

整数类型用来存储整数数值，即数据中不含有小数或分数。在 Java 中整数类型分为字节型（byte）、短整型（short）、整型（int）和长整型（long）4 种，4 种类型所占内存空间大小和取值范围如表 2.2 所示。

表 2.2　整数类型

数据类型	占用空间	取值范围
byte	8 位（1B）	$-2^{7}\sim2^{7}-1$
short	16 位（2B）	$-2^{15}\sim2^{15}-1$
int	32 位（4B）	$-2^{31}\sim2^{31}-1$
long	64 位（8B）	$-2^{63}\sim2^{63}-1$

表 2.2 中列出了 4 种整数类型数据所占内存空间的大小和取值范围。在使用某个数据类型时，要注意它的取值范围，避免超出指定范围。

byte 类型和 short 类型的取值范围较小，而 long 类型的取值范围非常大，占用的空间多，基本上 int 类型就可以满足日常的计算了，因此，int 类型是使用得最多的整数类型。在通常情况下，如果 Java

程序中出现了一个整数数字，比如 78，那么这个数字默认是 int 型的；如果希望它是 long 类型的，则需要在末尾加上 L/l，即 78L/78l。说明 long 类型的数据一般使用“L”，避免使用“l”，因为英文“l”和数字“1”不好区分。byte 类型多用于通信方面，或在做文件读写使用指针时会使用到。

具体示例如下。

```
byte a=10;          //声明一个 byte 类型的变量并赋初始值为 10
short b=20;         //声明一个 short 类型的变量并赋初始值为 20
int c=30;           //声明一个 int 类型的变量并赋初始值为 30
long d=40L;         //声明一个 long 类型的变量并赋初始值为 40
```

在上述示例中，依次定义了 byte 类型、short 类型、int 类型和 long 类型的 4 个变量，并赋予初始值。

（2）浮点类型

浮点类型变量用来存储实数值。在 Java 中，浮点数分为两种：单精度浮点数（float）和双精度浮点数（double）。双精度类型 double 比单精度类型 float 具有更高的精度和更大的取值范围，因为二者所占用的内存大小不同。浮点类型所占内存空间大小和取值范围如表 2.3 所示。

表 2.3　浮点类型

数据类型	占用空间	取值范围
float	32 位（4B）	$-3.4*10^{38}$～$3.4*10^{38}$
double	64 位（8B）	$-1.79*10^{308}$～$1.79*10^{308}$

Java 默认的浮点类型为 double 类型。例如，100.9 和 3.14 都是 double 类型数值。如果要说明一个 float 类型数值，就需要在其后追加字母 F 或 f，如 100.9f 和 3.14F 都是 float 类型的常数。double 类型数值末尾追加字母 D 或 d，也可以省略。具体示例如下。

```
float i=3.14f;          //声明 float 类型变量并赋初始值
double j=100.9d;        //声明 double 类型变量并赋初始值
double k=100.9;         //声明 double 类型变量并赋初始值
```

禁止将超过 float 类型取值范围的数据赋值给 float 类型的变量，因为这样会造成精度丢失。

2．字符型

字符型用来存储单个字符，字符型的值必须使用半角英文格式的单引号括起来。Java 中使用 char 类型表示字符型，它是 character 的缩写。char 类型在 Java 中是 16 位的，占用 2B 的存储空间，因为 Java 采用的是 Unicode 编码。一个 char 类型的变量保存一个 Unicode 字符，所以，一个英文字符和一个中文字符都可使用 char 类型，它们都占用两个字节。具体示例如下。

```
char ch='b';
char zh='中';
```

char 类型也可以存储整数，取值范围为 0～65535，这是因为它在 ASCII 码等字符编码中有对应的数值。在 Java 中，对 char 类型字符进行运算时，字符会被直接当作 ASCII 码中对应的整数来对待。由于字符 b 在 ASCII 码中的编号是 98，因此允许将上面第一个语句写成下面的格式。

```
char ch=98;
```

3．布尔型

布尔类型又称逻辑类型，它的值只有 true 和 false。Java 的布尔类型使用 boolean 表示，通常用于逻辑运算和程序流程控制（条件选择/循环）。Java 与 C 和 C ++等语言不同，Java 将 boolean 视为完全独立的数据类型，true 和 false 在编译后会使用 Java 虚拟机中的 int 类型 1 和 0 来进行处理，但不能与整数类型进行转换。具体示例如下。

```
boolean b1=true;        //声明 boolean 类型变量，赋初始值为 true
boolean b2=false;       //声明 boolean 类型变量，赋初始值为 false
boolean b3=1;           //不能用非 0 来代表真，错误
boolean b4=0;           //不能用 0 代表假，错误
```

2.3.2 数据类型转换

Java 变量的数据类型在声明时就已经明确了，但在实际使用中，经常需要在不同类型的值之间进行操作，这种情况下就需要进行数据类型转换。Java 允许用户有限度地进行数据类型转换。数据类型转换方式分为自动类型转换和强制类型转换两种。在 8 种基本数据类型中，boolean 类型不参与转换。

1．自动类型转换

自动类型转换也称为隐式类型转换，指两种数据类型在转换过程中不需要显式地进行声明。Java 不仅支持将数值赋值给变量，还支持将一个变量赋值给另一个变量，当把小范围数据类型的数值或变量赋给一个大范围数据类型的变量时，系统可以完成自动类型转型。这好比把容量为 1L 的容器里满载的水倒进容量为 2L 的容器里。赋值规则参照各自所占内存空间的大小，如图 2.3 所示。

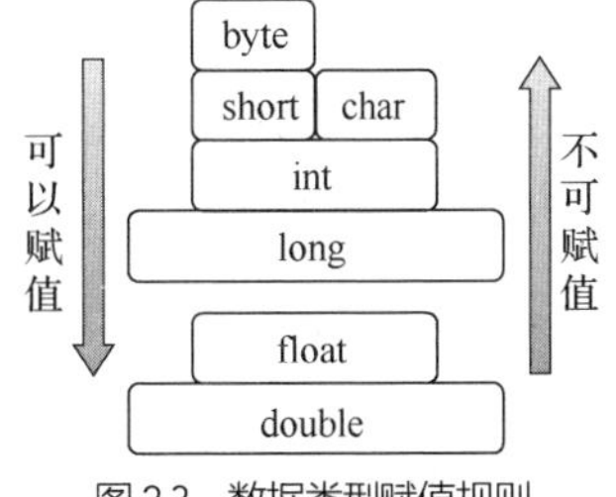

图 2.3 数据类型赋值规则

float 类型和 long 类型表示数据的方式是不一样的，二者的底层存储结构不同，float 类型采用 IEEE 的表示法，而 long 类型是用位数来控制范围的。从根本上讲，float 类型和 long 类型表示的数据精度不一样，前者是精确值，而后者是非精确值。虽然 float 类型所占的位数少，但 float 类型可表示的数值宽度要比 long 类型宽得多，因此，long 类型的数据赋值给 float 类型的变量是没有问题的。

自动类型转换的示例如下。

```
byte b=24;          //声明 byte 类型变量，赋初始值为 24
char c=b;           //错误，byte 类型不能自动转换为 char 类型
long l=b;           //正确，byte 类型能自动转换为 long 类型
float f=l;          //正确，long 类型能自动转换为 float 类型
double d='c';       //正确，char 类型能自动转换为 double 类型
```

2．强制类型转换

强制类型转换也称显式类型转换，是指必须编写代码才能完成的类型转换。将大范围数据类型的变量直接赋值给小范围数据类型的变量时，会出现错误。打开 IntelliJ IDEA，新建一个 Java 项目 Chapter02，在 src 目录中新建包 com.qianfeng，并在该包下新建 TestTypeCast 测试类，如例 2-2 所示。

【例 2-2】TestTypeCast.java

```
1   package com.qianfeng;
2   public class TestTypeCast{
3       public static void main(String[] args) {
4           //流浪猫领养平台待领养的流浪猫数量是 128 只
5           int num = 128;
```

```
6           //int 类型的变量 num 赋值给 int 类型的变量 bNum
7           byte bNum = num;
8           System.out.println(bNum);
9       }
10  }
```

在 IntelliJ IDEA 中可以看到第 7 行代码报错，如图 2.4 所示，这是 Java 的编译错误。编译错误一般指语法错误或者很明显的逻辑错误。例如，缺少分号、缺少括号、关键字书写错误等，在 IntelliJ IDEA 中往往会被标注红线。此时程序是不能正常运行的，如果强行运行程序，会在运行窗口显示错误。

出现这样错误的原因是将 int 转换到 byte 时，int 类型的取值范围大于 byte 类型的取值范围，转换会导致精度损失，也就是用 1 个字节的变量来存储 4 个字节的变量值。

对第 7 行进行强制类型转换，修改为下面的语句。

```
byte bNum=(byte)Num;
```

程序运行结果如图 2.5 所示。

图 2.4　例 2-2 出现编译错误

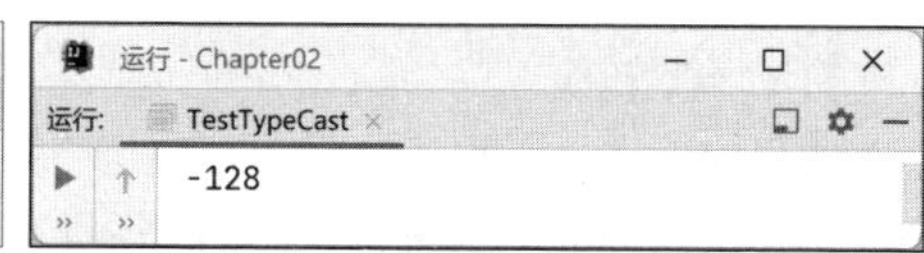

图 2.5　例 2-2 修改后的运行结果

当强制把取值范围大的类型转换为取值范围小的类型时，会引起溢出，从而导致数据丢失。图 2.5 中运行结果为-128，出现这种情况的原因是，int 类型占 4 个字节，byte 类型占 1 个字节，将 int 类型变量强制转换为 byte 类型时，Java 会将 int 类型变量的 3 个高位字节截断，直接丢弃，变量值发生了改变，如图 2.6 所示。

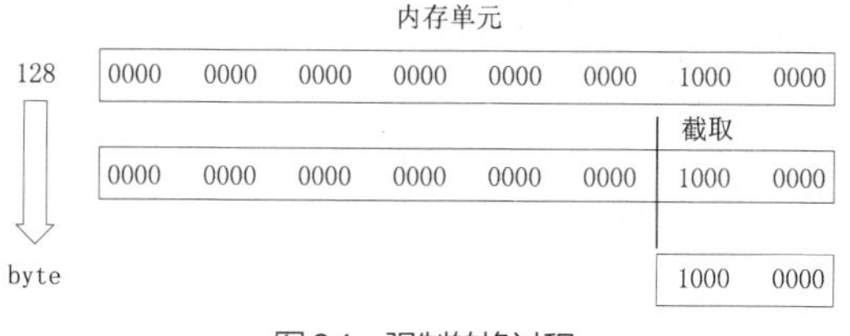

图 2.6　强制转换过程

强制类型转换很可能存在精度损失，能够接受该种损失时才进行这种类型的转换。

2.3.3　引用数据类型简介

简单来说，所有的非基本数据类型都是引用数据类型。Java 中的引用数据类型大致分为类（class）、接口（interface）和数组（array）3 种，可以用来存储字母和符号。最常用的引用数据类型是 String 类型。String 是一个类，表示字符串，也就是一串字符，是由 *N* 个字符连接在一起形成的。字符串要使用双引号括起来的，连接字符串使用“+”符号。字符串和任意数据类型相连接，结果都是字符串类型。具体示例如下。

```
System.out.println(8+7+"Hello");
System.out.println("Hello"+7+8);
System.out.println(7+"Hello"+8);
String str=17+"ABC";
System.out.println(str);
```

String 类型的存在为操作程序中的数据提供了极大的方便，String 还有很多实用的功能，在后面的章节将继续介绍。

项目业务复杂，逻辑嵌套较多的时候，充分利用数据类型可以让开发者设计出更加清晰的程序框架。数据类型能提高程序的可读性，便于程序的数据抽象，便于编译器做类型检查，也规范了编译器如何读写内存。

【实战训练】 输出流浪猫信息列表

需求描述

编写程序，输出流浪猫信息列表。流浪猫的属性包括昵称、性别、花色和出没地点。

思路分析

（1）流浪猫信息列表可以分为两个部分：顶部流浪猫属性和具体的数据。

（2）顶部流浪猫的属性值固定（昵称、性别、花色和出没地点），可以直接输出。

（3）每只流浪猫的信息都不同，可以通过声明变量来保存昵称（String 类型）、性别（char 类型）、花色（String 类型）、出没地点（String 类型）。

代码实现

输出流浪猫信息列表的代码如训练 2-1 所示。

【训练 2-1】CatList.java

```
1   public class CatList{
2       public static void main(String[] args){
3           String name1="喵喵";
4           char gender1='母';
5           String color1="纯色";
6           String locale1="二食堂";
7           String name2="豆豆";
8           char gender2='公';
9           String color2="三花";
10          String locale2="超市";
11          String name3="大壮";
12          char gender3='公';
13          String color3="三花";
14          String locale3="一食堂";
15          System.out.println("昵称"+"\t"+"性别"+"\t"+"花色"+"\t"+"出没地点");
16          System.out.println("------------------------------------");
17          System.out.println(name1 + "\t" + gender1 + "\t\t" + color1+"\t"+locale1);
18          System.out.println(name2 + "\t" + gender2 + "\t\t" + color2+"\t"+locale2);
19          System.out.println(name3 + "\t" + gender3 + "\t\t" + color3+"\t"+locale3);
20      }
21  }
```

程序运行结果如图 2.7 所示。

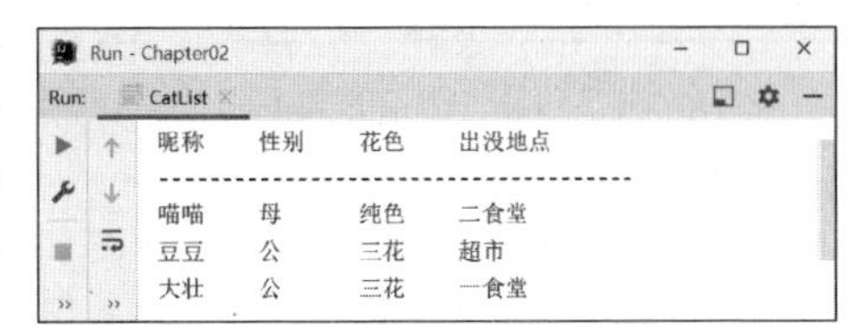

图 2.7 训练 2-1 运行结果

在训练 2-1 中，第 3～14 行代码记录了 3 只流浪猫的详细信息，包括昵称、性别、花色和出没地点；第 15～16 行代码用于输出列表的顶部；第 17～19 行代码用于输出流浪猫的具体信息。需要注意的是，流浪猫的各种信息应该和列表顶部属性的顺序一致，否则会造成信息显示错乱。

2.4 表达式和运算符

程序在运行过程中会对数据进行大量的运算，数据以变量的形式存在于程序中，运算规则在编写程序的过程中被预先定义。Java 作为一门编程语言，提供了一套丰富的运算符来操纵变量。这些运算符除了能处理一般的数学运算，还可以做逻辑运算、位运算等。根据功能的不同，运算符可以分为算术运算符、赋值运算符、关系运算符、逻辑运算符、位运算符和三元运算符。下面先介绍 Java 中表达式的相关知识，然后介绍各种运算符，最后介绍运算符的优先级情况。

2.4.1 表达式

Java 表达式是由数字、运算符、数字分组符号（括号）、常量或变量等组成的有意义的序列，它执行指定的计算并返回某个确定的值。具体示例如下。

```
num1+num2
99+num
(a+b)*c+10
```

表达式中操作数进行运算得到的最终结果就是表达式的结果。表达式的运算顺序基本和数学中的一致，具体可参照 2.4.8 小节介绍的运算符的优先级进行判断。

2.4.2 算术运算符

Java 语言提供了算术运算符来实现数学上的算术运算功能。Java 中的算术运算符如表 2.4 所示，表格中的范例假设整数变量 a 的值为 10，变量 b 的值为 20。

表 2.4 算术运算符

运算符	功能	范例	结果
+	正号	+a	10
-	负号	-a	-10
+	加	a+b	30
-	减	a-b	-10
*	乘	a*b	200
/	除	b/a	2
%	取余	b%a	0
++	自增	b=++a b=a++	a=11，b=11 a=11，b=10
--	自减	b=--a b=a--	a=9，b=9 a=9，b=10

算术运算符中有些特殊的运算符，使用时需要特别注意。

（1）+（加号）

使用 + 操作数字、字符和字符串时，结果是不同的。两个字符相加得到的是 ASCII 码值；两个字符串相加表示将两个字符串连接在一起组成新的字符串。

（2）/（除号）

在使用 / 操作整数时（除数不为 0），得到的结果仍为整数（小数部分忽略）；当整数除以 0 的时候，会引发算术异常。

（3）%（取余）

取余运算的结果的符号取决于被除数，如-10%3 结果为-1。

（4）++（自增）和--（自减）

++和--都有前置和后置之分。前置自增、自减法（++a、--a）是先对变量值进行自增或者自减运算，再进行表达式运算。后置自增、自减法（a++、a--）是先进行表达式运算，再对变量值进行自增或者自减运算。像自增、自减运算符这样只需要一个操作数就可以进行运算的运算符，称为一元运算符。

2.4.3 赋值运算符

赋值运算符用于为变量指定值或重新指定值。Java 中的赋值方式是将右侧的值赋给左侧的变量。“=”是最基础的赋值运算符，其不同于数学中的等号。“=”与算术运算符组成的复合赋值运算符能先执行运算符指定的运算，然后再将运算结果存储到运算符左侧操作数指定的变量中。Java 中常用的赋值运算符如表 2.5 所示。

表 2.5　赋值运算符

运算符	功能	范例	结果
=	赋值	a=3;b=2	a=3;b=2
+=	加等于	a=3;b=2;a+=b	a=5;b=2
-=	减等于	a=3;b=2;a-=b	a=1;b=2
*=	乘等于	a=3;b=2;a*=b	a=6;b=2
/=	除等于	a=3;b=2;a/=b	a=1;b=2
%=	模等于	a=3;b=2;a%=b	a=1;b=2

复合赋值运算符+=、-=、*=、/=、%=均是两个字符构成一个运算符，如果两个字符中间有空格就会产生语法错误。

Java 支持同时给多个变量赋值，好比支持同时声明多个变量一样。具体示例如下。

```
int i=10;                    //声明变量并赋值
int a,b,c;                   //同时声明多个变量
a=b=c=10;                    //同时给多个变量赋值 10
int x=y=z=10;                //编译错误，Java 不支持此语法
```

同时给多个变量赋值的方式影响代码的可读性，故不推荐使用。

复合赋值运算符自带隐式类型转换功能，是由编译器自动进行的，不需要人工干预。赋值运算符右边值的数据类型将转换为左边变量的数据类型。当右边值的数据类型的取值范围比左边大时，将丢失一部分数据，这样会降低精度，如例 2-3 所示。

【例 2-3】TestAssignOperator

```
1   public class Demo{
2       public static void main(String[] args){
3       int a=5;
4       a+=10;
5       a=a+10;
6       System.out.println(a);
7       short s=10;
```

```
8        s+=10;
9        s=s+10 ;        //编译错误
10       System.out.println(s);
11       }
12   }
```

在例 2-3 中，第 9 行代码发生编译错误，原因是 short 类型和 int 类型不兼容。在 Java 程序中，整数的默认类型为 int 类型，在第 9 行代码中，short 类型的变量 s 和 10 相加，经过表达式类型的自动提升，结果为 int 类型，通过“=”符号将结果赋值给 short 类型的变量 s 时，发生了类型不匹配的错误。第 8 行中，经过“+=”符号的隐式类型转换，“s+=10;”在编译时等价于“s=(short)(s+10);”，所以编译通过。同理，第 4 行代码在编译时等价于“a=(int)(a+10)”。

2.4.4 关系运算符

关系运算符又叫比较运算符，用于比较判断两个变量或常量的大小关系，运算结果为 boolean 类型。当运算结果成立时，结果为 true；否则是 false。Java 中的关系运算符如表 2.6 所示。

表 2.6 关系运算符

运算符	功能	范例	结果
==	相等于	10==20	false
!=	不等于	10!=20	true
<	小于	10<20	true
>	大于	10>20	false
<=	小于或等于	10<=20	true
>=	大于或等于	10>=20	false

需要注意的是，运算符>=、==、! =、<=均是两个字符构成一个运算符，如果两个字符中间有空格，则会产生语法错误。

2.4.5 逻辑运算符

逻辑运算符用于将布尔类型结果的表达式组合成一个复杂的逻辑表达式，以判断程序中的总表达式是否成立，判断的结果是 true 或 false。Java 中的逻辑运算符如表 2.7 所示。

表 2.7 逻辑运算符

运算符	功能	范例	结果
&	与：表示连接条件必须同时成立，表达式才成立	true&true	true
		true&false	false
		false&false	false
		false&true	false
|	或：表示连接条件有一个成立，表达式就成立	true|true	true
		true|false	true
		false|false	false
		false|true	true
^	异或：判断两个连接条件结果是否不同，不同则表达式成立，相同则不成立	true^true	false
		true^false	true
		false^false	false
		false^true	true

续表

<table>
<tr><th>运算符</th><th>功能</th><th>范例</th><th>结果</th></tr>
<tr><td rowspan="2">!</td><td rowspan="2">非：对表达式结果取反</td><td>!true</td><td>false</td></tr>
<tr><td>!false</td><td>true</td></tr>
<tr><td rowspan="4">&&</td><td rowspan="4">短路与：和&结果相同，具有短路效果</td><td>true&&true</td><td>true</td></tr>
<tr><td>true&&false</td><td>false</td></tr>
<tr><td>false&&false</td><td>false</td></tr>
<tr><td>false&&true</td><td>false</td></tr>
<tr><td rowspan="4">||</td><td rowspan="4">短路或：和|结果相同，具有短路效果</td><td>true||true</td><td>true</td></tr>
<tr><td>true||false</td><td>true</td></tr>
<tr><td>false||false</td><td>false</td></tr>
<tr><td>false||true</td><td>true</td></tr>
</table>

通过表2.7中的范例可以看出，&和&&都可以完成“与”的功能，二者之间的区别在于&会对两侧的条件都进行运算，而&&会先算其左侧的条件，若左侧结果为false，即可给出表达式的结果，右侧的条件则不需要再运算。|和||的区别与上面的类似。

由上述可知，&&和||能够采用最优化的计算方式，从而提高效率。在实际编程时，应该优先考虑使用&&和||。

&&和||的短路效果可以避免一些异常情况出现。具体示例如下。

```
System.out.println(10!=10&10/0==0);          //错误
System.out.println(10!=10&&10/0==0);         //false
```

“10!=10”返回结果为false，而“10/0==0”会抛出异常：java.lang.ArithmeticException:/by zero。在使用&时，由于所有条件都需要判断，所以在运算到“10/0”时会出现错误，但&&的短路效果只需判断“10!=10”的结果为false，即可得出整个表达式的结果为false。一般来说，&&和||多用于逻辑运算，&和|多用于位运算（在2.4.6小节讲解）。

2.4.6 位运算符

在计算机中所有数据都是以二进制的形式储存的，实际上计算机认识的数据只有0和1。位运算可以直接对内存中的二进制数据进行操作，因此处理数据的速度非常快。Java定义了位运算符，用于对整数类型数据进行位运算。Java中的位运算符如表2.8所示。

表2.8 位运算符

<table>
<tr><th>运算符</th><th>功能</th><th>范例</th><th>结果</th></tr>
<tr><td rowspan="4">&</td><td rowspan="4">按位与</td><td>0&0</td><td>0</td></tr>
<tr><td>0&1</td><td>0</td></tr>
<tr><td>1&1</td><td>1</td></tr>
<tr><td>1&0</td><td>0</td></tr>
<tr><td rowspan="4">|</td><td rowspan="4">按位或</td><td>0|0</td><td>0</td></tr>
<tr><td>0|1</td><td>1</td></tr>
<tr><td>1|1</td><td>1</td></tr>
<tr><td>1|0</td><td>1</td></tr>
<tr><td rowspan="2">~</td><td rowspan="2">取反</td><td>~0</td><td>1</td></tr>
<tr><td>~1</td><td>0</td></tr>
<tr><td rowspan="4">^</td><td rowspan="4">按位异或</td><td>0^0</td><td>0</td></tr>
<tr><td>0^1</td><td>1</td></tr>
<tr><td>1^1</td><td>0</td></tr>
<tr><td>1^0</td><td>1</td></tr>
</table>

续表

运算符	功能	范例	结果
<<	左移	0000 0001<<2	0000 0100
		1000 0001<<2	0000 0100
>>	右移	0000 0100>>2	0000 0001
		1000 0100>>2	1110 0001
>>>	无符号右移	0000 0100>>>2	0000 0001
		1000 … 0100>>>2	0010 … 0001

与 C 和 C++不同，Java 是跨平台的语言，对于不同的平台，没有字节长度方面的差别，在 JVM 中，数值型的字节长度都是相同的。各种基本数据类型的字节长度可参考 2.3.1 小节。位运算的运算法则具体如下。

（1）&

按位与运算符，参与按位与运算的两个操作数相对应的二进制位上的值同为 1，则该位运算结果为 1；否则为 0。

例如，将 byte 类型的常量 12 与 6 进行按位与运算，12 对应的二进制数为 0000 1100，常量 6 对应的二进制数为 0000 0110，具体演算过程如下所示。

```
    0000 1100
&   0000 0110
-------------
    0000 0100
```

运算结果为 0000 0100，对应十进制数 4。

（2）|

按位或运算符，参与按位或运算的两个操作数相对应的二进制位上的值有一个为 1，则该位运算结果为 1；否则为 0。

例如，将 byte 类型的常量 12 与 6 进行按位或运算，具体演算过程如下所示。

```
    0000 1100
|   0000 0110
-------------
    0000 1110
```

运算结果为 0000 1110，对应十进制数 14。

（3）~

取反运算符，为单目运算符，即只有一个操作数，二进制位上值为 1，则取反值 0；值为 0，则取反值 1。

例如，将 byte 类型的常量 12 进行取反运算，具体演算过程如下所示。

```
~   0000 1100
-------------
    1111 0011
```

运算结果为 1111 0011，对应十进制数-13。

（4）^

按位异或运算符，参与按位异或运算的两个操作数相对应的二进制位上的值相同，则该位运算结果为 0；否则为 1。

例如，将 byte 类型的常量 12 与 6 进行按位异或运算，具体演算过程如下所示。

```
    0000 1100
^   0000 0110
-------------
    0000 1010
```

运算结果为 0000 1010，对应十进制数 10。

（5）<<

左移运算符，将操作数的二进制位整体左移指定位数，左移后右边空位补 0，左边移出去的舍弃。

例如，将 byte 类型的常量 12 进行左移 3 位运算，具体演算过程如图 2.8 所示。

运算结果为 0110 0000，对应十进制数 96。

（6）>>

右移运算符，将操作数的二进制位整体右移指定位数，右移后左边空位以符号位填充，右边移出去的舍弃，即如果一个操作数为正数，则左边空位补 0；如果一个操作数为负数，则左边空位补 1。

例如，将 byte 类型的常量 12 与-12（二进制数为 1111 0100）分别进行右移 3 位运算，具体演算过程如图 2.9 所示。

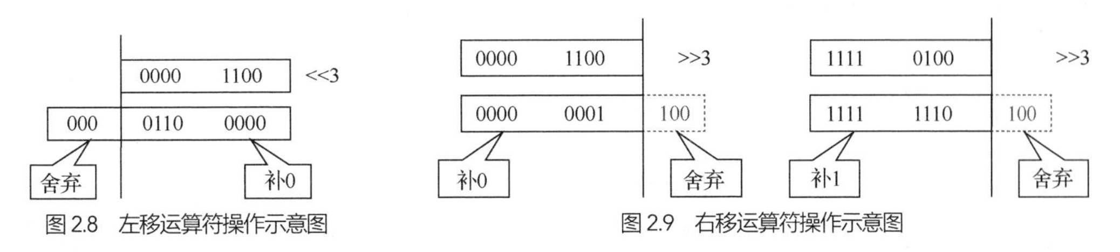

图 2.8 左移运算符操作示意图

图 2.9 右移运算符操作示意图

运算结果分别为 0000 0001 和 1111 1110，对应的十进制数分别为 1 和-2。

（7）>>>

无符号右移运算符，将操作数的二进制位整体右移指定位数，右移后左边空位补 0，右边移出去的舍弃。

例如，将 byte 类型的常量 12 与-12（二进制数为 1111 0100）分别进行无符号右移 3 位运算，具体演算过程如图 2.10 所示。

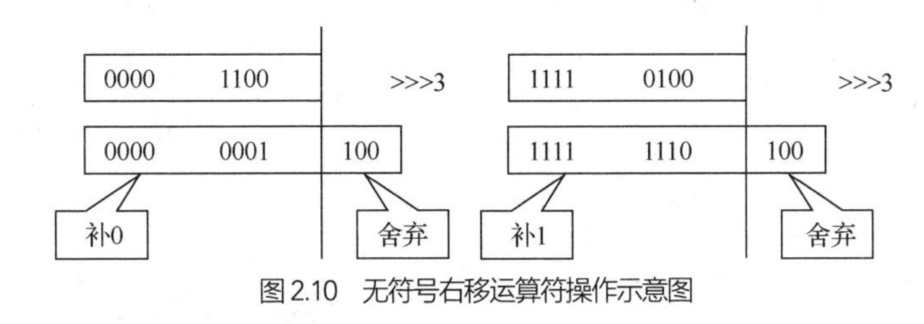

图 2.10 无符号右移运算符操作示意图

运算结果分别为 0000 0001 和 0001 1110，对应的十进制数分别为 1 和 30。

位移运算遵循如下规则。

- 对于低于 int 类型（byte、short 和 char）的操作数，总是先自动转换为 int 类型，然后再位移。
- 对于 int 类型的位移，当位移数大于 int 位数 32 时，Java 先用位移数对 32 求余，得到的余数才是真正的位移数。例如，a>>33 和 a>>1 的结果完全一样，而 a>>32 的结果和 a 相同。
- 对于 long 类型的位移，当位移数大于 long 位数 64 时，Java 先用位移数对 64 求余，得到的余数才是真正的位移数。

对于低于 int 类型的操作数进行无符号位移时，需要注意，如果操作数是负数，在自动转换过程中会发生截断，数据丢失，导致位移结果不正确。

2.4.7 三元运算符

三元运算符又称条件运算符或三目运算符，是要求有 3 个操作数参与运算的运算符。三元运算符的符号表示为“?:”，语法格式如下。

```
结果=<布尔类型表达式>?<表达式 1>:<表达式 2>;
```

三元运算符的运算规则为：若布尔类型表达式的值为 true，则结果为“表达式 1”的值；否则为“表达式 2”的值。具体示例如下。

```
boolean=10>20?true:false;
```

Java 的三元运算符可以作为 2.7.2 小节中 if-else 语句的替换方案。多个三元运算符组合可以作为 2.7.4 小节中 switch-case 语句的替换方案。三元运算符在 Java 编程中应用非常广泛，如管理系统或搜索引擎的分页实现等。

2.4.8 运算符的优先级

Java 表达式的运算顺序和数学中基本一致，是从左向右进行的，但单目运算符、赋值运算符和三元运算符是从右往左进行的。表 2.9 列出了 Java 中运算符的优先级，数字越小优先级越高。

表 2.9 运算符的优先级

<table>
<tr><th>优先级</th><th>运算符</th><th>运算符说明</th><th>结合性</th></tr>
<tr><td>1</td><td>()、[]、.、,、;</td><td>分隔符</td><td>从左向右</td></tr>
<tr><td>2</td><td>!、+（正）、-（负）、~、++、--</td><td>单目运算符</td><td>从右向左</td></tr>
<tr><td>3</td><td>*、/、%</td><td rowspan="2">算术运算符</td><td rowspan="2">从左向右</td></tr>
<tr><td>4</td><td>+（加）、-（减）</td></tr>
<tr><td>5</td><td><<、>>、>>></td><td>位移运算符</td><td>从左向右</td></tr>
<tr><td>6</td><td><、<=、>=、></td><td rowspan="2">关系运算符</td><td rowspan="2">从左向右</td></tr>
<tr><td>7</td><td>==、!=</td></tr>
<tr><td>8</td><td>&</td><td rowspan="3">按位运算符</td><td rowspan="3">从左向右</td></tr>
<tr><td>9</td><td>^</td></tr>
<tr><td>10</td><td>|</td></tr>
<tr><td>11</td><td>&&</td><td rowspan="2">逻辑运算符</td><td rowspan="2">从左向右</td></tr>
<tr><td>12</td><td>||</td></tr>
<tr><td>13</td><td>?:</td><td>三目运算符</td><td>从右向左</td></tr>
<tr><td>14</td><td>=、+=、*=、/=、%=、&=、|=、^=、<<=、>>=、>>>=</td><td>赋值运算符</td><td>从右向左</td></tr>
</table>

在实际开发中，通常使用小括号来控制运算顺序。

2.5 输入和输出

在任何编程语言中，输入和输出是用户和程序交互的关键部分。程序能够获取用户使用键盘输入的数据，并且能够使用屏幕显示数据。Java 中主要按照流（Stream）的模式来实现输入和输出，流入计算机的数据称为输入流，由计算机输出的数据叫作输出流，在第 8 章会进行具体的讲解。本节主要讲解 Java 中简单的标准输入流和标准输出流。Java 中使用 System 类来实现标准输入和输出功能，System 类中的两个变量 in 和 out 分别表示输入流和输出流。下面先介绍 Java 中输出的相关知识，然后介绍输入的相关知识。

2.5.1 输出

System.out 是 Java 的标准输出流。前面的代码中，使用 System.out.println( )语句向屏幕输出内容，它是最常用的输出语句。println 是 print line 的缩写，表示输出并换行，在 println( )方法中也可以执行表达式运算，具体示例如下。

```
System.out.println(10*5/2);
System.out.println(100>20);
System.out.println(true&&false);
```

如果输出后不想换行，可以使用 print( )方法。Java 还提供了格式化输出功能，使用 printf( )方法可以实现，延续了 C 语言的输出方式，通过格式化输出文本，但在 Java 中并不常用。

2.5.2 输入

System.in 是 Java 的标准输入流。和输出相比，Java 的输入要复杂一些，并不是通过一行简单的代码就可实现，而是需要通过对象获取输入的内容。使用键盘输入，可以使用 Scanner 类。Scanner 类的主要功能是简化文本扫描，获取控制台输入。下面通过键盘输入流浪猫的数量并显示在屏幕上，具体的代码如例 2-4 所示。

【例 2-4】TestInOut.java

```
1   import java.util.Scanner;
2   public class TestInOut{
3       public static void main(String[] args){
4           Scanner input=new Scanner(System.in);
5           System.out.println("请输入流浪猫的数量: ");
6           int num=input.nextInt();
7           System.out.println("流浪猫的数量为"+num);
8       }
9   }
```

程序运行结果如图 2.11 所示。

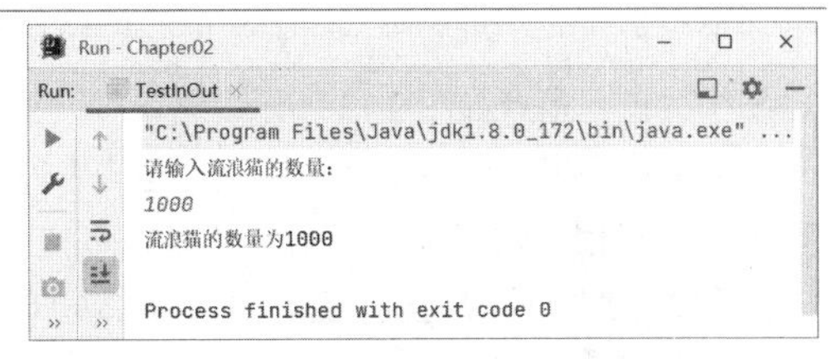

图 2.11 例 2-4 运行结果

例 2-4 的第 1 行代码中，使用 import 关键字导入 java.util.Scanner 类，import 语句的作用是导入某个类，在 Java 的源文件中，它位于 package 语句之后，类定义之前，可以没有，也可以有多条。在第 4 章中讲解 Java 的 package 时会进行详细讲解。第 4 行代码中，创建 Scanner 类对象 input 并传入输入流 System.in，以便接收用户的输入，此时控制台（即 IntelliJ IDEA 的运行窗口）会一直等待用户输入，直到按“Enter”键结束，把所有输入内容传给 Scanner，作为扫描对象。要读取用户输入的字符串，可以使用 next( )或 nextLine( )方法；要读取用户输入的整数，可以使用 nextInt( )方法，如第 6 行所示，接收输入的数字，赋值给表示流浪猫数量的变量 num。

需要注意的是，next( )和 nextLine( )方法均可用于读取从键盘输入的字符串，但二者略有不同。next( )方法不会接收“Enter”键、“Tab”键及空格键，在接收有效数据之前会忽略这些键对应的符号，若已经读取到了有效数据，遇到这些键对应的符号则会直接退出；nextLine( )方法可以接收“Tab”键和空格键，它读取数据时以“Enter”键结束。对于 next( )方法，可以通过例 2-5 进行进一步了解。

【例 2-5】TestScNext.java

```
1   public class TestScNext{
2       public static void main(String[] args){
```

```
3           Scanner input=new Scanner(System.in);
4           System.out.println("使用 next()方法接收数据：");
5           String str1=input.next();
6           String str2=input.next();
7           System.out.println(str1);
8           System.out.println(str2);
9       }
10  }
```

程序运行结果如图 2.12 所示。

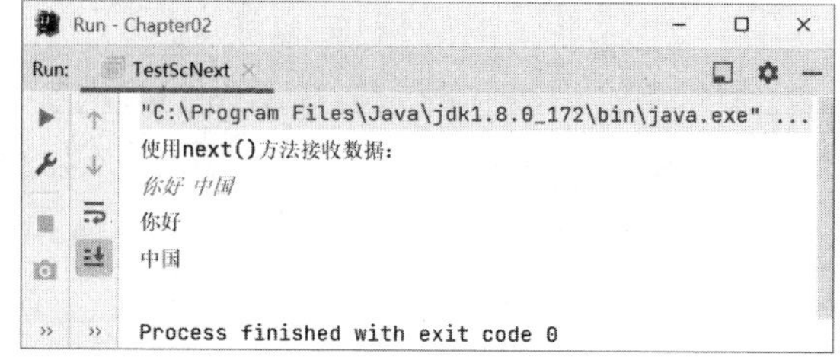

图 2.12　例 2-5 运行结果

在图 2.12 中，“你好 中国”被分为两行显示，原因是第一个 next( )方法读入“你好”，遇到空格后停止，将空格及后面的“中国”保存到缓存区，第二个 next( )方法则直接跳过空格，读入“中国”。如果没有第二个 next( )方法，则只会输出“你好”。我们也可以使用 nextLine( )方法接收数据，这样可以直接在一行中显示“你好 中国”，和输入格式相同。

Scanner 类还提供了很多读取其他数据类型数据的方法，常用的有 nextDouble( )、nextBoolean( )、nextShort( )和 nextByte( )等方法，分别用于读取相应数据类型的数据。

2.6 顺序结构

程序流程控制是指控制程序的执行步骤，这是编程基础的重中之重。编写程序实质上是按照一定的流程来组装各种代码语句，从而达到解决问题的目的。对编程而言，代码本身并不难，难点在于如何控制程序的流程。

顺序结构是线性的程序结构，没有特定的语法，按代码编写的先后顺序从上而下依次执行，一条语句执行完后继续执行下一条语句，直到程序结束。顺序结构的流程示意如图 2.13 所示。

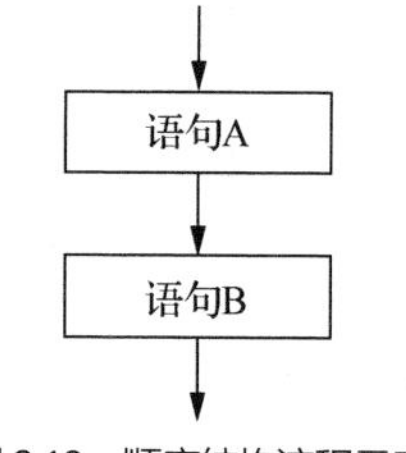

图 2.13　顺序结构流程示意

生活中的很多事情都是按照顺序结构来处理的，例如流浪猫救助平台中猫咪的领养流程：领养资格申请→一对一审核→选择猫咪→领取猫咪→领养反馈。下面使用程序描述这一过程，如例 2-6 所示。

【例 2-6】TestSequence.java

```
1   public class TestSequence{
2       public static void main(String[] args){
3           System.out.println("领养资格申请");
4           System.out.println("一对一审核");
5           System.out.println("选择猫咪");
6           System.out.println("领取猫咪");
7           System.out.println("领养反馈");
8       }
9   }
```

程序运行结果如图 2.14 所示。

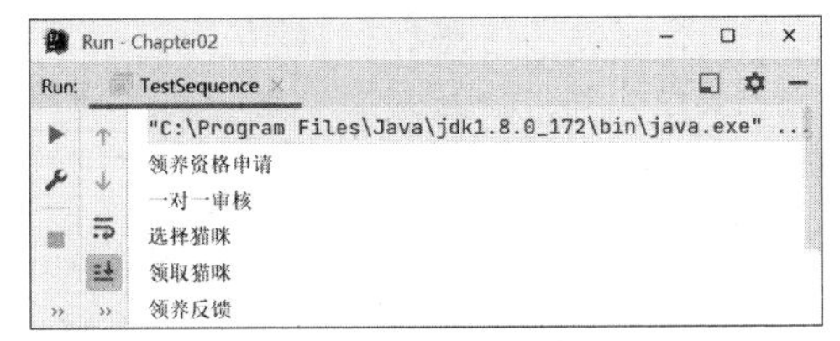

图2.14 例2-6运行结果

顺序结构是最简单的程序结构，大多数情况下，顺序结构都是作为程序的一部分，与其他结构一起构成一个复杂的程序。

2.7 分支结构

分支结构又称选择结构或条件结构，适用于带有逻辑或关系等条件判断的计算。在程序执行过程中遇到分支结构时，会根据指定的条件进行判断，再由判断的结果选取相应的语句执行。例如，判断流浪猫是否健康，判断游戏是否闯关成功，根据不同的天气穿不同的衣服等。Java支持两种分支结构：if结构和switch结构。Java的if结构的语法又可以分为3种：if语句、if-else语句和if-else-if语句。

2.7.1 if语句

if关键字的中文含义为“如果”，需要根据条件来决定是否执行某段代码时，就可以使用if结构。简单的if语句用来实现单分支结构，仅能在条件满足时执行相应操作，否则跳过语句继续执行后面的代码。if语句的语法结构如下。

```
if(条件表达式){
    执行语句
}
```

- 条件表达式：一般为逻辑表达式或关系表达式，结果必须为boolean类型的值。
- 执行语句：可以是一条语句或多条语句。如果仅有一条语句，可以省略条件语句中的花括号，但是这样做会影响程序的可读性，不符合Java编程规范，故不推荐。

if语句是指满足某种条件，就进行某种操作，if语句会对条件表达式进行判断，当条件表达式的结果为true时，就会执行{}中的执行语句。if语句的执行流程如图2.15所示。

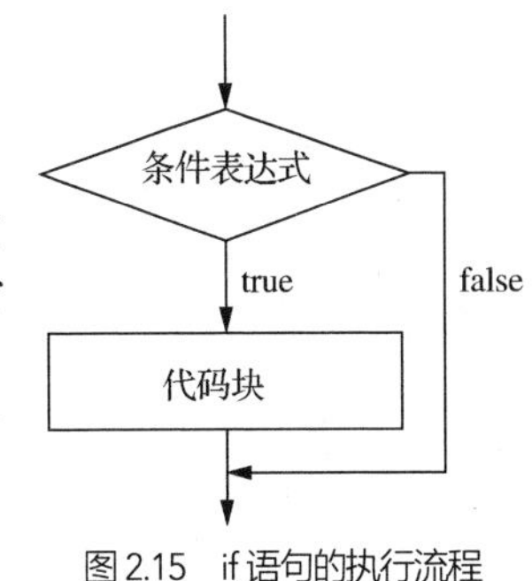

图2.15 if语句的执行流程

打电话时，如果拨打的号码不存在（假设正确号码为123456789），则提示“您所拨打的号码是空号！”。可知判断条件为：号码是否为123456789。使用if语句描述这一过程，如例2-7所示。

【例2-7】 TestIf.java

```
1  public class TestIf{
2      public static void main(String[] args){
3          int phone=988776666;
4          if(phone!=123456789){
5              System.out.println("您所拨打的号码是空号！");
6          }
```

```
7         }
8     }
```

程序运行结果如图 2.16 所示。

在例 2-7 中，变量 phone 的值为 988776666，不等于 123456789，所以输出“您所拨打的号码是空号!”。

图 2.16　例 2-7 运行结果

2.7.2 if-else 语句

if-else 语句用来实现双分支结构，用于处理满足条件时执行一组代码，而不满足时会执行另一组代码的情况。生活中经常遇到需要二选一的情况，例如，过马路时需要根据是否为绿灯来决定是通行还是等待，根据是否下雨来决定是进行室外活动还是进行室内活动等。if-else 语句的语法格式如下。

```
if(条件表达式){
    代码块 1
}else{
    代码块 2
}
```

当条件表达式成立时，执行代码块 1；否则执行代码块 2。if-else 语句根据条件的判断结果决定执行哪个代码块。两个分支的代码块只会执行其中的一个，不可能两个代码块都执行。if-else 语句执行完毕，将继续执行其后的语句。if-else 语句的执行流程如图 2.17 所示。

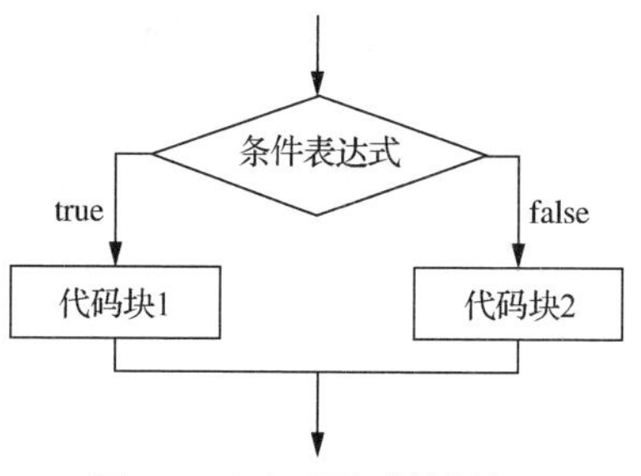

图 2.17　if-else 语句的执行流程

流浪猫救助平台为了避免小猫在运输过程中出现安全事故，规定必须本地领养。如果为本地领养，则提示符合领养条件；否则提示不符合领养条件。由此可知判断条件为是否是本地领养。使用 if-else 语句描述这一过程，如例 2-8 所示。

【例 2-8】TestIfElse.java

```
1   public class TestIfElse{
2       public static void main(String[] args){
3           Scanner input=new Scanner(System.in);
4           System.out.println("是否为本地领养：");
5           String answer=input.next();
6           if(answer.equals("是")){
7               System.out.println("符合领养条件！");
8           }else{
9               System.out.println("不符合领养条件！");
10          }
11      }
12  }
```

程序运行结果如图 2.18 所示。

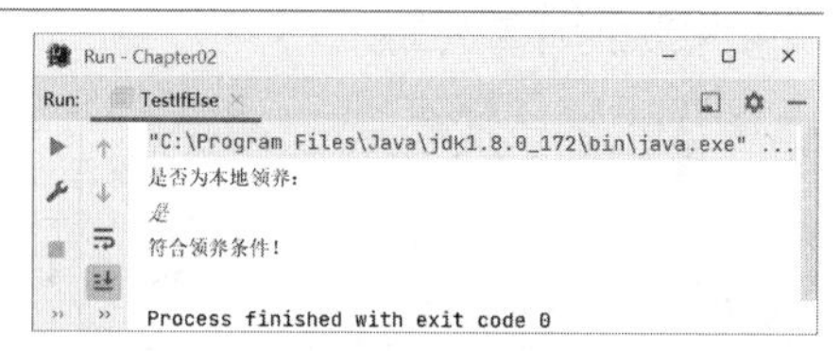

图 2.18　例 2-8 运行结果

例 2-8 虽然实现的是一个很简单的功能，但是用 if-else 语句实现，光 if-else 语句部分就需要编写 5 行代码，通过对代码的逻辑进行分析，可知用三元运算符可以对 if-else 语句进行优化，三元运算符的语法格式为“条件?表达式 1:表达式

2”，当条件表达式成立时，返回表达式 1 的结果；否则返回表达式 2 的结果。使用三元运算符，例 2-8 中的 if-else 语句可以改写为如下语句。

```
String str=answer.equals("是")?"符合领养条件！ ":"不符合领养条件！ ";
System.out.println(str);
```

在一些简单的应用场景下，if-else 语句和三元运算符是可以互换的，当既可以使用三元运算符又可以使用 if-else 语句时，优先使用三元运算符，代码简洁，效率更高。

大多数情况下，要做出某个决定，需要判断的条件往往不止一个，而是需要判断多个条件。例如，在流浪猫救助平台领养一只流浪猫的参考条件有两个——稳定的经济收入和居住在本地；和多个朋友结伴旅行时，需要询问所有朋友的意见等。逻辑运算符常被用在分支结构中，用来组合存在关系的条件。由于 Java 中不存在链式不等式，所以需要使用逻辑运算符组合条件来进行区间的判断。例如，某一协会对申请入会成员的年龄限制为 14～28 周岁，那么代码中组合条件应为 age>=14&&age<=28，而 14<=age<=28 的写法是错误的。

2.7.3 if-else if-else 语句

if-else if-else 语句可以实现多重 if 结构，是 Java 多分支结构的一种形式。多重 if 结构是根据不同条件来选择代码块运行的一种分支结构。if-else if-else 语句的语法格式如下。

```
if(条件表达式 1){
      代码块 1
}else if(条件表达式 2){
      代码块 2
}
…
else if(条件表达式 n){
      代码块 n
}else{
      代码块 n+1
}
```

多重 if 结构会自上而下逐个对条件进行判断，根据判断的当前条件是否成立来决定是否执行当前代码块，当所有条件都不成立时，执行 else 中的代码块。if-else if-else 语句的执行流程如图 2.19 所示。

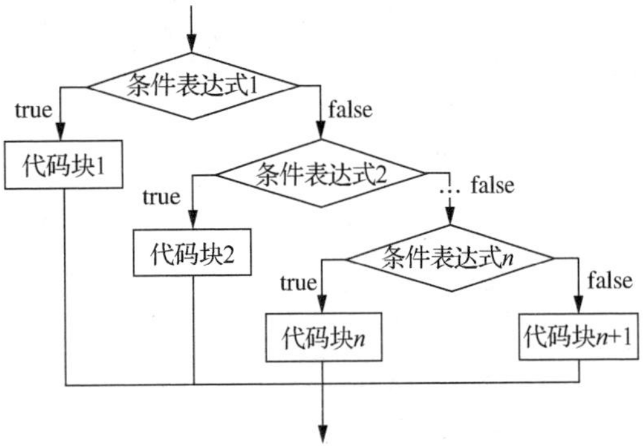

实际上多分支结构也是无处不在的。例如，根据汽车的车牌号判断归属地；在十字路口根据要去的地方决定要走的方向等。国际上常用 BMI 指数来衡量一个人是偏瘦还是偏胖，其适用于 18～65 岁的人。BMI 指数的计算公式如下。

```
BMI=体重(kg)/身高(m)的平方
```

图 2.19 if-else if-else 语句的执行流程

我国成年人 BMI 标准：小于 18.5 为体重过轻；18.5～23.9 为正常；24～27.9 为超重；大于或等于 28 为过重。根据此标准编写程序，由用户输入身高和体重，计算出 BMI，输出对应的类别。使用 if-else if-else 语句实现上述功能，具体代码如例 2-9 所示。

【例 2-9】TestIfElseIfElse.java

```
1  public class TestIfElseIf{
2      public static void main(String[] args){
3          Scanner sc=new Scanner(System.in);
4          System.out.println("请输入您的体重(单位: kg)");
5          double weight=sc.nextDouble();
6          System.out.println("请输入您的身高(单位: m)");
7          double height=sc.nextDouble();
8          double BMI=weight/(height*height);
9          System.out.println("您的 BMI 指数是: "+BMI);
10         if(BMI<18.5){
11             System.out.println("您的体重过轻! ");
12         }else if(BMI>=18.5&&BMI<=23.9){
13             System.out.println("您的体重正常! ");
14         }else if(BMI>=24&&BMI<=27.9){
15             System.out.println("您的体重超重! ");
16         }else if(BMI>=28){
17             System.out.println("您的体重过重! ");
18         }
19     }
20 }
```

程序运行结果如图 2.20 所示。

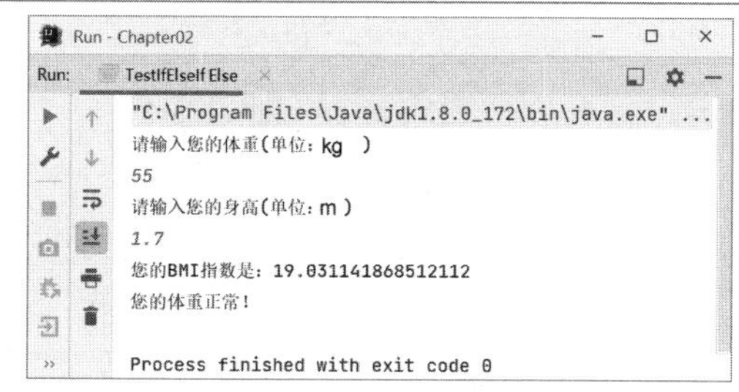

图 2.20　例 2-9 运行结果

2.7.4　switch-case 语句

虽然多重 if 结构可以实现与多个条件表达式进行匹配，但语句较为复杂，在这种情况下，可以使用 switch-case 语句来实现多重选择的处理。switch 有“开关”“切换”的意思，case 表示“情形”“情况”，switch-case 语句的运作原理与多重 if 结构非常类似，它是根据表达式的某个结果，去执行相应的分支，它非常适用于做等值判断的情况。例如，用户使用小程序订奶茶时，小程序会根据用户选择的杯子规格（大杯、中杯、小杯）显示付费信息；蚂蚁森林种树时，会根据用户选择的树种种植。switch-case 语句的语法格式如下。

```
switch(表达式){
    case 常量 1:
        代码块 1;
        break;
    case 常量 2:
        代码块 2;
        break;
    …
    default:
        代码块 n;
        break;
}
```

接下来介绍语法中的各个要素。

- 表达式：整数类型或字符类型的表达式（byte、short、int、char），从 Java 5 开始支持枚举类型，从 Java 7 开始支持 String 类型。
- case：与 switch 后的表达式类型相对应，case 后必须为整数类型、字符类型或 String 类型的常量。case 分支可以有多个，顺序可以改变，但是每个 case 后的常量值必须不同。
- default：表示“默认”情况，即所有的 case 后的情况都不满足时，会执行 default 后的代码。default 分支一般是 switch 语句的最后一个分支（可以在任何位置，建议为最后一个）。
- break：表示停止，即跳出当前结构。第 2.8.5 小节中会做具体介绍。

对于 switch-case 语句，首先计算表达式的值，如果表达式的值与某个 case 后的常量值相等，则执行该 case 后的代码块，直到遇到 break 停止。如果该 case 后没有 break 语句，则会继续执行后面的 case 中的代码块，直到遇到 break 语句为止。在 Java 中，这种情况称为“穿透”。如果没有一个 case 后的常量值与表达式的值相等，则执行 default 后的代码块。default 语句是可选的，如果它不存在，且 switch 后表达式的值不与任何 case 的常量值相等，则 switch-case 语句不做任何处理。

switch-case 语句的执行流程如图 2.21 所示。

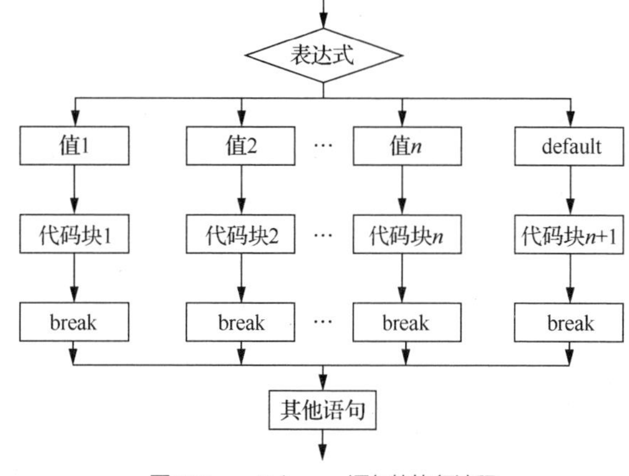

图 2.21 switch-case 语句的执行流程

接下来通过一个案例验证 switch-catch 语句的用法。编写程序，实现流浪猫救助平台的流浪猫展示功能，要求根据用户选择的流浪猫品种展示对应的流浪猫信息。用户可以选择希望领养的流浪猫种类，判断用户选择的流浪猫种类，展示用户所选种类的流浪猫信息。如例 2-10 所示。

【例 2-10】TestSwitchCase.java

```
1   import java.util.Scanner;
2   public class TestSwitchCase{
3       public static void main(String[] args){
4           System.out.println("请输入您要查看的流浪猫种类");
5           System.out.println("1.狸花猫");
6           System.out.println("2.三花猫");
7           System.out.println("3.奶牛猫");
8           Scanner input=new Scanner(System.in);
9           int choose=input.nextInt();
10          switch(choose){
11              case 1:
12                  System.out.println("狸花猫 1：小面-1 岁 5 个月-母猫");
13                  System.out.println("狸花猫 2：翠花-1 岁 6 个月-母猫");
14                  break;
15              case 2:
16                  System.out.println("三花猫 1：丢丢-1 岁 10 个月-公猫");
17                  System.out.println("三花猫 2：黄连素-1 岁 8 个月-母猫");
18                  break;
19              case 3:
20                  System.out.println("奶牛猫 1：学校流浪猫-1 岁 4 个月-公猫");
21                  System.out.println("奶牛猫 2：嘻嘻-1 岁 7 个月-母猫");
22                  break;
```

```
23                default:
24                    System.out.println("输入错误！");
25            }
26        }
27    }
```

程序运行结果如图 2.22 所示。

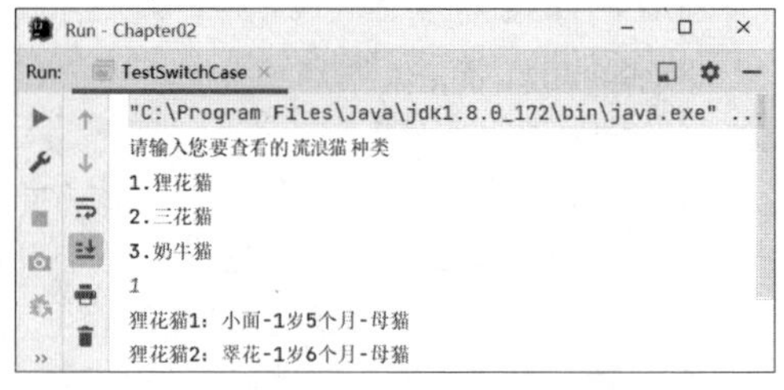

图 2.22　例 2-10 运行结果

在使用 switch-case 语句时，需要注意的是，原则上，default 主要用于检查“默认”情况或处理错误情况，建议不要省略；每个 case 语句块的结尾都需要添加 break 语句，否则将导致多个分支重叠，除非有意使多个分支重叠。输入月份，判断当前是什么季节，如例 2-11 所示。

【例 2-11】TestSwitchBreak.java

```
1   import java.util.Scanner;
2   public class TestSwitchBreak{
3       public static void main(String[] args){
4           System.out.println("请输入月份：");
5           Scanner input=new Scanner(System.in);
6           int season=input.nextInt();
7           switch(season){
8               case 3:
9               case 4:
10              case 5:
11                  System.out.println("春");
12                  break;
13              case 6:
14              case 7:
15              case 8:
16                  System.out.println("夏");
17                  break;
18              case 9:
19              case 10:
20              case 11:
21                  System.out.println("秋");
22                  break;
23              case 12:
24              case 1:
25              case 2:
26                  System.out.println("冬");
27                  break;
28              default:
29                  System.out.println("非法输入！");
30                  break;
31          }
32      }
33  }
```

程序运行结果如图 2.23 所示。

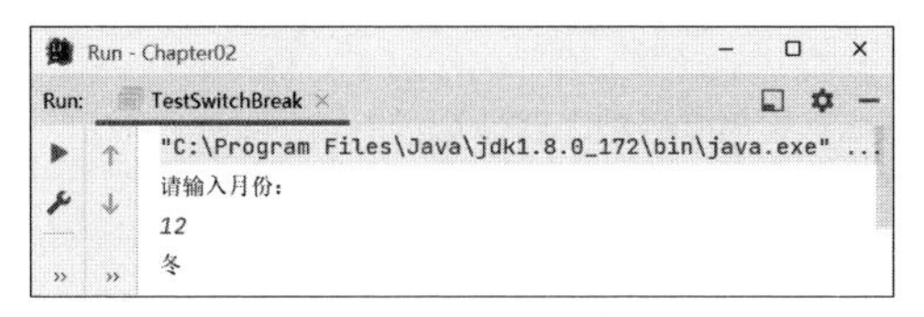

图2.23 例2-11运行结果

if结构和switch结构都可以实现分支结构，它们的功能基本相同，都是判断条件后执行相应的代码块，但它们也有区别，主要表现在以下3点。

- 表达式不同：switch后面的表达式结果只能是byte、short、char、int、String类型和枚举类型，if后面的表达式是boolean类型。
- 语句结构不同：switch结构主要是将表达式的值和每一个case后的常量值进行比较。if结构的每个分支都有一个条件表达式，表达式结果为boolean类型。
- 执行效率不同：switch结构的执行效率要高于if结构。switch结构在运行时会生成一个数据统计表，将case后面的值全部统计出来，匹配时先拿表中的数据进行比较，如果有则直接跳转到相应的case分支；如果没有，则跳转到default语句。而if结构需要逐条进行取值范围的判断，直到找到正确的分支，这样会浪费大量的时间。

一般来说，if结构更适合于对区间（范围）进行判断，而switch结构更适合于对离散值进行判断（等值判断）。所有的switch结构都可以用if结构来替换，因为if结构只需对每个离散值分别做判断即可；但并不是所有的if结构都可以用switch结构来替换，因为区间里值的个数是无限的，而switch结构所接受的值只能是整型、String类型或者枚举类型，所以是不能用case来一一列举的。

2.7.5 嵌套分支结构

根据实际开发的需要，分支结构是可以嵌套的，例如，多层级的选择问题，就需要在一个分支结构内部构造出一个新的分支结构，同理，新的分支结构中也可以再构造新的分支，一般称这种结构为嵌套分支结构。

接下来通过一个案例演示嵌套分支结构的用法。国家实行无偿献血制度，对于献血者的部分要求为：年龄为18～55岁，男性体重≥50kg，女性体重≥45kg，每次献血量为200～400mL。编写程序，实现输入献血者的年龄、性别、体重后，判断其是否能进行献血。如例2-12所示。

【例2-12】TestIfInIf.java

```
1   public class TestIfInIf{
2       public static void main(String[] args){
3           Scanner input=new Scanner(System.in);
4           System.out.println("请输入献血者的年龄");
5           int age=input.nextInt();
6           if(age>=18&&age<=55){
7               System.out.println("请输入献血者的性别：");
8               String sex=input.next();
9               System.out.println("请输入献血者的体重（单位为kg）：");
10              double weight=input.nextDouble();
11              if(sex.equals("男")){
12                  if(weight>=50){
13                      System.out.println("可以献血！");
14                  }else{
15                      System.out.println("不可献血！");
```

```
16                  }
17              }else if(sex.equals("女")){
18                  if(weight>=45){
19                      System.out.println("可以献血！");
20                  }else{
21                      System.out.println("不可献血！");
22                  }
23              }else{
24                  System.out.println("请输入正确的性别！");
25              }
26          }else{
27              System.out.println("不符合献血年龄要求！");
28          }
29      }
30  }
```

程序运行结果如图 2.24 所示。

在例 2-12 中，嵌套分支结构可以自上而下逐步细化地得出结果。首先判断年龄是否符合献血要求，再对性别进行判断，再根据不同的性别判断体重是否符合献血要求。

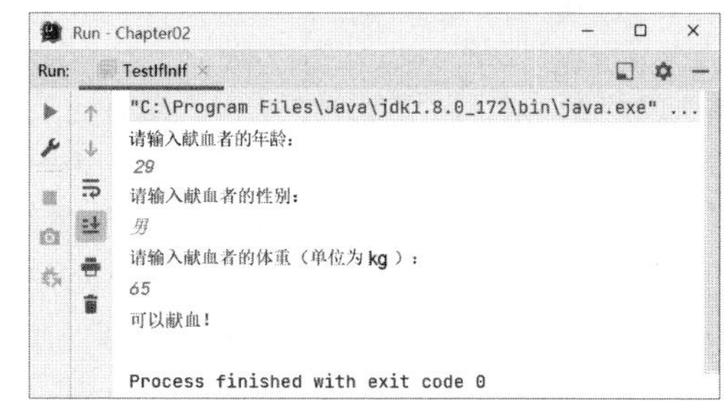

图 2.24　例 2-12 运行结果

【实战训练】 实现注册功能

需求描述

编写程序，实现以下功能：用户输入用户名和密码并确认密码，完成注册。

思路分析

（1）用户输入用户名和密码。

（2）提示用户再次输入密码。

（3）判断两次输入的密码是否相同，如果相同则提示“注册成功!”。

代码实现

实现注册功能的代码如训练 2-2 所示。

【训练 2-2】 TestIf.java

```
1   public class TestIf{
2       public static void main(String[] args){
3           System.out.println("【流浪猫】>>用户注册");
4           Scanner input=new Scanner(System.in);
5           System.out.println("请输入用户名：");
6           String uName=input.nextLine();
7           System.out.println("请输入密码");
8           String pwd1=input.nextLine();
9           System.out.println("请确认密码：");
10          String pwd2=input.nextLine();
11          if(pwd1.equals(pwd2)){
12              System.out.println("【"+uName+"】注册成功！");
13          }
```

```
14        }
15    }
```

程序运行结果如图 2.25 所示。

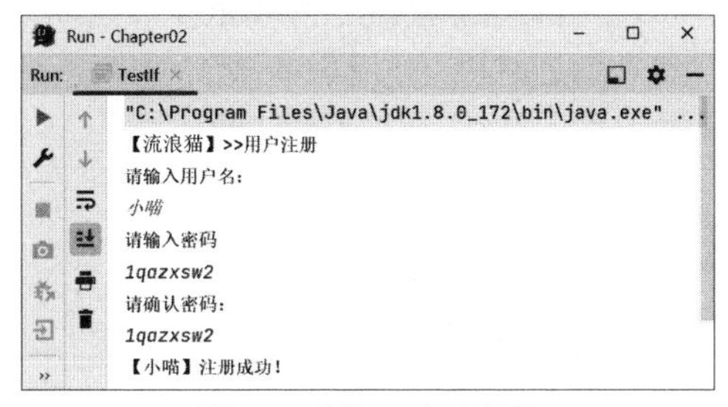

图 2.25 训练 2-2 运行结果

2.8 循环结构

循环结构是指在程序中为反复执行某个功能而设置的一种程序结构。在实际应用中，当碰到需要多次重复地执行一个或多个任务的情况时，应使用循环结构来解决问题。例如，音乐播放器循环播放音乐；电视上循环播放广告。循环结构的特点是在给定条件成立时，重复执行某段程序代码。通常称给定条件为循环条件，称反复执行的程序代码为循环体或循环操作。

Java 语言提供了 3 种循环结构，分别为 while 循环结构、do-while 循环结构和 for 循环结构，从 Java 5 开始引入了一种增强 for 循环——for each，它是 for 循环的变形，在 2.9.4 小节将进行详细讲解。下面对 Java 的 3 种循环结构进行介绍。

2.8.1 while 循环

while 循环是 Java 中最基本的循环语句，它的特点是先判断后执行。它与 2.7.1 小节中讲解的 if 语句很相似，区别在于，while 语句会反复判断循环条件是否成立，只要条件成立，就会执行循环体，直到循环条件不成立，循环结束。因此，while 循环也可以理解为加强版的 if 语句。while 循环的语法格式如下。

```
while(循环条件){
    循环体
}
```

若 while 循环的循环体只有一条语句，则可以省略左右的大括号。while 循环的循环体是否执行，取决于循环条件是否成立，当循环条件为 true 时，就会执行循环体。循环体执行完毕继续判断循环条件，如果条件仍为 true，则继续执行循环体，直到循环条件为 false，整个循环过程才会终止。while 循环的执行流程如图 2.26 所示。

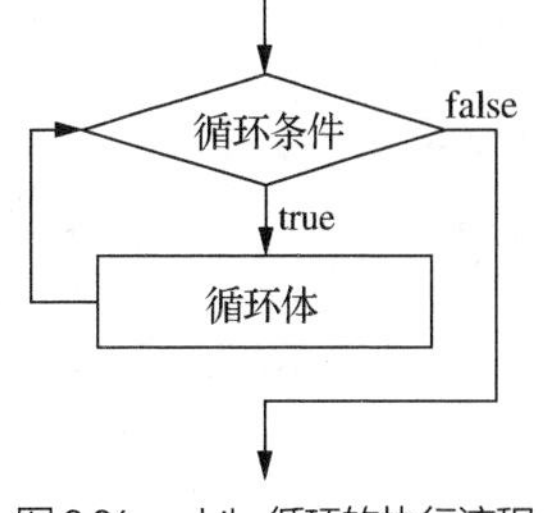

图 2.26 while 循环的执行流程

编写程序，使用 while 循环计算 1～100 的累加和，如例 2-13 所示。

【例 2-13】 TestWhile.java

```
1   public class TestWhile{
2       public static void main(String[] args){
3           int sum=0;
4           int i=1;
5           while(i<=100){
6               sum+=i;
7               i++;
8           }
9           System.out.println("i 的最终值："+i);
10          System.out.println("1～100 的累加和："+sum);
```

```
11         }
12    }
```

程序运行结构如图 2.27 所示。

在例 2-13 中，使用 while 循环遍历数字 1～100，并在循环中将数字累加，最终得到结果。

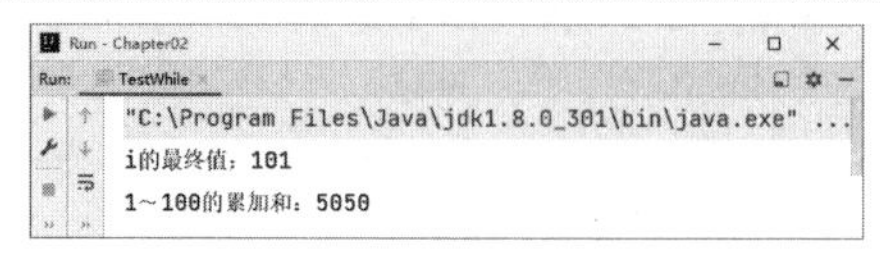

图 2.27　例 2-13 运行结果

2.8.2 do-while 循环

do-while 循环和 while 循环类似，它们之间的区别在于：while 循环是先判断循环条件是否成立，再决定是否执行循环体，而 do-while 循环则会先执行一次循环体，然后再判断条件是否成立，因此，do-while 循环的循环体至少会执行一次。生活中并不难找到 do-while 循环的影子，例如，在登录某个平台时，需要输入账号密码，如果信息正确，则登录成功；如果信息错误，需要再次输入。这一过程就可以使用 do-while 循环来设计。do-while 循环的语法格式如下。

```
do{
     循环体
}while(循环条件);
```

我们可以看出 do-while 语句和 while 语句在语法格式上的区别：do-while 循环的循环体在循环条件之前，而且循环条件后，必须有一个分号，用来表示循环结构的区域，而 while 语句不得在循环条件后加分号，否则会导致死循环（指无法停止的循环）。

do-while 循环的执行流程：先执行一次循环体中的语句，然后判断循环条件，当循环条件成立（值为 true）时，返回重新执行循环体中的语句，如此反复，直到循环条件不成立（值为 false）时为止，此时循环结束。其特点是先执行循环体，然后判断循环条件是否成立。do-while 循环的执行流程如图 2.28 所示。

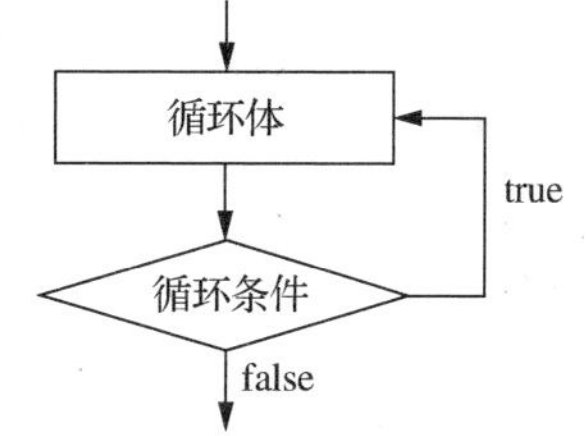

图 2.28　do-while 循环的执行流程

接下来通过一个案例演示 do-while 循环的用法。实现流浪猫救助平台的登录验证功能。默认账号为 admin，密码为 123456。如果用户输入的账号、密码与默认的账号、密码不匹配，则让用户反复输入，直到输入正确为止。在这个功能中，循环操作是用户输入账号和密码，循环条件是用户输入的账号或密码不正确，如例 2-14 所示。

【例 2-14】TestDoWhile.java

```
1    import java.util.Scanner;
2    public class TestDoWhile{
3        public static void main(String[] args){
4            Scanner input=new Scanner(System.in);
5            String uName;
6            String pWord;
7            do{
8                System.out.println("请输入账号：");
9                username=input.nextLine();
10               System.out.println("请输入密码：");
11               password=input.nextLine();
12           }while(!("admin".equals(uName))||!("123456".equals(pWord)));
13           System.out.println("登录成功！");
14       }
15   }
```

程序运行结果如图 2.29 所示。

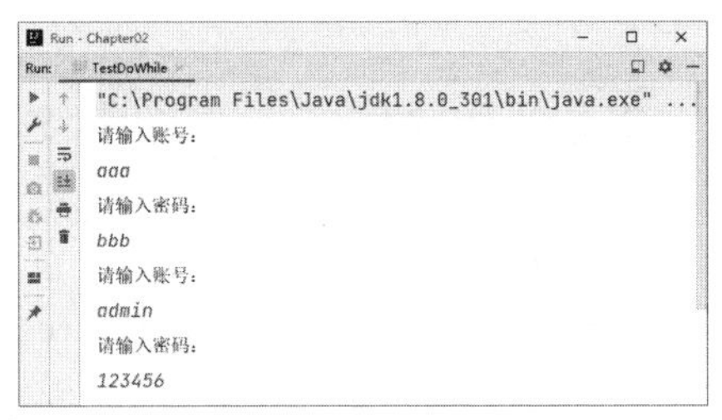

图 2.29　例 2-14 运行结果

通过例 2-14 可以看出，do-while 循环需要先执行一次循环体，再判断是否还有必要继续执行循环，这种循环结构非常有用。类似的场景还有需要先考试一次，再判断是否需要补考等，而 while 循环并不适用于这样的场景。

2.8.3　for 循环

for 循环是 Java 程序中使用最多的循环语句，常被用在可确定循环次数的循环中。在可控制循环次数的循环中，可用 for 循环代替 while 循环、do-while 循环。和 while 循环相同，for 循环语句在循环的一开始要先判断循环条件是否成立。for 循环的语法格式如下。

```
for(赋初始值;循环条件;迭代语句){
    循环体
}
```

for 循环的执行流程并不是直观上按从左到右的顺序执行的，它的执行过程如下。

（1）第一次进入 for 循环时，对循环变量赋初始值。习惯上选择 i、j、k 作为循环变量名。

（2）判断循环条件是否成立（值是否为 true），如果为 true，则执行循环体；否则直接退出循环。

（3）执行完循环体后，会执行迭代语句，更新循环变量的值（一般该语句都是递增或递减操作），再回到步骤（2）重新判断是否继续执行循环。

for 循环的执行流程如图 2.30 所示。

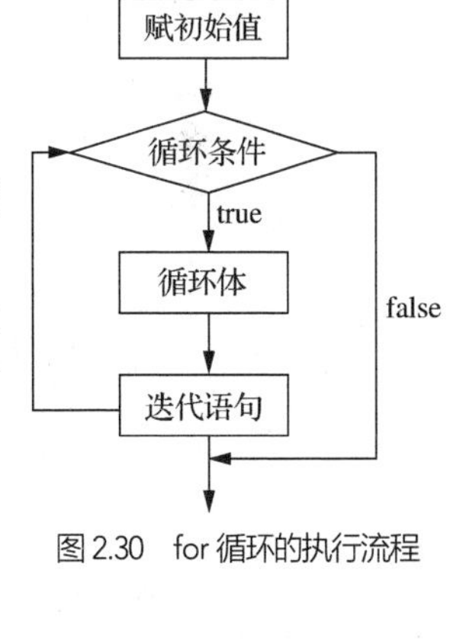

图 2.30　for 循环的执行流程

使用 for 循环也可以解决求累加和的问题，如例 2-15 所示。

【例 2-15】TestFor.java

```
1   public class TestFor{
2       public static void main(String[] args){
3           int sum=0;
4           int i;
5           for(i=1;i<=100;i++){
6               sum+=i;
7           }
8           System.out.println("i 的最终值："+i);
9           System.out.println("1～100 的累加和："+sum);
10      }
11  }
```

程序运行结果如图 2.31 所示。

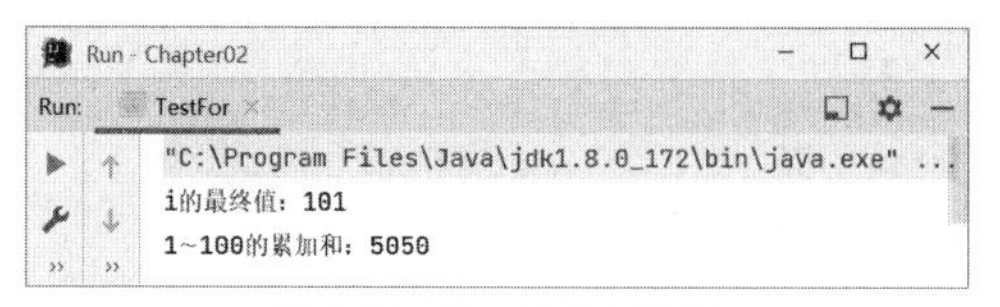

图 2.31　例 2-15 运行结果

我们也可以将循环变量的声明放在 for 循环中，如第 4～7 行的代码可以写为如下形式。

```
for(int i=1;i<=100;i++){
    sum+=i;
}
```

但此时变量 i 的作用域仅在 for 循环的大括号中，不可在大括号外使用，此时在循环外输出变量 i 的值的语句报错。由此可知，for 循环与 while 循环的不同之处在于，for 循环可以采用局部变量作为循环变量，循环变量声明在 for 循环中，for 循环执行完毕就会释放该循环变量的存储空间，因此在性能上 for 循环的效率更高。

大多数情况下，3 种循环结构可以相互替换。for 循环语法格式固定，控制循环次数更方便，适合于可确定循环次数的循环；while 循环更灵活，适合于先判断条件是否成立，再决定是否执行循环体的循环；如果循环体需要先执行一次，再判断是否继续执行循环体，则选择 do-while 循环。

使用 for 循环解决数学问题。一个小球从 100m 高度自由落下，每次落地后反弹回原高度的一半，再落下。编写程序，求出它在第 10 次落地时共运行了多少米，以及第 10 次反弹多高。重复的动作为落地反弹，会持续 10 次，即循环次数为 10。小球落地后反弹会产生 2 次距离：反弹的高度和反弹后落地的高度，即反弹高度×2。小球每次落地反弹的高度为：第 1 次反弹高度为 100/2m，第 2 次反弹高度为第 1 次反弹高度/2，依此类推。循环体为：计算每次弹起的距离并累加每次弹起的高度*2，如例 2-16 所示。

【例 2-16】BallHeight.java

```
1   public class BallHeight{
2       public static void main(String[] args){
3           double lon=0;                //记录总距离
4           double single=100;           //记录每次的高度
5           for(int i=1;i<=10;i++){      //模拟弹起 10 次
6               //计算本次弹起的高度
7               single/=2;
8               //计算总高度
9               lon+=(single*2);
10          }
11          //加上第一次的高度
12          System.out.println(lon+100+"  "+single);
13      }
14  }
```

程序运行结果如图 2.32 所示。

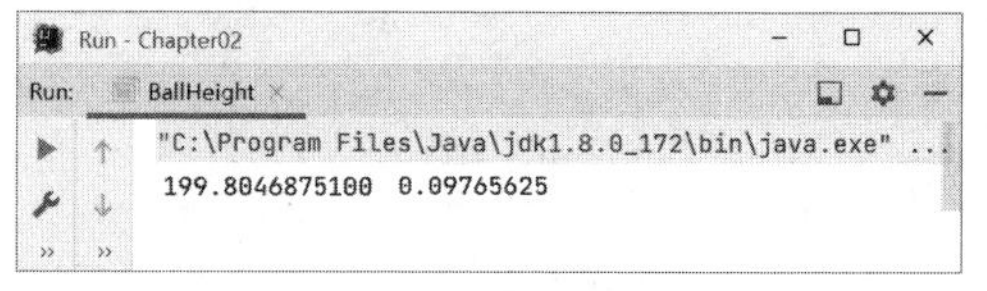

图 2.32　例 2-16 运行结果

2.8.4 嵌套结构

3 种结构（顺序结构、分支结构、循环结构）的语句组可以包含任意结构的语句，从而形成不同的结构，以解决不同的问题。嵌套结构没有固定的语法格式，通过分析具体问题自然形成。

循环结构嵌套循环结构（循环嵌套）就像拳击中的组合拳一样，能够让循环发挥更强大的作用和力量。循环嵌套可以由while循环、do-while循环和for循环混合随意组合形成。其中，for循环的嵌套是最常用、可读性最好的循环嵌套。

for循环嵌套的语法格式如下。

```
for(int i=0;i<args.length;i++){
   for(int j=0;j<args.length;j++){
   }
}
```

接下来通过一个案例演示for循环嵌套的用法。输出九九乘法表。已知乘法表中的每一项均由两个乘数和积组成，格式为x*y=z，乘数x是整数1～9，乘数y也是整数1～9，所以需要用到两个循环变量——row和column，row代表行，取值从1～9，column代表列，取值也是从1～9。如例2-17所示。

【例2-17】TestForInFor.java

```
1   public class TestForInFor{
2       public static void main(String[] args){
3           for(int row=1;row<=9;row++){ //控制输出的行数
4               for(int column=1; column<=row;column++){  //控制列数
5               //输出算式，并用制表符控制上下对齐
6               System.out.print(column+"*"+row+"="+column*row+"\t");
7               }
8               System.out.println();//每输出一行之后进行换行
9           }
10      }
11  }
```

程序运行结果如图2.33所示。

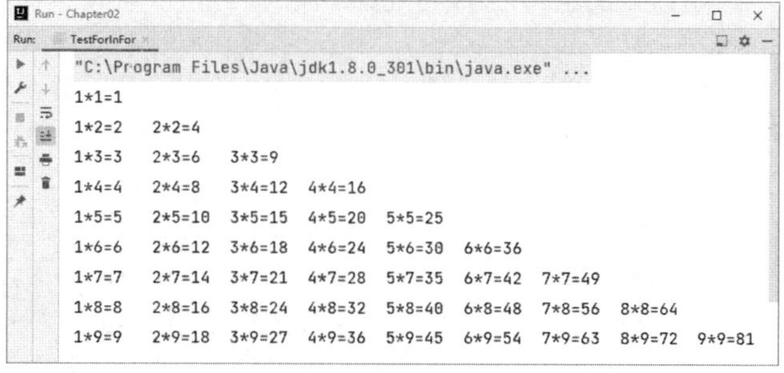

图2.33 例2-17运行结果

在例2-17中，使用外层循环控制乘法表的行数，使用循环变量i作为乘法表的一个乘数；内层循环控制列数，使用循环变量j作为乘法表的第二个乘数，并在内层循环中完成算式的拼接工作。

2.8.5 跳转语句

在Java语言中，可以使用中断语句break、continue、return及标签来实现循环执行过程中程序流程的跳转，从而更方便快捷地进行程序的设计。

1．break语句

Java语言中break语句的常见用法有以下两种。

- 用于在switch语句中终止一个case分支（2.7.4小节中进行了讲解）。

- 当在循环结构内遇到 break 语句时，循环立即终止，程序从循环外的第一条语句继续执行。

break 语句可使循环在执行过程中出现某种情况时强行终止循环，而不是等到循环条件不成立时再终止。例如，学校运动会 4000m 长跑项目，参赛学生需要绕 400m 跑道跑 10 圈，但是某个参赛学生跑到第 6 圈时体力不支，退出了比赛，此时其跑圈的循环终止。在编程中，这种情况可以使用 break 语句来实现终止循环。

接下来通过一个案例演示 break 语句的用法。编写程序，输出 1～100 中前 5 个是 13 的倍数的数字。使用循环迭代出数字 1～100，判断哪些数字是 13 的倍数，如果是 13 的倍数，则让计数器递增 1，当计数器为 5 时，就终止循环。如例 2-18 所示。

【例 2-18】TestBreak.java

```
1    public class TestBreak{
2        public static void main(String[] args){
3            int count=0;//计数器
4            for(int i=1;i<=100;i++){
5              if(i%13==0){
6                 System.out.println(i);
7                 count++;
8              }
9              if(count==5){
10                break;    //终止当前循环
11             }
12           }
13       }
14   }
```

程序运行结果如图 2.34 所示。

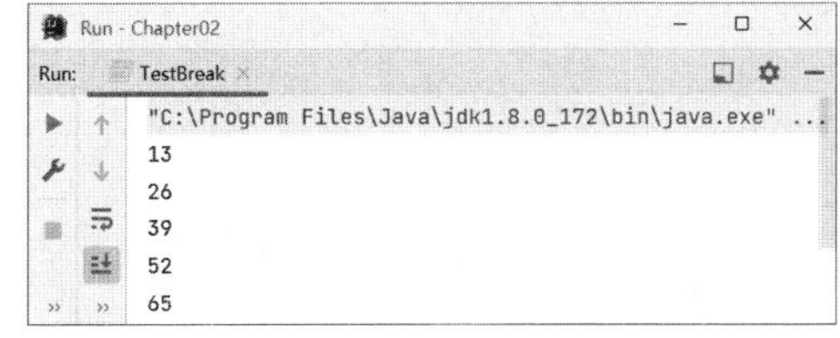

图 2.34　例 2-18 运行结果

通过图 2.34 可以看出，例 2-18 输出了前 5 个数字之后，变量 count 累加到 5，执行 break 语句，终止了循环。

2．continue 语句

continue 语句用于结束本次循环，即跳过循环体中 continue 后面尚未执行的语句，继续判断下一次循环是否执行。continue 只能用于循环中，其不同于 break 会终止整个循环语句，而是仅中止本次循环，进入下一次循环。

接下来通过一个案例演示 continue 语句的用法。编写程序，统计参与“逢 7 拍手”游戏的人，从 1 报数到 100，报了哪些数字，以及拍了多少次手。参与游戏的人从 1 报数到 100，到 7 的倍数或尾数为 7 的数字时，不能说出该数字，而是拍一下手。使用循环迭代出数字 1～100，判断哪些数字是 7 的倍数或尾数为 7，如果是 7 的倍数或尾数为 7，则计数器递增；否则，输出该数字。如例 2-19 所示。

【例 2-19】TestContinue.java

```
1    public class TestContinue{
2        public static void main(String[] args){
3            int count=0;     //计数器
4            for(int i=1;i<=100;i++){
5              if(i%7==0||i%10==7){
6                 count++;
7                 continue;  //跳过本次循环中循环体后面的语句
8              }
```

```
9                System.out.println(i);
10           }
11           System.out.println("共拍手"+count+"次");
12       }
13   }
```

程序运行结果如图 2.35 所示。

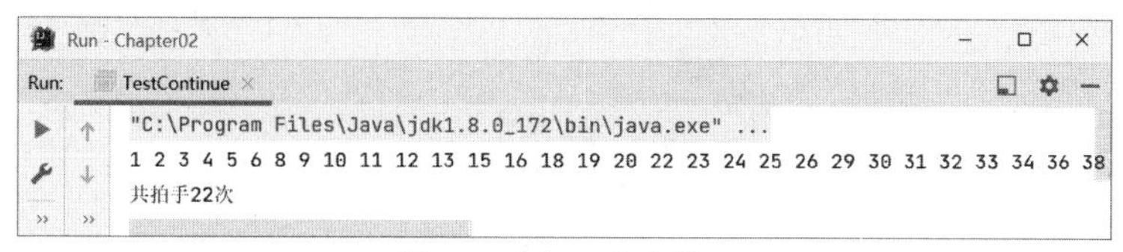

图 2.35　例 2-19 运行结果

通过图 2.35 可以看出，7、14、17、21、27、28、35、37 等都被跳过了，共有 22 个。continue 仅中止本次循环，不是所有循环都结束了，后面的循环依旧进行，所以不需要拍手的数字都被输出了。

3．标签

break 和 continue 都只能控制其所在的那一层循环，如果要让 break、continue 控制外层循环，则可借助 Java 语言提供的标签功能。标签就是给某个循环起的别名，该别名需要满足标识符的命名规范。在 break、continue 后跟上循环的别名即可控制该层循环，语法格式如下。

```
标签名:循环结构{
    break 标签名
}
```

接下来通过一个案例演示结束外循环的用法。停车场有 5 排停车位，每排有 10 个停车位，一位车主查询到第 2 排第 3 个车位是空车位后，前往该车位停车。请编写程序描述查询的过程。使用循环嵌套，外层循环控制排数，共循环 5 次，内层循环控制每排的车位数，每排 10 个车位，需循环 10 次。当外层循环进行到第 2 次循环时，为第 2 排车位，内层循环进行到第 3 次循环时，为第 3 个车位。此时车主可以在此停车，且此时需要跳出外层循环，为外层循环设置别名为 outer，使用 break 控制中断即可。如例 2-20 所示。

【例 2-20】TestBreakOuter.java

```
1   public class TestBreakOuter{
2       public static void main(String[] args){
3           boolean used=false;//标记是否可用
4           Outer:for(int i=1;i<=5;i++){
5               for(int j=1;j<=10;j++){
6                   if(i==2&&j==3){
7                       used=true;
8                       System.out.println("第"+i+"排, 第"+j+"个: "+used);
9                       break Outer;
10                  }else{
11                      System.out.println("第"+i+"排, 第"+j+"个: "+used);
12                  }
13              }
14          }
15      }
16  }
```

程序运行结果如图 2.36 所示。

通过图 2.36 可以看出，外层循环的标签为 Outer，在外层循环执行到第 2 次、内层循环执行到第 3 次时，break 语句通过标签 Outer 结束了外层循环，内层循环作为外层循环的循环体也随之结束。因此，输出“第 2 排，第 3 个：true”后停止输出。

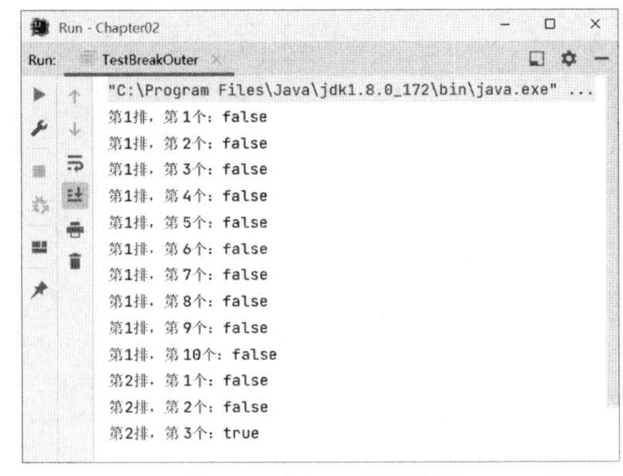

图 2.36　例 2-20 运行结果

4．return 语句

Java 语言中的 return 语句也可以结束循环，并且如果是循环嵌套，在内循环中执行 return 语句后，内外循环均不再继续执行。return 语句主要用于结束方法并返回该方法的返回值，在第 3 章中将进行详细介绍。

知识拓展

死循环又称无限循环，是指程序的控制流程一直在重复运行某一段代码，无法结束的情形，其原因可能是程序中的循环没有设定结束循环条件，或是结束循环的条件永远不可能成立等。

代码出现死循环会导致 CPU 的使用率飙升，甚至可能造成计算机死机，所以在使用循环时必须检查循环能否正常退出。

【实战训练】　登录功能次数限制

需求描述

管理员登录流浪猫救助平台，有 3 次输入用户名和密码的机会。默认管理员账号为 admin，密码为 123456。输入正确时，提示登录成功；输入错误时，提示输入错误，并提示剩余登录次数。

思路分析

（1）循环操作：输入用户名和密码，循环次数为 3。

（2）判断用户名和密码是否和默认的管理员账号和密码匹配。如果匹配，提示登录成功；否则提示登录失败和剩余登录次数。

代码实现

实现上述功能的代码如训练 2-3 所示。

【训练 2-3】TestIfInWhile.java

```
1   import java.util.Scanner;
2   public class TestIfInWhile{
3       public static void main(String[] args){
4           Scanner input=new Scanner(System.in);
5           int flag=3;      //控制循环次数
6           for(int i=0;i<3;i++){
7               System.out.print("请输入用户名：");
8               String uName=input.nextLine();
9               System.out.print("请输入密码：");
10              String pwd=input.nextLine();
11              //比较账号密码
12              if("admin".equals(uName)&&"123456".equals(pwd)){
```

```
13                  System.out.println("登录成功! ");
14              }else{
15                  System.out.println("登录失败，你还有"+(2-i)+"次机会");
16              }
17          }
18      }
19  }
```

程序运行结果如图 2.37 所示。

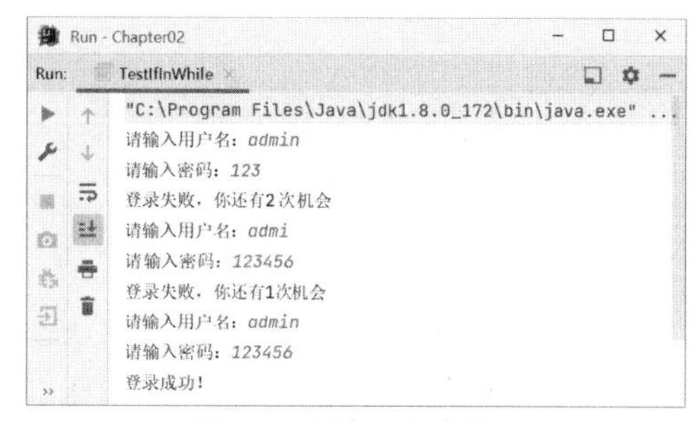

图 2.37 训练 2-3 运行结果

2.9 数组

数组是 Java 中的一种引用数据类型，能够用来存储固定大小的同类型元素。在 Java 开发过程中，当遇到需要定义多个相同类型的变量时，使用数组是一个很好的选择。例如，要存储 80 名学生的成绩，如果定义 80 个变量，会耗费大量的时间和精力，而此时如果使用数组，则不仅能够达到同样的效果，还会提高代码的简洁性和扩展性。

2.9.1 JVM 内存模型

要了解数组和基本数据类型的区别，需要先了解 Java 的 JVM 内存模型。JVM 内存模型如图 2.38 所示。

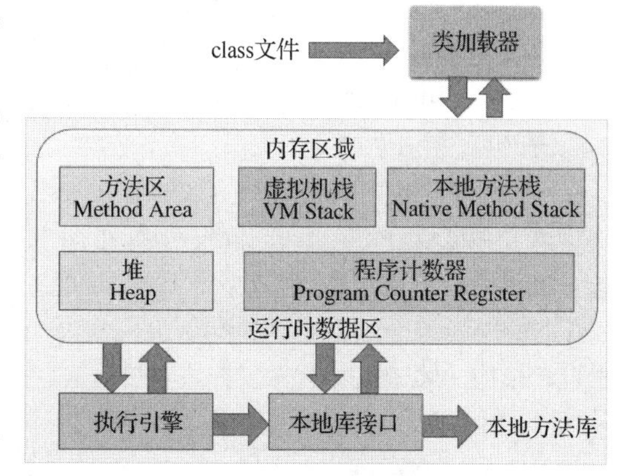

图 2.38 JVM 内存模型

Java 源文件经过编译之后，产生 class 文件，class 文件通过类加载器加载到 JVM 内存中，类加载器会将该文件中的数据结构转换成方法区中的数据结构，生成一个 Class 类对象。JVM 内存模型是根据不同内存空间的存储特点及存储的数据，人为进行的划分，例如给计算机硬盘进行分区，并非物理分区。

JVM 的内存大概分为以下几个区域。

- 程序计数器：每个程序都有程序计数器，主要作用是存储代码指令，类似于程序的执行计划，是当前线程所执行的字节码的行号指示器。
- 本地方法栈：为虚拟机使用的 native 方法服务。底层调用的是 C 语言或者 C++语言编写的函数，在 JDK 安装目录的 include 文件夹中有很多用 C 语言编写的文件。
- 虚拟机栈：也叫作 Java 栈，描述 Java 方法执行的内存模型，每个方法执行的同时会创建一个栈帧，用于存储局部变量表、操作数栈、动态链接和方法的返回地址等信息。每个方法都会创建一个栈帧，栈帧中存放了当前方法的数据信息，如局部变量。当方法执行完毕时，这个栈帧就被销毁了。Java 栈是线程私有的，随线程的消亡而消亡，不存在垃圾回收的问题。8 种基本数据类型的变量和引用数据类型的引用变量名都是在方法的栈内存中分配的。
- 堆：被所有线程所共享的一块内存区域，在虚拟机启动时创建。所有对象实例和数组都会使用 new 关键字在堆上分配空间。
- 方法区：供线程共享的内存区域，存储已经被虚拟机加载的类信息、常量、静态变量和即时编译器编译后的代码数据等。

2.9.2 数组的定义

数组是在程序设计中，为了处理方便，把具有相同类型的若干变量按有序的形式组织起来的一种数据形式。这些按一定顺序排列的同类型数据的集合称为数组。而数组中的每一个数据称为数组元素，数组中的元素以索引来表示其存放的位置，索引从 0 开始，步长是 1，类似于 Excel 表格的行号，逐行递增。

数组变量可以理解为是一种特殊的变量，因为它可以存储一组数据。和单个基本数据类型变量的声明方式类似，数组变量的声明方式如下。

```
数组元素的类型[]  数组名;      //方式 1
数组元素的类型  数组名[];      //方式 2
```

两种方式推荐使用方式 1，可以将“数组元素类型[ ]”看作数组类型，如 int[ ] arr 可以理解为 int[ ] 类型的数组 arr。Java 中数组的声明，具体示例如下。

```
int[] intArr;
double douArr[];
String[] strArr;
```

2.9.3 数组的初始化

根据 2.9.1 小节对 JVM 内存模型的介绍可知，数组必须初始化才能使用，要通过 new 关键字为数组在内存中分配空间，初始化即为数组中的每个元素赋值。声明数组只是声明一个引用类型的变量，并不是数组对象本身，只要让数组变量指向 Java 堆中有效的数组对象，在程序中就可使用该数组变量来访问数组元素，如图 2.39 所示。

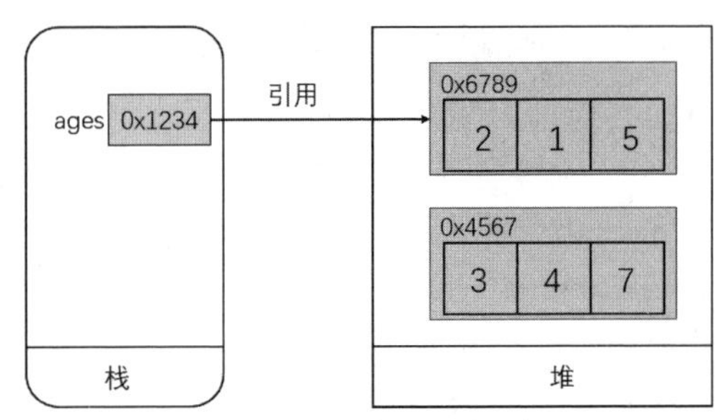

图 2.39 访问数组元素示意

如果还未对数组进行初始化，就操作数组，会报异常：NullPointerException（空指针异常）。初始化数组有静态初始化和动态初始化两种方式。数组是定长的，无论使用哪种方式初始化数组，都需要注意数组一旦初始化完成，长度就固定了，不能改变，除非重新进行初始化。

1. 静态初始化

数组静态初始化的特点是由编写程序的人为数组的每一个元素设置初始值，而数组的长度是由 JVM 决定的。静态初始化的语法格式如下。

```
数组元素类型[] 数组名=new 数组元素类型[]{元素 1,元素 2,元素 3,…}
```

数组静态初始化的具体示例如下。

```
String[] names=new String[]{"小喵","小面","翠花"};
int[] ages=new int[]{2,1,5};
double weight[];
weight=new double[]{3.4,5.6,4.7};
```

上述示例中静态初始化了数组，其中大括号包含数组元素值，元素值之间用逗号分隔。此处注意，只有在声明数组的同时执行数组初始化，才支持使用简化的静态初始化。

2. 动态初始化

动态初始化是指由程序员在初始化数组时指定数组的长度，由系统为数组元素分配初始值。

数组动态初始化的具体示例如下。

```
int[] array=new int[10];      //动态初始化数组
```

上述示例会在数组声明的同时分配一块内存空间供该数组使用，其中数组长度是10，由于每个元素都为int类型，因此上述示例中数组占用的内存共有10×4=40个字节。此外，动态初始化数组时，系统会根据数组元素的数据类型为其设置默认的初始值。上述代码中，数组中每个元素的默认初始值为0。Java中，对于常见的数据类型，数组元素的默认初始值如表2.10所示。

表2.10　不同数据类型数组元素的默认初始值

数据类型	默认初始值	数据类型	默认初始值
byte	0	double	0.0D
short	0	char	空字符、'\u0000'
int	0	boolean	false
long	0L	引用数据类型	null
float	0.0F		

2.9.4 数组的基本操作

1. 访问数组元素

在Java中，数组对象有一个length属性，用于表示数组的长度，即数组中元素的个数。所有类型的数组都是如此。

获取数组长度的语法格式如下。

```
数组名.length
```

用length属性获取数组长度的具体示例如下。

```
int[] list=new int[10];       //定义一个int类型的数组
int size=list.length;         //size=10，数组的长度
```

访问数组元素通过数组的索引实现，通过“数组名[索引]”的方式访问某个元素，索引是从0开始的，数组中第一个元素的索引为0，最后一个元素的索引为length-1。如在int[] list=new int[10]中，list[0]是第1个元素，list[1]是第2个元素，…，list[9]是第10个元素，也就是最后一个元素。如果数组list有length个元素，那么list[0]是第一个元素，而list[length-1]是最后一个元素。

如果索引值小于0，或者大于或等于数组长度，编译程序不会报任何错误，但运行时将出现异常：ArrayIndexOutOfBoundsException:*N*（数组索引越界异常）。*N*表示试图访问的数组索引。

可以通过索引获取数组中某个位置的元素的值或给某个位置的元素赋值，语法格式如下。

```
数值元素类型 变量=数组名[index];        //获取数组元素的值
数组名[index]=值;                       //为数组元素赋值
```

接下来通过一个案例演示数组的用法。使用数组存储3只猫的名字——小喵、小面、翠花，输出第1只猫的名字，再将第1只猫的名字改为小咪。如例2-21所示。

【例2-21】TestArray.java

```
1    public class TestArray{
```

```
2        public static void main(String[] args){
3            String[] names=new String[]{"小喵","小面","翠花"};
4            String name=names[0];
5            System.out.println(name);
6            names[0]="小咪";
7            System.out.println(names[0]+","+names[1]+","+names[2]);
8        }
9    }
```

程序运行结果如图 2.40 所示。

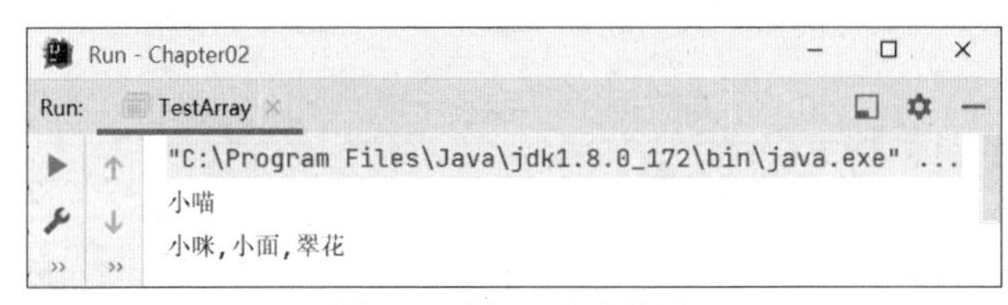

图 2.40　例 2-21 运行结果

从图 2.40 中可以看出已经获取到数组的第 1 个元素，并且成功重新设置值；数组下标为 1、2 的位置中并未存入数据，输出结果仍为原来的值。

2．数组遍历

数组的遍历是指依次访问数组中的每个元素。接下来演示循环遍历猫名字的数组，输出猫的名字，如例 2-22 所示。

【例 2-22】TestArrayTraversal.java

```
1    public class TestArrayTraversal{
2        public static void main(String[] args){
3            String[] names={"小喵","小咪","翠花","小面"};
4            for(int i=0;i<names.length;i++){
5               System.out.println(names[i]);
6            }
7        }
8    }
```

程序运行结果如图 2.41 所示。

在例 2-22 中，声明并静态初始化一个 String 类型的数组，然后利用 for 循环中的循环变量充当数组的索引，依次递增索引，从而遍历数组元素，输出了所有猫的名字。

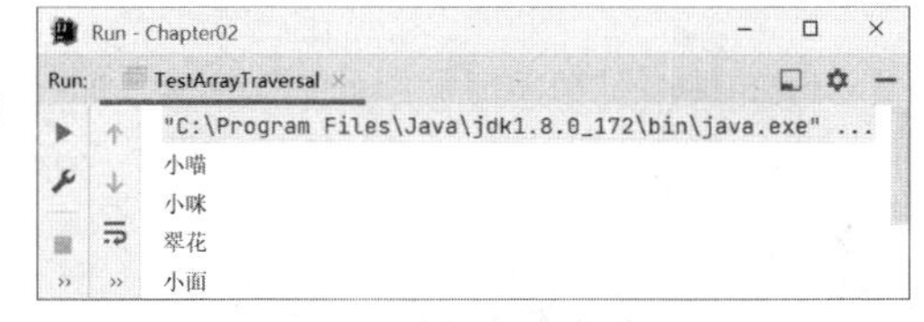

图 2.41　例 2-22 运行结果

3．foreach 语句

foreach 语句是 for 语句的特殊简化版本，被称为增强的 for 循环，可以用来遍历数组、集合，而不必考虑指定的索引值。foreach 并不是关键字。任何的 foreach 语句都可以改写为 for 语句版本。foreach 语句的语法格式如下。

```
for(元素类型 元素变量:遍历对象){
    引用元素变量的语句
}
```

但是 foreach 语句并不能完全取代 for 语句，foreach 语句有局限性：在遍历数组和集合时，只能访问集合中的元素，并不能对其中的元素进行修改。

4. 数组最大值和最小值

通过前面介绍的知识可知，借助数组的基本用法与流程控制语句可得到数组的最大值和最小值。首先把数组的第一个元素的值赋给变量 max 和 min，分别表示最大值和最小值，再依次判断数组其他元素值的大小，判断当前值是否是最大值或最小值，如果不是则进行替换，最后输出最大值和最小值。获取数组中最大值和最小值的代码如例 2-23 所示。

【例 2-23】TestMostValue.java

```
1   public class TestMostValue{
2       public static void main(String[] args){
3           int[] score={88,62,12,100,28};
4           int max=0;                          //最大值
5           int min=0;                          //最小值
6           max=min=score[0];                   //把第一个元素的值赋给 max 和 min
7           for(int i=1;i<score.length;i++){
8              if(score[i]>max) {               // 依次判断后面元素的值是否比 max 大
9                max=score[i];                  //如果大，则修改 max 的值
10             }
11             if(score[i]<min) {               //依次判断后面元素的值是否比 min 小
12               min=score[i];                  //如果小，则修改 min 的值
13             }
14          }
15          System.out.println("最大值："+max);
16          System.out.println("最小值："+min);
17      }
18  }
```

程序运行结果如图 2.42 所示。

在例 2-23 中，main( )方法声明并静态初始化了 score 数组，并定义了两个变量 max 与 min，分别用来存储最大值与最小值。接着把 score 数组第一个元素 score[0]的值分别赋给 max 和 min，然后使用 for 循环对数组进行遍历。数组最大值和最小值比较过程如图 2.43 所示。

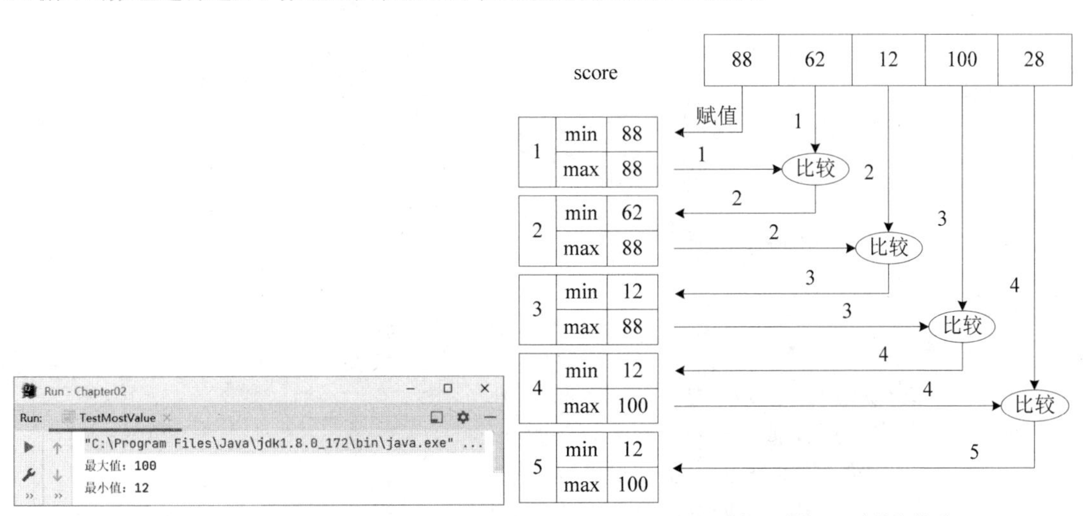

图 2.42 例 2-23 运行结果

图 2.43 数组最大值和最小值比较过程

在图 2.43 中，max 与 min 最初存储的数值都是 score 数组的第一个元素的值 88，在遍历过程中只

要遇到比 max 值还大的元素，就将该元素的值赋给 max，遇到比 min 还小的元素，就将该元素的值赋给 min。

5. 数组排序

数组排序是指数组元素按照特定的顺序排列。在实际生活中，经常需要对数据排序，如老师对学生的成绩排序。数组排序有多种算法，本节介绍一种简单的排序算法——冒泡排序。这种算法是不断地比较相邻的两个元素，较小的向上冒，较大的向下沉，排序过程如同水中气泡上升，即两两比较相邻元素，反序则交换，直到没有反序的元素为止，如例 2-24 所示。

【例 2-24】TestBubbleSort.java

```
1   public class TestBubbleSort{
2       public static void main(String[] args){
3           int[] array={88,62,12,100,28};    //声明数组
4           //外层循环控制排序轮数
5           //最后一个元素，不用再比较
6           for(int i=0;i<array.length-1;i++){
7               //内层循环控制元素两两比较的次数
8               //每轮循环沉底一个元素，沉底元素不用再参加比较
9               for(int j=0;j<array.length-1-i;j++){
10                  //比较相邻元素
11                  if(array[j]>array[j+1]){
12                      //交换元素
13                      int tmp=array[j];
14                      array[j]=array[j+1];
15                      array[j+1]=tmp;
16                  }
17              }
18              //输出每轮排序结果
19              System.out.print("第"+(i+1)+"轮排序：");
20              for(int j=0;j<array.length;j++){
21                  System.out.print(array[j]+"\t");
22              }
23              System.out.println();
24          }
25          System.out.print("最终排序 ：");
26          for(int i=0;i<array.length;i++){
27              System.out.print(array[i]+"\t");
28          }
29          System.out.println();
30      }
31  }
```

程序运行结果如图 2.44 所示。

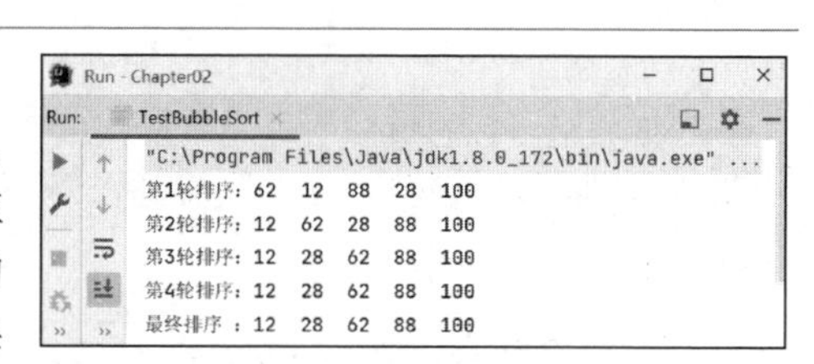

图 2.44　例 2-24 运行结果

在例 2-24 中，通过循环嵌套实现了冒泡排序。其中，外层循环控制排序的轮数，每一轮可以确定一个元素位置，由于最后一个元素不需要进行比较，因此外层循环的轮数为 array.length−1。内层循环控制每轮比较的次数，每轮循环沉底一个元素，沉底元素不用再参加比较，因此，内层循环的次数为 array.length−1−i。内层循环的次数被作为数组的索引，索引按循环递增，实现相邻元

素依次比较，如果当前元素的值小于后一个元素的值，则交换两个元素的位置，如图 2.45 所示。

在例 2-24 中，第 11～16 行代码实现了数组中两个元素的交换。首先定义一个临时变量 tmp 用于保存 array[j]的值，然后用 array[j+1]的值覆盖 array[j]，最后将 tmp 的值赋给 array[j+1]，从而实现了两个元素的交换，如图 2.46 所示。

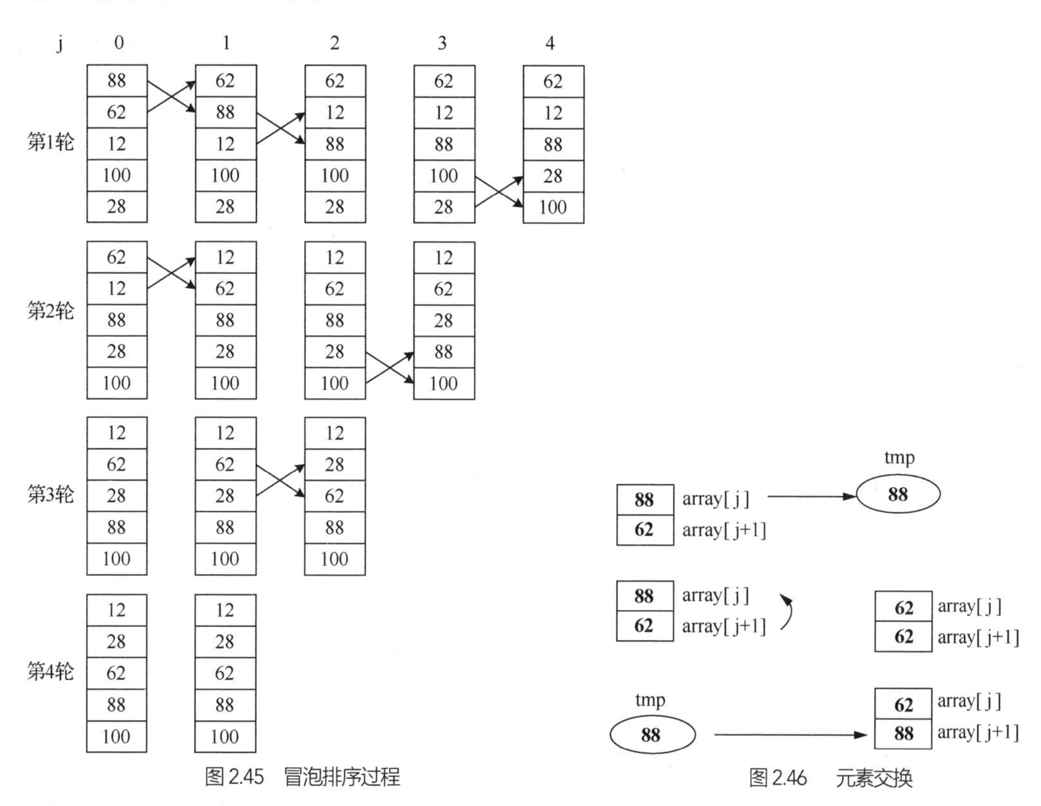

图 2.45 冒泡排序过程

图 2.46 元素交换

2.9.5 二维数组

虽然一维数组可以处理一些简单的一维模型，但在实际应用中模型却往往不止一维，比如棋盘，如图 2.47 所示。

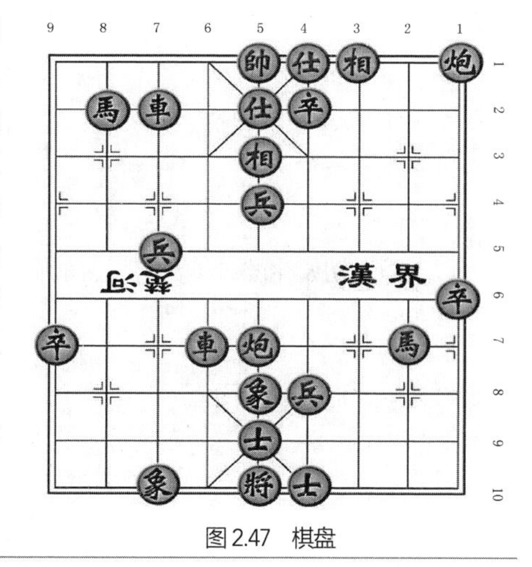

图 2.47 棋盘

图 2.47 中有 10 行 9 列，因此，它需要用二维模型来表示。Java 中用二维数组来模拟二维模型，因此，二维数组的第一维可以表示棋盘的 10 行，第二维可以表示棋盘的 9 列。假定数组名为 a，该棋盘用二维数组可以表示为 a[10][9]，红“帅”的位置在第 1 行第 5 列，该位置就表示为 a[0][4]，其他位置依此类推。接下来详细讲解二维数组的声明及使用。

二维数组可以看成以数组为元素的数组，常用来表示表格或矩形。二维数组的声明、初始化与一维数组类似。

二维数组的声明，示例如下。

```
int[][] array;
int array[][];
```

二维数组的动态初始化，示例如下。

```
array=new int[3][2];              //动态初始化 3*2 的二维数组
array[0]=new int[] {1,2};         //初始化二维数组的第一个元素
array[1]= new int[] {3,4};        //初始化二维数组的第二个元素
array[2]= new int[] {5,6};        //初始化二维数组的第三个元素
```

上述示例声明了一个 3 行 2 列的二维数组，即二维数组的长度为 3，每个二维数组的元素是一个长度为 2 的一维数组。该二维数组动态初始化的存储示意如图 2.48 所示。

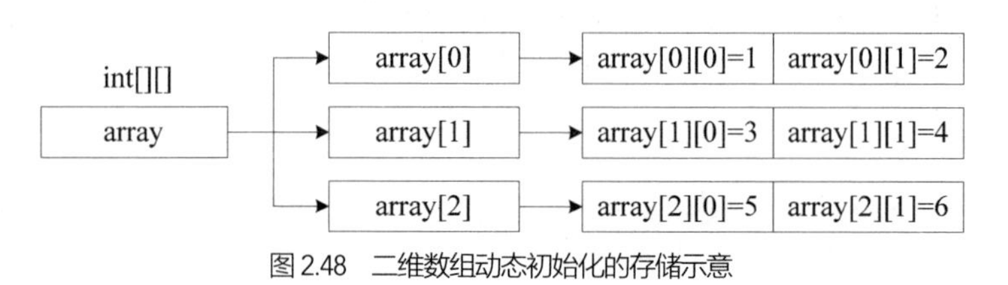

图 2.48　二维数组动态初始化的存储示意

二维数组的静态初始化，示例如下。

```
array=new int[][]{
    {1},
    {2,3},
    {4}
};
```

对于二维数组的静态初始化，也可用另一种形式，具体示例如下。

```
int[][] array={
     {1},
     {2,3},
     {4}
};
```

需要注意的是，静态初始化由系统指定数组长度，不能手动指定，下面演示的是错误的静态初始化。

```
array=new int[3][3]{       //非法，静态初始化由系统指定数组长度，不能手动指定
    {1,2,3},
    {4,5,6},
    {7,8,9}
};
```

以上静态初始化的二维数组元素的存储示意如图 2.49 所示。

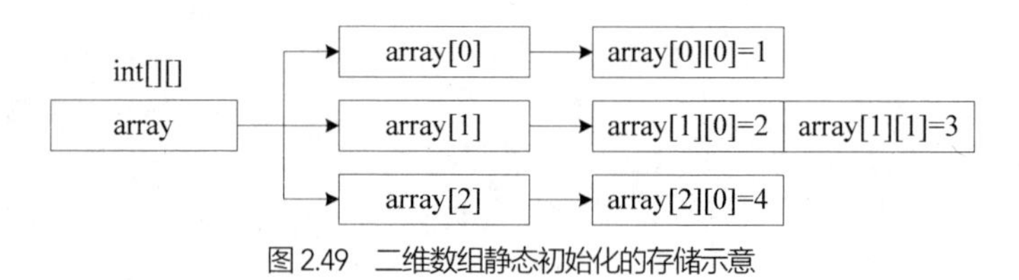

图 2.49　二维数组静态初始化的存储示意

二维数组的每个元素是一个一维数组。二维数组 array 的长度是数组 array 的元素的个数，可由 array.length 得到；元素 array[i]是一个一维数组，其长度可由 array[i].length 得到。具体示例如例 2-25 所示。

【例 2-25】TestTwoDimensionalArray.java

```
1    public class TestTwoDimensionalArray{
2       public static void main(String[] args){
3           //声明二维数组，3 行*3 列
4           int[][] array=new int[3][3];
5           //动态初始化二维数组
6           //array.length 获取二维数组的元数个数
7           //array[i].length 获取二维数组元素指向的一维数组的元素个数
8           for(int i=0;i<array.length;i++){
9              for(int j=0;j<array[i].length;j++){
10                array[i][j]=3*i+j+1;
11             }
12          }
13          //输出二维数组
14          for(int i=0;i<array.length;i++){
15             for(int j=0;j<array[i].length;j++){
16                System.out.print(array[i][j]+"\t");
17             }
18             System.out.println();
19          }
20      }
21   }
```

程序运行结果如图 2.50 所示。

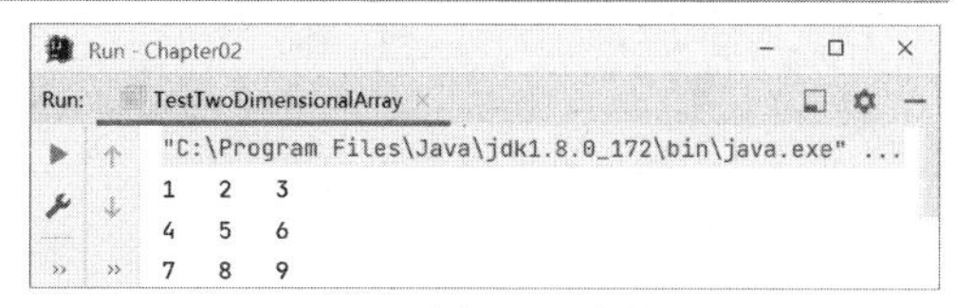

图 2.50 例 2-25 运行结果

例 2-25 中声明了一个 3 行 3 列的二维数组，用嵌套 for 循环为二维数组赋值并输出二维数组。由此可发现，每多一维，嵌套循环的层数就多一层，维数越高的数组其复杂度也就越高。该二维数组在内存中的存储原理如图 2.51 所示。

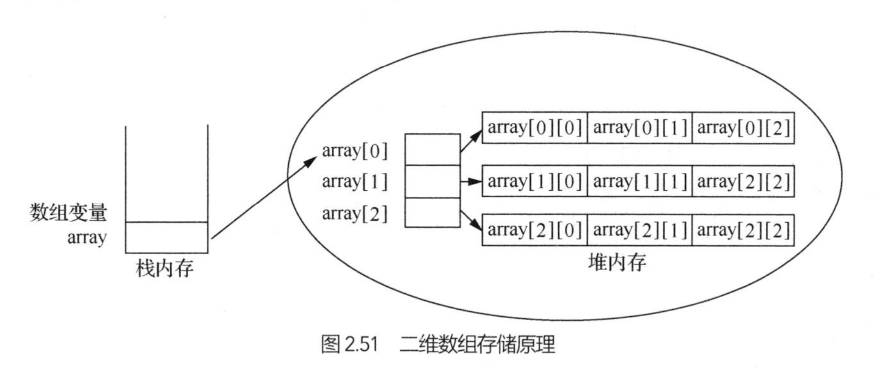

图 2.51 二维数组存储原理

2.10 本章小结

通过本章的学习，读者能够掌握 Java 的基本语法。读者需要重点理解的是：如果需要对某种条件进行判断，结果为真或为假时分别执行不同的语句，则可以使用 if 语句；假如需要检测的条件很多，就用 if 与 else 配对使用；假如条件过多，就使用 switch 语句；当需重复执行某些语句，并且能够确定执行的次数时，就用 for 语句；假如不能确定重复执行的次数，可以用 while 语句；假如确定至少能执

行一次，那么用 do-while 语句。另外，continue 语句可以使当前循环结束，并从循环的开始处继续执行下一次循环；break 语句会使循环直接结束。数组可以存储多个同类型的数据，批量处理数据时用数组要比用变量方便很多。

2.11 习题

1．填空题

（1）将两个数相加，生成一个值的语句称为______________。

（2）数据类型转换方式分为自动类型转换和______________两种。

（3）选择结构也称______________，其根据条件的成立与否来决定要执行哪些语句。

（4）通常称给定条件为循环条件，称反复执行的程序段为______________。

（5）结构化程序中最简单的结构是______________。

2．选择题

（1）do-while 循环结构中的循环体执行的最少次数为（　　）。

A．1　　B．0　　C．3　　D．2

（2）已知 y=2，z=3，n=4，则经过 n=n+−y*z/n 运算后，n 的值为（　　）。

A．−12　　B．−1　　C．3　　D．−3

（3）已知 a=2，b=3，则表达式 a%b*4%b 的值为（　　）。

A．2　　B．1　　C．−1　　D．−2

（4）语句“while(!e);”中的条件“!e”等价于（　　）。

A．e==0　　B．e!=1　　C．e!=0　　D．～e

（5）while 循环，条件为（　　）时执行循环体。

A．false　　B．true　　C．0　　D．假或真

3．简答题

（1）请简述 Java 的 8 种基本数据类型及其所占内存大小。

（2）请简述数据类型转换的原理。

（3）请简述&和&&的区别。

（4）请简述 break 和 continue 语句的区别。

4．编程题

（1）编写程序，使用“*”输出直角三角形。

（2）编写程序，计算字符数组中每个字符出现的次数。

第3章 面向对象编程

本章学习目标

- 理解面向对象的概念。
- 掌握类的创建与使用方法。
- 掌握方法的定义和使用方法。
- 掌握对象的基本操作方法。
- 掌握构造方法的定义和使用方法。
- 掌握 this 关键字和 static 关键字的使用方法。
- 理解成员变量和局部变量的区别。

面向对象编程

Java 是一门面向对象的编程语言，而面向对象编程（Object Oriented Programming，OOP）是一种程序设计思想，它将任何事物都看作程序中的一个对象。因此，在 Java 的世界里“万物皆对象”，一个个对象相互联系最终组成了完整的程序设计。但在程序开发初期，程序员使用的却是面向过程的程序设计方式，那么，它与面向对象之间的区别在哪里？面向对象的优势何在？“对象”又是一个什么样的存在呢？本章将进行揭秘，并介绍 Java 中类和对象的具体使用方式，带领读者深入了解变量的知识。

3.1 面向过程和面向对象

学习编程的过程中，编程思维的培养是非常重要的。面向过程和面向对象是两种重要的编程思想，它们以不同的方式指导程序员分析和设计软件，涉及编程语言的选择，影响软件的结构、稳定性、可拓展性和可维护性等方面。

3.1.1 面向过程编程思想

面向过程思想是指站在过程的角度思考问题，强调功能行为和功能的执行过程，即程序先做什么、后做什么。每一个功能都使用函数（Java 中称方法）按步骤依次实现，使用时直接调用函数即可。在面向过程的程序设计中，最小的程序单元是函数，每个函数负责完成某一个功能，在接收输入数据后，对输入数据进行处理，然后输出结果数据。面向过程的代表语言有 C、Fortran 等。

面向过程的好处是编程任务明确，要解决什么问题就写什么代码，但代码可重用性很差。例如，制作一套家具，从准备原材料到家具成品，中间所有的步骤都需要自己完成，从确定原材料、准备原材料到制作形状、上漆等。这在编程上的体现就是需要定义实现每个功能的函数，然后在主函数中依次调用。

3.1.2 面向对象编程思想

面向对象是一种基于面向过程的新的编程思想，顾名思义，这种思想是站在对象的角度思考问题，将多个功能合理地放到不同的对象中，强调的是具备某些功能的对象。对象是指具备某种功能的实体，在面向对象的程序设计中，最小的程序单元是类，将实现某个功能的任务交给具备这个功能的对象即可。在面向对象思想的指引下，制作家具的过程是将原材料的准备工作交给采购商，设计工作交给设计公司，制作家具的工作交给木匠。每个人各司其职，完成工作。这在编程上的体现就是定义具有不同功能的对象，将这些对象组合在一起完成整个任务。面向对象的代表语言有 C++、C#、Java 等。

面向对象是一种更加符合人类思维模式的编程思想，它可以将复杂的问题简单化，将开发人员从执行者变为指挥者。面向对象编程的内存开销会更大，因为在完成任务前要创建许多的对象。使用面向过程编程思想的话，需要开发多个与要求匹配的程序，非常不利于维护；使用面向对象的编程思想，虽然在前期编写了很多代码，但是在完成工作时，只需要改变调用的参数就能够解决很多问题。

在实际开发时，如果要追求最大化利用资源，以最小的开销做出符合要求的程序，那么选择使用面向过程的方式更合适，但如果程序要面向更多的不同用户，使用面向对象的思想就很有必要。

面向对象编程有三大特性——封装、继承和多态，有时也将抽象作为面向对象编程的第四大特性。

1．封装

封装是面向对象程序设计的核心思想。它是指将对象的属性和行为封装起来，其载体就是类，类通常对客户隐藏其实现细节，这就是封装的思想。例如，计算机的主机是由内存条、硬盘、风扇等部件组成的，计算机生产商把这些部件用一个外壳封装起来组成主机，用户在使用该主机时，无须关心其内部的组成及工作原理，如图 3.1 所示。

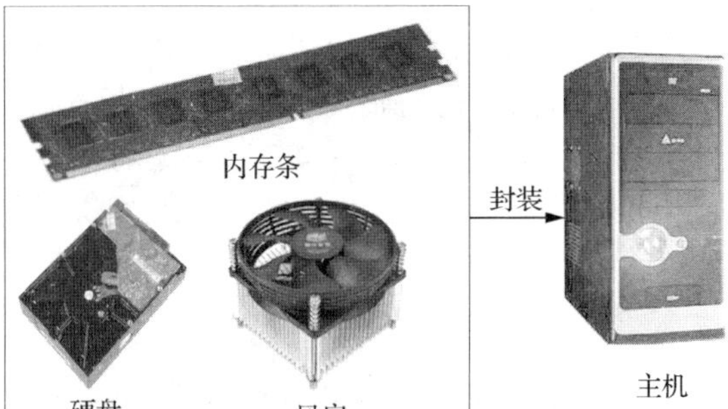

内存条 硬盘 风扇 封装 主机

图 3.1　主机及其部分组成部件

2．继承

继承是面向对象程序设计提高代码重用性的重要措施。它体现了特殊类与一般类之间的关系，当特殊类包含一般类的所有属性和行为，并且特殊类还可以有自己的属性和行为时，称特殊类继承了一般类。一般类又称父类或基类，特殊类又称子类或派生类。例如，假设程序中已经描述了汽车模型这个类的属性和行为，如果现在需要描述一个小轿车类，则只需要让小轿车类继承汽车模型类，然后再描述小轿车类特有的属性和行为，而不必重复描述一些在汽车模型类中已有的属性和行为，如图 3.2 所示。

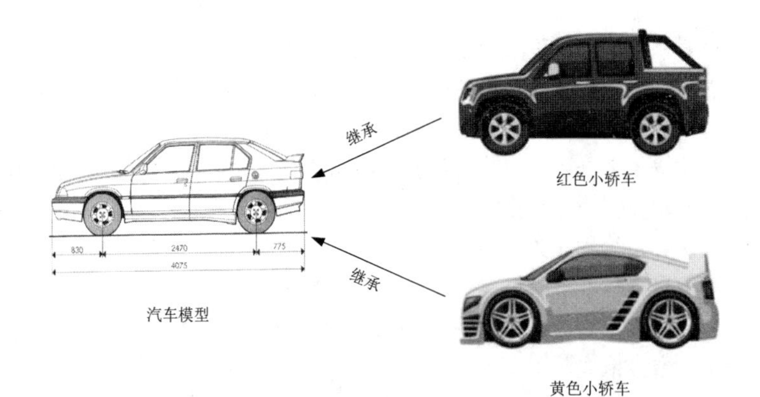

图 3.2　汽车模型与小轿车

3．多态

多态是面向对象程序设计的重要特性。生活中也常存在多态，例如，学校的下课铃声响了，这时有学生去买零食、有学生去打球、有学生在聊天；动物园饲养员给不同的动物喂不同的食物，给狮子喂生肉、给熊猫喂箭竹、给猴子喂香蕉。这就是多态在日常生活中的表现。程序中的多态是指一种行为对应多种不同的实现。例如，在一般类中说明了一种求几何图形面积的行为，这种行为不具有具体含义，因为它并没有确定具体几何图形。又定义一些特殊类，如三角形、正方形、梯形等，它们都继承自一般类。不同的特殊类都继承了一般类的求面积的行为，它们可以根据具体的几何图形使用求面积公式，重新定义求面积行为的不同实现，分别实现求三角形、正方形、梯形等的面积的功能，如图 3.3 所示。

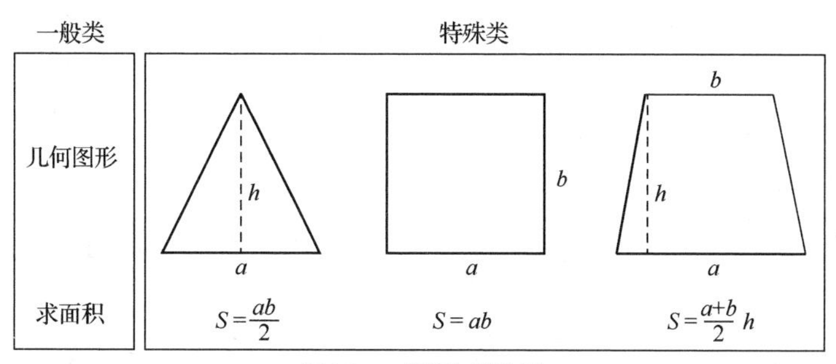

图 3.3　一般类与特殊类

在实际编写应用程序时，开发者需要根据具体应用设计对应的类与对象，然后在此基础上综合考虑封装、继承与多态，这样编写出的程序更健壮、更易扩展。

4．抽象

抽象是面向对象的重要部分，指从特定的角度出发，从已经存在的事物中抽取需要关注的状态和行为，从而形成一个新事物的思维过程，是一种从复杂到简洁的思维方式。

抽象并不是面向对象领域特有的概念和方法，在人类的科学研究和日常学习生活中，抽象最主要的作用是“划分类别”，而划分类别的主要目的是隔离关注点，降低复杂度。因为事物是非常复杂的，人们不可能同时关注其所有内容。关于抽象在面向对象中的具体表现，在 3.2 节中将进行详细介绍。

3.2 类与对象

在现实世界中，对象泛指一切事物，如学生、汽车等。为了便于在编程中描述现实事物，通常会将对象划分为两个部分：静态部分和动态部分。顾名思义，静态部分就是不能动的部分，这个部分被称为“属性”，任何对象都会具备其自身属性。例如，流浪猫的属性有品种、颜色、年龄等。一个具体的对象属性的值被称作它的“状态”。动态部分是指对象的“行为”，即对象执行的动作。例如，流浪猫具有打招呼的动作、攻击的动作等。我们可以通过探讨对象的属性和观察对象的行为来了解对象。

通过对多个同类型的对象进行分析，可以把对象抽象成类，这些对象属性类型一致，但是属性值不同。例如，可以从多只不同的流浪猫的同类属性抽象出猫类，如图 3.4 所示。

具有相同属性和行为的对象的抽象就是类，猫类的示意图如图 3.5 所示。我们可以这样理解：对象的抽象是类，类的具体化就是对象。实际上，类是一种引用数据类型。

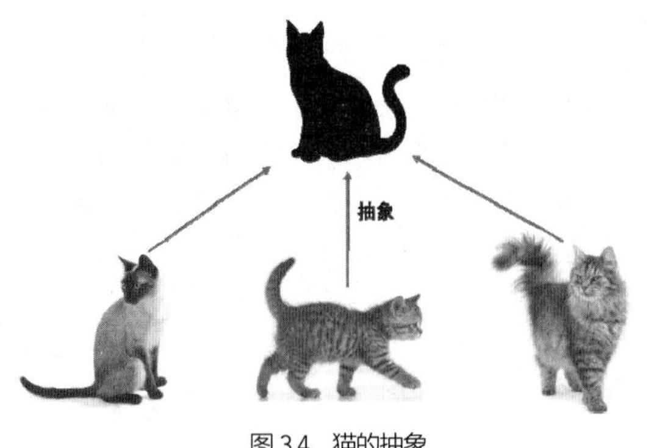

图 3.4　猫的抽象

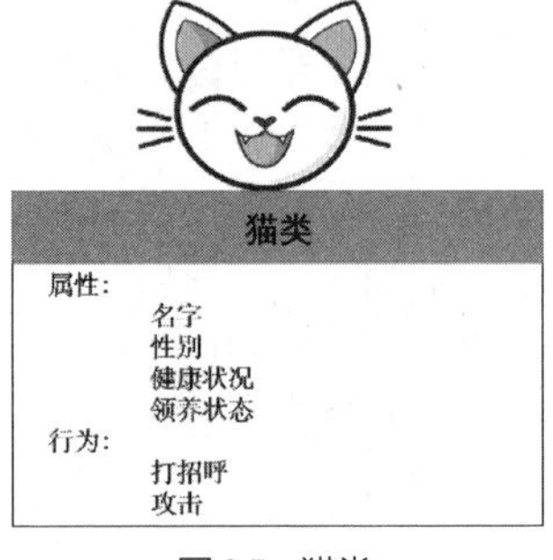

图 3.5　猫类

类是对象的模板，对象是类的实例。创建一个对象，就是使用一个类作为构建该对象的基础。在面向对象编程中，需要通过类实例化对象。

3.2.1 类的定义

Java 中的类是通过 class 关键字来定义的，在类中，属性通过成员变量体现，行为通过成员方法实现。Java 中定义类的通用语法格式如下。

```
[修饰符] class 类名{
    成员变量    //0~n 个
    成员方法    //0~n 个
}
```

在定义类时，需要注意以下 3 点。

（1）如果类使用了 public 修饰符（使用 IntelliJ IDEA 的右键快捷菜单创建的类默认有 public），必须保证当前文件名称和当前类名相同。

（2）类表示某一类事物，类名使用名词表示，首字母大写，如果是多个单词组成，要使用“驼峰表示法”，如 AbstractSingletonProxyFactoryBean（Spring 框架中的类）。

（3）在面向对象编程中，如果专门为描述某对象提供一个类，则该类不需要 main( )方法。

成员方法又称方法，类似于 C 语言中的函数，是指在程序中完成独立功能，可重复使用的一段代码。在面向对象编程时，方法一般用于描述对象的行为，例如猫的打招呼、攻击等行为，就可以定义为方法。定义方法的语法格式如下。

```
[修饰符] 返回值类型 方法名([参数类型 参数名 1,参数类型 参数名 2,…]){
    方法体
    return 返回值;
}
```

对于上述语法格式，相关说明如下。

- 修饰符：方法的修饰符比较多，有对访问权限进行限定的，有静态修饰符 static，还有最终修饰符 final 等。
- 返回值类型：限定返回值的数据类型，如果不需要返回值，则使用 void 关键字。
- 参数类型：限定调用方法时传入参数的数据类型。
- 参数名：形式参数，占位用，用于接收调用方法时传入的数据。
- return：关键字，用于结束方法及返回方法指定类型的值。
- 返回值：被 return 返回的值，该值返回给调用者。

根据是否需要参数和返回值，我们可以将方法划分为 4 类：无参数无返回、有参数无返回、无参数有返回和有参数有返回。图 3.6 定义了求两个整数之和的方法，并介绍了其组成部分。

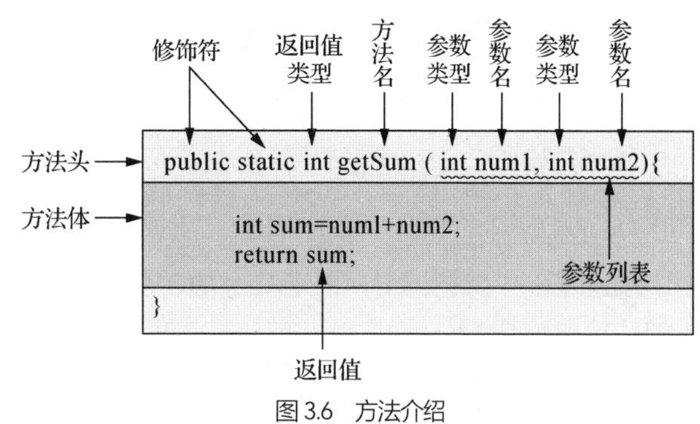

图 3.6　方法介绍

方法必须调用才能生效，就像在餐馆点菜必须指定菜名，后厨才知道做什么菜，并给客人做好。接下来根据类的语法格式定义一个 Cat 类，如例 3-1 所示。

【例 3-1】Cat.java

```
1   public class Cat{
2       String name;
3       String sex;
4       String color;
5       double age;
6       public void sayHello(){          //定义打招呼的方法
7         System.out.println("名字："+name+"  性别："+sex+"  毛色:"+color+"  年龄:"+age);
8       }
9   }
```

例 3-1 中定义了一个类，Cat 是类名，其中 name、sex、color 和 age 是该类的成员变量，也称为对象属性，sayHello( )是该类的对象行为（也称为成员方法），在 sayHello( )方法体中可以直接对 name、sex、color 和 age 成员变量进行访问。

3.2.2 对象的创建与使用

类是对象的抽象，为对象定义了属性和行为，但类本身既不带任何数据，也不存在于内存空间中。而对象是类的一个具体存在，既拥有独立的内存空间，也存在独特的属性和行为，属性还可以随对象自身的行为而发生改变。创建对象之前，必须先声明对象，语法格式如下。

```
类名 对象名;
```

类是自定义的引用数据类型，因此，对象名是一个引用变量，默认值为 null。实例化对象的语法格式如下。

```
对象名=new 类名();
```

声明和实例化对象的过程可以简化，语法格式如下。

```
类名 对象名=new 类名();
```

创建例 3-1 中的 Cat 类的实例对象，代码如下。

```
Cat c=new Cat();
```

上述代码中，“Cat c”声明了一个 Cat 类型的引用变量，“new Cat( )”为对象在堆中分配内存空间，最终返回对象的引用并赋值给对象 c，如图 3.7 所示。

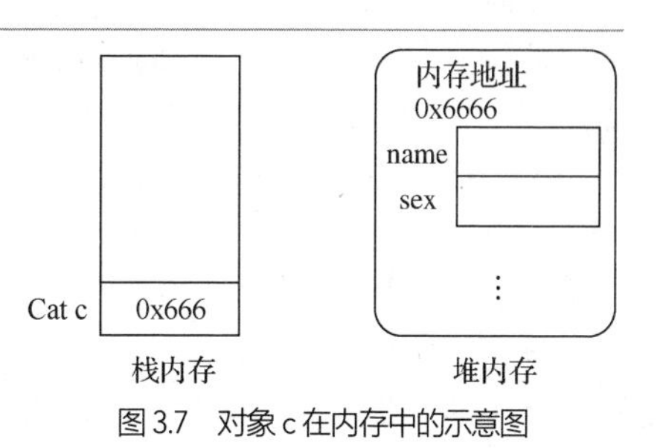

图 3.7　对象 c 在内存中的示意图

对象实例化后，就可以访问对象，获取对象的属性值，以及通过对象调用方法。

获取某个对象的属性值的的语法格式如下。

```
属性值类型 变量=对象名.属性名;
```

通过对象调用方法的语法格式如下。

```
对象名.方法名(实际参数);
```

定义 Cat 类的测试类，创建 Cat 类的实例对象，并设置对象的属性值，通过对象调用方法，如例 3-2 所示。

【例 3-2】 TestCat.java

```
1   public class TestCat{
2       public static void main(String[] args){
3           Cat c1=new Cat();           //创建 Cat 类的对象 c1
4           Cat c2=new Cat();           //创建 Cat 类的对象 c2
5           c1.name="小喵";              //为 c1 的 name 属性赋值
6           c1.sex="母";                 //为 c1 的 sex 属性赋值
7           c1.color="三花";             //为 c1 的 color 属性赋值
8           c1.age=1.5;                 //为 c1 的 age 属性赋值
9           String name=c1.name;
10          System.out.println(name);
11          c1.sayHello();
12          c2.sayHello();
13          c2=c1;
14          c2.sayHello();
15      }
16  }
```

程序运行结果如图 3.8 所示。

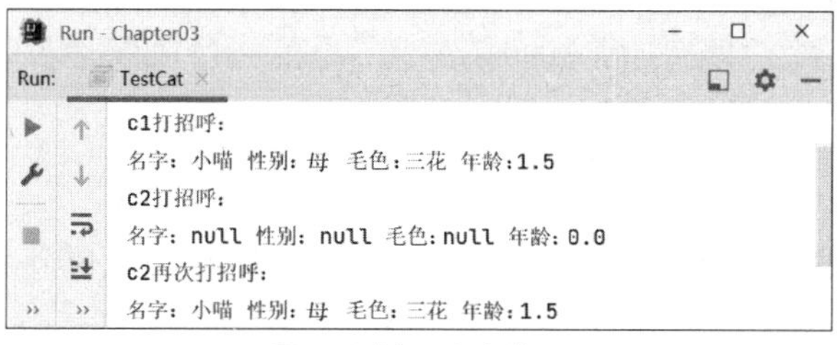

图 3.8 例 3-2 运行结果

在例 3-2 中，实例化了两个 Cat 类对象，并通过“对象名.属性名”的方式为成员变量赋值，通过“对象名.属性名”的方式获取了 c1 对象的 name 属性，通过“对象名.方法”的方式调用成员方法。从运行结果可发现，c1、c2 对象都调用了 sayHello( )方法，但输出结果却不相同。这是因为用 new 创建对象时，会为每个对象开辟独立的堆内存空间，用于保存对象成员变量的值，所以为 c1 对象的属性赋值并不会影响 c2 对象属性的值。c1、c2 对象在内存中的状态如图 3.9 所示。

例 3-2 中没有为 c2 对象的成员变量赋值，但从图 3.9 中可发现，c2 对象的 name 和 sex 值都为 null。这是因为在实例化对象时，Java 虚拟机会自动为成员变量进行初始化，根据成员变量的类型赋予相对应的初始值，具体参见表 2.10。

另外，需要注意的是，一个对象能被多个变量所引用，当对象不被任何变量所引用时，该对象就会成为垃圾，不能再被使用。例 3-2 中第 13 行代码将 c1 赋值给 c2，c2 将断开原有引用，此时被断开引用的对象 c2，因不被其他变量所引用，就成为垃圾，其所占用的内存空间等待被回收。

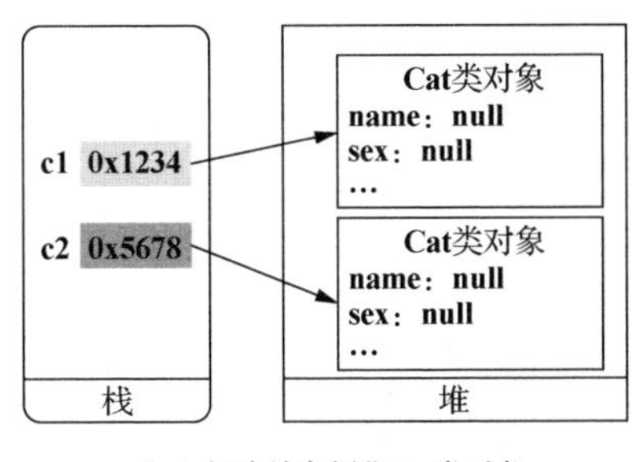

(a) 创建并实例化Cat类对象

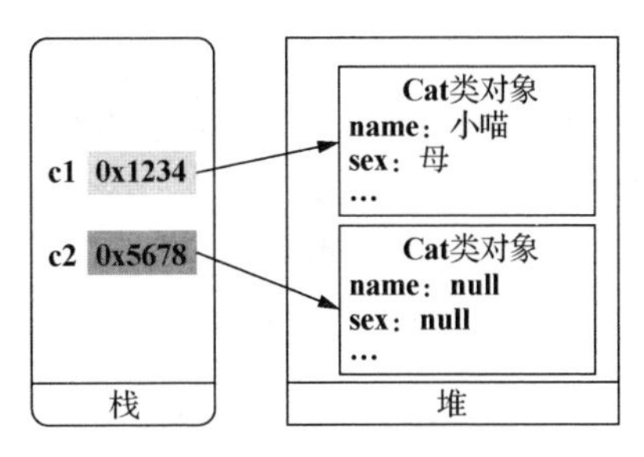

(b) 为c1对象的属性赋值

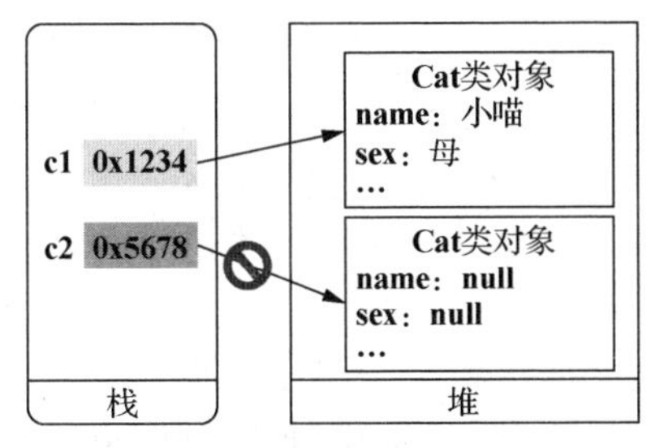

(c) 将c1的内存地址赋值给c2

图 3.9　c1、c2 对象在内存中的状态

3.2.3 匿名对象

大多数情况下，创建一个对象会将它赋值给一个变量，这样就可以使用这个变量来引用对象，如下所示。

```
Cat cat=new Cat();
```

匿名对象，顾名思义就是指没有名字的对象。在创建对象时，只通过 new 关键字在堆内存开辟了空间，却没有把堆内存中这个空间的地址值赋给栈内存的某个变量用以存储。如果一个对象只需要使用唯一的一次，就可以使用匿名对象。创建一个 Cat 类的匿名对象，代码如下。

```
new Cat();
```

匿名对象本身也是对象，对象具有的功能，匿名对象都具有。二者的区别在于有名字的对象可以重复使用，匿名对象只能用一次。除此之外，匿名对象可以作为方法的实际参数，也可以作为方法的返回值。

匿名对象平时使用场景较少，日常项目开发中很少使用，除第 9 章介绍的 Java GUI 编程中使用较多外，框架层面也会用到。

3.3 构造方法

3.3.1 构造方法的定义

Java 语言使用构造方法构造类的实例，也就是对象。构造方法又称构造器，是一种特殊的方法。例 3-2 中，创建一个 Cat 类型的对象的代码如下。

```
Cat c1=new Cat();
```

以上代码非常像在调用一个名为 Cat 的无参数方法。在 Cat 类中并没有这个方法，却没有报错，这是因为 Java 的编译器在编译 Java 源文件时，会创建一个默认的构造方法。例如，Cat 类的默认构造方法的代码如下。

```
Cat(){
}
```

默认构造方法不需要手动定义，编译器会自动创建，所以在 Java 源文件中没有体现，但是定义在类中也没有问题，程序开发人员也可以根据实际需要定义其他格式的构造方法。构造方法和 new 关键字一起使用，用于创建对象并完成对象的初始化操作。

构造方法与普通方法的区别在于以下 3 点。

（1）构造方法的名称与所在类的名称相同。例如，Cat 类的构造方法是 Cat( )。

（2）构造方法禁止定义返回值类型，注意千万不要使用 void 作为返回值类型，例如，void Cat( ) 只是一个普通方法，并不是构造方法。构造方法实际上是有返回值类型的，但是它的返回值类型就是所在类的类名，因为它返回的是所在类的对象。假如 Cat 类的构造方法需要写返回值类型，应该是 Cat，即 Cat Cat( )。所有类的构造方法的返回值类型都为所在类的类名，Java 语言就将其省略了。

（3）构造方法不需要 return 语句。与（2）中意义相同，所有构造方法都用于返回所在类的对象，那么也就可以省略了。实际上构造方法也是有返回值的。

编译器创建的默认构造方法除了满足上面提到的 3 点，它还有无参数和无方法的特点。同时，如果它所在类没有使用 public 修饰，那么它也是不使用 public 修饰的；反之亦然。

如果没有显式定义构造方法，那么编译器在编译时会创建默认构造方法；反之显式定义了构造方法，那么编译器将不再创建默认构造方法。为例 3-1 的 Cat 类显式定义一个构造方法，代码如下。

```
//自定义构造方法，为 name 属性赋值
public Cat(String n){
    name=name;
}
```

在例 3-1 的 Cat 类中添加上面的代码后，例 3-2 测试类中创建对象的代码报错，因为此时编译器已经不会再创建默认构造方法了，所以不能通过此方式创建 Cat 类的对象。我们可以通过调用自定义的构造方法创建 Cat 类的对象，并为其属性赋值，代码如下。

```
Cat c=new Cat("小喵");
System.out.println(c.name);
```

运行上述代码后结果为“小喵”，可以看出，使用自定义的构造方法不仅创建了 Cat 类的对象 c，还完成了 name 属性的赋值操作。

3.3.2 构造方法重载

同一个类中可以定义多个构造方法，可以使用方法的重载设计。方法重载是指在同一个类中，某方法允许存在一个以上的同名方法，只要它们的参数列表不同即可。由此可知，方法重载设计的原则是在同类中同名方法的参数列表不同（参数列表包括参数类型、参数顺序和参数个数，三者有一个不同即可）。方法重载与返回值类型和参数名称无关。这样做可以屏蔽同一功能的方法由于参数不同造成的方法名称不同。例如，图 3.6 中的 getSum(int num1,int num2)方法用于求 2 个整数之和，下面使用方法重载的方式定义求 2 个小数之和的方法和求 3 个整数之和的方法，示例代码如下。

```
//定义求 2 个小数之和的方法
```

```
public double getSum(double num1,double num2){
    return num1+num2;
}
//定义求 3 个整数之和的方法
public int getSum(int num1,int num2,int num3){
    return num1+num2+num3;
}
```

将 3 个 getSum( )方法写在同一类中，都可以正常调用并返回结果。在“连连看”游戏中，方法重载也有体现，在点击两个同样的图标后，它们之间会出现连接线，然后两个图标消失，所以这里会创建一个线的对象，需要定义经过一个拐点画出连接线的构造方法、经过两个拐点画出连接线的构造方法和不经过拐点画出连接线的构造方法。

用户可以使用 IntelliJ IDEA 的“Generate”菜单根据需要自动生成构造方法。打开“Generate”菜单的方法有以下两种。

（1）在代码编辑区右击，打开快捷菜单，可以找到“Generate”，如图 3.10 所示。

（2）使用组合键“Alt+Insert”，可以直接打开“Generate”菜单，如图 3.11 所示。

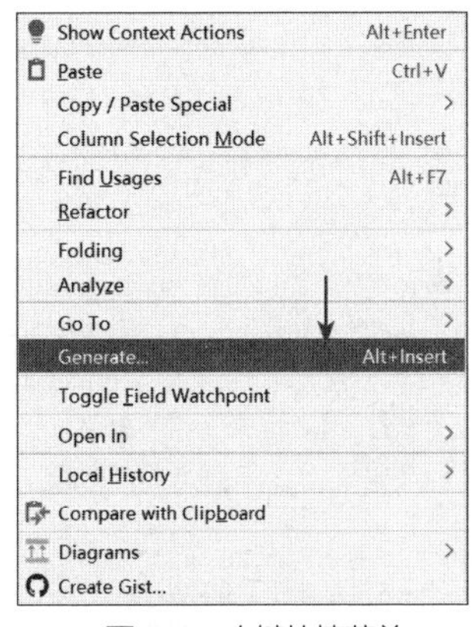

图 3.10 右键快捷菜单

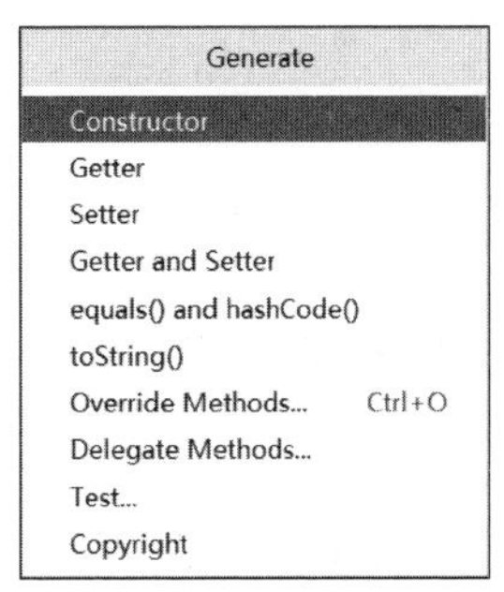

图 3.11 “Generate”菜单

【实战训练】 宠物领养流程设计

需求描述

用户在流浪猫救助平台领养宠物是平台的核心功能。本次实战训练要求使用所学知识编写一个程序，模拟用户到平台领养流浪猫的流程。平台规定，必须小猫和用户在同一个城市，用户才可以领养小猫。

思路分析

（1）通过需求描述可知，此程序中包含了用户和流浪猫两个对象。既然是用户去领养流浪猫，那么可以先定义 Cat 类对象，该对象需要有自己的名称和地区属性。

（2）对于用户，需要定义一个 User 类对象，该对象需要有名称和地区属性，还要有一个领养的方法。

（3）最后编写测试类，在其 main( )方法中，需要创建流浪猫对象和用户对象，并使用这些对象中定义的方法实现宠物领养。

代码实现

本实战训练的实现代码如训练 3-1 所示。

【训练 3-1】TestCatAdopt.java

```
1   //流浪猫类
2   class Cat{
3       String name;
4       String area;
5       public Cat(String name,String area){
6           this.name=name;
7           this.area=area;
8       }
9       public String getName(){
10          return name;
11      }
12      public void setName(String name){
13          this.name=name;
14      }
15      public String getArea(){
16          return area;
17      }
18      public void setArea(String area){
19          this.area=area;
20      }
21  }
22  //用户类
23  class User{
24      String name;
25      String area;
26      public void adopt(Cat cat){
27          System.out.println(name+"领养了"+cat.name);
28      }
29      public User(String name,String area){
30          this.name=name;
31          this.area=area;
32      }
33      public String getName(){
34          return name;
35      }
36      public void setName(String name){
37          this.name=name;
38      }
39      public String getArea(){
40          return area;
41      }
42      public void setArea(String area){
43          this.area=area;
44      }
45  }
46  //测试类
47  public class TestCatAdopt{
48      public static void main(String[] args){
49          //创建流浪猫对象
50          Cat cat1=new Cat("喵喵","北京");
51          Cat cat2=new Cat("大壮","上海");
52          //创建用户对象
```

```
53          User user=new User("Tom","上海");
54          if(user.getArea().equals(cat1.getArea())){
55              user.adopt(cat1);
56          }else{
57              System.out.println("非同城不能领养！ ");
58          }
59          if(user.getArea().equals(cat2.getArea())){
60              user.adopt(cat2);
61          }else{
62              System.out.println("非同城不能领养！ ");
63          }
64      }
65  }
```

程序运行结果如图 3.12 所示。

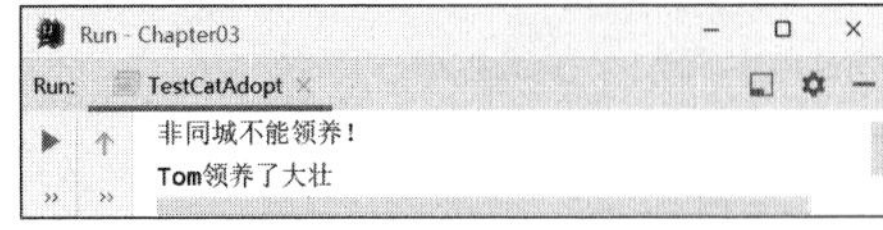

图 3.12　训练 3-1 运行结果

3.4 this 关键字

Java 提供了 this 关键字，用于表示当前对象。在例 3-1 中使用变量表示流浪猫的名字时，构造方法的参数是 n（构造方法的定义见 3.3.1 小节），成员变量使用的是 name。虽然在语法上没有问题，但这样的写法导致程序可读性变差。这时可以将 Cat 类中表示名字的变量进行统一命名，例如都声明为 name。但这样就会造成局部变量（指在方法或代码块中声明的变量，方法执行完毕就被销毁）和成员变量的名称冲突。在方法中使用名为 name 的变量时，是访问不到成员变量的。

为了避免这种情形，可以使用 this 关键字，用于在方法中访问对象的其他成员。this 关键字在程序中的常见用法如下。

3.4.1 用 this 调用属性

通过 this 关键字调用属性，可以解决局部变量和成员变量名称冲突的问题。示例代码如下。

```
public class Cat{
    String name;     //name 属性
    public Cat(String name){
        this.name=name;
    }
}
```

在上述代码中，构造方法的参数名为 name，它是该构造方法的局部变量。在 Cat 类中还定义了一个成员变量，名称也是 name。此时在构造方法中使用 “name”，访问的是局部变量，但是如果使用 “this.name”，则可以访问成员变量。

3.4.2 用 this 调用成员方法

通过 this 关键字调用成员方法的示例代码如下。

```
public class Cat{
    public void meow(){
        System.out.println("喵喵叫");
```

```
    }
    public void sayHello(){
        this.meow();
    }
}
```

在上述代码的 sayHello( )方法中，使用 this 关键字调用了 meow( )方法。此处的 this 关键字是可以省略不写的，即 “this.meow( );” 和 “meow( );” 效果是一样的。

3.4.3 用 this 调用构造方法

构造方法在实例化对象时被 JVM 自动调用，不能使用调用普通方法的方式去调用构造方法，但是可以在一个构造方法中使用 this 关键字调用其他构造方法，语法格式如下。

```
this([参数1,参数2,…]);
```

接下来通过案例演示使用 this 关键字调用构造方法，如例 3-3 所示。

【例 3-3】TestThis.java

```
1   class Cat{
2       String name;    //name 属性
3
4       public Cat(){
5           System.out.println("无参构造方法被调用了…");
6       }
7       public Cat(String name){
8           this();
9           System.out.println("有参构造方法被调用了…");
10      }
11  }
12  public class TestThis{
13      public static void main(String[] args){
14          Cat cat=new Cat("Tom");
15      }
16  }
```

程序运行结果如图 3.13 所示。

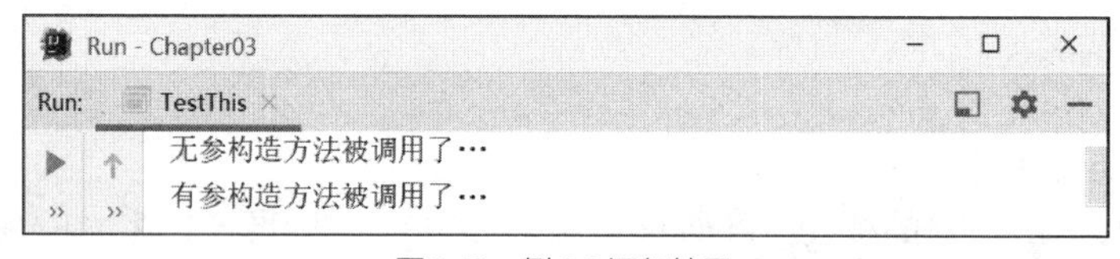

图 3.13　例 3-3 运行结果

在例 3-3 中，实例化对象时，调用了有参构造方法，在该方法中通过 “this( );” 调用了无参构造方法。因此，运行结果中显示两个构造方法都被调用了。

在使用 this 调用构造方法时，还需注意：在构造方法中，使用 this 调用构造方法的语句必须位于首行，且只能出现一次，下面的写法是错误的。

```
public Cat(String name){
    this.name=name;
    System.out.println("有参构造方法被调用了…");
```

```
    this();   //编译报错
}
```

在上述代码中，因为使用 this 关键字调用构造方法的语句不是构造方法的第一条执行语句，所以 IntelliJ IDEA 在编译时报错"Call to 'this( )' must be first statement in constructor body"，提示调用构造方法的语句必须是构造方法里面的第一条语句。

3.5 垃圾回收

在 Java 中，用 new 关键字创建对象或数组等引用类型时，系统会在堆内存中为之分配一块内存，用于保存对象，当此块内存不再被任何引用变量引用时，这块内存就变成垃圾。Java 引入了垃圾回收机制（Garbage Collection，GC）来处理垃圾，它是一种动态存储管理技术，由 Java 虚拟机自动回收垃圾对象所占的内存空间，不需要程序代码来显式释放。

在了解垃圾回收之前，首先需要了解 JVM 的内存结构，JVM 的内存结构中主要包含 5 个区域，分别是程序计数器、虚拟机栈、本地方法栈、堆、方法区，如图 3.14 所示。其中，程序计数器占用的内存空间较小，可以看作当前线程的行号指示器；虚拟机栈在每个方法执行时会创建一个栈帧，用来存储局部变量表、操作数栈、动态链接、方法的返回地址等信息，每个方法从调用到执行完成的过程，对应一个栈帧在虚拟机栈中从入栈到出栈的过程；本地方法栈与虚拟机栈的作用相似，虚拟机栈是为了虚拟机能够执行 Java 方法服务的，而本地方法栈则是为虚拟机能够使用本地方法服务的；堆是 JVM 中最大的一块内存区域，存放了所有类的实例及为数组对象分配的内存区域，它是线程共享的；方法区同堆一样，也是一块供所有线程共享的内存区域，用来存储已经被虚拟机加载的类信息、常量、静态变量。程序计数器、虚拟机栈、本地方法栈这 3 个区域是线程私有的，不需要回收。堆和方法区内存的分配和回收是垃圾收集器关注的部分，垃圾回收也是回收这些区域的垃圾。

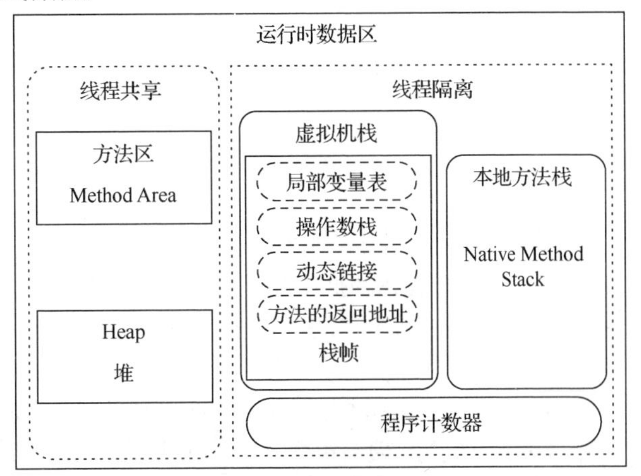

图 3.14 JVM 内存结构

垃圾收集器在对堆和方法区进行回收前，需要确定这些区域中的对象有哪些是可以被回收的，哪些是不用回收的。用来判断对象是否需要回收的算法主要有两种。

1. 引用计数器算法

引用计数器算法是给对象添加一个引用计数器，当创建一个对象时，会为该对象分配一个引用变量，把引用计数器的值设置为 1。当其他变量被赋值给这个对象的引用变量时，引用计数器的值加 1，如果一个对象的某个引用变量超过了生命周期、被设置为一个新值或对象失去引用，对象的引用计数器的值就会减 1，任何引用计数器为 0 的对象可以被当作垃圾收集，代码示例如下。

```
Student stu1=new Student("张三");
Student stu2=stu1;
```

上述代码中，实例化一个学生对象，并将其赋值给变量 stu1，此时，stu1 引用了对象，引用计数器的值为 1，然后再将 stu1 赋值给变量 stu2，此时，已经有 stu1、stu2 两个变量引用对象了，所以引用计数器的值变为 2，如图 3.15 所示。

注意

此算法无法解决相互循环引用的问题，例如，A 引用 B，B 引用 A，它们永远都不会被回收。

2．可达性分析算法

可达性分析算法是指程序中所有的引用关系可以看成一张图，从一个对象节点 GC Root 开始，向下寻找对应的引用节点，找到一个节点以后，继续寻找该节点的引用节点，所找寻的路径被称为引用链，所有的引用节点寻找完毕之后，当一个对象到 GC Root 没有任何引用链相连时，该对象节点即为无用的节点，无用的节点会被判定为可回收对象，如图 3.16 所示。

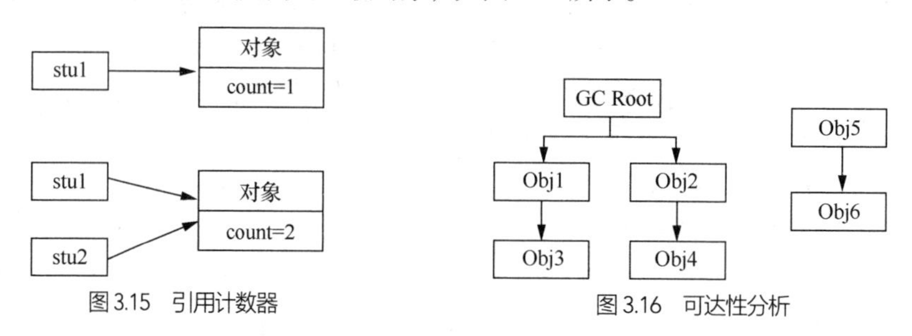

图 3.15　引用计数器　　图 3.16　可达性分析

在图 3.16 中，可以看出 Obj1～Obj4 对象节点到 GC Root 节点都是可达的，而 Obj5 和 Obj6 并没有直接或间接的引用链与 GC Root 相连，因此，Obj1～Obj4 是不可回收的，而 Obj5 和 Obj6 可以被回收。

当一个对象失去引用时，除了等待 Java 虚拟机自动回收，还可以调用 System.gc( )方法来通知 Java 虚拟机进行垃圾回收。该方法只是向 Java 虚拟机发出一个回收申请，至于 Java 虚拟机是否进行垃圾回收并不能确定。

当一个对象在内存中被释放时，Java 虚拟机会自动调用该对象的 finalize( )方法，该方法用于在对象被垃圾回收机制销毁前执行一些资源回收工作。如果在程序终止前 Java 虚拟机始终没有执行垃圾回收操作，那么 Java 虚拟机将始终不会调用该对象的 finalize( )方法。Java 的 object 类中提供了 finalize( )方法，因此，所有的类都可以重写该方法，但需注意该方法没有任何参数和返回值，并且每个类中有且只有一个该方法。接下来演示 System.gc( )方法和 finalize( )方法的用法，如例 3-4 所示。

【例 3-4】TestGc.java

```
1    class Person{
2        public void finalize(){
3            System.out.println(this+"对象将被回收");
4        }
5    }
6    public class TestGc{
7        public static void main(String[] args){
8            Person p1=new Person();
9            Person p2=new Person();
10           //让对象失去引用变量的引用
11           p1=null;
12           p2=null;
13           //通知 JVM 进行垃圾回收
14           System.gc();
15       }
16   }
```

程序运行结果如图3.17所示。

图3.17 例3-4运行结果

在图3.17中，从程序运行结果可发现，Java虚拟机只回收了一个对象，出现这种现象的原因在于，System.gc( )只是建议Java虚拟机立即进行垃圾回收，Java虚拟机完全有可能并不立即进行垃圾回收，因此不能保证无引用对象的finalize( )方法一定被调用。

3.6 static关键字

static关键字表示静态、全局，用于修饰成员变量、成员方法及代码块，如用static修饰main( )方法。灵活正确地运用static关键字，可以使程序更符合现实世界逻辑，本节将详细讲解static关键字的用法。

3.6.1 静态变量

Cat类的对象都有name、sex、color和age 4个属性，但是不同对象的状态是不同的，即4个属性值是不同的。如例3-2所示，c1的name值和c2的name值并不相同。属性是属于对象的，但是有一些数据并不属于某一个具体的对象，而是属于对象的类，例如所有流浪猫的总数量和流浪猫的社会行为等。在某些情况下，开发人员会希望某些特定的数据在内存中只有一份，但是能够被某个类的所有对象所共享。例如，一个水池有进水口和出水口，同时打开它们，那么进水和出水两个动作会同时影响水池中的水量，此时水池中的水量就是一个共享的变量。

为了实现共享数据的功能，可以使用static关键字来修饰变量，这样的变量被称作静态变量。静态变量使用类名访问，也可以使用对象名访问。语法格式如下。

```
类名.变量名
对象名.变量名
```

接下来创建一个水池类，使用静态变量表示水池中的水量，为水池添加进水方法和出水方法。假设水池的初始水量为3，进水每次2个单位，出水每次3个单位，模拟将水池中的水放干，如例3-5所示。

【例3-5】TestPool.java

```
1   class Pool{
2       public static int water=3;
3       public void inWater(){
4           water+=2;
5       }
6       public void outWater(){
7           if(water>=3){
8               water-=3;
9           }else{
10              water=0;
11          }
12      }
13  }
14  public class TestPool{
15      public static void main(String[] args){
16          Pool pool=new Pool();
17          int i=1;
18          while(Pool.water>0){
```

```
19              pool.inWater();
20              System.out.println("水池注水"+i+"次");
21              pool.outWater();
22              System.out.println("水池放水"+i+"次");
23              System.out.println("水池的水量："+Pool.water);
24              i++;
25          }
26      }
27  }
```

程序运行结果如图 3.18 所示。

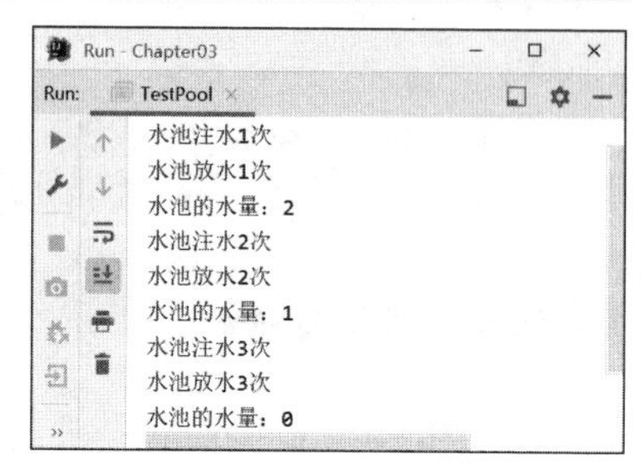

图 3.18　例 3-5 运行结果

例 3-5 中定义了一个静态变量 water，用于表示水池中的水量，它被所有的 Pool 类的对象共享。water 是静态变量，既可以直接使用类名调用，也可以使用对象名调用，在本类中可以直接访问。在测试类中，定义计数变量 i，在水池中有水的情况下循环进行注水和放水，在第 3 次循环结束后，水池中的水放完，water 值为 0。

需要注意的是，static 关键字只能用来修饰成员变量，不能修饰局部变量，否则会编译报错。

3.6.2 静态方法

如果想要使用类中的成员方法，需要先将类进行实例化，而在实际开发中，如果不允许创建类的对象，却需要调用类中的方法才能实现所需功能，就可以使用静态方法。

静态方法的定义十分简单，只需要为方法加上 static 关键字即可，调用静态方法可以直接使用类名调用，也可以使用对象名调用，语法格式如下。

```
类名.静态方法();
对象名.静态方法();
```

接下来，使用静态方法实现例 3-5 中放完水池中水的功能，如例 3-6 所示。

【例 3-6】TestPool2.java

```
1   class Pool2{
2       public static int water=3;
3       public static void outWater(){
4           if(water>=3){
5               water=water-3;
6           }else{
7               water=0;
8           }
9       }
10      public static void inWater(){
11          water=water+2;
12      }
13  }
14  public class TestPool2{
15      public static void main(String[] args){
16          int i=1;
17          while(Pool2.water>0){
18              Pool2.inWater();
19              System.out.println("水池注水"+i+"次");
```

```
20              Pool2.outWater();
21              System.out.println("水池放水"+i+"次");
22              System.out.println("水池的水量: "+ Pool2.water);
23              i++;
24          }
25      }
26  }
```

程序运行结果如图3.19所示。

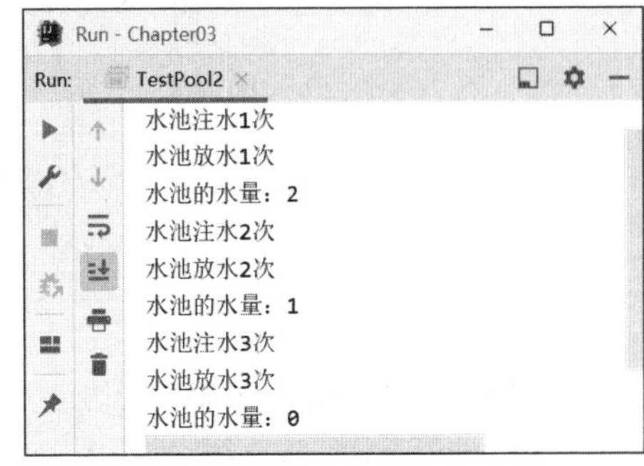

图3.19 例3-6运行结果

在例3-6中，首先在Pool2类中定义了静态方法inWater( )和outWater( )，然后在测试类中分别使用类名和对象名调用了这两个静态方法，最终在3次循环后，将水池中的水放完。由此可见，静态方法既可以使用类名调用，也可以使用对象名调用。

需要注意的是，静态方法只能访问使用static修饰的成员，原因是static修饰的成员在类加载到内存中时就已经存在了，而非静态成员需要先创建对象才可以访问。

3.6.3 静态代码块

在类或者在方法中，直接使用“{}”括起来的一段代码，表示一块代码区域，这块区域称为代码块。

代码块中变量属于局部变量，只在其所在区域（前后的“{}”）内有效，如声明在方法中的变量。

根据代码块定义的位置不同，可以将代码块分为3种。

（1）局部代码块，指直接定义在方法内部的代码块。通常不会直接使用局部代码块，但是会结合if、while、for和try等关键字，表示一块代码区域。

（2）初始化代码块（构造代码块），指直接定义在类中的代码块。每次创建对象的时候都会执行初始化代码块。每次创建对象都会调用构造方法，在调用构造方法之前，会先执行本类中的初始化代码块。一般也不使用初始化代码块，因为不够优雅，即使要进行初始化操作，在构造方法中进行即可，如果进行初始化操作的代码比较多，构造方法的结构比较混乱，此时可专门定义一个方法进行初始化操作，再在构造方法中调用即可。

（3）静态代码块，指使用static修饰的初始化代码块。在主方法执行之前执行静态代码块，而且只执行一次。虽然main( )方法是程序的入口，但是静态代码块优先于main( )方法执行。因为静态成员随字节码的加载也加载进JVM，此时main( )方法还没执行，方法需要JVM调用。静态代码块常用来进行初始化操作，以及加载资源和加载配置文件等。

静态代码块、非静态代码块、构造方法和成员方法的执行顺序如例3-7所示。

【例3-7】TestStaticBlock.java

```
1   public class TestStaticBlock{
2       static String name;
3       static{
4           System.out.println(name+"静态代码块");
5       }
6       {
7           System.out.println(name+"非静态代码块");
8       }
```

```
9        public TestStaticBlock(String a){
10           name=a;
11           System.out.println(name+"构造方法");
12       }
13       public void method(){
14           System.out.println(name+"成员方法");
15       }
16       public static void main(String[] args){
17           TestStaticBlock s1;
18           TestStaticBlock s2=new TestStaticBlock("s2");
19           TestStaticBlock s3=new TestStaticBlock("s3");
20           s3.method();    //只有调用的时候才会运行
21       }
22   }
```

程序运行结果如图 3.20 所示。

由图 3.20 可以看出，静态代码块最先执行，并且只会执行一次，非静态代码块在每次调用构造方法前都会执行。因此，静态代码块和非静态代码块中的 name 变量的值都为 null。构造方法在使用 new 关键字创建对象时执行。由于 name 是静态成员变量，因此在创建 s2 对象时，name 变量被赋值为 s2，在创建 s3 对象时，先调用了非静态代码块（此时 name 的值已经为 s2，且被共享），还没有调用构造方法改变 name 的值，所以输出“s2 非静态代码块”。

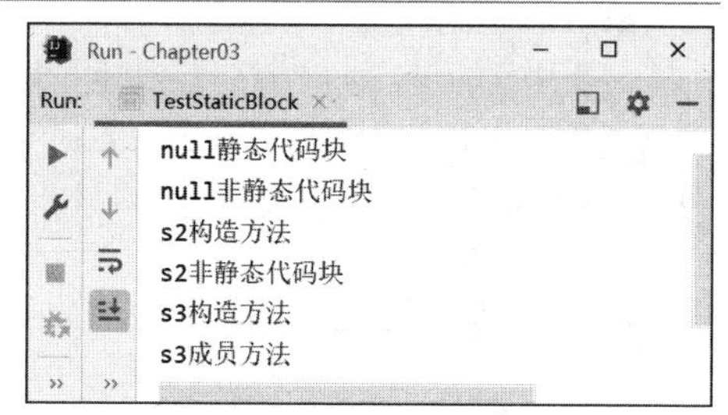

图 3.20　例 3-7 运行结果

3.7 本章小结

通过本章的学习，读者能够熟悉 Java 面向对象的概念、类的定义、类的构造方法和成员方法，了解 this 关键字和 static 关键字的使用方法，并简单体验了 Java 的垃圾回收机制。本章的学习重点是：掌握面向对象的编程思想，在此基础上编写类，定义类中的成员，解决一些实际问题。

3.8 习题

1. 填空题

（1）对象是对事物的抽象，而________是对对象的抽象和归纳。

（2）在类体中，变量定义部分所定义的变量称为类的________。

（3）在 Java 中，可以使用关键字________来创建类的实例对象。

（4）在关键字中能代表当前类或对象本身的是________。

（5）________指那些类定义代码被置于其他类定义中的类。

2. 选择题

（1）类的定义必须包含在以下哪种符号之间？（　　）

A. 小括号()　　B. 双引号""　　C. 大括号{}　　D. 中括号[]

（2）在以下哪种情况下，构造方法被调用？（ ）

A. 类定义时　　B. 创建对象时

C. 使用对象的属性时　　D. 使用对象的方法时

（3）有一个类B，下面为其构造方法的声明，正确的是（ ）。

A. b(int x) {}　　B. void B(int x) {}　　C. void b(int x) {}　　D. B(int x) {}

（4）下面哪一种是正确的类声明？（ ）

A. public class Qf{}　　B. public void QF{}

C. public class void max{}　　D. public class min( ){}

（5）定义外部类时不能用到的关键字是（ ）。

A. final　　B. public　　C. protected　　D. abstract

3．简答题

（1）什么是面向对象？

（2）构造方法与普通成员方法的区别是什么？

（3）什么是垃圾回收机制？

（4）类与对象之间的关系是什么样的？

4．编程题

（1）书架上有30本书，箱子中有40本书，把书架上的书全部放进箱子，使用带参数的方法计算箱子里书的总数。

（2）设计加油站类和汽车类，加油站提供给汽车加油的方法，参数为剩余的汽油数量。每次执行加油的方法，汽车的剩余油量都会加2。

（3）创建信用卡类，有两个成员变量，分别是卡号和密码。如果用户开户时没有设置初始密码，则使用“123321”作为初始密码。设计两个不同的构造方法，分别用于用户开户设置密码和未设置密码两种情况。

（4）设计手机类，手机有一个拨打电话的静态方法，此方法与手机的品牌和手机的型号无关。

第4章 面向对象的特性

本章学习目标

- 理解 Java 的包管理机制。
- 理解封装的概念。
- 理解继承的概念。
- 掌握 final 关键字的使用方法。
- 理解多态的概念

通过上一章的学习，相信大家对 Java 语言面向对象的基本知识已经有了初步了解。基于面向对象的思想编程，可以使整个程序的架构变得非常有弹性，又能减少代码冗余。本章将详细讲解如何实现和应用面向对象的三大特性，并讲解 final 关键字的使用方法和包的访问机制控制，让读者进一步体验面向对象编程的魅力。

4.1 Java 中的包

当声明的类很多时，可能会发生类名冲突的问题，这就需要一种机制来管理类名，因此，Java 中引入了包管理机制，本节将详细介绍 Java 中包的用法。

4.1.1 包的定义与使用

包（package）是 Java 提供的一种区别类的名字空间的机制，是类的组织方式，是一组相关类和接口的集合，它提供了访问权限和命名的管理机制。

声明包使用 package 语句，语法格式如下。

```
package 包名;
```

声明包时需要注意以下 5 点。

- 包名中字母一般使用小写。
- 自定义的包名不能以“java”开头。因为以“java”开头的包名是 JDK 中的包名，为了防止修改 Java 源码，Java 的安全机制禁止自定义包名以“java”开头。Java 中常用的包如图 4.1 所示。
- 包的命名规则：企业项目中，包名中的公司域名倒写，包名的一般形式为“域名倒写.模块名.组件名”。
- package 语句必须是程序代码中的第一行可执行代码。
- 一个 Java 源文件中，package 语句最多只有一句。

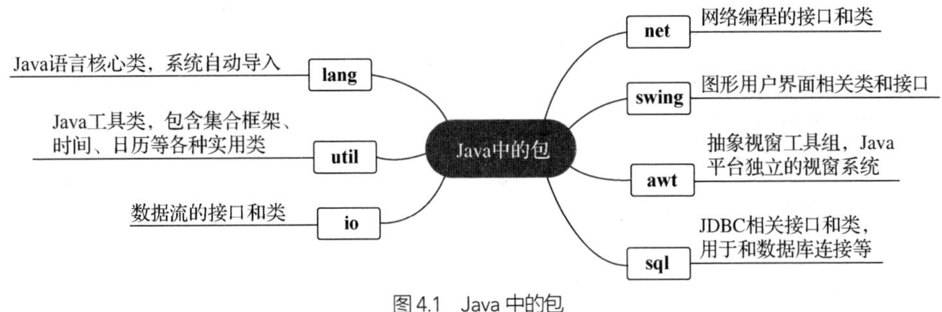

图 4.1 Java 中的包

包与文件目录类似，可以分成多级，多级之间用“.”符号进行分隔，具体示例如下。

```
package com.qianfeng.util;
```

如果在程序中已声明了包，就必须将编译生成的字节码文件保存到与包名同名的子目录中。类的简单名称就是定义的类名，如 Cat，类还有全限定名称，语法格式和示例代码如下。

```
包名.类名
com.qianfeng.Cat
```

在开发中，需要先有 package，再在 package 中定义类。包管理机制让类管理起来更方便。使用 IntelliJ IDEA 在项目目录中快速创建包，如图 4.2 所示，右击 src，在弹出的快捷菜单中选择“New”→“Package”，然后在弹出的对话框中输入包名，如图 4.3 所示。

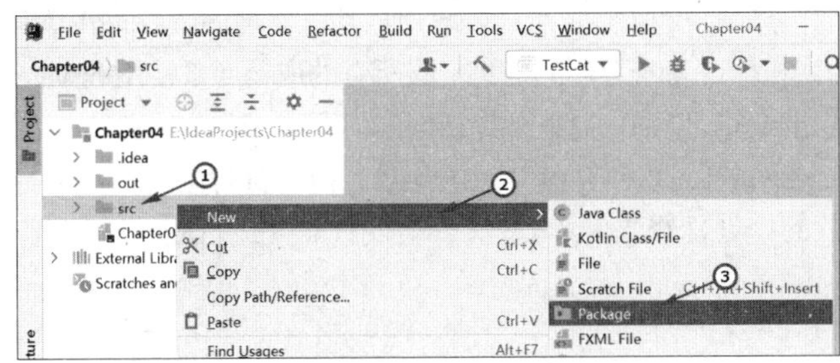

图 4.2 使用 IntelliJ IDEA 新建包

图 4.3 输入包名

4.1.2 import 语句

为了能够使用某一个包的成员，需要在 Java 程序中明确导入该包。使用 import 语句可实现此功能。例如，在第 2 章，导入 Scanner 类的代码如下。

```
import java.util.Scanner;
```

在 Java 源文件中，import 语句应位于 package 语句之后、所有类的定义之前，可以没有，也可以有多条，其语法格式如下。

```
import 包名.类名;        //导入包下的类
import 包名.*;          //导入程序中使用到的所有该包下的类
```

使用 import 语句导入包成员，示例如下。

```
import java.util.Arrays;        //导入 util 包下的 Arrays 类
import java.util.*;             //导入用到的 util 包中的类
```

在使用 import 语句导入 Arrays 类后，每次使用类中的静态方法需要使用 Arrays 类名进行调用，操作烦琐。Java 的设计者也想到了这个问题，在 Java 5 之后提供了静态导入功能，用于导入指定类的某个静态成员变量、方法或全部的静态成员变量、方法，语法格式如下。

```
import static 包名.类名.成员    //导入指定类的某个静态成员
import static 包名.类名.*       //导入该类全部静态成员
```

使用 import static 导入类中的静态成员，示例如下。

```
import static java.util.Arrays.sort;      //导入 Arrays 类中的 sort 静态方法
import static java.util.Arrays.*;         //导入 Arrays 类中的所有静态成员
```

import 语句和 import static 语句之间没有任何顺序要求。使用 import 导入包后，可以在代码中直接访问包中的类，即可以省略包名；而使用 import static 导入类后，可以在代码中直接访问类中静态成员，即可以省略类名。

4.2 类的封装

4.2.1 封装的概念

封装是把对象的属性和行为看成一个统一的整体，将二者存放在一个独立的模块中，即类；并且进行“信息隐藏”，将不需要让外界知道的信息隐藏起来，尽可能隐藏对象功能实现细节；向外暴露方法，保证外界安全访问功能，为避免因为误操作产生不合理的信息，将所有的成员变量使用 private 私有化，不允许外界直接访问，而将方法使用 public 修饰，允许外界访问。

在例 3-1 中定义的 Cat 类，其对象有 age 属性，可以存储对象的年龄，但是对对象的属性进行赋值时可能会出现问题。为更好地体现封装的好处，修改例 3-1 中 Cat 类的代码并进行测试，如例 4-1 所示。

【例 4-1】TestCat.java

```
1   //猫类
2   class Cat{
3       String name;
4       double age;
5       public void sayHello(){
6           System.out.println("姓名: "+name+"  年龄: "+age);
7       }
8   }
9   //测试类
10  public class TestCat{
11      public static void main(String[] args){
12          Cat c=new Cat();
13          c.name="小喵";
14          c.age=-1.5;  //设置 age 属性的值
15          c.sayHello();
16      }
17  }
```

程序运行结果如图 4.4 所示。

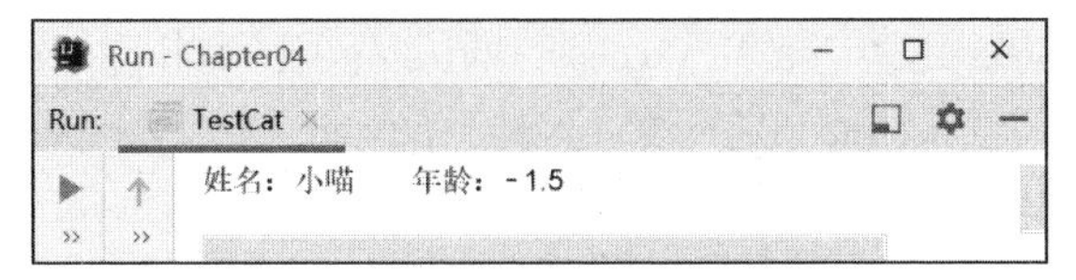

图 4.4 例 4-1 运行结果

图 4.4 中猫的年龄为负数，数据的设置不合理，存在设置数据安全性的问题，需要在设置数据前对输入的猫的年龄做判断，如果不合理，则提示设置错误。因此，需要对类进行封装。这样可防止调用者任意修改系统的属性，保证数据的安全。封装可以让软件开发更符合高内聚和低耦合的目标。封装将模块的内部数据和功能细节隐藏在模块的内部，外界不能直接访问，各系统模块之间并没有建立直接联系，当某一模块的实现代码发生改变时，只要对外暴露的接口不变，就不会影响其他模块。

对例 4-1 中的代码进行封装，如例 4-2 所示。

【例 4-2】 TestEncapsulation.java

```
1   class Cat{
2      String name;
3      private double age;
4      public void setAge(double age){
5         if(age>0){
6            this.age=age;
7         }else{
8            System.out.println("设置错误：年龄不能为负数！");
9         }
10     }
11     public void sayHello(){
12        System.out.println("姓名："+this.name+"  年龄："+this.age);
13     }
14  }
15  public class TestEncapsulation{
16     public static void main(String[] args){
17        Cat c=new Cat();
18        c.name="小喵";
19        c.age=-1.5;   //设置 age 属性的值
20        c.sayHello();
21     }
22  }
```

此时，例 4-2 的第 19 行代码报错，报错信息为：'age' has private access in 'qianfeng.Cat'（age 在 Cat 类中为私有访问权限）。这表示，age 属性只能在 Cat 类中直接访问，在其他类中只能通过 Cat 类对外暴露的公共方法 setAge( )设置 age 属性的值。

修改例 4-2 的第 19 行代码，如下所示。

```
c.setAge(-1.5);  //通过 setAge()方法[settter()方法]设置 age 属性的值
```

程序运行结果如图 4.5 所示

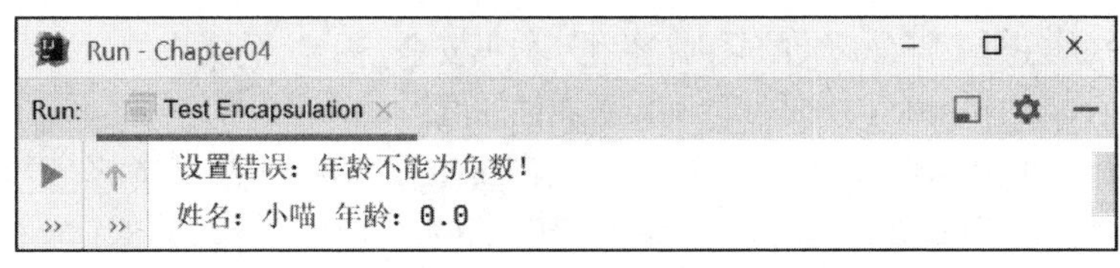

图 4.5 例 4-2 运行结果

在例 4-2 中，使用 private 关键字设置了 age 属性的访问权限，禁止除 Cat 类以外的类直接访问 age 属性的值，只能通过公共方法 setAge( )进行设置。对于 private 关键字和 setter( )方法，在 4.2.2 小节和 4.2.3 小节将分别进行讲解。

4.2.2 访问权限修饰符

封装是为了隐藏类的实现细节，提高系统的安全性。Java 提供了访问权限修饰符来规定在一个类隐藏的内容和暴露的内容。

Java 的访问权限修饰符也叫访问控制符，是指能够控制类、成员变量、方法的使用权限的关键字，通常放在语句的最前端。在面向对象编程中，访问权限修饰符是一个很重要的概念，可以使用它来控制对类、变量、方法和构造方法的访问。类的访问权限修饰符只有一个，即 public；属性和方法能够被 4 个访问权限修饰符修饰，分别是 public、private、protected、default。接下来分别对这 4 种访问权限修饰符进行详细讲解。

（1）public（公共访问权限）：这是一个最宽松的访问控制级别，如果一个类或者类的成员被 public 访问权限修饰符修饰，那么这个类或者类的成员能被所有的类访问，不管访问类与被访问类是否在同一个包中。

（2）protected（子类访问权限）：如果一个类的成员被 protected 修饰，那么这个成员既能被同一个包下的其他类访问，也能被不同包下该类的子类访问。

（3）default（默认访问权限）：默认访问权限也称包访问权限，如果一个类或类的成员没有使用任何访问权限修饰符修饰，那么它默认是包访问控制权限，这个类或者类的成员只能被本包中的其他类访问。

（4）private（当前类访问权限）：这是最高的访问权限，如果类的成员被 private 修饰，那么它只能被该类的其他成员访问，其他类是不能直接访问的。类的良好封装就是通过 private 修饰符实现的。

以上 4 种访问权限修饰符的作用域如表 4.1 所示。

表 4.1　访问权限修饰符的作用域

访问权限	同一类中	同一包中	子类中	全局访问
public	√	√	√	√
protected	√	√	√	
default	√	√		
private	√			

表 4.1 中访问权限修饰符的作用域说明了面向对象的封装性，在开发中应尽可能地使权限降到最低，从而提高系统的安全性。

需要注意的是，一个 Java 源文件中可以定义多个类，但是如果其中某个类使用 public 修饰，那么这个源文件的文件名必须与 public 修饰的类名相同。

4.2.3 getter( )和 setter( )方法

将属性直接暴露在外不符合封装的原则，不利于数据安全，因此，将类中所有的属性都使用 private 修饰，只能使用 getter( )和 setter( )方法获取和设置属性的值。

在 4.2.1 小节中，使用 setAge( )方法设置了 age 属性的值，确保年龄的值始终是大于 0 的，setter( )方法仅用于设置某一个属性的值。如果想在外部类中获取 age 的值，需要通过 getter( )方法，getter( )

方法仅用于返回某一个属性的值，示例代码如下。

```
public double getAge(){
    return this.age;        //返回 age 属性的值
}
```

如果操作的属性是 boolean 类型的，此时是"isXxx( )"方法，getName( )写为 isName( )。例如，在流浪猫救助平台中，使用一个 boolean 类型的变量 sterilization 标记流浪猫是否绝育，该变量的 getter( )方法的写法如下。

```
public boolean isSterilization(){
    return sterilization;        //返回 sterilization 属性存储的值
}
```

setter( )方法仅用来给某一个属性设置值，示例代码如下。

```
public void setName(String name){
    this.name=name; //把传过来的参数 name 的值存储到 name 属性中
}
```

在实际开发中，每一个属性都要使用 private 修饰，并为其提供 getter( )和 setter( )方法。IntelliJ IDEA 可以自动生成标准的 getter( )和 setter( )方法，其方式与第 3 章中自动生成类的构造方法相同。

和直接访问属性相比，getter( )和 setter( )方法可以实现不同的控制权限。例如，用 private 修饰的 setter( )方法可以实现设置属性值的权限，避免外部随意修改属性值。此外，还可以在 getter( )和 setter( )方法中实现额外的逻辑，例如在设置流浪猫的年龄时，控制年龄不能小于 0，如例 4-2 所示。完整的 Cat 类的 getter( )和 setter( )方法如例 4-3 所示。

【例 4-3】 TestGetterSetter.java

```
1   //猫类
2   class Cat{
3       private String name;
4       private double age;
5       public void setName(String name){
6           this.name=name;
7       }
8       public String getName(){
9           return this.name;
10      }
11      public void setAge(double age){
12          if(age>0){
13              this.age=age;
14          }else{
15              System.out.println("设置错误：年龄不能为负数！");
16          }
17      }
18      public double getAge(){
19          return this.age;
20      }
21  }
22  //测试类
23  public class TestGetterSetter{
24      public static void main(String[] args){
25          Cat c=new Cat();
```

```
26          //调用 setter()方法设置属性值
27          c.setName("喵喵");
28          c.setAge(1.5);
29          //调用 getter()方法获取属性值
30          String name=c.getName();
31          double age=c.getAge();
32          System.out.println(name+"的年龄是"+age);
33      }
34  }
```

程序运行结果如图 4.6 所示。

图 4.6 例 4-3 运行结果

在例 4-3 中，将 name 属性私有化，并提供了 getter( )和 setter( )方法用于访问属性值。

每一个成员变量都要提供一对 getter( )和 setter( )方法。在 IntelliJ IDEA 中，getter( )和 setter( )方法可以通过以下两种方式自动生成。

1．通过右键快捷菜单生成

选中要创建 getter( )或 setter( )方法的字段，右击，在弹出的快捷菜单中选择“Generator”，接着在“Generator”菜单中选择“Getter”或“Setter”，再在弹出的对话框中选择想要生成 getter( )或 setter( )方法的属性，单击“OK”按钮即可自动生成 getter( )或 setter( )方法，如图 4.7 所示。

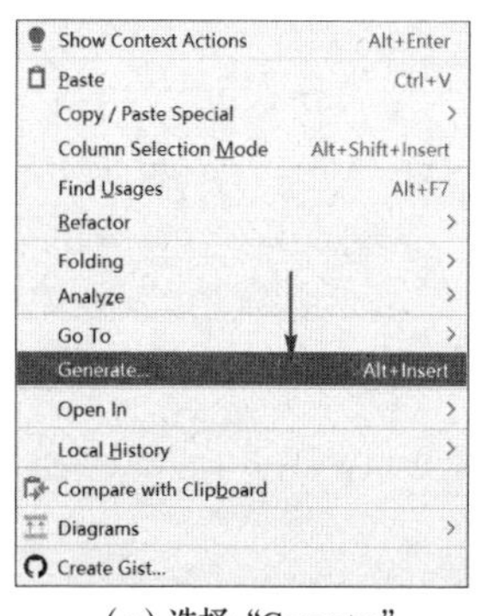

（a）选择“Generator”

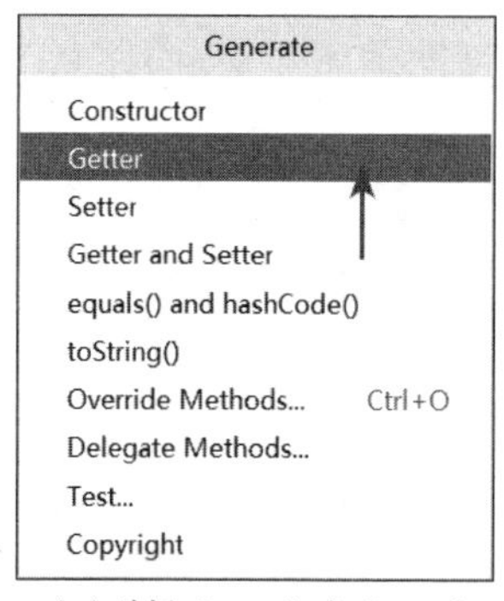

（b）选择“Getter”或“Setter”

（c）选择属性

图 4.7 通过右键快捷菜单生成 getter( )/setter( )方法

2．通过组合键生成

使用“Alt+Insert”组合键可以打开“Generate”菜单，后面的操作和上一种方式相同。

4.2.4 构造方法和 setter( )方法的选择

创建对象并给对象设置初始值有以下两种方式。

（1）setter( )注入/属性注入：通过无参数构造方法创建一个对象，再由对象调用相应的 setter( )方法设置值。

（2）构造注入：直接调用带参数的构造方法创建出来的对象，有初始值。

示例代码如下。

```
//方式1
Cat c1=new Cat();
c.setName("小喵");
c.setAge(1.5);
//方式2
Cat c2=new Cat("小咪",2);
```

以上两种方式可以实现同样的功能。一般有带参数的构造方法的话，首选构造注入，但是如果需要初始化的数据过多，构造方法需要提供多个参数，使用构造注入不直观，使用setter注入更合适。在某些情况下，需要根据数据来构建对象，如构建一个圆对象需要根据半径，此时，优先使用构造注入。

4.3 类的继承

继承是面向对象的另一大特性，它用于描述类的所属关系，多个类通过继承形成一个关系体系。继承是在原有类的基础上扩展新的功能，实现了代码的复用。

4.3.1 继承的概念

现实生活中，继承是指下一代人继承上一代人遗留的财产，即实现财产重用。在面向对象程序设计中，继承实现代码重用，即在已有类的基础上定义新的类，新的类能继承已有类的属性与方法，并扩展新的功能，而不需要把已有类的内容再写一遍。已有的类被称为父类或基类，新的类被称为子类或派生类。

流浪猫救助平台中橘猫、狸花猫和三花猫都属于流浪猫类（Cat），同样，平台中的所有狗都属于流浪狗类（Dog）。流浪猫和流浪狗都具有动物的一般特征，如吃东西和发出叫声，不过在细节上又有所区别，如不同的动物吃的食物不同，叫声也不一样，由此可以抽取出动物类（Animal），如图4.8所示。

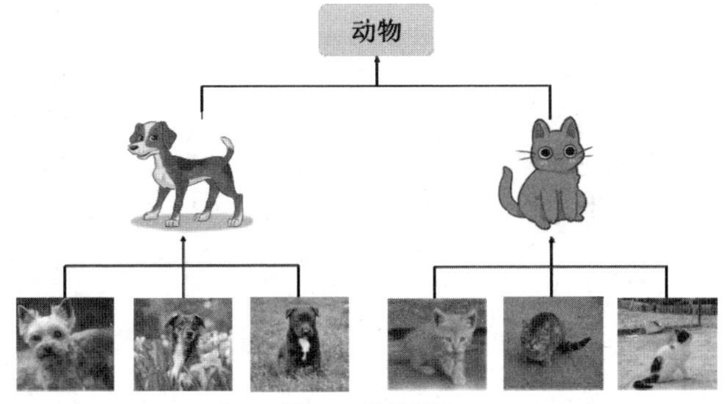

图4.8 继承关系

流浪猫类（Cat）和流浪狗类（Dog）的代码如例4-4和例4-5所示。

【例4-4】Cat.java

```
1    class Cat{
2        private String name;
3        private double age;
```

```
4       //省略构造方法和getter()/setter()方法
5       public void sayHello(){
6           System.out.println("姓名: "+this.name+"  年龄: "+this.age);
7       }
8       public void catchMice(){
9           System.out.println("猫会抓老鼠！");
10      }
11  }
```

【例 4-5】Dog.java

```
1   class Dog{
2       private String name;
3       private double age;
4       //省略构造方法和getter()/setter()方法
5       public void sayHello(){
6           System.out.println("姓名: "+this.name+"  年龄: "+this.age);
7       }
8       public void lookDoor(){
9           System.out.println("狗会看门！");
10      }
11  }
```

通过例 4-4 和例 4-5 可以发现，一个系统中往往有很多个类并且它们之间有很多相似之处，例如，猫和狗同属动物，学生和老师同属人等。各个类可能又有很多个相同的变量和方法，这样的话如果每个类都将这些变量和方法定义一遍，不仅代码很乱，工作量也很大。将 Cat 类和 Dog 类的共同点抽取出来，形成 Animal 类，如例 4-6 所示。

【例 4-6】Animal.java

```
1   class Animal{
2       String name;
3       double age;
4       //省略构造方法和getter()/setter()方法
5       public void sayHello(){
6           System.out.println("姓名: "+this.name+"  年龄: "+this.age);
7       }
8   }
```

让 Cat 类和 Dog 类继承 Animal 类，在 Cat 类和 Dog 类中就可以直接使用 Animal 类中的属性和方法。在 Java 中，子类继承父类的语法格式如下。

```
class 子类名 extends 父类名{
      属性和方法
}
```

Java 使用 extends 关键字指明两个类之间的继承关系。子类继承了父类中的属性和方法，也可以添加新的属性和方法，如果有需要还可以重写父类的方法。使用继承不仅大大减少了代码量，还使代码的结构更加清晰。让 Cat 类和 Dog 类继承 Animal 类，如例 4-7 和例 4-8 所示（super 关键字在 4.3.3 小节讲解）。

【例 4-7】Cat.java

```
1   class Cat extends Animal{
2       public Cat(String name,double age){
```

```
3           super(name,age);   //子类构造方法调用父类构造方法
4       }
5       public void catchMice(){
6           System.out.println("猫会抓老鼠！");
7       }
8   }
```

【例 4-8】Dog.java

```
1   class Dog extends Animal{
2       public Dog(String name,double age){
3           super(name,age);   //子类构造方法调用父类构造方法
4       }
5       public void lookDoor(){
6           System.out.println("狗会看门！");
7       }
8   }
```

定义测试类 TestInheritance，创建 Animal 类、Cat 类和 Dog 类的对象，分别获取属性并调用方法，如例 4-9 所示。

【例 4-9】TestInheritance.java

```
1   public class TestInheritance{
2       public static void main(String[] args){
3           Animal a=new Animal("Tom",10);
4           System.out.println(a.name);
5           a.sayHello();
6           Cat c=new Cat("小喵",1.5);
7           System.out.println(c.name);
8           c.sayHello();
9           c.catchMice();
10          Dog d=new Dog("小汪",3);
11          System.out.println(d.name);
12          d.sayHello();
13          d.lookDoor();
14      }
15  }
```

程序运行结果如图 4.9 所示。

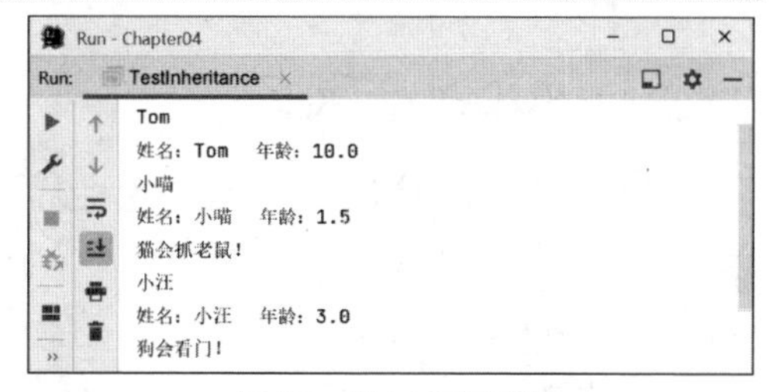

图 4.9 例 4-9 运行结果

Java 语言只支持单继承，不允许多继承，即一个子类只能有一个直接父类，不能出现类 C 同时继承类 B 和类 A 的情况，否则会引起编译错误，具体示例如下。

```
class A{}
class B{}
class C extends A,B{}     //编译错误
```

Java 语言虽然不支持多继承，但它支持多层继承，即一个类的父类可以继承另外的父类。因此，Java 类可以有无限多个间接父类，具体示例如下。

```
class A{}
class B extends A{}
class C extends B{}
```

这样 C 类有直接父类 B 类和间接父类 A 类。

继承关系既解决了代码重复的问题，又表示出了一个体系，这是面向对象中继承真正的作用。

4.3.2 方法重写

在继承关系中，子类从父类中继承了可访问的方法，但有时从父类继承来的方法不能完全满足子类需要，例如企鹅和鸵鸟都是鸟类中的一个品种，可以认为企鹅类（Penguin）和鸵鸟类（Ostrich）是鸟类（Bird）的子类，但是它们却不具备鸟类飞翔的功能。这时就需要在子类的方法里修改父类的方法，即子类重新定义从父类中继承的成员方法，这个过程称为方法重写或覆盖。鸟类的代码如例 4-10 所示。

【例 4-10】Bird.java

```
1   class Bird{
2       public void fly(){
3           System.out.println("我要飞得更高！");
4       }
5   }
```

企鹅类的代码如例 4-11 所示。

【例 4-11】Penguin.java

```
1   class Penguin extends Bird{
2       public void fly(){
3           System.out.println("想要飞，却飞呀飞不高！");
4       }
5   }
```

在进行方法重写时必须考虑权限，即被子类重写的方法不能拥有比父类方法更严格的访问权限。另外，需要注意方法重载（Overload）与方法重写（Override）没有任何关系。

- 方法重载是在同一个类中，方法重写是在子类与父类中。
- 方法重载要求：方法名相同，参数个数或参数类型不同。方法重写要求：子类与父类的方法名、返回值类型和参数列表相同。
- 方法重载解决了同一个类中，相同功能的方法名称不同的问题。方法重写解决子类继承父类之后，父类的某一个方法不满足子类的具体要求，此时需要重新在子类中定义该方法，并重写方法体。

4.3.3 super 关键字

当子类重写父类方法后，子类对象将无法访问父类被重写的方法。如果在子类中需要访问父类的被重写方法，可以通过 super 关键字来实现，语法格式如下。

```
super.成员变量
super.成员方法([实参列表])
```

在 Penguin 类的 fly( )方法中通过 super 关键字调用 Bird 类中的 fly( )方法，代码如下。

```
public void fly(){
    System.out.println("想要飞，却飞呀飞不高！");
    super.fly();
}
```

定义 Penguin 类的测试类 TestPenguin，如例 4-12 所示。

【例 4-12】TestPenguin.java

```
1    public class TestPenguin{
2       public static void main(String[] args){
3          Penguin p=new Penguin();
4          p.fly();
5       }
6    }
```

程序运行结果如图 4.10 所示。

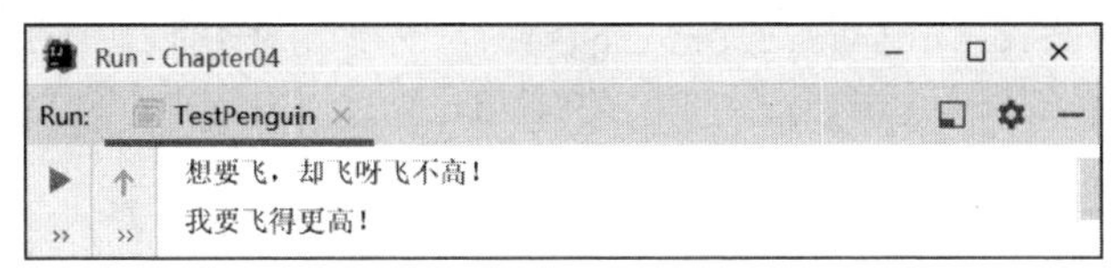

图 4.10 例 4-12 运行结果

super 关键字代表的是当前子类对象中的父类特征。在继承中，实例化子类对象时，首先会调用父类的构造方法，再调用子类的构造方法，这与实际生活中先有父母再有孩子类似。在一个构造方法中调用另一个重载的构造方法时应使用 this 关键字；在子类构造方法中调用父类的构造方法时应使用 super 关键字，语法格式如下。

```
super([参数列表])
```

调用父类构造方法的语句必须作为子类构造方法的第一个语句。子类构造方法调用父类构造方法的示例，如例 4-7 和例 4-8 所示。

另外，子类中如果没有显式地调用父类的构造方法，那么其将自动调用父类中不带参数的构造方法，编译器不再自动生成默认构造方法。如例 4-7 和例 4-8 中，如果不在子类构造方法中调用 Animal 类的有参数的构造方法，则程序会因找不到无参构造方法而报错。

为了解决上述程序编译错误，可以在子类显式地调用父类中定义的构造方法，也可以在父类中显式定义无参构造方法。

4.4 Object 类

Object 类是 Java 语言的根类，它是所有类的父类，如果一个类没有显式地继承父类，则该类的父类默认为 Object 类。例如，下面两个类的定义表示的意义相同。

```
class ClassName{}
class ClassName extends Object{}
```

Object 的中文含义有“对象”的意思，所有的对象都具有某一些共同的行为，所以抽取出了 Object 类，表示对象类。其他类都会继承 Object 类（直接继承或间接继承），也就拥有 Object 类的方法。

Object 类提供了很多方法，常用的方法如表 4.2 所示。

本章只对 toString( )和 equals( )方法进行讲解，hashCode( )方法将在集合框架章节中详细讲解。

表 4.2 Object 类的方法

方法声明	功能描述
public String toString( )	返回描述该对象的字符串
public Boolean equals(Object o)	比较两个对象是否相等
public int hashCode( )	返回对象的哈希值

4.4.1 toString( )方法

调用一个对象的 toString( )方法会默认返回一个描述该对象的字符串，字符串由该对象所属类名、@和对象十六进制形式的内存地址组成。下面测试 Animal 类的 toString( )方法，如例 4-13 所示。

【例 4-13】TestToString.java

```
1  public class TestToString{
2      public static void main(String[] args){
3          Animal a = new Animal("大熊",5);
4          System.out.println(a.toString());    //调用对象的 toString()方法
5          System.out.println(a);    //直接输出对象
6      }
7  }
```

程序运行结果如图 4.11 所示。

图 4.11 例 4-13 运行结果

在图 4.11 中，默认输出了对象信息，从程序运行结果可发现，直接输出对象和输出对象的 toString( )方法返回值相同，都是对象的内存地址，也就是说，输出对象一定会调用 Object 类的 toString( )方法。但实际上，我们更需要关注的是对象中存储的数据。

通常，重写 toString( )方法返回对象具体的信息。修改例 4-6 中的 Animal 类，重写其 toString( )方法，代码如下。

```
public String toString(){
    return "Animal{"+"name="+name+",age="+age+"}";
}
```

再次运行例 4-13 中的 TestToString.java，运行结果如图 4.12 所示。

由图 4.12 可以看出，重写 toString( )方法后，输出的是对象的内容。

我们还可以通过 IntelliJ IDEA 的“Generate”菜单快速重写 toString( )方法，如图 4.13 所示，参考 4.2.3 小节中生成 getter( )和 setter( )方法的步骤，选择想要展示的属性即可。

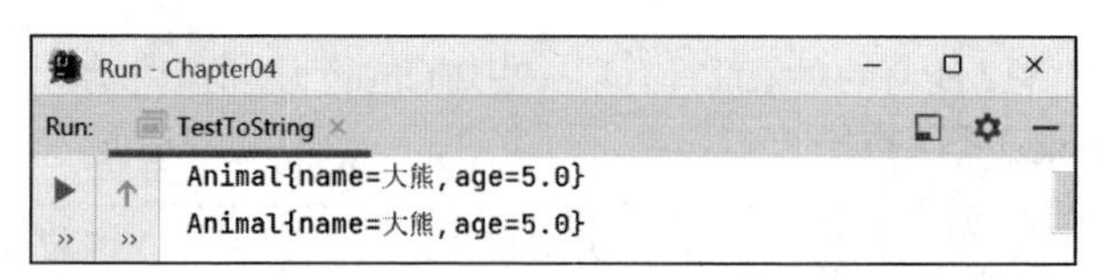

图 4.12 重写 toString()方法后的运行结果

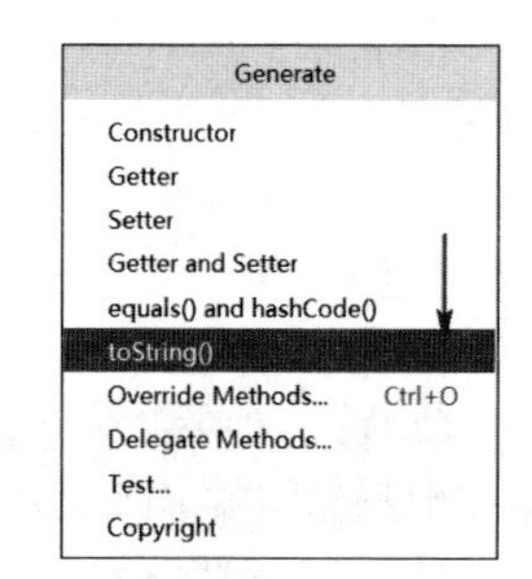

图 4.13 重写 toString()方法

4.4.2 equals( )方法

equals( )方法在第 2 章已经简单介绍，它用于测试两个对象是否相等。比较两个 Animal 类型的对象是否相等，如例 4-14 所示。

【例 4-14】TestEquals.java

```
1   public class TestEquals{
2       public static void main(String[] args){
3           Animal a1=new Animal("大熊",5);
4           Animal a2=new Animal("大熊",5);
5           System.out.println(a1.equals(a2));
6       }
7   }
```

程序运行结果为“false”。虽然 a1 对象和 a2 对象中存储的数据相同，但 Object 类中的 equals( )方法和“==”相同，是按内存地址比较的，而不是按内容进行比较。在比较两个对象时，要关注的是内容，而不是内存地址，例如两个人类的对象，只要身份证号相同，就应为同一个人。因此，在 Java 中，建议每个类都重写 equals( )方法。例如，String 类中的 equals( )方法继承自 Object 类并重写，使之能够检验两个字符串的内容是否相等。

我们可以直接使用 IntelliJ IDEA 的“Generate”菜单快速重写 equals( )方法，如图 4.14 所示。

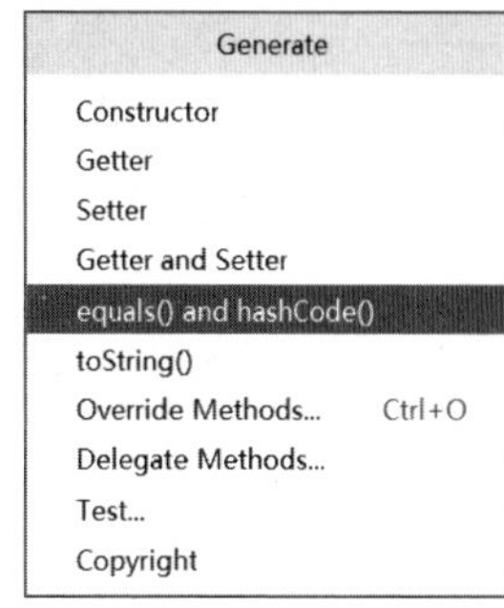

图 4.14 重写 equals()方法

重写 equals( )方法需要同时重写 hashCode( )方法，hashCode( )方法主要是为了给如 HashMap 这样的哈希表使用。

重写 equals( )方法，代码如下。

```
public boolean equals(Object o){
        //判断两个对象的内存地址是否相同
        if(this==o)
           return true;
        //判断传递进来的对象引用是否为 null 及判断是否为自己类型的子类/同类
        if(o==null||getClass()!=o.getClass())
           return false;
        //将传递进来的对象转换为自己的类型，判断相关的成员是否相等
        Animal animal=(Animal)o;
        return Double.compare(animal.age,age)==0&&Objects.equals(name, animal.name);
}
```

再次运行例 4-14 的 TestEquals.java，运行结果为 true。

在第一个 if 语句中，判断 a1 和 a2 并非同一种对象后，继续执行；判断 a2 不为空但 a2 和自己是同一种类型的对象后，继续执行；将 a2 转换为 Animal 类型（实际上 a2 就是 Animal 类型的，但是还是会执行这一步），比较得知 a2 的 age 属性和 a1 的 age 属性相同，并且二者的 name 属性也相同，return 后的表达式结果为 true，将结果返回。

4.5 final 关键字

在 Java 中，为了考虑安全因素，要求某些类不允许被继承或不允许被子类修改，这时可以用 final 关键字修饰。final 关键字用于修饰类、方法和变量，其具体特点如下。

- final 修饰的类不能被继承。

- final 修饰的方法不能被子类重写。
- final 修饰的变量是常量，初始化后不能再修改。

本节将讲解 final 关键字的特性和应用场景。

4.5.1 final 关键字修饰类

使用 final 关键字修饰的类称为最终类，表示不能再被其他的类继承，即不能有子类，如 Java 中的 String 类。接下来通过一个实例进行验证，如例 4-15 所示。

【例 4-15】TestFinalClass.java

```
1   //使用 final 关键字修饰类
2   final class Parent{
3   }
4   //继承 final 类
5   class Child extends Parent{     //报错
6   }
7   public class TestFinalClass{
8       public static void main(String[] args){
9           //创建 Child 类对象
10          Child c=new Child();
11      }
12  }
```

第 5 行代码编译报错，如图 4.15 所示。

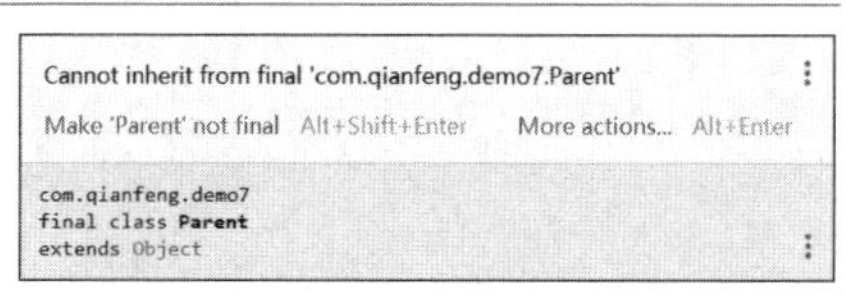

图 4.15　例 4-15 的报错信息

在例 4-15 中，使用 final 关键字修饰了 Parent 类，因此，Child 类继承 Parent 类时，程序编译时报错并提示“Cannot inherit from final 'com.qianfeng.demo7.Parent'”。由此可见，被 final 修饰的类为最终类，不能被继承。

满足以下条件时，可以将类设计成 final 类。

- 不是专门为继承而设计的类。
- 出于安全考虑，类的实现细节不许改动，不准修改源代码。
- 确定该类不会再被拓展。

4.5.2 final 关键字修饰方法

使用 final 关键字修饰的方法，称为最终方法，表示子类不能重写此方法。接下来通过一个案例进行验证，如例 4-16 所示。

【例 4-16】TestFinalMethod.java

```
1   class Parent{
2       //使用 final 关键字修饰方法
3       public final void say(){
4           System.out.println("final 修饰 say()方法");
5       }
6   }
7   class Child extends Parent{
8       //重写父类方法
9       public void say(){     //报错
```

```
10          System.out.println("重写父类 say()方法");
11      }
12  }
13  public class TestFinalMethod{
14      public static void main(String[] args){
15          //创建 Child 类对象
16          Child c=new Child();
17          c.say();
18      }
19  }
```

第 9 行代码编译报错，如图 4.16 所示。

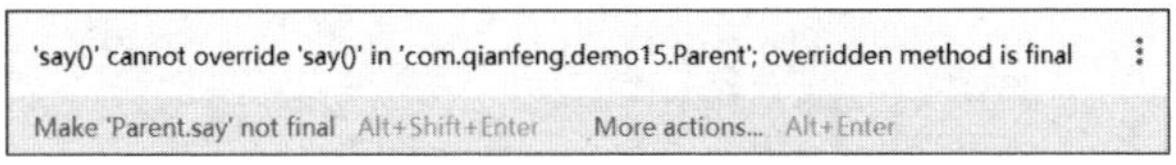

'say()' cannot override 'say()' in 'com.qianfeng.demo15.Parent'; overridden method is final
Make 'Parent.say' not final Alt+Shift+Enter More actions... Alt+Enter

图 4.16 例 4-16 的报错信息

在例 4-16 中，Parent 类中使用 final 关键字修饰了成员方法 say( )，Child 类继承 Parent 类并重写了 say( )方法。程序编译时报错并提示“'say( )' cannot override 'say( )' in 'com.qianfeng.demo15.Parent'; overridden method is final”。由此可见，被 final 修饰的成员方法为最终方法，不能被子类重写。

满足以下条件时，可以将方法设计为 final 方法。

- 在父类中提供统一的算法骨架，不准子类通过方法覆盖来修改，此时使用 final 修饰。
- 在构造方法中调用的方法（初始化方法），此时一般使用 final 修饰。

4.5.3 final 关键字修饰变量

使用 final 关键字修饰的变量，称为常量，只能被赋值一次。如果再次对该变量进行赋值，则程序在编译时会报错，如例 4-17 所示。

【例 4-17】 TestFinalLocalVar.java

```
1   public class TestFinalLocalVar{
2       public static void main(String[] args){
3           final double PI=3.14;       //定义并初始化
4           PI=3.141592653;             //重新赋值
5       }
6   }
```

第 4 行代码编译报错，如图 4.17 所示。

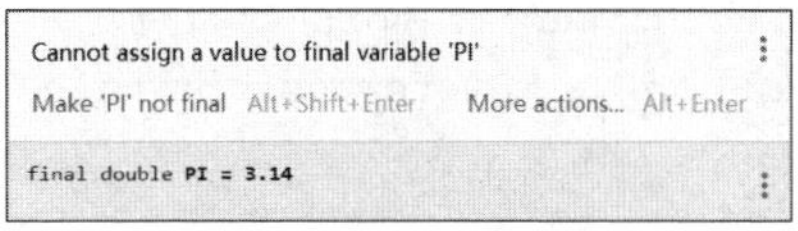

Cannot assign a value to final variable 'PI'
Make 'PI' not final Alt+Shift+Enter More actions... Alt+Enter
final double PI = 3.14

图 4.17 例 4-17 的报错信息

例 4-17 中，使用 final 关键字修饰变量 PI，当第 4 行代码对 PI 进行赋值时，程序编译时报错并提示“Cannot assign a value to final variable 'PI'”。由此可见，被 final 修饰的变量只能被赋值一次，其值不可改变。

在例 4-17 中，使用 final 修饰的是局部变量，接下来使用 final 修饰成员变量，如例 4-18 所示。

【例 4-18】 TestFinalMemberVar.java

```
1   public class TestFinalMemberVar{
2       final int a;
3       public static void main(String[] args){
4           final int b;
5           b=10;
```

```
6        }
7    }
```

第 2 行代码编译报错，如图 4.18 所示。

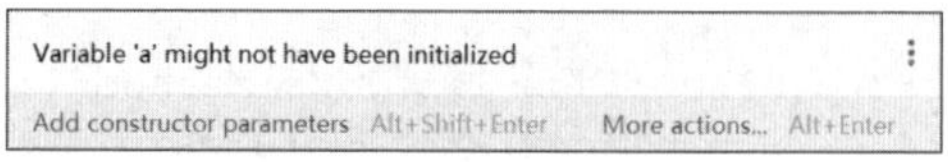

Variable 'a' might not have been initialized
Add constructor parameters Alt+Shift+Enter More actions... Alt+Enter

图 4.18 例 4-18 的报错信息

在例 4-18 中，使用 final 修饰了成员变量 a，程序编译时报错并提示“Variable 'a' might not have been initialized”。由此可见，Java 虚拟机不会为 final 修饰的变量进行默认初始化。因此，使用 final 修饰成员变量时，需要在声明时立即初始化。

此外，final 关键字还可以修饰引用变量，表示该引用变量只能始终引用一个对象，但可以改变对象的内容，读者可自行验证。

4.6 组合关系

实现类的复用除了使用继承，还可以使用组合的方式，把该类当成另一个类的组合成分，从而允许新类直接复用该类的 public 方法。使用继承或是组合关系，都允许在新类（继承中的子类）中直接复用旧类（继承中的父类）的方法。

组合关系是将旧类对象作为新类的成员变量，用以引用旧类的功能，从而实现新类的功能。调用时，只需使用新类的方法，而不是被组合的旧类对象的方法。一般来说，在新类里使用 private 修饰被组合的旧类对象。

接下来分别使用继承和组合关系，描述鸟类和企鹅类都拥有动物的呼吸和心跳的方法。

使用继承的实现代码如例 4-19 所示。

【例 4-19】 TestInheritace.java

```
1    class Animal{
2        private void beat(){
3            System.out.println("心脏跳动…");
4        }
5        public void breath(){
6            beat();
7            System.out.println("呼吸中…");
8        }
9    }
10   class Bird extends Animal{
11       public void fly(){
12           System.out.println("我轻快地飞翔…");
13       }
14   }
15   class Dog extends Animal{
16       public void run(){
17           System.out.println("我欢快地奔跑…");
18       }
19   }
20   public class TestInheritace{
21       public static void main(String[] args){
22           Bird b=new Bird();
23           b.breath();
24           b.fly();
```

```
25          Dog w=new Dog();
26          w.breath();
27          w.run();
28      }
29  }
```

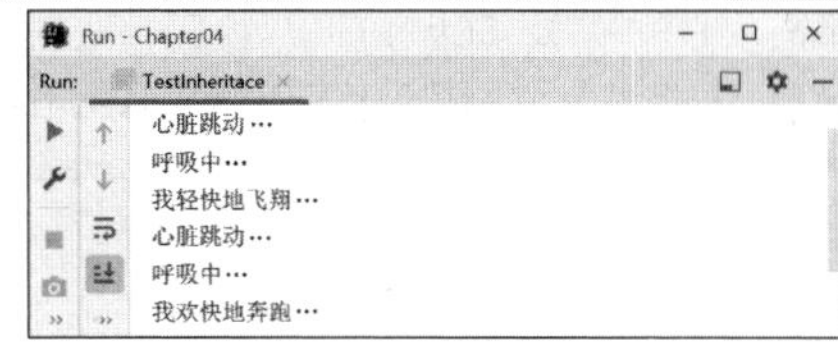

图 4.19 例 4-19 运行结果

程序运行结果如图 4.19 所示。

在例 4-19 中，Bird 类和 Dog 类都继承了 Animal 类，拥有了 Animal 类中的 public 方法。

使用组合关系的实现代码如例 4-20 所示。

【例 4-20】UseComposite.java

```
1   class Animal{
2       private void beat(){
3           System.out.println("心脏跳动…");
4       }
5       public void breath() {
6           beat();
7           System.out.println("呼吸中…");
8       }
9   }
10  class Bird{
11      //将旧类组合到新类，作为新类的一个组合成分
12      private Animal a;
13      public Bird(Animal a){
14          this.a=a;
15      }
16      //子类重新定义 breath()方法
17      public void breath(){
18          //复用 Animal 类提供的 breath()方法来实现 Bird 类的 breath()方法
19          a.breath();
20      }
21      public void fly(){
22          System.out.println("我在轻快地飞翔…");
23      }
24  }
25  class Dog{
26      //将旧类组合到新类，作为新类的一个组合成分
27      private Animal a;
28      public Dog(Animal a){
29          this.a=a;
30      }
31      //重新定义一个自己的 breath()方法
32      public void breath(){
33          //复用 Animal 类提供的 breath()方法来实现 Dog 类的 breath()方法
34          a.breath();
35      }
36      public void run(){
37          System.out.println("我在欢快地奔跑…");
38      }
39  }
40  public class UseComposite{
```

```
41      public static void main(String[] args){
42          //需要显式创建被组合的对象
43          Animal a1=new Animal();
44          Bird b=new Bird(a1);
45          b.breath();
46          b.fly();
47          //需要显式创建被组合的对象
48          Animal a2=new Animal();
49          Dog d=new Dog(a2);
50          d.breath();
51          d.run();
52      }
53  }
```

程序运行结果如图 4.20 所示。

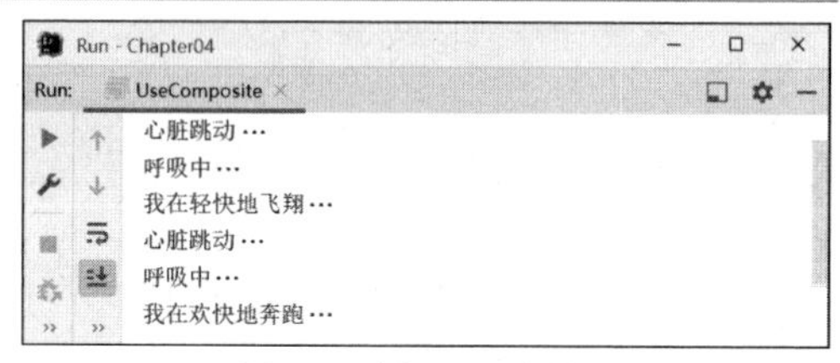

图 4.20　例 4-20 运行结果

在例 4-20 中，将 Animal 类的对象作为 Bird 类和 Dog 类的成员变量，并在 Bird 类和 Dog 类中重写了 Animal 类的 breath( )方法，实现了和例 4-19 相同的功能。

从类的复用角度看，父类的功能等同于组合关系中被组合的类，都将类中方法提供给新类使用；子类和组合关系里的整体类，都可复用原有类的方法，用于实现整体的功能。

继承关系中从多个子类抽象出共有父类的过程，类似于组合关系中从多个整体类里提取出被组合类的过程；继承关系中从父类派生子类的过程，类似于组合关系中将被组合类组合到整体类的过程。

通过例 4-19 和例 4-20 可以看出，组合关系是“has-a”的关系，继承是“is-a”的关系。在对两种实现方式进行选择时，Dog 类和 Animal 类实际上应该使用继承关系，因为用动物组合成狗是不符合逻辑的，狗并不是由动物组成的，而是狗是动物的一种（is-a）。但是，Person 类和 Head 类就需要使用组合关系，因为头是人体的一部分（has-a）。

4.7 多态

多态是面向对象的另一大特性，封装和继承是为实现多态做准备的。简单来说，多态是具有表现多种形态能力的特性，它可以提高程序的抽象程度和简洁性，最大限度降低类和程序模块间的耦合性。

4.7.1 多态的概念

多态的概念最早来自生物学，表示同一物种在同一种群中存在两种或多种明显不同的表现类型。例如，在南美存在两种颜色的美洲虎：浅黄色的和黑色的。而在面向对象编程思想中，这个概念表达的是：具有共性的类型，在执行相同的行为时，会体现出不同的实现方式。继承表现了一种“is-a”的关系，即子类是父类的一种特殊情况。既然子类是一种特殊的父类，那么也可以认为 Cat 类对象和 Dog 类对象是 Animal 类型的对象，这就是多态。

父类对象变量可指向子类对象就形成多态，如例 4-21 所示。

【例 4-21】TestAnimal.java

```
1   class Animal{
2       public void eat(){
```

```
3           System.out.println("宠物吃宠物粮");
4       }
5   }
6   class Cat extends com.qianfeng.Animal{
7       public void eat(){
8           System.out.println("猫吃猫粮");
9       }
10  }
11  class Dog extends com.qianfeng.Animal{
12      public void eat(){
13          System.out.println("狗吃狗粮");
14      }
15  }
16  public class TestAnimal{
17      public static void main(String[] args){
18          Animal a1=new Cat();
19          Animal a2=new Dog();
20          a1.eat();
21          a2.eat();
22      }
23  }
```

程序运行结果如图 4.21 所示。

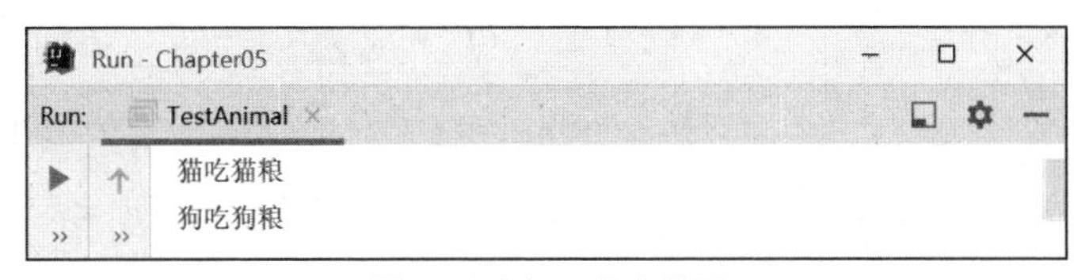

图 4.21 例 4-21 运行结果

如例 4-21 的第 18 行和第 19 行代码所示，当 Animal 类型的变量指向 Cat 类型或 Dog 类型的对象时，多态就产生了。此时，a1 和 a2 都具有两种类型，即编译类型和运行类型。以 a1 为例，其编译类型为声明对象变量的类型 Animal，表示把对象看作 Animal 类型；其运行类型是指真实类型 Cat。

变量 a1 引用的是 Cat 类对象，因此，第 20 行代码调用的是 Cat 类的 eat( )方法。变量 a2 引用的是 Dog 类对象，因此，第 21 行代码调用的是 Dog 类中重写的 eat( )方法。从程序运行结果可发现，虽然调用的都是 eat( )方法，但变量引用的对象是不同的，执行的结果也不同，这就是前面所讲的多态。由此可知多态的特点是：将子类的对象赋值给父类变量，在运行时就会表现出具体的子类的特征。

能够产生多态的两个类可以是继承关系（类和类），也可以是实现关系（接口和实现类），在开发中多态一般为第二种。

宠物饲养员为所有宠物喂食，给流浪猫投喂猫粮，给流浪狗投喂狗粮。通过创建饲养员类，在饲养员类中定义喂养流浪狗的方法和喂养流浪猫的方法。不使用多态的实现代码如例 4-22 所示。

【例 4-22】 TestNotPolymorphism.java

```
1   //不使用多态
2   class Feeder{
3       //喂养流浪狗的方法
4       public void feed(Dog dog){
5           System.out.println("开始喂养…");
6           dog.eat();
7       }
```

```
8       //喂养流浪猫的方法
9       public void feed(Cat cat){
10          System.out.println("开始喂养…");
11          cat.eat();
12      }
13  }
14  public class TestNotPolymorphism{
15      public static void main(String[] args){
16          Feeder f=new Feeder();
17          Dog d=new Dog();
18          f.feed(d);    //喂流浪狗
19          Cat c=new Cat();
20          f.feed(c);    //喂流浪猫
21      }
22  }
```

程序运行结果如图 4.22 所示。

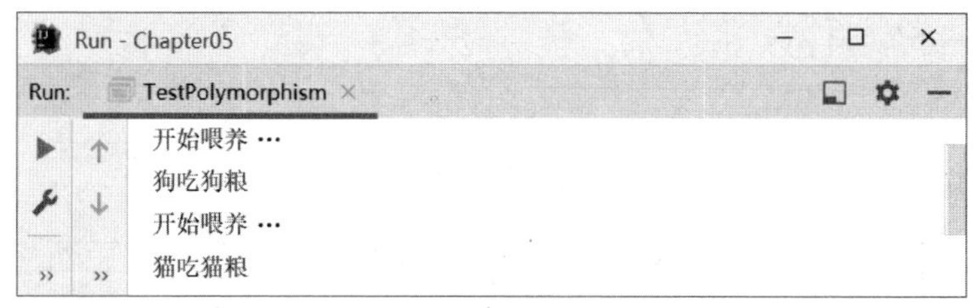

图 4.22　例 4-22 运行结果

在例 4-22 中，Feeder 类需要针对不同的宠物定义不同的喂养方法。使用多态，就可以只定义一个方法，统一喂养所有的宠物。将例 4-22 中的 Feeder 类代码修改为如下所示。

```
class Feeder{
    public void feed(Animal a){
        System.out.println("开始喂养…");
        a.eat();
    }
}
```

再次运行例 4-22，运行结果和图 4.22 一致。当调用 feed( )方法传递参数时，使用 Animal 类的变量接收 Cat 类或 Dog 类的对象也体现了多态。方法中的变量 a 实际上引用的是 Animal 类的子类 Cat 类或 Dog 类的对象，因此，调用的是子类的方法。

需要注意的是，成员变量和使用 static 修饰的方法并不存在多态的概念，原因如下。

（1）静态方法是属于类的，调用的时候直接通过“类名.方法名”完成，不需要继承机制就可以调用。如果子类里面定义了静态方法和属性，那么这时候父类的静态方法或属性被“隐藏”。如果想要调用父类的静态方法和属性，直接通过“父类名.方法或变量名”完成，至于是否继承一说，子类是有继承静态方法和属性，但是跟实例方法和属性不太一样，存在“隐藏”这种情况。

（2）多态之所以能够实现，是因为其依赖于继承、接口和重写、重载（继承和重写最为关键）。有了继承和重写，就可以实现父类的引用变量指向不同子类的对象。重写的功能是重写后子类的优先级要高于父类的优先级，但是“隐藏”是没有这个优先级之分的。

（3）静态方法和属性都可以被继承和隐藏而不能被重写，因此不能实现多态，不能实现父类的引用变量可以指向不同子类的对象。非静态方法可以被继承和重写，因此可以实现多态。

（4）在实例化一个子类的同时，系统会给子类所有实例变量分配内存，也会给它的父类的实例变量分配内存，即使父类和子类中存在重名的实例变量，也会给两个都分配内存，这个时候子类只是隐藏了父类的这个变量，但系统还是会给它分配内存，之后子类可以用 super 来访问属于父类的变量。

只使用封装和继承的 Java 程序，可以称之为基于对象编程，而只有把多态加进来，才能称之为面向对象编程。多态是一个分水岭，将基于对象与面向对象区分开来。

4.7.2 引用数据类型转换

根据多态的特点可知 Java 语言允许某个类型的引用变量（编译类型）引用其子类的实例（真实类型），如同第 2 章中介绍的基本数据类型的类型转换，引用数据类型同样可以进行类型转换。Java 中引用数据类型之间的类型转换主要有两种，分别是向上转型（Upcasting）和向下转型（Downcasting）。

1. instanceof 运算符

判断一个对象是否是某个类的实例可以使用 instanceof 运算符，语法格式如下。

```
boolean b=对象 A  instanceof  类 B;
```

若对象 A 是类 B 的实例，则返回 true；若对象 A 是类 B 的父类的实例，则也返回 true。具体示例如例 4-23 所示。

【例 4-23】TestInstanceof.java

```
1   public class TestInstanceof{
2      public static void main(String[] args){
3         String str="我爱 Java";
4         System.out.println(str instanceof Object);
5         System.out.println(str instanceof String);
6      }
7   }
```

程序运行结果如图 4.23 所示。

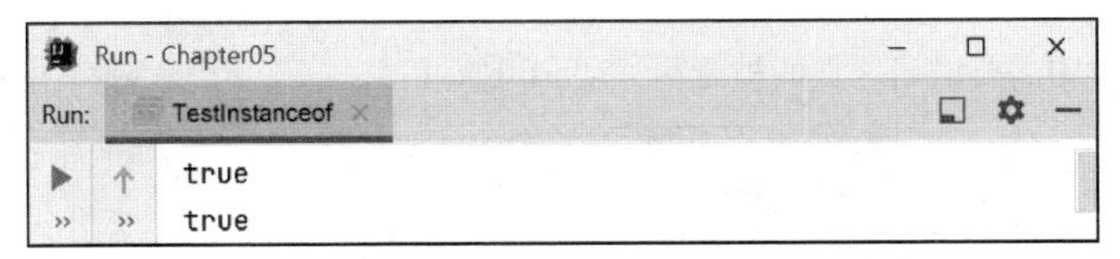

图 4.23 例 4-23 运行结果

实际上，开发中更需要关注的是对象的真实类型，而不是判断为编译类型的实例。此时需要使用对象的 getClass( )方法来进行判断。

2. 向上转型

父类的引用变量指向子类对象为向上转型，语法格式如下。

```
ParentClass obj=new childClass();
```

ParentClass 是父类类型或接口类型，obj 是创建的对象，childClass 是子类对象。向上转型就是把子类对象直接赋给父类的引用变量，不用强制转换。使用向上转型可以调用父类类型中的所有成员，不能调用子类类型中特有成员，最终运行效果看子类的具体实现。

3. 向下转型

多态的弊端是对象不能使用子类特有的功能，用向下转型可解决这个问题，即把父类的引用变量强制转换为子类的引用变量，语法格式如下。

```
ChildClass obj=(ChildClass) parentClass;
```

其中，parentClass 是父类对象，obj 是创建的对象，ChildClass 是子类名称。

向下转型可以调用子类类型中所有的成员，不过需要注意的是，如果父类对象指向的是子类对象，那么在向下转型的过程中是安全的，也就是编译时不会出错。但是如果父类对象是父类本身，那么在向下转型的过程中是不安全的，编译时不会出错，但是运行时会出现 Java 强制类型转换异常，一般使用 instanceof 运算符来避免出现此类错误。

向上转型和向下转型的具体示例如下。

```
Animal animal=new Cat();      //向上转型，把Cat类型转换为Animal类型
Cat cat=(Cat)animal;          //向下转型，把Animal类型转换为Cat类型
```

4.8 本章小结

通过本章的学习，读者能够了解 Java 的包管理机制，理解 Java 面向对象的三大特性——封装、继承和多态，掌握组合关系的使用方法。本章学习重点在于理解封装是隐藏对象的属性和功能实现细节，仅对外提供公共访问方式；继承可以让某个类型的对象获得另一个类型的对象的属性和方法；多态就是指一个类的实例对象的相同方法，在不同情形下有不同的表现形式。尽管读者已经学习了本章所讲的知识点，但还是建议读者仔细揣摩面向对象的三大特性。

4.9 习题

1. 填空题

（1）如果在子类中需要访问父类的被重写方法，可以通过__________关键字来实现。

（2）Java 中使用__________关键字来实现类的继承。

（3）java 语言中__________是所有类的根。

（4）类成员的访问控制符有__________、__________、__________和默认 4 种。

（5）当一个类的修饰符为__________时，说明该类不能被继承，即不能有子类。

2. 选择题

（1）下列选项中，表示数据或方法只能被本类访问的修饰符是（　　）。

A. public　　B. protected　　C. private　　D. final

（2）关键字（　　）表明一个对象或变量在初始化后不能修改。

A. extends　　B. final　　C. this　　D. finalize

（3）已知类关系如下：

```
Class Employee{}
Class Manager extends Employee{}
```

```
Class Director extends Employee{}
```

则下列语句正确的是：(　　)。

A. Employee e=new Manager( );　　B. Director d=newManager( );

C. Director d=new Employee( );　　D. Manager m=new Director( );

(4) 关于 Java 中的继承，下列说法错误的是(　　)。

A. 继承是面向对象编程的核心特征之一，通过继承可以更有效地组织程序结构

B. 继承使得程序员可以在原有类的基础上很快设计出一个功能更强的新类，而不必从头开始，避免了重复工作

C. 每一次继承时，子类都会自动拥有父类的属性和方法，同时也可以加入自己的一些特性，使得子类更具体、功能更强大

D. 继承一般有多重继承和单一继承两种方式，在单一继承中每一个类最多只有一个父类，而多重继承则可以有多个父类。Java 中的类都采用多重继承

(5) 能作为类的修饰符，也能作为类成员的修饰符的是(　　)。

A. public　　B. extends　　C. Float　　D. static

3. 简答题

(1) 什么是继承?

(2) 什么是多态?

(3) 请简述方法的重载与重写的区别。

4. 编程题

(1) 创建银行卡类，并设计银行卡的两个子类：储蓄卡和信用卡。

(2) 定义一个交通工具类，作为父类，类中有移动的方法，输出“交通工具可以移动”；设计交通工具类的两个子类——火车类和汽车类，并在子类中重写父类移动的方法，分别输出“火车在铁轨上行驶”和“汽车在公路上行驶”。

(3) 使用方法的重载描述所有的超市都支持扫码付款，且大型超市还支持刷卡付款。

第 5 章 抽象类和接口

本章学习目标

- 熟练掌握抽象类和接口的使用方法。
- 掌握 Java 中的内部类。
- 了解模板设计方法。
- 掌握 Lambda 表达式的使用方法。

第 4 章介绍了面向对象的三大特性，其中真正让面向对象华丽蜕变的是多态。平行四边形和三角形都是图形，我们可以用具体的语言描述平行四边形和等边三角形，但是却不能用具体的语言描述图形。对于无法用具体语言定义的类，称之为抽象类，比抽象类更“抽象”的就是接口。本章将重点讲解多态在抽象类和接口中的应用，对于面向对象的其他知识点，如内部类，也会予以详细讲解。本章还将讲解 Lambda 表达式的使用方法。

5.1 抽象方法和抽象类

Java 中可以定义不含方法体的方法，方法的方法体由其所在类的子类根据实际需求去实现，这样的方法称为抽象方法（Abstract Method），包含抽象方法的类必须是抽象类（Abstract Class）。

5.1.1 抽象方法

Java 中提供了 abstract 关键字，表示抽象的意思，用 abstract 修饰的方法，称为抽象方法。抽象方法是一个不完整的方法，只有方法的声明，没有方法体。

前面提到，矩形和三角形都能具体描述，但是图形却不可以。同样，矩形和三角形的面积也有具体的计算公式，示例代码如下。

```
class Graph{
    public double getArea(){
        return 0.0;
    }
}
class Rectangle extends Graph{
    private int width;
    private int height;
    public double getArea(){
        return width*height;
    }
}
```

```
class Circle extends Graph{
   private int rids;
   public double getArea(){
      return 3.14*rids*rids;
   }
}
```

每个具体图形都有计算自己面积的方法，因此，抽象出的父类 Graph 类应有计算面积的方法，且每一个子类都必须去覆盖 getArea( )方法，如果不覆盖则应该报错，但实际上每种图形计算面积的公式各不相同，图形类 Graph 中定义了 getArea( )方法，却无法提供具体的方法体。这时，Graph 类的 getArea( )方法就为抽象方法。

抽象方法没有方法体，具体的实现由子类完成，且抽象方法必须定义在抽象类或接口（在 5.3 节讲解）中。

5.1.2 抽象类

用 abstract 修饰的类，称为抽象类，抽象类可以不包含任何抽象方法。定义抽象类和抽象方法的语法格式如下。

```
[修饰符] abstract class 类名{
   [修饰符] abstract 方法返回值类型 方法名([参数列表])
   //其他的类成员
}
```

具体示例如下。

```
abstract class Graph{
   public abstract void getArea();
}
```

使用抽象类时需要注意，抽象类不能被实例化，即不能用 new 关键字创建对象。这是因为抽象类中可包含抽象方法，抽象方法只有声明没有方法体，不能被调用。但是，我们可以通过子类继承抽象类去实现抽象方法，如例 5-1 所示。

【例 5-1】TestAbstract.java

```
1    package com.qianfeng.demo1;
2    //图形抽象类
3    abstract class Graph{
4       //abstract 修饰抽象方法，只有声明，没有方法体
5       abstract public double getArea();
6    }
7    //矩形类继承图形类
8    class Rectangle extends Graph{
9       private int width;
10      private int height;
11      //覆盖面积的抽象方法
12      public double getArea(){
13         return width*height;
14      }
15      //省略构造方法
16      …
```

```
17  }
18  //圆形类继承图形类
19  class Circle extends Graph{
20      private int rids;
21      //覆盖面积的抽象方法
22      public double getArea(){
23          return 3.14*rids*rids;
24      }
25      //省略构造方法
26      …
27  }
28  //测试类
29  public class TestAbstract{
30      public static void main(String[] args){
31          Graph rc=new Rectangle(3,5);
32          Graph ci=new Circle(4);
33          System.out.println(rc.getArea());
34          System.out.println(ci.getArea());
35      }
36  }
```

程序运行结果如图 5.1 所示。

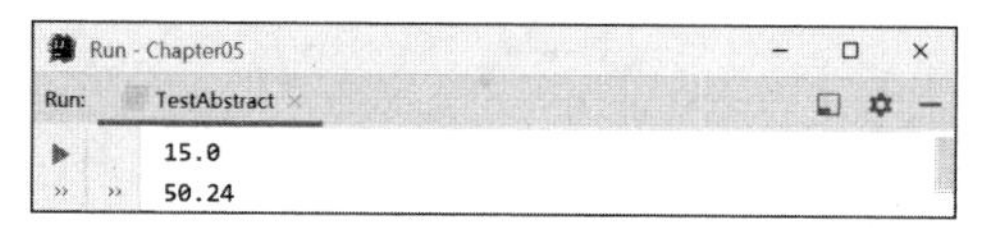

图 5.1 例 5-1 运行结果

由图 5.1 可以看出， 子类定义时实现了抽象方法，因此，在实例化子类对象后，子类对象可以调用子类中实现的抽象方法。

需要注意的是，具体子类必须实现抽象父类中所有抽象方法，否则子类必须声明为抽象类，不然子类会报错，如例 5-2 所示。

【例 5-2】TestAbstractFun.java

```
1   package com.qianfeng.demo2;
2   abstract class Parent{
3           public abstract void say();
4           public abstract void work();
5   }
6   //继承抽象方法
7   class Child extends Parent{
8       //实现抽象方法
9       public void say(){
10          System.out.println("Child");
11      }
12  }
13  public class TestAbstractMeth{
14      public static void main(String[] args){
15          Child c=new Child();
16          c.say();
17      }
18  }
```

第 7 行代码编译报错，报错信息如图 5.2 所示。

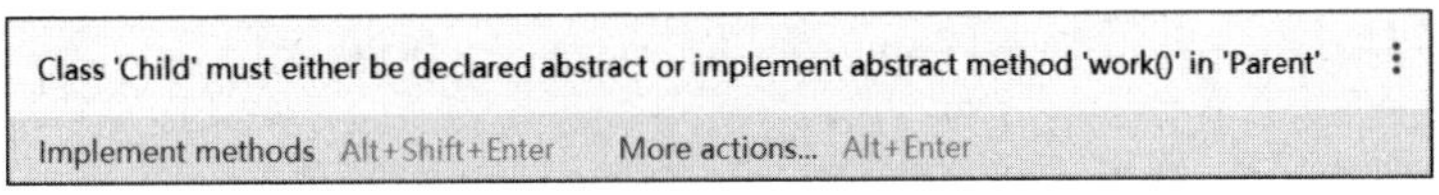

Class 'Child' must either be declared abstract or implement abstract method 'work()' in 'Parent'
Implement methods Alt+Shift+Enter More actions... Alt+Enter

图 5.2 例 5-2 的报错信息

在例 5-2 中，Child 类继承了抽象类 Parent 后并没有实现父类中的抽象方法 work( )，所以程序在编译时报错并提示 “Class 'Child' must either be declared abstract or implement abstract method 'work( )' in 'Parent'”，要求子类必须实现父类的抽象方法。

在 Child 类中实现父类的抽象方法 work( )，示例代码如下。

```
public void work(){
   System.out.println("Child");
}
```

在测试类中调用 work( )方法，再次运行程序，输出 “Child”。

需要注意的是，抽象类是不能实例化的，即使实例化了，去调用抽象方法，也没有方法体。虽然一些抽象类中会存在普通方法（子类可以进行调用），但包含抽象方法的类，必须为抽象类。抽象类中的构造方法不能全部定义为私有的，否则就不能创建子类对象了（子类构造方法必须调用父类构造方法创建对象）。抽象类并不是一个完整的类，它必须有子类继承才有意义，功能才能得以实现。

抽象类中可以不存在抽象方法，以防止外界创建对象，因此，有一些工具类中虽然没有抽象方法，却使用了 abstract 修饰。

5.2 模板方法设计模式

模板方法设计模式又叫模板模式，是一种简单、实用的设计模式，它的应用非常广泛，其结构中包含子类和父类的继承关系。模板方法是指定义一个操作中的算法骨架，而将算法的一些步骤延迟到子类中，使子类在不改变该算法结构的情况下重新定义该算法的某些特定步骤。

模板方法设计模式针对的场景及实现功能的步骤是固定的，但每一步具体的实现方式各不相同。我们可以将所有步骤抽象到一个抽象类中，并在该类中定义一个模板方法。例如，到银行办理业务可以分为 3 个步骤：取号、办业务和评价。这 3 个步骤中取号和评价都是固定的流程，每个用户所做的操作是相同的，但办业务的步骤需要根据每个人要办的具体业务做不同的实现，那么我们就可以将“去银行办理业务”封装成一个抽象类。定义办理业务的抽象类，如例 5-3 所示。

【例 5-3】BusinessHandeler.java

```
1   package com.qianfeng.demo3;
2   import java.util.Random;
3   abstract class BusinessHandeler{
4       //模板方法：去银行办业务的流程
5       public final void execute(){
6           getRowNumber();
7           handle();
8           judge();
9       }
10      //取号
11      Random rom=new Random();
```

```
12      private void getRowNumber(){
13          //生成随机号码
14          System.out.println("rowNumber-00"+rom.nextInt(10));
15      }
16      //办理业务
17      public abstract void handle(); //抽象的办理业务方法，由子类实现
18      //评价
19      private void judge(){
20          System.out.println("give a praised");
21      }
22  }
```

例 5-3 中的 BusinessHandeler 类中定义了 4 个方法，其中 getRowNumber( )和 judge( )方法是私有的非抽象方法，它们模拟实现取号和评价的业务逻辑，这两个步骤对于每个到银行办理业务的人都是通用的；抽象方法 handle( )需要子类去重写，根据办理业务的具体内容重写该方法；模板方法 final 类型的 execute( )，它定义了去银行办业务的流程。

有了办理业务的抽象类和方法，如果有人要办理业务，那么只需要继承 BusinessHandeler 类并且重写 handle( )方法，再使用该实例化对象调用 execute( )方法，即可完成整个办理业务的流程。例如，到银行办理存钱业务，代码如例 5-4 所示。

【例 5-4】SaveMoneyHandler.java

```
1   public class SaveMoneyHandler extends BusinessHandeler{
2       @Override
3       public void handle(){
4           System.out.println("存1000 元人民币。");
5       }
6       public static void main(String[] args){
7           SaveMoneyHandler saveMoneyHandler=new SaveMoneyHandler();
8           saveMoneyHandler.execute();
9       }
10  }
```

程序运行结果如图 5.3 所示。

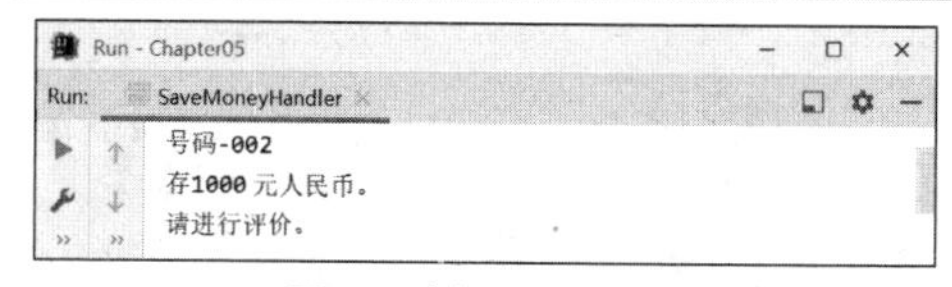

图 5.3 例 5-4 运行结果

通过使用模板方法设计模式，可以将一些复杂流程的实现步骤封装在一系列基本方法中，在抽象父类中提供一个称为模板方法的方法来定义这些基本方法的执行次序，而通过其子类来覆盖某些步骤，从而使相同的算法框架可以有不同的执行结果。模板方法设计模式提供了一个模板方法来定义算法框架，而某些具体步骤的实现可以在子类中完成。

5.3 接口

生活中许多硬件的接口，通常用于与其他硬件设备相连接。编程中有软件接口，指的是一种程序代码，可被看作一种特殊的类，也属于引用类型，它表示一种规范，是全局常量和公共抽象方法的集合，每个接口都被编译成独立的字节码文件。

计算机主机上有非常多的插槽，是对外暴露的数据交互的接口，这些接口架起了设备和设备之间

通信的桥梁。如果生活中没有接口，则会带来非常多的问题，且生活中存在的接口并不单单是肉眼所见的物理层面的插槽。所有的接口都需要遵循数据传输规范（协议），如USB协议，它规范了所有USB设备具有哪些功能。物理层面的插槽实际上是根据USB协议设计出的产品，即USB规范的实例。

接口只定义了类应当遵循的规范，却不关心这些类的内部数据和其功能的实现细节。站在程序角度上说，接口只规定了类中必须提供的方法，从而分离了规范和实现，增强了系统的可拓展性和可维护性。好比主板上提供了USB插槽，只要一个鼠标遵循USB规范，就可以插入USB插槽中，并与主板正常通信。至于这个鼠标是哪个厂商生产的，内部是如何实现的，主板都不需要关心，因为只要鼠标遵循USB规范，就可以插在主板上使用。这就是面向接口编程，接口和实现类更能体现多态。

5.3.1 接口的声明和实现

接口是抽象类的延伸，可以将它看作纯粹的抽象类。接口中的所有方法都是抽象方法。Java提供了interface关键字，用于声明接口，语法格式如下。

```
interface 接口名 [extends 父接口列表]{
    [public] [static] [final] 常量;
    [public] [abstract] 方法;
}
```

上述语法格式中，接口名用于指定接口的名称，它必须是合法的Java标识符，一般要求首字母大写；接口之间也存在继承关系，使用extends关键字指定要定义的接口继承于哪个父接口；接口会默认为常量添加“public static final”修饰符，为方法添加“public abstract”修饰符，因此，修饰符可以省略不写。

接下来展示interface关键字的作用，具体示例如下。

```
//用interface声明接口
interface Parent{
    String name;     //等价于“public static final String name;”
    void say();      //等价于“public abstract void say();”
}
```

接口不能进行实例化，即不能使用new创建接口的实例。如果需要调用接口中的非静态方法，只能通过接口实现类的对象来调用。Java提供implements关键字，用于实现接口。一个类可以在继承另一个类的同时实现多个接口，语法格式如下。

```
class 类名 [extends 父类名] implements 接口列表{
    属性和方法
}
```

在上述语法格式中，接口列表中多个接口之间使用英文逗号（,）分隔。

接下来通过一个案例演示接口的实现和方法调用：定义问候接口和工作接口，再定义老师类和学生类都实现这两个接口，并定义测试类模拟上课的场景。

问候接口的定义如例5-5所示。

【例5-5】Talk.java

```
1   package com.qianfeng.demo4;
2   //问候接口
3   public interface Talk{
4       public void talk();
```

```
5   }
```

工作接口的定义如例 5-6 所示。

【例 5-6】Work.java

```
1   package com.qianfeng.demo4;
2   //工作接口
3   public interface Work{
4       public void work();
5   }
```

老师类的定义如例 5-7 所示。

【例 5-7】Teacher.java

```
1   package com.qianfeng.demo4;
2   public class Teacher implements Talk,Work{
3       public String name;    //定义姓名属性
4       public Teacher(String name) {    //对姓名属性进行初始化
5           this.name=name;
6       }
7       public void work(){    //重写 work()方法
8           System.out.println(name+": 老师开始上课…");
9       }
10      public void talk() {    //重写 talk()方法
11          System.out.println(name+": 同学们好!");
12      }
13  }
```

学生类的定义如例 5-8 所示。

【例 5-8】Student.java

```
1   package com.qianfeng.demo4;
2   public class Student implements Work, Talk {
3      public String name;//定义姓名属性
4      public Student(String name) { // 对姓名属性进行初始化
5         this.name = name;
6      }
7      public void work() { // 重写 work()方法
8         System.out.println(name + ": 同学开始学习...");
9      }
10     public void talk() { // 重写 talk()方法
11        System.out.println(name + ": 老师好! ");
12     }
13  }
```

测试类的定义如例 5-9 所示。

【例 5-9】TestInterface.java

```
1   package com.qianfeng.demo4;
2   public class TestInterface{
3       public static void main(String[] args){
4           Teacher t1=new Teacher("Amy 老师");
5           Student s1=new Student("张三");
```

```
6           Student s2=new Student("李四");
7           //通过相应的对象调用相应的方法，实现控制台输出结果
8           t1.talk();
9           s1.talk();
10          s2.talk();
11          t1.work();
12          s1.work();
13          s2.work();
14      }
15  }
```

程序运行结果如图 5.4 所示。

例 5-5 和例 5-6 使用 interface 定义了两个接口 Work 和 Talk，例 5-7 和例 5-8 在声明 Teacher 类和 Student 类的同时使用 implements 实现了这两个接口，接口名之间用逗号分隔，类中实现了接口中所有的抽象方法。从图 5.4 可以看出，Teacher 类和 Student 类实现了接口且可以被实例化。

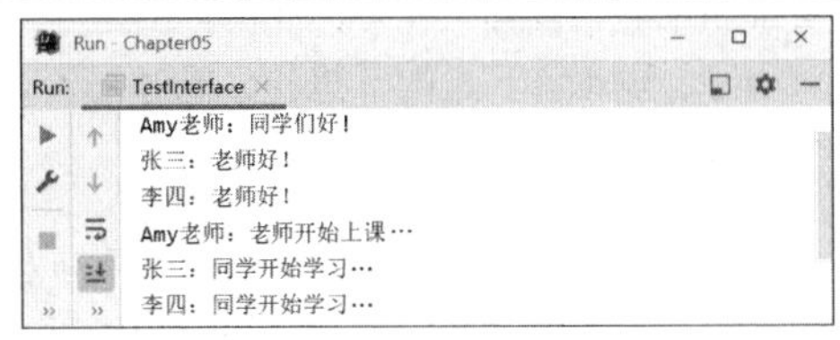

图 5.4　例 5-9 运行结果

5.3.2 抽象类和接口的关系

抽象类与接口是 Java 语言对于抽象类定义进行支持的两种机制，二者非常相似，但抽象类是对根源的抽象，而接口是对动作和规范的抽象，二者的区别可以归纳为 5 点。

- 子类只能继承一个抽象类，但可以实现多个接口。
- 接口中的方法都是抽象方法，而抽象类中可以存在非抽象方法。
- 抽象类中的变量可以是任意数据类型，接口中的成员变量只能是静态常量。
- 抽象类中可以定义静态方法和静态代码块等，接口中不可以。
- 接口没有构造方法，抽象类有构造方法。

抽象类与接口的比较如表 5.1 所述。

表 5.1　抽象类与接口的比较

项目	接口	抽象类
含义	接口通常用于描述一个类的外围能力，而不是核心特征。类与接口之间是-able 或 can do 的关系	抽象类定义了它的后代的核心特征。派生类与抽象类之间是 is-a 关系
方法	接口只提供方法声明	抽象类可以提供完整方法、默认构造方法及用于覆盖的方法声明
变量	只包含 public static final 常量，常量必须在声明时初始化	可以包含实例变量和静态变量
多重继承	一个类可以继承多个接口	一个类只能继承一个抽象类
实现类	类可以实现多个接口	类只从抽象类派生，必须重写
适用性	所有的实现只是共享方法签名	所有实现大同小异，并且共享状态和行为
简洁性	接口中的常量都被默认为 public static final，可以省略。接口中的方法被默认为 public abstract	可以在抽象类中放置共享代码。必须用 abstract 显式声明方法为抽象方法
添加功能	如果为接口添加一个新的方法，则必须查找所有实现该接口的类，并为它们逐一提供该方法的实现	如果为抽象类提供一个方法，可以选择提供一个默认的实现，这样所有已存在的代码不需要修改就可以继续工作

总体来说，抽象类和接口都用于为对象定义共同的行为，二者在很大程度上是可以互相替换的，

但由于抽象类只允许单继承，所以当二者都可以使用时，优先考虑接口，只有当需要定义子类的行为，并为子类提供共性功能时，才考虑选用抽象类。

【实战训练】 USB 接口实现

需求描述

计算机上都有 USB 接口，鼠标、键盘和摄像头等设备都可以连接 USB 接口使用。当计算机启动时，这些设备会随之启动；当计算机关闭时，这些设备也会随之关闭。鼠标、键盘和摄像头等 USB 设备都启动后，计算机才开机成功；当这些 USB 设备都关闭后，计算机才关机成功。编写一个 USB 接口程序，模拟计算机的开机和关机过程。

思路分析

（1）从需求描述可知，本实战训练涉及的对象有 USB 接口、鼠标、键盘、摄像头及计算机。编写程序时，需要为这些对象编写相应的代码。

（2）首先，USB 设备只有插入接口中才能够使用，这就需要先定义一个 USB 接口。USB 的启动和关闭随计算机的开机、关机进行，这就需要在接口中定义设备启动和停止的方法。

（3）编写完接口后，需要编写接口的实现类——鼠标、键盘和摄像头，在实现类中需要实现设备的启动和关闭方法。

（4）USB 设备是在计算机中使用的，需要编写一个计算机类。计算机中有 USB 插槽才能有 USB 接口，每插入一个新的设备，计算机就会安装此设备的驱动程序，安装完成后设备就可以使用了。因此，计算机类中需要有一个 USB 插槽和安装 USB 设备的方法。同时，计算机类需要定义开机和关机的方法。

（5）最后编写测试类，实例化计算机对象，为其添加 USB 设备。

代码实现

（1）定义 USB 接口，如训练 5-1 所示。

【训练 5-1】USB.java

```
1  package com.qianfeng.practice1;
2  public interface USB{
3      void turnOn();    //启动
4      void turnOff();   //关闭
5  }
```

在训练 5-1 中，USB 接口中定义了两个抽象方法 turnOn( )和 turnOff( )，分别用于表示启动和关闭。

（2）编写鼠标、键盘和摄像头类，作为 USB 接口的实现类，分别实现 turnOn( )和 turnOff( )。

鼠标类的实现代码如训练 5-2 所示。

【训练 5-2】Mouse.java

```
1  package com.qianfeng.practice1;
2  public class Mouse implements USB{
3      public void turnOn(){
4          System.out.println("鼠标启动了…");
5      }
6      public void turnOff(){
7          System.out.println("鼠标关闭了…");
8      }
```

```
9    }
```

键盘类的实现代码如训练 5-3 所示。

【训练 5-3】Keyboard.java

```
1    package com.qianfeng.practice1;
2    public class Keyboard implements USB{
3        public void turnOn(){
4            System.out.println("键盘启动了…");
5        }
6        public void turnOff(){
7            System.out.println("键盘关闭了…");
8        }
9    }
```

摄像头类的实现代码如训练 5-4 所示。

【训练 5-4】Camera.java

```
1    package com.qianfeng.practice1;
2    public class Camera implements USB{
3        public void turnOn(){
4            System.out.println("摄像头启动了…");
5        }
6        public void turnOff(){
7            System.out.println("摄像头关闭了…");
8        }
9    }
```

（3）编写计算机类，如训练 5-5 所示。

【训练 5-5】Computer.java

```
1    package com.qianfeng.practice1;
2    public class Computer{
3        //计算机的 USB 插槽
4        private USB[] usbArr=new USB[4];    //向计算机上连接一个 USB 设备
5        public void add(USB usb){
6            //查看所有插槽
7            for(int i=0;i<usbArr.length;i++){
8                //如果发现一个空的
9                if(usbArr[i]==null){
10                   //将 USB 设备连接在这个插槽上
11                   usbArr[i]=usb;    //连接上之后结束循环
12                   break;
13               }
14           }
15       }
16       //开机功能
17       public void powerOn(){
18           //查看所有插槽
19           for(int i=0;i<usbArr.length;i++){
20               //如果发现有设备
21               if(usbArr[i]!=null){
22                   //将 USB 设备启动
```

```
23                      usbArr[i].turnOn();
24                      System.out.println("计算机开机成功!");
25                  }
26              }
27          }
28          //关机功能
29          public void powerOff(){
30              for(int i=0;i<usbArr.length;i++){
31                  if(usbArr[i]!=null){
32                      usbArr[i].turnOff();
33                  }
34                  System.out.println("计算机关机成功!");
35              }
36          }
37  }
```

（4）编写测试类，如训练 5-6 所示。

【训练 5-6】TestUSB.java

```
1   package com.qianfeng.practice1;
2   public class TestUSB{
3       public static void main(String[] args){
4           //实例化计算机类对象
5           Computer c=new Computer();
6           //向计算机中添加鼠标、键盘和摄像头设备
7           c.add(new Mouse());
8           c.add(new Keyboard());
9           c.add(new Camera());
10          c.powerOn();     //启动计算机
11          System.out.println("****计算机运行****");
12          c.powerOff();    //关闭计算机
13      }
14  }
```

运行上述代码，程序运行结果如图 5.5 所示。

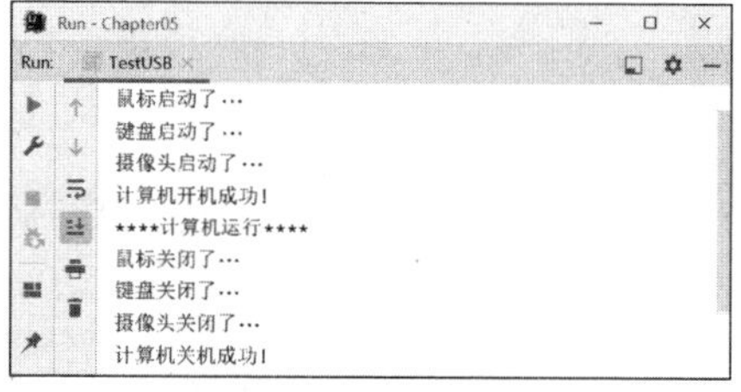

图5.5 程序运行结果

5.4 内部类

在 Java 中，类中除了可以定义成员变量与成员方法，还可以定义类，这样的类称为内部类，内部类所在的类称为外部类。根据内部类的位置、修饰符和定义的方式，可将内部类分为成员内部类、静态内部类、方法内部类及匿名内部类 4 种。

内部类有 3 个共性。

- 内部类与外部类经 Java 编译器编译后生成的两个类是独立的。
- 内部类是外部类的一个成员，因此能访问外部类的任何成员（包括私有成员），但外部类不能直接访问内部类成员。
- 内部类可为静态，可用 protected 和 private 修饰，而外部类只能用 public 修饰，且具有默认的访问权限。

5.4.1 成员内部类

成员内部类是指类作为外部类的一个成员，能直接访问外部类的所有成员，但在外部类中访问内部类，则需要在外部类中创建内部类的对象，使用内部类的对象来访问内部类的成员。同时，若要在外部类外访问内部类，则需要通过外部类对象去创建内部类对象，在外部类外创建一个内部类对象的语法格式如下。

```
外部类名.内部类名 引用变量名=new 外部类名().new 内部类名()
```

接下来演示内部类的用法。定义 Computer 类，Computer 类中有私有属性 brand 和开机的方法 start( )，在 Computer 类中创建 CPU 类，CPU 类中有私有属性 model 和运行的方法 run( )，实现在控制台输出“计算机 HUAWEI MateBook，CPUIntel 酷睿 i510210U 运行”，如例 5-10 所示。

【例 5-10】TestInnerClass.java

```
1   class Computer{                              //计算机类
2       private String brand;                    //计算机品牌
3       public Computer(String brand){
4           this.brand=brand;                    //给计算机品牌赋值
5       }
6       class CPU{                               //CPU 类（内部类）
7           String model;                        //CPU 型号
8           public CPU(String model){
9               this.model=model;                //给 CPU 型号赋值
10          }
11          public void run(){                   //CPU 的运行方法
12              System.out.println("CPU"+this.model+"运行");
13          }
14      }
15      public void start(){                     //启动（计算机）方法
16          System.out.println("启动"+this.brand);
17      }
18  }
19  public class TestMemberInnerClass{
20      public static void main(String[] args){
21          //创建计算机类对象，并为计算机品牌赋值
22          Computer computer=new Computer("HUAWEI MateBook");
23          computer.start();    //计算机类对象调用启动（计算机）方法
24          //创建 CPU 类（内部类）对象，并为 CPU 型号赋值
25          Computer.CPU cpu=computer.new CPU(" Intel 酷睿 i510210U");
26          cpu.run();    //CPU 类对象调用（CPU）运行方法
27      }
28  }
```

程序运行结果如图 5.6 所示。

图 5.6　例 5-10 运行结果

例 5-10 在外部类 Computer 中定义了一个成员内部类 CPU，如第 25 行代码所示，因为成员内部类也是外部类的成员，所以要访问成员内部类，必须先创建外部类对象，然后通过“外部类对象.new”的形式创建成员内部类对象。

另外，需要注意的是，成员内部类不能定义静态变量、静态方法和静态内部类。这是因为当外部类被加载时，内部类是非静态的，那么 Java 编译器就不会初始化内部类中的静态成员，这就与 Java 编译原则相违背。

5.4.2 静态内部类

如果不需要外部类对象与内部类对象之间有联系，那么可以将内部类声明为 static，用 static 关键字修饰的内部类称为静态内部类。静态内部类可以有实例成员和静态成员，它可以直接访问外部类的静态成员，但如果想访问外部类的实例成员，就必须通过外部类的对象去访问。另外，如果在外部类外访问静态内部类成员，则不需要创建外部类对象，只需创建内部类对象即可。创建内部类对象的语法格式如下。

```
外部类名.内部类名 引用变量名=new 外部类名.内部类名()
```

接下来演示静态内部类的用法，如例 5-11 所示。

【例 5-11】TestStaticInnerClass.java

```
1   class Outter{
2       //定义类静态成员
3       private static String name="Outter";
4       private static int count;
5       //定义静态内部类
6       static class Inner{
7           //定义类静态成员
8           public static String name="Outter.Inner";
9           //定义类成员
10          public void say(){
11              //在内部类成员方法中访问外部类私有成员变量
12              System.out.print(Outter.name);
13              System.out.println(":"+count);
14          }
15      }
16  }
17  public class TestStaticInnerClass{
18       public static void main(String[] args){
19           //访问静态内部类的静态成员
20           String str=Outter.Inner.name;
21           System.out.println(str);
22           //创建静态内部类对象
23           Outter.Inner obj=new Outter.Inner();
24           obj.say();
25       }
26  }
```

程序运行结果如图 5.7 所示。

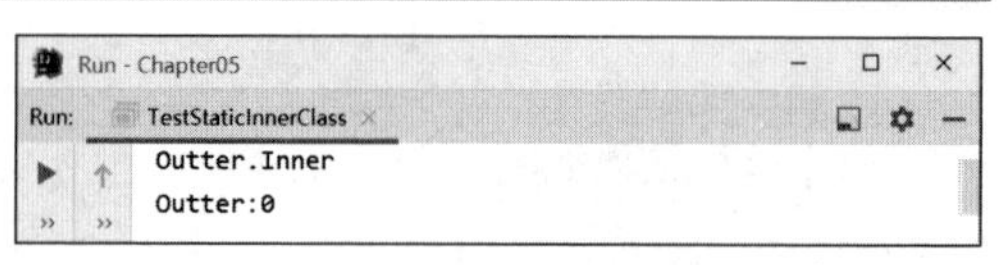

图 5.7 例 5-11 运行结果

在例 5-11 中，内部类 Inner 用 static 关键字来修饰，是一个静态内部类。在 Inner 的 say( )中，通过“外部类名.静态成员”的方式访问外部类的静态成员。若要访问内部类的静态成员，则无须创建外部类和静态内部类对象，可通过“外部类名.内部类名.静态成员”的形式访问。若要访问内部类的实例成员，则需要创建静态内部类对象，通过“new 外部类名.内部类名()”形式可直接创建内部类对象。

5.4.3 方法内部类

方法内部类又称局部内部类是指在成员方法中定义的类，它与局部变量类似，作用域为它所在的代码块，因此，它只能在定义它的方法内实例化，不可以在此方法外实例化，如例 5-12 所示。

【例 5-12】TestMethInnerClass.java

```
1   class Outter{
2       //定义类静态成员
3       private static String name="Outter";
4       private static int count;
5       public void say(){
6           //定义局部内部类
7           class Inner{
8               //定义类成员
9               public String name="Outter.Inner";
10              //定义类成员
11              public void say(){
12                  //在内部类成员方法中访问外部类私有成员变量
13                  System.out.print(Outter.name);
14                  System.out.println(":"+count);
15              }
16          }
17          //创建局部内部类对象
18          Inner obj=new Inner();
19          obj.say();
20      }
21  }
22  public class TestMethInnerClass{
23       public static void main(String[] args){
24           //创建外部类对象
25           Outter obj=new Outter();
26           obj.say();
27       }
28  }
```

程序运行结果如图 5.8 所示。

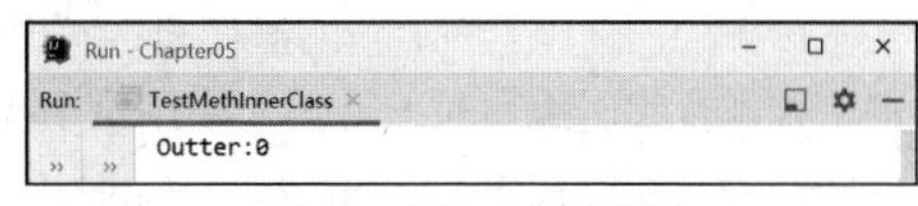

图 5.8　例 5-12 运行结果

例 5-12 在 Outter 类的 say( )方法中定义了一个内部类 Inner，这是一个方法内部类，只能在方法中使用该类创建 Inner 的实例对象并调用 say( )方法。从图 5.8 可以看出，方法内部类也能访问外部类的成员。

5.4.4 匿名内部类

匿名内部类就是没有名称的内部类，它的特点是只能使用一次，不能重复使用，即创建匿名内部类的实例对象后，这个匿名内部类的定义立即消失。匿名内部类的所有实现代码都需要在大括号之间编写，最常用的创建匿名内部类的方式是创建某个接口或者抽象类的对象。创建匿名内部类的语法格式如下。

```
new ClassName(){
     //匿名内部类的实体
}
```

接下来通过一个案例来演示匿名内部类的用法。定义抽象类烟花类，其有私有的颜色属性，该类中有抽象的爆炸方法，实现在控制台输出“烟花点燃，照亮天空”。程序代码如例 5-13 所示。

【例 5-13】TestAnonymousInnerClass.java

```
1    abstract class Fireworks{
2        abstract void boom();
3    }
4    public class TestAnonymousInnerClass{
5        public static void main(String[] args){
6            new Fireworks(){
7                void boom(){
8                    System.out.println("烟花爆炸，照亮天空");
9                }
10           }.boom();
11       }
12   }
```

程序运行结果如图 5.9 所示。

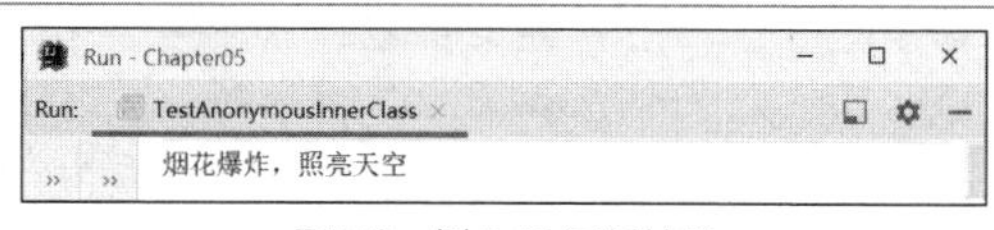

图 5.9　例 5-13 运行结果

例 5-13 在主方法中创建了匿名内部类 Fireworks 的对象，并调用该类的成员 boom( )方法。需要注意的是，匿名内部类是不能加访问权限修饰符的，而且被 new 的匿名内部类必须是先定义的。

5.5 Lambda 表达式

Lambda 表达式是 Java 8 的重要特性，我们可以把它理解为一段能够像数据一样进行传递的代码，它允许把函数作为参数传递给其他的方法。在开发的过程中使用 Lambda 表达式可以使代码更加简洁、可读性更强。

5.5.1 Lambda 表达式的语法

Java 8 中引入了一个新的操作符“->”，可以称之为箭头操作符或者 Lambda 操作符。当使用 Lambda 表达式进行代码编写时，就需要使用这个操作符。箭头操作符将 Lambda 表达式分成左右两部分，箭头操作符的左侧代表 Lambda 表达式的参数列表（接口中抽象方法的参数列表），箭头操作符的右侧代表 Lambda 表达式所需执行的功能（是对抽象方法的具体实现）。Lambda 表达式的语法格式如下。

```
(参数名)->表达式(或参数名)->{表达式主体;}
```

上述语法格式还可以写成以下 3 种格式。

```
()->具体实现    //无参数无返回值
(x)->具体实现 或  x->具体实现    //有一个参数，无返回值
(x,y)->{具体实现}    //有多个参数，有返回值，并且 Lambda 体中有多条语句
```

若表达式主体只有一条语句，那么大括号和 return 都可以省略。

需要注意的是，Lambda 表达式的参数列表的参数类型可以省略不写，可以进行类型推断。在 Java 8 之后可以使用 Lambda 表达式来表示接口的一个实现，在 Java 8 之前通常是使用匿名类实现的。

5.5.2 Lambda 表达式案例

接下来通过代码讲解 Lambda 表达式的使用方法。编写一个能够实现加、减、乘、除功能且能够实现输出字符串功能的程序。创建 MathOne 接口，在该接口中定义一个带有两个参数的 operation 方法，代码如例 5-14 所示。

【例 5-14】MathOne.java

```
1    package com.qianfeng.lambda;
2    public interface MathOne{    //定义接口 MathOne
3        //定义一个 operation 方法
4        int operation(int a,int b);
5    }
```

然后，在 lambda 包下创建 ServiceOne 接口，在该接口中定义含有一个参数的 printMessage 方法，具体代码如例 5-15 所示。

【例 5-15】ServiceOne.java

```
1    package lambda;
2    //定义接口 ServiceOne
3    public interface ServiceOne{
4        //定义一个 printMessage 方法
5          void printMessage(String message);
6    }
```

最后，在 lambda 包下创建测试类 TestLam，在该类中实现 MathOne、ServiceOne 接口，编写功能代码，具体代码如例 5-16 所示。

【例 5-16】TestLam.java

```
1    package lambda;
2    public class TestLam{
3        public static void main(String[] args){
4            TestLam testlam=new TestLam();
5            //实现 MathOne 接口，做加法运算，有参数类型
6            MathOne jiafa=(int a,int b)->a+b;
7            //实现 MathOne 接口，做减法运算，无参数类型
8            MathOne jianfa=(a,b)->b-a;
9            //实现 MathOne 接口，做乘法运算，方法体外有大括号及返回值语句
10           MathOne chengfa=(int a,int b)->{return a*b;};
11           //实现 MathOne 接口，做除法运算，方法体外无大括号及返回值
12           MathOne chufa=(int a,int b)->b/a;
13           //实现 ServiceOne 接口，控制台输出
14           ServiceOne service=
15              (message)->System.out.println("Hello, "+message);
16           service.printMessage("这是 Java 8 的新特性");
17           service.printMessage("这是一个 Lambda 表达式");
18           System.out.println("2+4="+testlam.operate(2,4,jiafa));
19           System.out.println("4-2="+testlam.operate(2,4,jianfa));
20           System.out.println("2*4="+testlam.operate(2,4,chengfa));
21           System.out.println("4/2="+testlam.operate(2,4,chufa));
22       }
23       private int operate(int a,int b,MathOne mathOne){
```

```
24            return mathOne.operation(a,b);
25        }
26    }
```

运行以上代码，结果如图 5.10 所示，可以发现以上程序实现了加、减、乘、除和输出字符串的功能。

图 5.10　例 5-16 运行结果

5.5.3　函数式接口

虽然 Lambda 表达式可以实现匿名内部类的功能，但却有局限性，即当接口中只有一个抽象方法时才能使用 Lambda 表达式。这是因为 Lambda 表达式是基于函数式接口实现的。所谓函数式接口，是指有且仅有一个抽象方法的接口，但是可以包含多个非抽象方法（比如静态方法、默认方法）的接口。Lambda 表达式是 Java 中函数式编程的体现，只有确保接口中有且仅有一个抽象方法，Lambda 表达式才能顺利地推导出所实现的这个接口中的方法。

Java 8 为函数式接口引入了一个新注解“@FunctionalInterface”，主要用于编译级错误检查，加上该注解，当编写的接口不符合函数式接口定义的时候，编译器就会报错。

下面是一个正确案例。

```
@FunctionalInterface
public interface ServiceOne{
    //抽象方法printMessage
    void printMessage(String message);
}
```

下面是一个错误案例。

```
@FunctionalInterface
public interface ServiceOne{
      //抽象方法printMessage
    void printMessage(String message);
      //抽象方法printMessage2
    void printMessage2(String message);
}
```

以上错误案例中有两个抽象方法，一个是 printMessage( )，另一个是 printMessage2( )，这与函数式接口定义有冲突，因此编译器报错。

函数式接口中是可以包含默认方法的，因为默认方法不是抽象方法，其有一个默认的实现，所以是符合函数式接口定义的。下面的代码中不仅含有一个抽象方法，还有一个默认方法，代码编译时不会报错。

```
package chapter05;
@FunctionalInterface
public interface ServiceOne{
    //抽象方法
    void printMessage(String message);
    //默认方法
    default void printMessage2(String message){
    //方法体
    };
}
```

注意

@FunctionalInterface 注解加或不加，对于接口是不是函数式接口没有任何影响，该注解只是提醒编译器去检查该接口是否仅包含一个抽象方法。

函数式接口可以被隐式转换为Lambda表达式。例5-14中定义的MathOne接口中只有一个operation方法，通常称这种只有一个抽象方法的接口为函数式接口，可以在该接口上添加@FunctionalInterface注解，Lambda表达式需要函数式接口的支持。

函数式接口可以对现有的函数友好地支持Lambda，JDK 1.8之前已有很多函数式接口，JDK 1.8新增加的函数式接口中包含了很多类，用来支持Java的函数式编程。

接下来通过一个案例来演示函数式接口的定义和使用方法，如例5-17所示。

【例5-17】TestFunInterfaces.java

```
1   package com.qianfeng.lambda;
2   //无参数无返回值的函数式接口
3   interface Plane{
4       void fly();
5   }
6   //有参数、有返回值的函数式接口
7   interface Phone{
8       String call(String phoneNum);
9   }
10  public class TestFunInterfaces{
11      public static void main(String[] args){
12          //分别对两个函数式接口进行测试
13          planeFly(()->System.out.println("无参数、无返回值的函数式接口调用"));
14          callPhone("13000000000",phone->"phoneNum");
15      }
16      //创建一个飞机飞的方法，并传入接口对象作为参数
17      private static void planeFly(Plane plane){
18          plane.fly();
19      }
20      //创建一个打电话的方法，并传入String类型及接口Phone类型的参数
21      private static void callPhone(String phoneNum,Phone phone){
22          System.out.println("拨打电话"+phone.call(phoneNum));
23      }
24  }
```

程序运行结果如图5.11所示。

图5.11 例5-17运行结果

例5-17先定义了两个函数式接口Plane和Phone，然后在测试类中分别编写了两个静态方法，并将这两个函数式接口以参数的形式传入，最后在主方法中分别调用这两个静态方法，并将所需要的函数式接口参数以Lambda表达式的形式传入。从图5.11中可以看出，程序中函数式接口的定义和使用完全正确。

5.5.4 方法引用与构造方法引用

当要传递给Lambda体的操作已经有实现方法时，可以使用方法引用，可以理解为方法引用是Lambda表达式的另外一种表现形式。实现抽象方法的参数列表，必须与引用方法的参数列表保持一致。

方法引用的语法格式如下。

```
对象::实例方法名
类::静态方法名
类::实例方法名
```

构造方法引用的语法格式如下。

```
ClassName::new
```

方法引用的第一种语法格式：对象::实例方法名示例如下。

```
public void TestOne(){
        Consumer<String> con=(s)->System.out.println(s);
        Consumer<String> consumer=System.out::println;
        consumer.accept("HelloWorld!");
}
```

方法引用的第二种语法格式：类::静态方法名。Lambda 体中调用方法的参数列表与返回值类型，要与函数式接口中抽象方法的函数列表与返回值类型保持一致。示例如下。

```
public void TestTwo(){
        Comparator<Integer> comparator=(m,n)->Integer.compare(m,n);
        Comparator<Integer> com=Integer::compare;
}
public void TestTwo(){
        Comparator<Integer> comparator=(m,n)->Integer.compare(m,n);
        Comparator<Integer> com=Integer::compare;
}
```

方法引用的第三种语法格式：类::实例方法名。如果第一个参数是调用者，第二个参数是被调用者，则可以使用这种格式。示例如下。

```
public void TestThree(){
        BiPredicate<String,String> bip=(x,y)->x.equals(y);
        BiPredicate<String,String> bp=String::equals;
}
```

在了解了方法引用与构造方法引用的语法格式后，下面通过案例，在 Animal 类中定义 4 个方法作为例子，来区分 Java 中 4 种不同方法的引用，具体代码如例 5-18 所示。

【例 5-18】Animal.java

```
1   package com.qianfeng.lambda;
2   import java.util.Arrays;
3   import java.util.List;
4   class Animal{
5       @FunctionalInterface
6       public interface Supplier<T>{
7           T get();
8       }
9       //Supplier 是 JDK 1.8 提供的接口，这里和 Lambda 一起使用了
10      public static Animal create(final Supplier<Animal> supplier)
11      {
12          return supplier.get();
13      }
14      public static void collide(final Animal animal){
15          System.out.println("Collided "+animal.toString());
```

```
16          }
17          public void follow(final Animal another){
18              System.out.println("Following "+another.toString());
19          }
20          public void repair(){
21              System.out.println("Repaired "+this.toString());
22          }
23          public static void main(String[] args){
24              //构造方法引用：class::new或class<T>::new
25              Animal animal=Animal.create(Animal::new);
26              Animal dog=Animal.create(Animal::new);
27              Animal pig=Animal.create(Animal::new);
28              Animal bear=new Animal();
29              List<Animal> animals=Arrays.asList(animal,dog,pig,bear);
30              System.out.println("===================构造方法引用
31                  ========================");
32              //静态方法引用：class::static_method
33              animals.forEach(Animal::collide);
34              System.out.println("===================静态方法引用
35                  ========================");
36              //特定类的任意对象的方法引用：Class::method
37              animals.forEach(Animal::repair);
38              System.out.println("==============特定类的任意对象的方法引用
39                  ================");
40              //特定对象的方法引用：instance::method
41              final Animal duixiang=Animal.create(Animal::new);
42              animals.forEach(duixiang::follow);
43              System.out.println("===================特定对象的方法引用
44                  ===================");
45          }
46  }
```

运行以上代码，结果如图5.12所示。

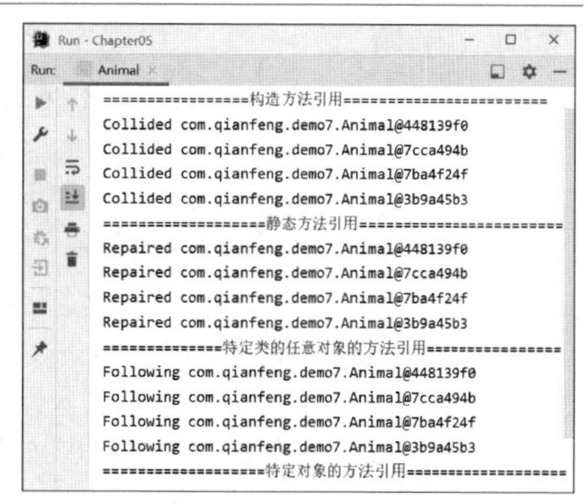

图5.12　例5-18运行结果

5.6 本章小结

本章主要讲解了抽象类和接口的定义及使用方法，介绍了Java的内部类、模板方法设计模式和Lambda表达式。本章学习重点是要理解继承可以让某个类型的对象获得另一个类型的对象的属性和方法，而多态是指一个类的实例对象的相同方法在不同情形有不同的表现形式。

5.7 习题

1．填空题

（1）Java中使用________关键字，来表示抽象的意思。

（2）Java 中使用________关键字，来实现接口的继承。
（3）Java 8 中引入了一个新的操作符“->”，可以称之为箭头操作符或者________操作符。
（4）__________类不能创建对象，必须产生其子类，由子类创建对象。
（5）定义接口时，接口体中只进行方法的声明，不允许提供方法的__________。

2．选择题

（1）以下关于 Java 语言继承的说法，正确的是（　　）。
A. Java 中的类可以有多个直接父类　B. 抽象类不能有子类
C. Java 中的接口支持多继承　D. 最终类可以作为其他类的父类
（2）现有两个类 A、B，以下描述中表示 B 继承 A 的是（　　）。
A. class A extends B　B. class B implements A
C. class A implements B　D. class B extends A
（3）下列选项中，用于定义接口的关键字是（　　）。
A. interface　B. implements　C. abstract　D. class
（4）下列选项中，表示数据或方法只能被本类访问的修饰符是（　　）。
A. public　B. protected　C. private　D. final
（5）在 Java 中，关于“@FunctionalInterface”注解代表的含义，下列说法正确的是（　　）。
A. 主要用于编译级错误检查
B. 主要用于简化 Java 开发的工具注解
C. 检查是否含有多个非抽象方法
D. 当接口中包含默认方法时代码编译会报错

3．简称题

（1）请简述抽象类和接口的区别。
（2）接口中方法的修饰符都有哪些？属性的修饰符有哪些？
（3）接口的作用是什么？简述接口与类的关系。

4．编程题

（1）设计一个名为 Geometric 的几何图形的抽象类，该类包含以下成员。
- 两个名为 color、filled 的属性，分别表示图形颜色和是否填充。
- 一个无参数的构造方法。
- 一个能创建指定颜色和填充值的构造方法。
- 一个 getArea( )抽象方法，其返回图形的面积。
- 一个 getPerimeter( )抽象方法，其返回图形的周长。
- 一个 toString( )方法，其返回圆的字符串描述。

（2）设计一个名为 Circle 的圆类来实现 Geometric 类，该类包含以下成员。
- 一个名为 radius 的 double 类型的属性，表示半径。
- 一个无参数构造方法，用于创建圆。
- 一个能创建指定 radius 的圆的构造方法。
- radius 的 getter( )/setter( )方法。
- 一个 getArea( )方法，其返回圆的面积。
- 一个 getPerimeter( )方法，其返回圆的周长。
- 一个 toString( )方法，其返回圆的字符串描述。

(3)设计一个名为 Rectangle 的矩形类来实现 Geometric 类，该类包含以下成员。

- 两个名为 side1、side2 的 double 类型的属性，表示矩形的两条边。
- 一个无参数构造方法，用于创建矩形。
- 一个能创建指定 side1 和 side2 的矩形的构造方法。
- side1 和 side2 的 getter( )/setter( )方法。
- 一个 getArea( )方法，其返回矩形的面积。
- 一个 getPerimeter( )方法，其返回矩形的周长。
- 一个 toString( )方法，其返回矩形的字符串描述。

(4)设计一个名为 Triangle 的三角形类来实现 Geometric 类，该类包含以下成员。

- 3 个名为 side1、side2 和 side3 的 double 类型的属性，表示三角形的 3 条边。
- 一个无参数构造方法，用于创建三角形。
- 一个能创建指定 side1、side2 和 side3 的矩形的构造方法。
- side1、side2 和 side3 的 getter( )/setter( )方法。
- 一个 getArea( )方法，其返回三角形的面积。
- 一个 getPerimeter( )方法，其返回三角形的周长。
- 一个 isTriangle( )方法，用来判断 3 条边是否能构成三角形。
- 一个 toString( )方法，其返回三角形的字符串描述。

(5)编写测试类，测试图形的面积和周长是否计算正确。

第6章 异常和常用类

异常和常用类

本章学习目标

- 理解异常的概念。
- 理解异常的类型。
- 熟练掌握异常的处理方式。
- 了解自定义异常类。
- 熟练掌握字符串相关类的使用方法。
- 熟练掌握 System 类与 Runtime 类的使用方法。
- 熟练掌握 Math 类与 Random 类的使用方法。
- 熟练掌握日期操作类的使用方法。

虽然 Java 语言从根本上提供了便于写出整洁、安全代码的方法，并且程序员也尽量减少错误的产生，然而使程序被迫停止的错误仍然不可避免。为此，Java 提供了异常处理机制来帮助程序员检查可能出现的错误，以保证程序的可读性和可维护性。Java 有丰富的基础类库，通过这些基础类库可以提高开发效率，降低开发难度，对于不熟悉的类库，可查阅 Java API 文档进行了解使用。本章将详细介绍 Java 的异常处理机制和 Java 类库中的常用类。

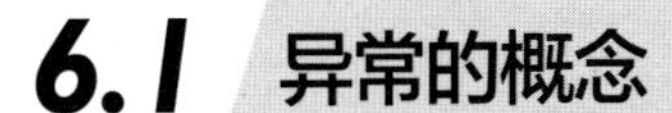

6.1 异常的概念

每个人都希望身体健康，事事顺利，但是在生活中总会遇到各种状况，如生病、失业等。在程序运行过程中，也会发生意外，如内存不足、网络中断、要加载的类不存在等。针对这些非正常情况，Java 语言提供了异常处理机制。在程序中，错误可能产生于程序员没有预料到的各种情况，或者是由超出了程序员可控范围的环境因素引起，为了保证程序能够有效执行，需要对发生的异常进行相应的处理。

接下来通过验证“除数不能为 0”来初步认识异常，如例 6-1 所示。

【例 6-1】TestDivException.java

```
1   package com.qianfeng.demo1;
2   public class TestDivException{
3       public static void main(String[] args){
4           int result=10/0;
5           System.out.println(result);
6       }
7   }
```

程序运行结果如图 6.1 所示。

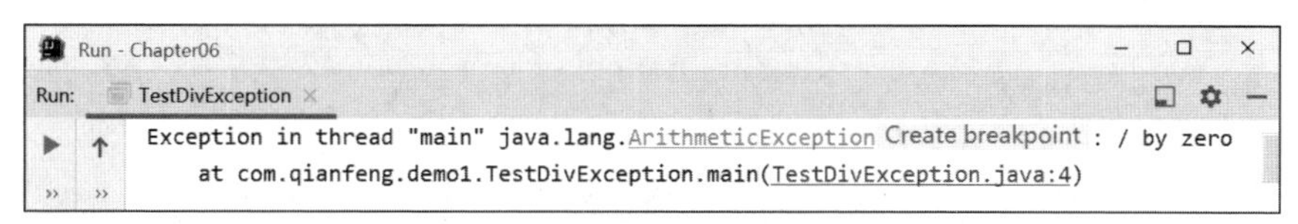

图 6.1 例 6-1 运行结果

从图 6.1 可知，发生了算术异常“ArithmeticException”（根据给出的错误提示可知，在算术表达式中，0 作为除数出现），该异常发生后，系统将不再执行下去（第 4 行及之后的代码不会再执行），这种情况就是所说的异常。

6.2 异常的类型

Java 类库中定义了异常类，这些类都是 Throwable 类的子类。Throwable 类派生出了两个子类，分别是 Error 和 Exception 类。接下来详细介绍异常类的继承体系，如图 6.2 所示。

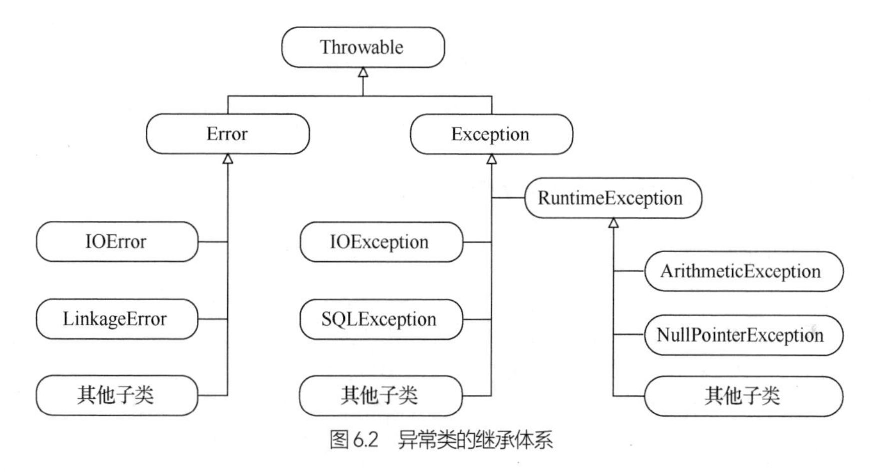

图 6.2 异常类的继承体系

这些异常类可以分为两类：Error 和 Exception。接下来对这些异常类进行详细讲解。

- Error 类是 Throwable 的一个子类，代表错误。该体系描述了 Java 运行系统中的内部错误及资源耗尽的情形，该类错误是由 Java 虚拟机抛出的，如果发生，除了尽力使程序安全退出外，在其他方面是无能为力的。
- Exception 类是 Throwable 另外一个重要的子类，它规定的异常是程序自身可以处理的异常。异常和错误的区别在于异常是可以被处理的，而错误是不能够被处理的。

Exception 下有两个分支，一个是 RuntimeException（运行时异常），一个是非 CheckedException（非运行时异常/可检查异常）。其中运行时异常是虚拟机正常运行期间抛出的异常，通常是指程序运行过程中出现的错误，程序虽然能够通过语法检查，但是最终被迫运行中止，此类错误往往能够准确定位到错误发生的代码段，可以通过错误调试来解决。

除了例 6-1 中出现的 ArithmeticException（算术异常），常见的运行时异常还有 NullPointerException（空指针异常）、ClassCastException（类型转换异常）、IndexOutOfBoundsException（越界异常）、IllegalArgumentException（非法参数异常）、ArrayStoreException（数组存储异常）和 BufferOverflow-Exception（缓冲区溢出异常）等，更多的运行时异常可以查看官方 API 文档，如图 6.3 所示。

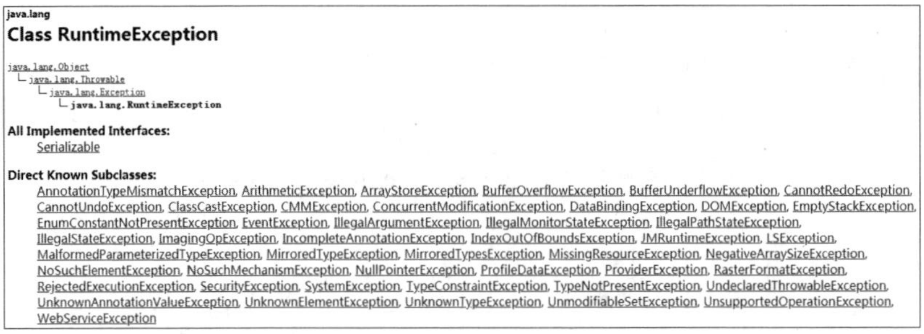

java.lang

Class RuntimeException

java.lang.Object
└ java.lang.Throwable
　└ java.lang.Exception
　　└ **java.lang.RuntimeException**

All Implemented Interfaces:

Serializable

Direct Known Subclasses:

AnnotationTypeMismatchException, ArithmeticException, ArrayStoreException, BufferOverflowException, BufferUnderflowException, CannotRedoException, CannotUndoException, ClassCastException, CMMException, ConcurrentModificationException, DataBindingException, DOMException, EmptyStackException, EnumConstantNotPresentException, EventException, IllegalArgumentException, IllegalMonitorStateException, IllegalPathStateException, IllegalStateException, ImagingOpException, IncompleteAnnotationException, IndexOutOfBoundsException, JMRuntimeException, LSException, MalformedParameterizedTypeException, MirroredTypeException, MirroredTypesException, MissingResourceException, NegativeArraySizeException, NoSuchElementException, NoSuchMechanismException, NullPointerException, ProfileDataException, ProviderException, RasterFormatException, RejectedExecutionException, SecurityException, SystemException, TypeConstraintException, TypeNotPresentException, UndeclaredThrowableException, UnknownAnnotationValueException, UnknownElementException, UnknownTypeException, UnmodifiableSetException, UnsupportedOperationException, WebServiceException

图 6.3　官方 API 文档

CheckedException 一般指外部错误，这种异常都发生在编译阶段，Java 编译器会强制程序去捕获此类异常，即要求把可能出现异常的代码段进行 try-catch 处理，所有 CheckedException 都是需要在代码中处理的，它们的发生是可以预测的，可以进行合理的处理，比如 IOException，或者一些自定义的异常。除了 RuntimeException 及其子类外，其他的异常都是可检查的异常。

6.3 异常的处理

当程序发生异常时，程序就会终止运行，无法继续向下执行。为了保证程序能够在出现异常的情况下，不影响后续代码的运行，Java 提供了两种处理异常的方式——异常捕获和抛出异常。

6.3.1 使用 try-catch-finally 处理异常

代码中的异常处理其实是对可检查异常的处理，Java 提供了由 try、catch 和 finally 3 个部分组成的异常捕获结构，语法格式如下。

```
try{
    //程序代码块
}catch(异常类型 e){
    //对捕获的异常进行相应的处理
}finally{
    //代码块
}
```

其中，try 中的“程序代码块”指的是可能产生异常的代码；catch 中的“对捕获的异常进行相应的处理”的作用是，捕获并处理与 catch 中定义的异常类型相匹配的异常对象 e，catch 块可以有多个，每个 catch 块可以处理的异常类型由异常处理器参数指定；finally 中的代码块是异常处理过程中最后被执行的部分，无论程序是否产生异常，finally 中的代码块都将被执行。实际开发中，finally 中通常放置一些释放资源或关闭对象的代码。

通过 try-catch-finally 的语法格式可知，捕捉处理异常分为 try-catch 代码块和 finally 代码块两部分，下面分别予以介绍。

1．try-catch 代码块

把可能产生异常的代码放在 try 中，把处理异常对象 e 的代码放在 catch 中。接下来使用 try-catch 对例 6-1 中出现的异常进行捕获并处理，如例 6-2 所示。

【例 6-2】TestTryCatch.java

```
1    package com.qianfeng.demo2;
2    public class TestTryCatch{
3        public static void main(String[] args){
4            System.out.println("异常捕获开始…");
5            try{
6                int result=10/0;
7                System.out.println(result);
8            }catch(ArithmeticException e){
9                System.out.println("捕获到了异常: "+e);
10               System.out.println("注意: 除数不能为0! ");
11           }
12           System.out.println("异常捕获结束…");
13       }
14   }
```

程序运行结果如图 6.4 所示。

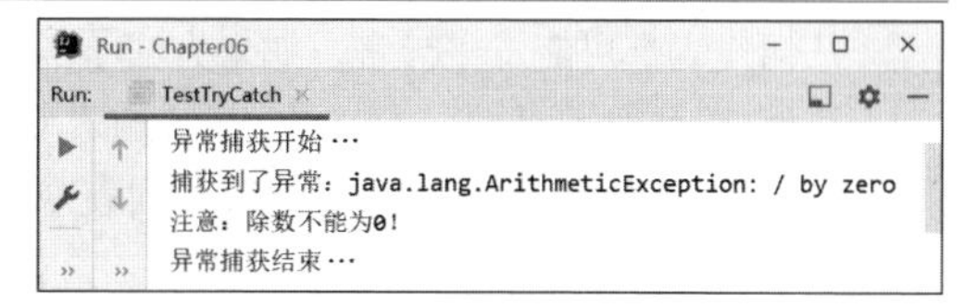

图 6.4 例 6-2 运行结果

在例 6-2 中，对可能发生异常的代码使用了 try-catch 进行捕获处理，在 try 代码块中发生了算术异常，程序转而执行 catch 代码块。从运行结果可发现，在 try 代码块中，当程序发生异常时，后面的代码不会被执行。catch 代码块对异常处理完毕后，程序正常向后执行，不会因为异常而终止。

2．finally 代码块

完整的异常处理语句应该包含 finally 代码块，无论 try 代码块中是否发生异常，程序都会执行 finally 代码块。finally 代码块通常用于关闭文件或释放其他系统资源。

接下来通过一个案例演示 finally 代码块的作用，如例 6-3 所示。

【例 6-3】TestFinally.java

```
1    package com.qianfeng.demo3;
2    import java.util.Scanner;
3    public class TestFinally{
4        public static void main(String[] args){
5            Scanner input=new Scanner(System.in);
6            System.out.println("请输入除数…");
7            int divisor=input.nextInt();    //输入除数0
8            System.out.println("异常捕获开始…");
9            try{
10               int result=10/divisor;
11               System.out.println(result);
12           }catch(ArithmeticException e){
13               System.out.println("捕获到了异常: "+e);
14               System.out.println("注意: 除数不能为0! ");
15               return;
16           }finally{
17               input.close();
18               System.out.println("Scanner类对象被关闭");
19           }
20           System.out.println("异常捕获结束…");
21       }
22   }
```

程序运行结果如图 6.5 所示。

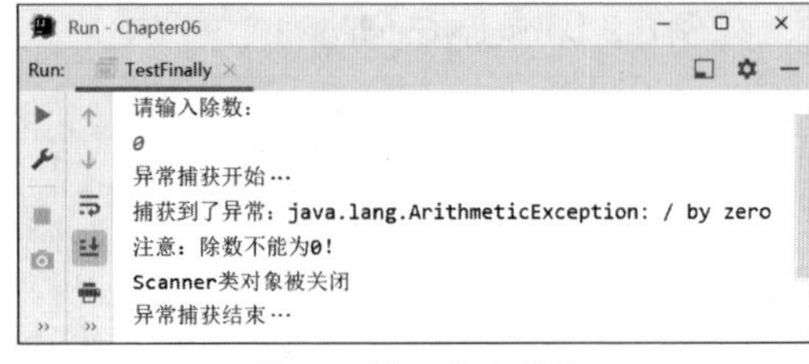

图 6.5　例 6-3 运行结果

在例 6-3 中，第 15 行代码在 catch 块中添加了 return 语句，用于结束当前方法。从程序运行结果可发现，finally 代码块中的代码仍会被执行。由此可发现，不管程序是否发生异常，还是在 try 代码块和 catch 代码块使用 return 语句，finally 代码块都会被执行。

发生以下 3 种情况时，finally 代码块不会被执行。

- finally 代码块中产生了异常。
- 在前面的代码中使用 System.exit( )语句退出了 Java 虚拟机。
- 程序所在的线程死亡。

6.3.2　使用 throws 关键字抛出异常

任何代码都可能发生异常，如果方法不捕获被检查出的异常，那么方法必须声明它可以抛出的异常，用于告知调用者此方法有异常。Java 通过 throws 子句声明方法可抛出的异常，throws 子句由 throws 关键字和一个以逗号分隔的列表组成，列表中列出此方法抛出的所有异常，具体的语法格式如下。

```
数据类型 方法名(形参列表) throws 异常类1,异常类2,…,异常类n{
    方法体
}
```

该声明表示相应方法不处理异常，而交给方法的调用者进行处理。因此，不管方法是否发生异常，调用者都必须进行异常处理。例如，将例 6-1 中除数为 0 的代码定义为一个方法 div( )，不使用 try-catch 在方法中进行异常捕获，直接使用 throws 关键字抛出异常，并在调用时进行处理，具体代码如例 6-4 所示。

【例 6-4】 TestThrows.java

```
1   package com.qianfeng.demo4;
2   public class TestThrows{
3       //声明抛出异常，本方法中可以不处理异常
4       public static int div(int a,int b) throws ArithmeticException{
5           return a/b;
6       }
7       public static void main(String[] args){
8           try{
9               //因为方法中声明抛出异常，所以不管是否发生异常，都必须处理
10              int val=div(10,0);
11              System.out.println(val);
12          }catch(ArithmeticException e){
13              System.out.println(e);
14          }
15      }
16  }
```

程序运行结果如图 6.6 所示。

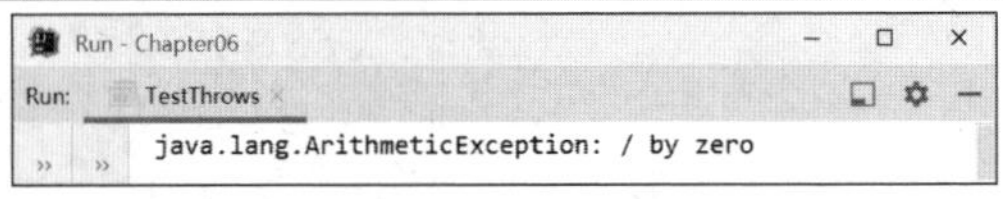

图 6.6　例 6-4 运行结果

例 6-4 在定义 div( )方法时，使用 throws 关键字声明抛出 ArithmeticException 异常。由于主方法中使用 try-catch 进行了异常处理，所以程序可以编译通过，正常运行至结束。

实际开发中，使用 throws 关键字将方法产生的异常抛给上一级后，上一级如果没有处理，可以继续向上抛出，但最终必须有捕获并处理异常的操作。

6.3.3 使用 throw 关键字抛出异常

除了可以通过 throws 关键字抛出异常，还可以使用 throw 关键字来实现。与 throws 不同，throw 用于方法体内，并且抛出的是一个异常类对象。throws 用于方法签名上，可以抛出多种异常。

通过 throw 关键字抛出异常后，还需要使用 throws 关键字向方法外抛出，或使用 try-catch 对异常进行处理。需要注意的是，如果 throw 抛出的是 Error、RuntimeException 或它们的子类异常对象，则无须使用 throws 关键字向方法外抛出，也无须使用 try-catch 对异常进行处理。

使用 throw 关键字抛出异常的语法格式如下。

```
throw new 异常对象();
```

接下来通过一个案例来演示 throw 的用法。处理除数为 0 的异常，在方法中通过 throw 关键字抛出异常的对象，如例 6-5 所示。

【例 6-5】 TestThrow.java

```
1   public class TestThrow{
2       public static int div(int a,int b){
3           //抛出异常的实例对象
4           if(0==b)
5               throw new ArithmeticException("错误：除数不能为 0！");
6           return a/b;
7       }
8       public static void main(String[] args){
9           try{
10              int val=div(10,0);
11              System.out.println(val);
12          }catch(ArithmeticException e){
13              System.out.println(e);
14          }
15      }
16  }
```

程序运行结果如图 6.7 所示。

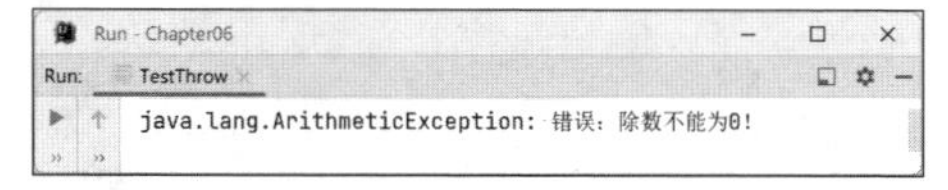

图 6.7 例 6-5 运行结果

例 6-5 在 div( )方法中直接使用 throw 关键字，抛出异常类 ArithmeticException 的实例，从运行结果可发现，异常捕获机制能捕获到 throw 抛出的异常。

异常对象包含关于异常的有价值的信息，可以通过 Throwable 类中的常用方法获取有关异常信息，如表 6.1 所示。

表 6.1 Throwable 类中的常用方法

方法声明	功能描述
String getMessage( )	返回异常对象的信息
String toString( )	返回异常类的全名及异常对象信息

续表

方法声明	功能描述
void printStackTrace( )	在控制台上输出 Throwable 对象和它的调用堆栈信息
StackTraceElement[ ] getStackTrace( )	返回一个表示该线程堆栈转储的准栈跟踪元素数组

接下来通过一个案例演示 Throwable 类中的方法，如例 6-6 所示。

【例 6-6】TestThrowableMethod.java

```
1   public class TestThrowableMethod{
2       public static int div(int a,int b){
3           return a/b;
4       }
5       public static void main(String[] args){
6           try{
7               int val=div(10,0);
8               System.out.println(val);
9           }catch(Exception e){
10              System.out.println("getMessage: ");
11              System.out.println(e.getMessage());
12              System.out.println("------toString------");
13              System.out.println(e.toString());
14              System.out.println("------printStackTrace------");
15              e.printStackTrace();
16              System.out.println("------getStackTrace------");
17              StackTraceElement[] els=e.getStackTrace();
18              for(int i=0;i<els.length;i++){
19                  System.out.print("method: "+els[i].getMethodName());
20                  System.out.print("("+els[i].getClassName()+":");
21                  System.out.println(els[i].getLineNumber()+")");
22              }
23          }
24      }
25  }
```

程序运行结果如图 6.8 所示。

在图 6.8 中，将 0 作为除数导致程序出错，程序执行进入 catch 代码块，首先调用 getMessage( )方法输出错误信息，然后调用 toString( )方法输出错误信息，接着调用 printStackTrace( )方法输出错误信息，最后输出 StackTraceElement 数组中的错误信息。

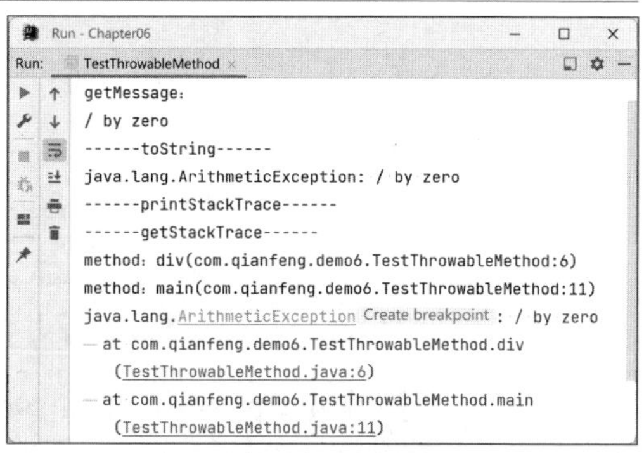

图 6.8　例 6-6 运行结果

6.4 自定义异常类

在特定的问题领域，可以通过扩展 Exception 类或 RuntimeException 类来创建自定义的异常类。异常类包含了和异常相关的信息，这有助于负责捕获异常的 catch 代码块准确地分析并处理异常。

在程序中使用自定义异常类，大体可分为以下几个步骤。

（1）创建自定义异常类并继承 Exception 基类，如果自定义 Runtime 异常类，则继承 RuntimeException 基类。

（2）在方法中通过 throw 关键字抛出异常对象。

（3）如果在当前抛出异常的方法中处理异常，可以使用 try-catch 语句块捕获并处理，否则在方法的声明处通过 throws 关键字指明要抛出给方法调用者的异常，继续进行下一步操作。

（4）在调用可能会出现异常方法的语句处进行捕获并处理异常。

接下来通过一个案例来演示自定义异常类，如例 6-7 所示。

【例 6-7】TestCustomException01.java

```
1   //自定义异常类，继承 Exception 类
2   class DivException extends Exception{
3       public DivException(){
4           super();
5       }
6       public DivException(String message){
7           super(message);
8       }
9   }
10  public class TestCustomException01{
11      public static int div(int a,int b){
12          if(0==b)
13              throw new DivException("除数不能为 0! ");
14          return a/b;
15      }
16      public static void main(String[] args){
17          try{
18              int val=div(10,0);
19              System.out.println(val);
20          }catch(DivException e){
21              System.out.println(e.getMessage());
22          }
23      }
24  }
```

程序运行结果如图 6.9 所示。

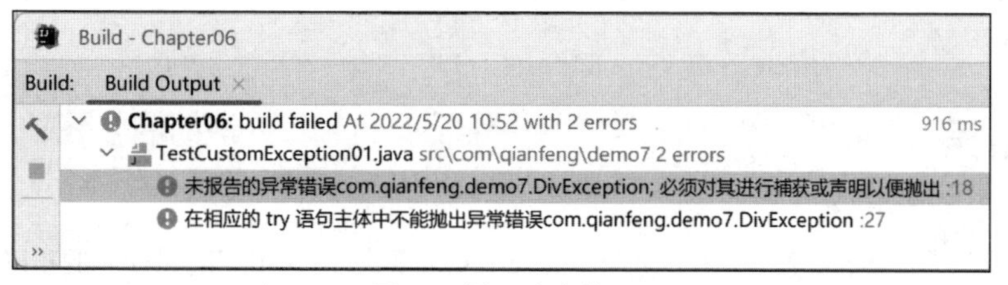

图 6.9　例 6-7 运行结果

图 6.9 中编译结果报错，提示必须对异常进行捕获或声明以便抛出，原因在于 div( )方法使用 throw 抛出 DivException 类对象，而 Exception 及其子类是必检异常，所以必须对抛出的异常进行捕获或声明抛出。提示的第二个异常是由于不能确定 try 代码块中抛出的是什么类型的异常而导致的，如果 catch 后改为 Exception，则是可以通过编译的，因为 Exception 是所有异常的父类。

对例 6-7 进行修改，在 div( )方法中，使用 try-catch 对异常进行捕获处理，或者使用 throws 声明抛出 DivException 异常，如例 6-8 所示。

【例 6-8】TestCustomException02.java

```
1   //自定义异常类，继承 Exception 类
```

```
2   class DivException extends Exception{
3       public DivException(){
4           super();
5       }
6       public DivException(String message){
7           super(message);
8       }
9   }
10  public class TestCustomException02{
11      //声明抛出异常
12      public static int div(int a,int b) throws DivException{
13          if(0==b)
14              throw new DivException("除数不能为0！");
15          return a/b;
16      }
17      public static void main(String[] args){
18          try{
19              int val=div(10,0);
20              System.out.println(val);
21          }catch(DivException e){
22              System.out.println(e.getMessage());
23          }
24      }
25  }
```

程序运行结果如图 6.10 所示。

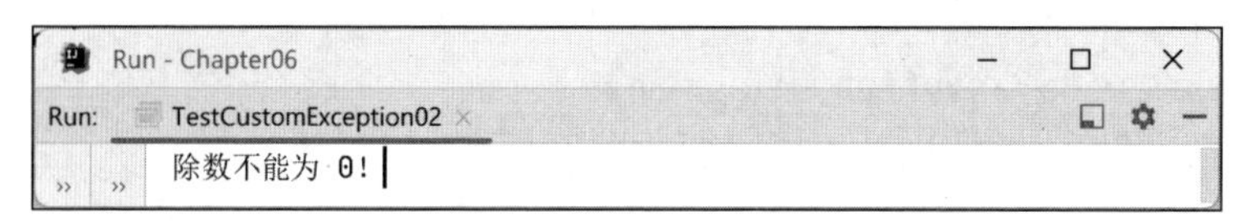

图 6.10　例 6-8 运行结果

例 6-8 使用自定义异常类 DivException 来实现 Exception 类，div( )方法使用 throw 关键字抛出 DivException 类的实例，并使用 throws 声明抛出该异常。从运行结果可发现，try-catch 成功捕获异常。

6.5 断言

JDK 4.0 引入了 assert 关键字，表示断言（Assertion），断言语句用于确保程序的正确性，以避免逻辑错误，其语法格式如下。

```
assert 布尔类型表达式;
assert 布尔类型表达式:消息;
```

使用第一种格式，当布尔类型表达式值为 false 时，抛出 AssertionError 异常；如果使用第二种格式，则输出错误消息。在默认情况下，断言不起作用，可用-ea 选项激活断言，具体示例如下。

```
java -ea 类名
java -ea:包名 -da:类名
```

选项-ea、-da 用于激活和禁用断言，如果选项不带任何参数，则表示激活或禁用所有用户类；如果带有包名或类名，则表示激活或禁用这些类或包；如果包名后面跟有 3 个“.”，则代表这个包及其子包；如果只有 3 个“.”，则代表无名包。

在 IntelliJ IDEA 开发工具中激活断言的具体步骤如下。

（1）在菜单栏单击“Run”→“Edit Configurations”，如图 6.11 所示。

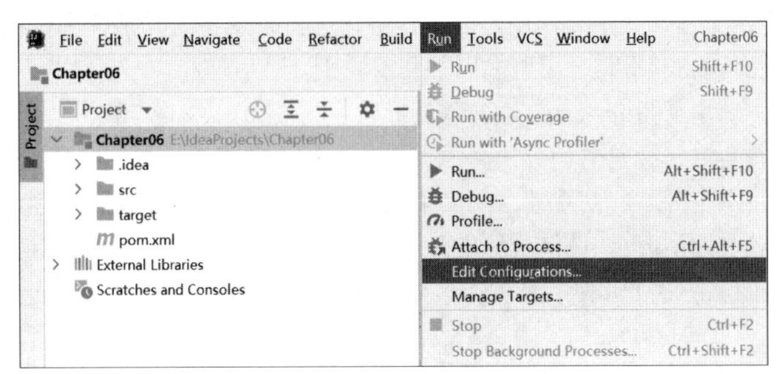

图 6.11　选择编辑配置

（2）弹出“Edit JRE”对话框，在“Default VM arguments”后的文本框内输入“-ea”，最后单击“Finish”按钮即可，如图 6.12 所示。

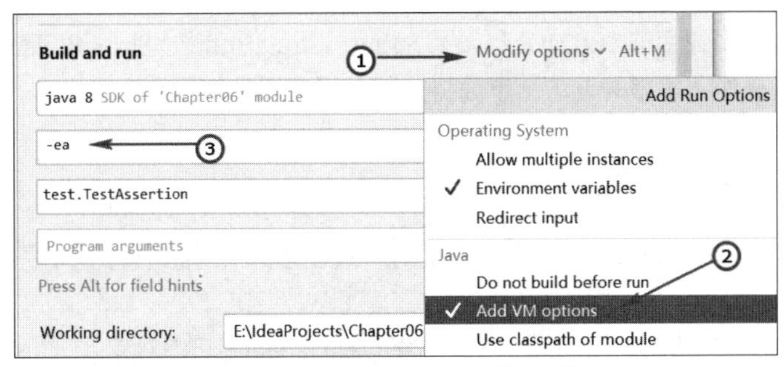

图 6.12　“Edit Configurations”对话框

接下来通过一个案例来演示断言的作用，如例 6-9 所示。

【例 6-9】TestAssertion.java

```
1   package test;
2   public class TestAssertion{
3       public static void main(String[] args){
4           assert(1==0):"1 和 0 不相等";
5       }
6   }
```

程序运行结果如图 6.13 所示。

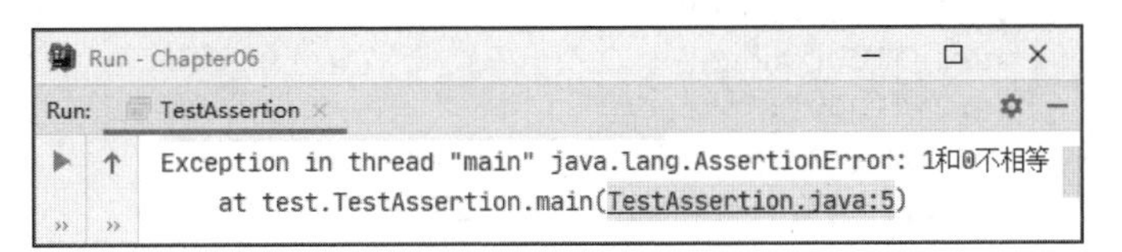

图 6.13　例 6-9 运行结果

例 6-9 测试了“assert(1==0):"1 和 0 不相等";”这一语句，并如图 6.12 所示，添加 VM 选项“-ea”激活断言功能。因为表达式“1==0”的值为 false，所以触发了断言，抛出 AssertionError 异常，并输出自定义提示信息“1 和 0 不相等”。

6.6 异常的使用原则

Java 异常处理是使用 Java 语言进行软件开发和测试脚本开发中非常重要的一个方面，异常处理不应用来控制程序的正常流程，其主要作用是捕获程序在运行时发生的异常并进行相应的处理。编写代码处理某个方法可能出现的异常时，可遵循以下几条原则。

- 在当前方法声明中使用 try-catch 语句捕获异常。
- 一个方法被覆盖时，覆盖它的方法必须抛出相同的异常或其子类。
- 如果父类抛出多个异常，则覆盖方法必须抛出那些异常的一个子集，不能抛出新异常。

经验丰富的开发人员都知道，调试程序的最大难点不在于修复缺陷，而在于从海量的代码中找出缺陷的藏身之处。遵循上述 3 个原则，开发人员可以借助异常跟踪和消灭缺陷，进而使程序更加健壮，对用户更加友好。

6.7 字符串相关类

实际开发中经常会用到字符串，Java 定义了 String、StringBuffer、StringBuilder 3 个类来封装字符串，并提供了一系列操作字符串的方法，下面将分别介绍它们的使用方法。

6.7.1 String 类的初始化

String 类表示不可变的字符串，一旦 String 类对象被创建，则对象中的字符序列将不可改变，直到这个对象被销毁。

在 Java 中，字符串被大量使用，为了避免每次都创建相同的字符串对象并进行内存分配，JVM 内部对字符串对象的创建做了一些优化，专门用一块内存区域来存储字符串常量，该区域被称为常量池。String 类根据初始化方式的不同，对象创建的数量也有所不同，接下来分别演示 String 类两种初始化方式。

1．使用直接赋值初始化

使用直接赋值的方式将字符串常量赋值给 String 变量，JVM 首先会在常量池中查找该字符串，如果找到，则立即返回引用；如果未找到，则在常量池中创建该字符串对象并返回引用。接下来演示直接赋值初始化字符串，如例 6-10 所示。

【例 6-10】TestStringInit1.java

```
1    public class TestStringInit1{
2        public static void main(String[] args){
3            String str1="1000phone";
4            String str2="1000phone";
5            String str3="1000"+"phone";
6            if(str1==str2){
7                System.out.println("str1 与 str2 相等");
8            }else{
9                System.out.println("str1 与 str2 不相等");
10           }
11           if(str2==str3){
12               System.out.println("str2 与 str3 相等");
```

```
13            }else{
14                System.out.println("str2与str3不相等");
15            }
16        }
17    }
```

程序运行结果如图 6.14 所示。

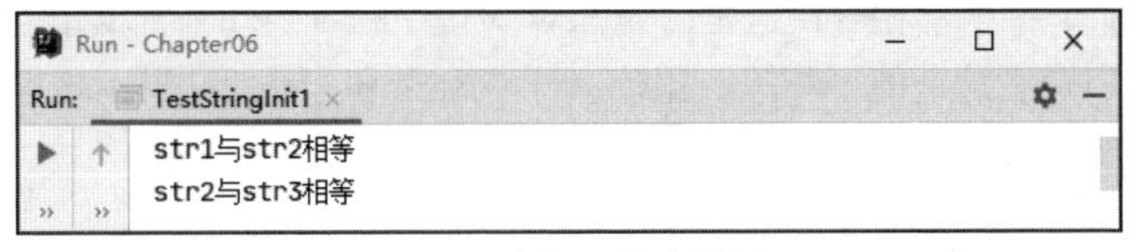

图6.14 例6-10运行结果

在例 6-10 中，直接将字符串“1000phone”赋值给 str1，初始化完成，接着初始化 str2 和 str3。之所以可以直接赋值初始化，是因为 String 类使用比较频繁，为此，Java 提供了这种简便操作。比较 str1 和 str2，结果是相等的，这就说明了字符串会被放到常量池。如果使用相同的字符串，则引用指向同一个字符串常量。接下来讲解另一种初始化方式。

2．使用构造方法初始化

String 类可以直接调用构造方法进行初始化，常用的构造方法如表 6.2 所示。

表 6.2 常用的构造方法

构造方法声明	功能描述
public String()	初始化一个空的 String 类对象，使其表示一个空字符序列
public String(char[] value)	分配一个新的 String 类对象，使其表示字符数组参数中当前包含的字符序列
public String(String original)	初始化一个新创建的 String 类对象，使其表示一个与参数相同的字符序列

表 6.2 中列出了 String 类的常用构造方法，接下来通过一个案例来演示 String 类使用构造方法初始化，如例 6-11 所示。

【例 6-11】TestStringInit2.java

```
1   public class TestStringInit2{
2       public static void main(String[] args){
3           String str1="1000phone";
4           String str2=new String("1000phone");
5           String str3=new String("1000phone");
6           if(str1==str2){
7               System.out.println("str1与str2相等");
8           }else{
9               System.out.println("str1与str2不相等");
10          }
11          if(str2==str3){
12              System.out.println("str2与str3相等");
13          }else{
14              System.out.println("str2与str3不相等");
15          }
16      }
17  }
```

程序运行结果如图 6.15 所示。

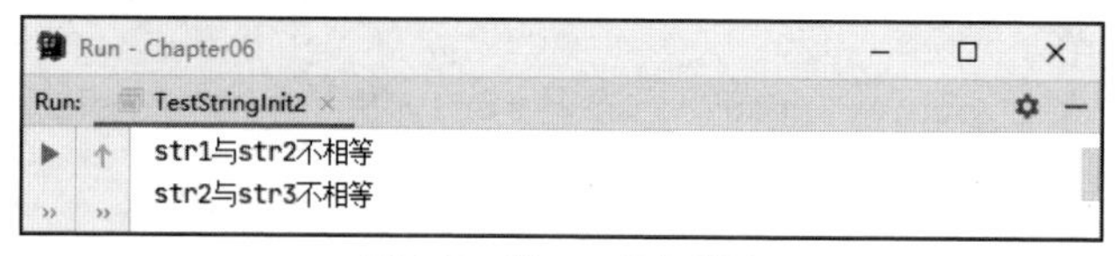

图6.15 例6-11运行结果

例6-11中创建了3个字符串，str1采用直接赋值的方式初始化，str2和str3使用构造方法初始化。比较字符串str1和str2，结果不相等，这是因为new关键字在堆空间新开辟了内存，这块内存存放字符串常量的引用，所以二者地址值不相等。比较字符串str2和str3，结果不相等，原因是str2和str3都是new关键字在堆空间中新开辟内存，所以二者地址值不相等。

6.7.2 String类的常见操作

前面讲解了String类的初始化，String类很常用，在实际开发中使用非常多，所以对于它的一些常见操作，我们要熟练掌握。下面详细讲解String类的常见操作，在讲解之前，我们先来了解一下String类的常用方法，如表6.3所示。

表6.3 String类的常用方法

方法声明	功能描述
char charAt(int index)	返回指定索引处的char值
boolean contains(CharSequence s)	当且仅当字符串包含指定的char值序列时，返回true
boolean equalsIgnoreCase(String s)	将此String与另一个String比较，不考虑大小写
static String format(String format,Object... args)	使用指定的格式字符串和参数，返回一个格式化字符串
int indexOf(int ch)	返回指定字符在字符串中第一次出现处的索引
int indexOf(String str)	返回指定子字符串在此字符串中第一次出现处的索引
boolean isEmpty( )	当且仅当length( )为0时返回true
int length( )	返回字符串的长度
String replace(char oldChar,char newChar)	返回一个新字符串，它是通过用newChar替换字符串中出现的所有oldChar得到的
String[ ] split(String regex)	根据匹配给定的正则表达式来拆分字符串
boolean startsWith(String prefix)	测试字符串是否以指定的前缀开始
String substring(int beginIndex)	返回一个新字符串，它是字符串的一个子字符串
String substring(int beginIndex, int endIndex)	返回一个新字符串，它是字符串的一个子字符串
char[ ] toCharArray( )	将字符串转换为一个新的字符数组
String toLowerCase( )	使用默认语言环境的规则将字符串中的所有字符都转换为小写
String toUpperCase( )	使用默认语言环境的规则将字符串中的所有字符都转换为大写
String trim( )	清除左右两端的空格并将字符串返回
static String valueOf(int i)	返回int参数的字符串表示形式

表6.3中列举了String类的常用方法，接下来通过几个案例来演示这些方法的具体使用方法。

1．字符串与字符数组的转换

使用toCharArray( )方法可以将字符串转换为一个字符数组，如例6-12所示。

【例 6-12】TestStringDemo01.java

```
1    public class TestStringDemo01{
2        public static void main(String[] args){
3            String str="1000phone.com";          //定义字符串
4            char[] c=str.toCharArray();          //字符串转换为字符数组
5            for(int i=0;i<c.length;i++){
6                System.out.print(c[i]+"*");      //循环输出
7            }
8        }
9    }
```

程序运行结果如图 6.16 所示。

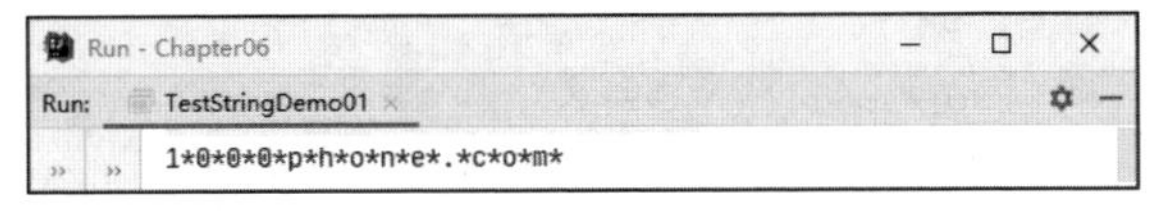

图6.16 例6-12运行结果

在例 6-12 中，先定义一个字符串，然后调用 toCharArray( )方法将字符串转换为字符数组，最后循环输出字符串。

2．取出字符串指定位置的字符

使用 charAt( )方法可以取出字符串指定位置的字符，如例 6-13 所示。

【例 6-13】TestStringDemo02.java

```
1    public class TestStringDemo02{
2        public static void main(String[] args){
3            String str="1000phone.com";
4            System.out.println(str.charAt(4));
5        }
6    }
```

程序运行结果如图 6.17 所示。

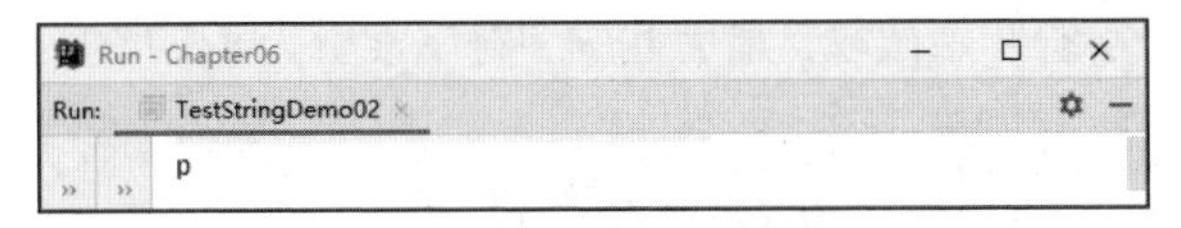

图6.17 例6-13运行结果

在例 6-13 中，先定义一个字符串，然后调用 charAt( )方法取出字符串中索引为 4 的字符并输出，这里索引位置是从 0 开始计算的，索引为 4 的字符是 p。

3．字符串去空格

在实际开发中，用户输入的数据中可能有大量空格，使用 trim( )方法可去掉字符串两端的空格，如例 6-14 所示。

【例 6-14】TestStringDemo03.java

```
1    public class TestStringDemo03{
2        public static void main(String[] args){
3            String str="   1000phone.com   ";
4            System.out.println(str.trim());
5        }
6    }
```

程序运行结果如图 6.18 所示。

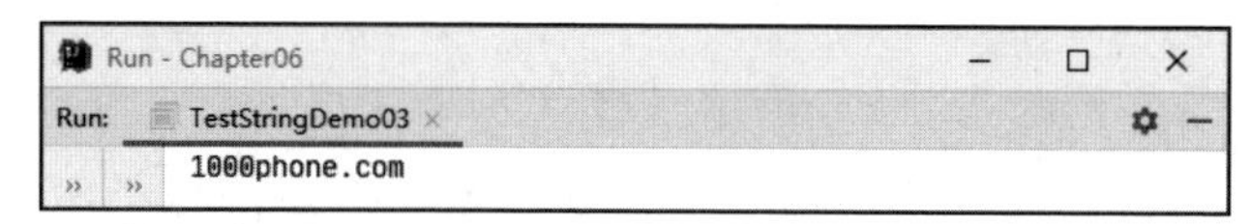

图 6.18　例 6-14 运行结果

在例 6-14 中，先定义一个字符串，然后调用 trim( )方法去掉字符串两端的空格，并输出去掉空格后的字符串。

4．字符串截取

在实际开发中，只截取字符串中的某一段也是很常见的，如例 6-15 所示。

【例 6-15】TestStringDemo04.java

```
1    public class TestStringDemo04{
2        public static void main(String[] args){
3            String str="1000phone.com";
4            //从第 11 个字符开始截取
5            System.out.println(str.substring(10));
6            //截取第 5～9 个字符
7            System.out.println(str.substring(4,9));
8        }
9    }
```

程序运行结果如图 6.19 所示。

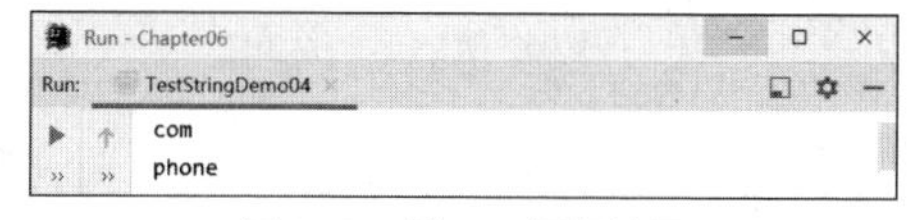

图 6.19　例 6-15 运行结果

String 类中提供了两个 substring( )方法，一个是从指定位置截取到字符串结尾，另一个是截取字符串指定范围的内容。例 6-15 中，先定义一个字符串，然后从索引为 10 的字符截取到字符串末尾，也就是从第 11 个字符开始截取，最后截取字符串索引为 4～9 的内容，也就是截取第 5～9 个字符。

5．字符串拆分

利用 split( )方法可以进行字符串的拆分操作，拆分后得到的数据将以字符串数组的形式返回，如例 6-16 所示。

【例 6-16】TestStringDemo05.java

```
1    public class TestStringDemo05{
2        public static void main(String[] args){
3            String str="1000phone.com";
4            //从"."处进行字符串拆分
5            String[] split=str.split("\\.");
6            //循环输出拆分后的字符串数组
7            for(int i=0;i<split.length;i++){
8                System.out.println(split[i]);
9            }
10       }
11   }
```

程序运行结果如图 6.20 所示。

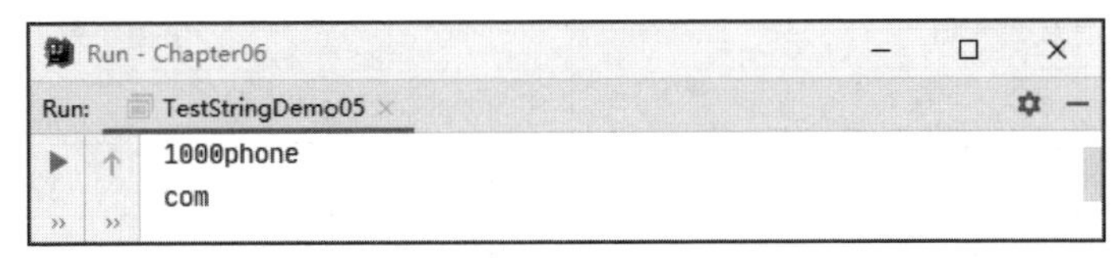

图 6.20 例 6-16 运行结果

在例 6-16 中，先定义一个字符串，然后调用 split(String regex)方法从“.”处进行字符串拆分，这里要写成“\\.”，因为 split( )方法传入的是正则表达式，是特殊符号，需要转义，在前面加“\”，而 Java 中反斜杠是特殊字符，需要用 2 个反斜杠表示一个普通斜杠。拆分成功后，循环输出字符串数组。关于正则表达式后面会进行详细讲解。

6. 字符串大小写转换

在实际开发中，接收用户输入的信息时，可能会需要统一接收为大写或者小写字母，String 类提供了 toUpperCase( )方法和 toLowerCase( )方法来实现字符串大小写的转换，如例 6-17 所示。

【例 6-17】TestStringDemo06.java

```
1   public class TestStringDemo06{
2       public static void main(String[] args){
3           String str1="1000phone.com";
4           System.out.println(str1);
5           String str2=str1.toUpperCase();      //将字符串转换为大写
6           System.out.println(str2);
7           String str3=str2.toLowerCase();      //将字符串转换为小写
8           System.out.println(str3);
9       }
10  }
```

程序运行结果如图 6.21 所示。

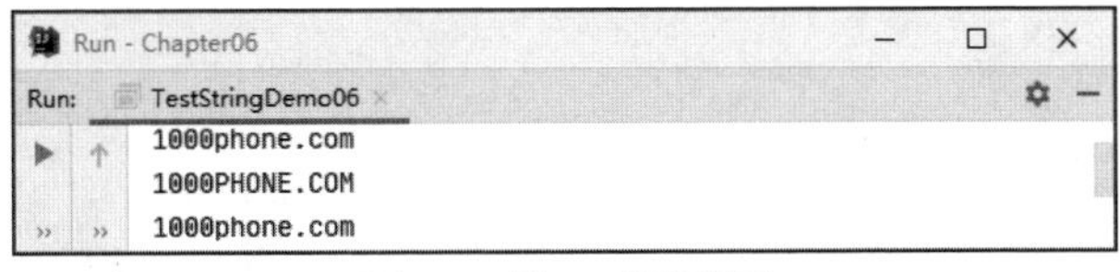

图 6.21 例 6-17 运行结果

在例 6-17 中，先定义一个字符串，并输出字符串，然后调用 toUpperCase( )方法将字符串转换为大写并输出，最后调用 toLowerCase( )方法将字符串转换为小写并输出。

以上介绍的是 String 类的一些常用方法，由于字符串使用频繁，所以初学者要多加练习，以熟练掌握这些方法。String 类还有更多的方法，感兴趣的读者可以查看 JDK 使用文档深入学习。

6.7.3 StringBuffer 类

StringBuffer 类和 String 类一样，也代表字符串，用于描述可变序列。StringBuffer 类用于操作字符串时，不生成新的对象，在内存使用上要优于 String 类。在 StringBuffer 类中存在很多和 String 类一样的方法，这些方法在功能上和 String 类中的功能是完全一样的，接下来介绍它不同于 String 类的一些常用方法，如表 6.4 所示。

表 6.4　StringBuffer 类的常用方法

方法声明	功能描述
StringBuffer append(String str)	向 StringBuffer 追加内容 str
StringBuffer append(StringBuffer sb)	向 StringBuffer 追加内容 sb
StringBuffer append(char c)	向 StringBuffer 追加内容 c
StringBuffer delete(int start,int end)	删除指定范围的字符串
StringBuffer insert(int offset,String str)	在指定位置加上指定字符串
StringBuffer reverse( )	将字符串内容反转

表 6.4 列出了 StringBuffer 类的一些常用方法，接下来用一个案例来演示这些方法的具体使用方法，如例 6-18 所示。

【例 6-18】TestStringBuffer.java

```
1   public class TestStringBuffer{
2       public static void main(String[] args){
3           StringBuffer sb1=new StringBuffer();
4           sb1.append("He");            //追加 String 类型内容
5           sb1.append('l');             //追加 char 类型内容
6           sb1.append("lo");
7           StringBuffer sb2=new StringBuffer();
8           sb2.append("\t");
9           sb2.append("World!");
10          sb1.append(sb2);
11          System.out.println(sb1);     //追加 StringBuffer 类型内容
12          sb1.delete(5,6);
13          System.out.println("字符串删除: "+sb1);
14          String s="——";
15          sb1.insert(5,s);
16          System.out.println("字符串插入: "+sb1);
17          sb1.reverse();
18          System.out.println("字符串反转: "+sb1);
19      }
20  }
```

程序运行结果如图 6.22 所示。

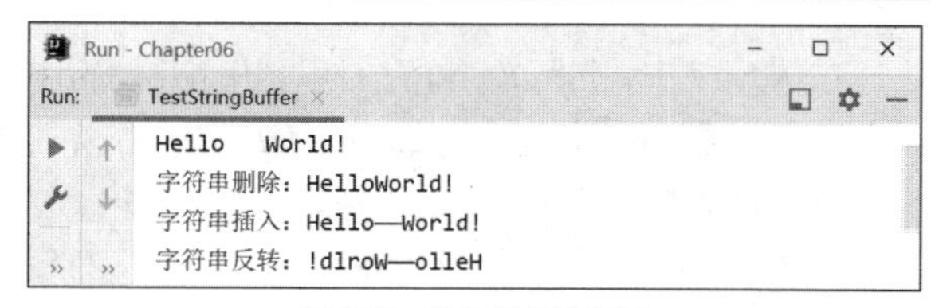

图 6.22　例 6-18 运行结果

在例 6-18 中，先创建一个 StringBuffer 类对象，向该对象中分别追加 String 类型、char 类型和 StringBuffer 类型的数据，输出 StringBuffer 类对象，调用 delete(int start,int end)方法将指定范围的内容删除，在本例中指定索引为“5,6”，也就是将字符串中间的空格删除了，然后调用 insert(int offset,String str)方法在刚删除的空格位置加上“——”，最后调用 reverse( )方法将内容反转。

6.7.4 StringBuilder 类

JDK 5.0 提供了 StringBuilder 类，它和 StringBuffer 类一样，都代表可变的字符序列。二者的不同之处是，StringBuilder类是线程不安全的，而StringBuffer类是线程安全的，StringBuilder类的运行效率更高。接下来通过一个案例来分析String类、StringBuffer类和StringBuilder类的运行效率，如例6-19所示。

【例6-19】TestPerformance.java

```
1   public class TestPerformance{
2       public static void main(String[] args){
3           String string="";
4           long startTime=0L;
5           long endTime=0L;
6           StringBuffer buffer=new StringBuffer("");
7           StringBuilder builder=new StringBuilder("");
8           startTime=System.currentTimeMillis(); //获取当前系统的时间毫秒数
9           for(int i=0;i<20000;i++){
10              string=string+i;                  //将字符串修改2万次
11          }
12          endTime=System.currentTimeMillis();
13          System.out.println("String的执行时间: "+
14                                  (endTime-startTime)+"毫秒");
15          startTime=System.currentTimeMillis();
16          for(int i=0;i<20000;i++){
17              buffer.append(String.valueOf(i));
18          }
19          endTime=System.currentTimeMillis();
20          System.out.println("StringBuffer的执行时间: "+
21                                  (endTime-startTime)+"毫秒");
22          startTime=System.currentTimeMillis();
23          for(int i=0;i<20000;i++){
24              builder.append(String.valueOf(i));
25          }
26          endTime=System.currentTimeMillis();
27          System.out.println("StringBuilder的执行时间: "+
28                                  (endTime-startTime)+"毫秒");
29      }
30  }
```

程序运行结果如图6.23所示。

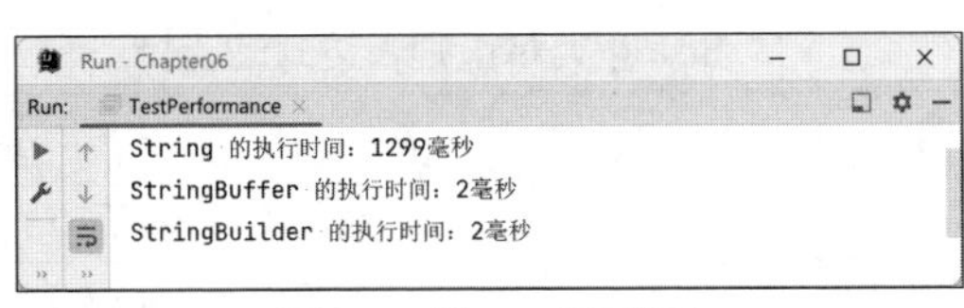

图6.23 例6-19运行结果

在例6-19中，分别修改String类、StringBuffer类和StringBuilder类字符串2万次，计算执行时间，从而得出三者的运行效率高低。从运行结果明显看出String类是三者中运行效率最差的，因为它是不可变的字符序列，StringBuffer类兼顾了运行效率和线程安全，StringBuilder类在三者中运行效率最高。

6.7.5 String类对正则表达式的支持

正则表达式又称规则表达式，它可以方便地对字符串进行匹配、替换等操作，接下来先介绍正则表达式的语法规则和数量表示规则，分别如表6.5和表6.6所示。

表 6.5　正则表达式语法规则

语法规则	功能描述
\\	表示反斜杠（\）字符
\t	表示制表符
\n	表示换行
[abc]	表示字符 a、b 或 c
[^abc]	表示除了 a、b 或 c 的任意字符
[a-zA-Z0-9]	表示由字母、数字组成
\d	表示数字
\D	表示非数字
\w	表示字母、数字、下画线
\W	表示非字母、数字、下画线
\s	表示所有空白字符（换行、空格等）
\S	表示所有非空白字符
^	行的开头
$	行的结尾
.	匹配除换行符之外的任意字符

表 6.6　正则表达式数量表示规则（X 表示一组语法）

语法格式	数量表示规则
X	必须出现一次
X?	可以出现 0 次或 1 次
X*	可以出现 0 次或 0 次以上
X+	可以出现 1 次或多次
X{n}	必须出现 *n* 次
X{n,}	必须出现 *n* 次以上
X{n,m}	必须出现 *n*~*m* 次

String 类中提供了一些支持正则表达式的方法，如表 6.7 所示。

表 6.7　String 类对正则表达式的支持

方法声明	功能描述
boolean matches(String regex)	返回字符串是否匹配给定的正则表达式
String replaceAll(String regex,String replacement)	使用给定的 replacement 替换字符串中所有匹配给定的正则表达式的子字符串
String replaceFirst(String regex,String replacement)	使用给定的 replacement 替换字符串中匹配给定的正则表达式的第一个子字符串
String[ ] split(String regex)	根据匹配给定的正则表达式来拆分字符串
String[ ] split(String regex,int limit)	根据给定正则表达式的匹配拆分字符串，若 limit 小于 0 则应用无限次，若 limit 大于 0 则应用 *n*-1 次，若 limit 等于 0 则应用无限次并省略末尾的空字符串

表 6.7 列出了 String 类中支持正则表达式的方法，接下来通过一个案例来演示这些方法的具体使用方法，如例 6-20 所示。

【例 6-20】TestRegex.java

```
1   public class TestRegex{
2       public static void main(String[] args){
3           String str1="www.1000phone.com";
4           boolean matches=str1.matches("[a-zA-Z0-9]*");
5           System.out.println(matches);
6           System.out.println(str1.replaceAll("w","%"));
7           System.out.println(str1.replaceFirst("w","%"));
8           String str2="192.168.0.0…";
9           String[] split1=str2.split("\\.");
10          for(String s:split1){
11             System.out.print("["+s+"]");
12          }
13          System.out.println();
14          String[] split2=str2.split("\\.",-2);
15          for(String s:split2){
16             System.out.print("["+s+"]");
17          }
18          System.out.println();
19          String[] split3=str2.split("\\.",3);
20          for(String s:split3){
21             System.out.print("["+s+"]");
22          }
23          System.out.println();
24          String[] split4=str2.split("\\.",0);
25          for(String s:split4){
26             System.out.print("["+s+"]");
27          }
28      }
29  }
```

程序运行结果如图 6.24 所示。

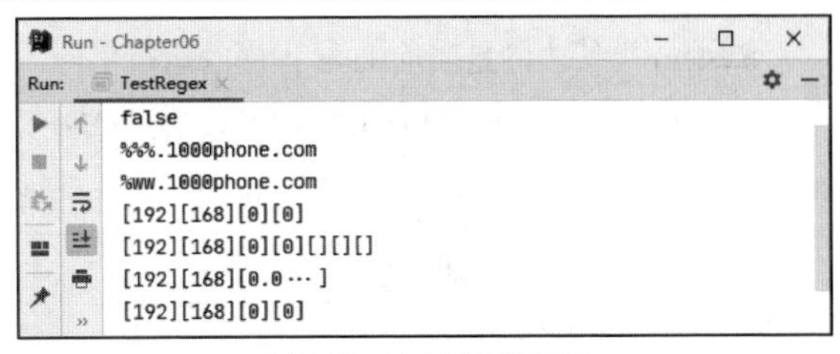

图 6.24 例 6-20 运行结果

在例 6-20 中，定义字符串和一个正则表达式匹配规则，该规则检测字符串是否为数字或字母，因为字符串中有“.”，它不是数字或字母，所以检测后返回 false。调用 replaceAll(String regex,String replacement)方法，将字符串中所有的“w”都替换为“%”，接着调用 replaceFirst(String regex,String replacement)方法，将字符串中第一个“w”替换为“%”。定义另一个字符串，调用 split(String regex)方法，将字符串按“.”分割并遍历字符串数组，最后调用 split(String regex,int limit)方法，将字符串按“.”分割，并指定 limit 参数分别小于 0、大于 0 和等于 0，表 6.7 中已经详细说明了 limit 参数的使用方法，这里就不再赘述。例 6-20 很好地体现了 String 类对正则表达式的支持，要熟练掌握这部分内容，以便更高效地处理字符串，简化开发工作。

6.7.6 String 类、StringBuffer 类和 StringBuilder 类的区别

通过前面的讲解，大家已经了解 String 类、StringBuffer 类、StringBuilder 类的用法，接下来对它们做一个简单的总结，方便大家在后续的开发中灵活使用。

String 类代表的是长度不可变的字符串，无法在末尾追加值，只能够改变 String 类变量的引用地址，

每次对 String 类进行操作都会有新的 String 类对象生成，这样会浪费大量的内存资源，使程序效率低下。使用 String 类时内存变化如图 6.25 所示。

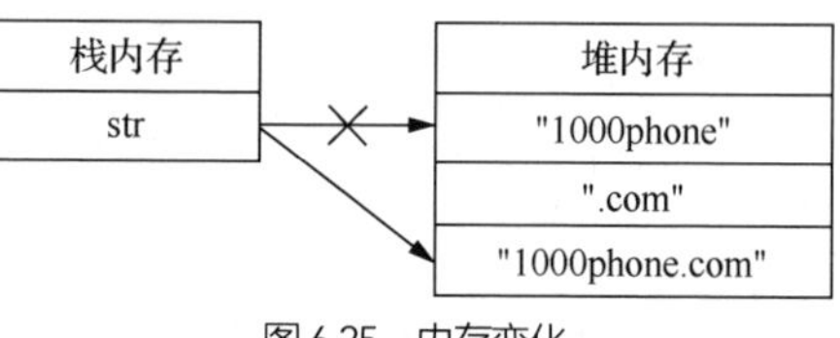

图 6.25　内存变化

由图 6.25 可知，在创建 str 对象的过程中，会在虚拟机的堆内存中开辟一块区域存放字符串"1000phone"；然后，向这个字符串中添加新的".com"字符串时，需要先开辟一块新的内存用来存放字符串".com"；接着，再开辟一块内存存放新得到的字符串"1000phone.com"；最后，改变堆内存地址的指向，才能够完成对字符串的操作。这样的一个过程对资源造成了极大的浪费。

StringBuffer 类和 StringBuilder 类代表的都是可变长度的字符串，允许类的对象被多次修改而且不会产生新的对象，相对 StringBuilder 类而言，StringBuffer 类是线程安全的，线程安全速度就慢（多线程知识在第 10 章中会详细讲解，此处了解即可），因此，StringBuilder 类的运行效率比 StringBuffer 类的运行效率高。

在开发的过程中，如果操作数据不是很频繁，数据量小的情况下可以使用 String 类；如果是在多线程下操作大量的数据，可以使用 StringBuffer 类；如果仅仅是单线程环境下操作，不需要考虑线程安全性，而且想要提高程序运行效率，推荐使用 StringBuilder 类。

6.8 System 类与 Runtime 类

Java 程序在不同平台上运行时，可能需要取得平台相关的属性，或者调用平台命令来完成特定功能。Java 提供了 System 类和 Runtime 类来与程序的运行平台进行交互。

6.8.1 System 类

System 类代表的是当前 Java 程序的运行平台，程序不能创建 System 类的对象，System 类的属性和方法都是静态的，程序可以直接调用。System 类的常用方法如表 6.8 所示。

表 6.8　System 类的常用方法

方法声明	功能描述
static long currentTimeMillis( )	返回以毫秒为单位的当前时间
static void exit(int status)	终止当前正在运行的 Java 虚拟机
static void gc( )	运行垃圾回收器
static Properties getProperties( )	取得当前系统的全部属性
static String getProperty(String key)	根据键取得当前系统中对应的属性值

表 6.8 列举了 System 类的常用方法，接下来通过几个案例来演示这些方法的具体使用方法。

1．currentTimeMillis( )

currentTimeMillis( )方法可以获取以毫秒为单位的当前时间，如例 6-21 所示。

【例 6-21】TestSystemDemo01.java

```
1   public class TestSystemDemo01{
2       public static void main(String[] args) throws Exception{
3           long start=System.currentTimeMillis();
```

```
4           Thread.sleep(100);
5           long end=System.currentTimeMillis();
6           System.out.println("程序睡眠了"+(end-start)+"毫秒");
7       }
8   }
```

程序运行结果如图 6.26 所示。

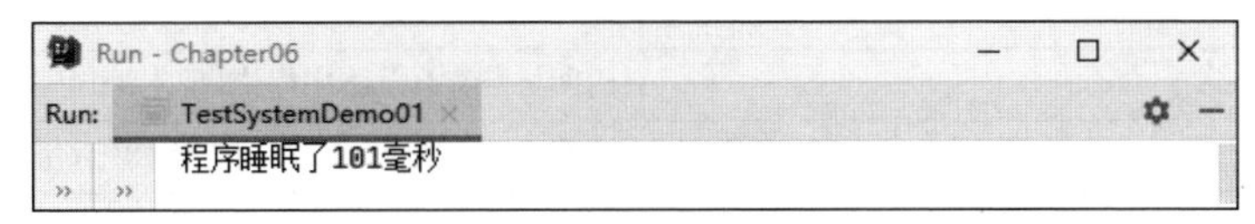

图 6.26 例 6-21 运行结果

例 6-21 获取了 2 次系统当前时间，在这 2 次中间调用 sleep(long millis)方法，让程序睡眠 100 毫秒，最后用第二次获取的时间减去第一次获取的时间，求出系统睡眠的时间，运行结果可能大于 100 毫秒，这是由于计算机性能不同造成的。

2．getProperties(String key)

getProperties(String key)方法可以获取当前系统属性中键 key 对应的值，如例 6-22 所示。

【例 6-22】TestSystemDemo02.java

```
1   public class TestSystemDemo02{
2       public static void main(String[] args){
3           System.out.println("当前系统版本为: " + System.getProperty("os.name")
4                   +System.getProperty("os.version")
5                   +System.getProperty("os.arch"));
6           System.out.println("当前系统用户名为: "+
7                   System.getProperty("user.name"));
8           System.out.println("当前用户工作目录: "+
9                   System.getProperty("user.dir"));
10      }
11  }
```

程序运行结果如图 6.27 所示。

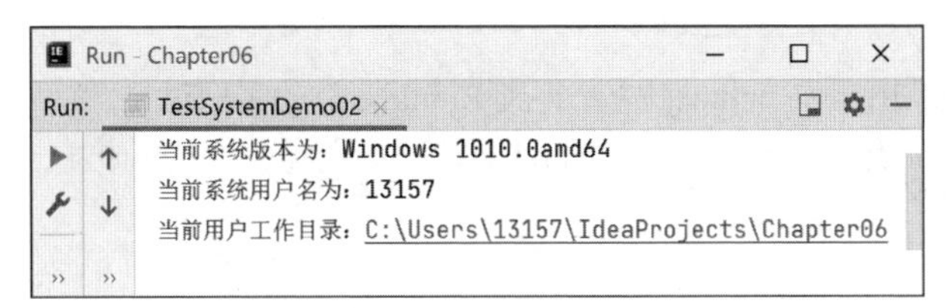

图 6.27 例 6-22 运行结果

由图 6.27 的运行结果可知，程序根据当前系统属性的键 key，获取了对应的属性值并输出。

6.8.2 Runtime 类

Runtime 类代表的是 Java 程序运行时的环境，每个 Java 程序都有一个与之对应的 Runtime 实例对象，应用程序通过该对象与其运行时环境相连。应用程序不能创建自己的 Runtime 实例对象，但可以调用 Runtime 类的静态方法 getRuntime( )获取它的实例对象。

Runtime 类有些方法与 System 类相似，Runtime 类的常用方法如表 6.9 所示。

表 6.9　Runtime 类的常用方法

方法声明	功能描述
int availableProcessors( )	向 Java 虚拟机返回可用处理器的数目
Process exec(String command)	在单独的进程中执行指定的字符串命令
long freeMemory( )	返回 Java 虚拟机中的空闲内存量
void gc( )	运行垃圾回收器
static Runtime getRuntime( )	返回与当前 Java 程序相关的运行时对象
long maxMemory( )	返回 Java 虚拟机试图使用的最大内存量
long totalMemory( )	返回 Java 虚拟机中的内存总量

表 6.9 列举了 Runtime 类的常用方法，接下来通过一个案例来演示这些方法的具体使用方法，如例 6-23 所示。

【例 6-23】TestRuntime.java

```
1    public class TestRuntime{
2        public static void main(String[] args) throws Exception{
3            Runtime runtime=Runtime.getRuntime();
4            System.out.println("处理器数量: " + runtime.availableProcessors());
5            System.out.println("空闲内存数: "+runtime.freeMemory());
6            System.out.println("总内存数: "+runtime.totalMemory());
7            System.out.println("可用最大内存数: "+runtime.maxMemory());
8            runtime.exec("notepad.exe");
9        }
10   }
```

程序运行结果如图 6.28 所示。

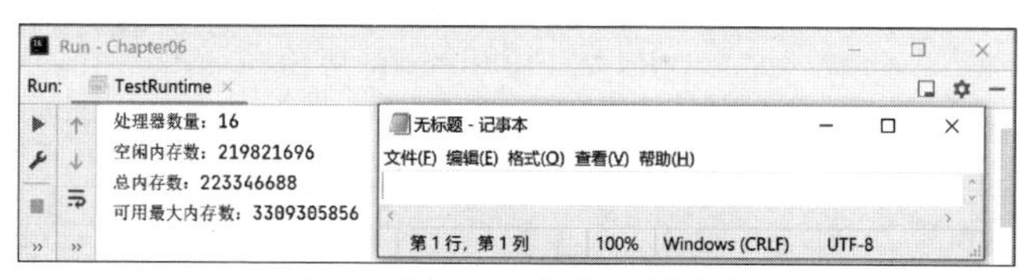

图 6.28　例 6-23 运行结果（终端）

在例 6-23 中，首先调用 getRuntime( )方法得到 Runtime 类的实例对象，然后调用它的方法获取 Java 运行时环境信息，最后调用 exec(String command)方法，指定参数为“notepad.exe”命令，程序运行自动启动记事本。

6.9 Math 类与 Random 类

6.9.1 Math 类

Math 类位于 Java.lang 包中，它提供了许多用于数学运算的静态方法，包括指数运算、对数运算、平方根运算和三角运算等。Math 类还提供了两个静态常量 E（自然对数）和 PI（圆周率）。Math 类的构造方法是私有的，因此，它不能被实例化。另外，Math 类是用 final 修饰的，因此，它不能有子类。Math 类的常用方法如表 6.10 所示。

表 6.10 Math 类的常用方法

方法声明	功能描述
static int abs(int a)	返回绝对值
static double ceil(double a)	返回大于或等于参数的最小整数
static double floor(double a)	返回小于或等于参数的最大整数
static int max(int a,int b)	返回两个参数的较大值
static int min(int a,int b)	返回两个参数的较小值
random( )	返回 0.0～1.0 的 double 类型的随机数，包括 0.0，不包括 1.0
static long round(double a)	返回四舍五入的整数值
static double sqrt(double a)	平方根函数
static double pow(double a,double b)	幂运算（参数 a 表示基数，参数 b 表示指数）

表 6.10 列出了 Math 类的常用方法，接下来用一个案例来演示这些方法的具体使用方法，如例 6-24 所示。

【例 6-24】TestMath.java

```
1   public class TestMath{
2       public static void main(String[] args){
3           System.out.println("-10 的绝对值是: "+Math.abs(-10));
4           System.out.println("大于 2.5 的最小整数是: "+Math.ceil(2.5));
5           System.out.println("小于 2.5 的最大整数是: "+Math.floor(2.5));
6           System.out.println("5 和 6 的较大值是: "+Math.max(5,6));
7           System.out.println("5 和 6 的较小值是: "+Math.min(5,6));
8           System.out.println("6.6 四舍五入后是: "+Math.round(6.6));
9           System.out.println("36 的平方根是: "+Math.sqrt(36));
10          System.out.println("2 的 3 次幂是: "+Math.pow(2,3));
11          for(int i=0;i<5;i++){
12              System.out.println("随机数"+(i+1)+"->"+ Math.random());
13          }
14      }
15  }
```

程序运行结果如图 6.29 所示。

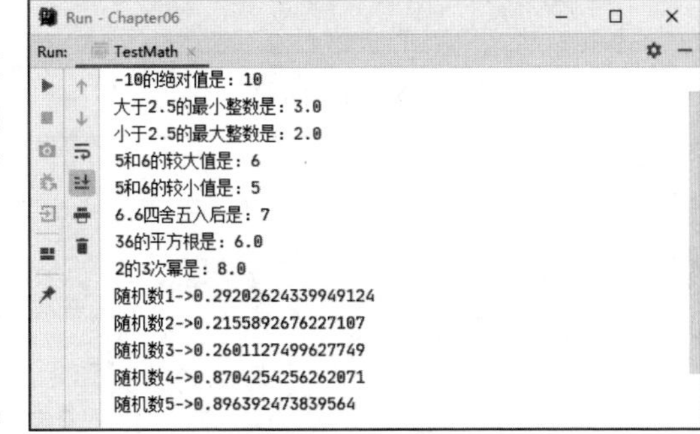

图 6.29 例 6-24 运行结果

例 6-24 调用了 Math 类的一些静态方法计算数值，最后用一个循环生成 5 个 0.0～1.0 的 double 类型的随机数。Math 类还有很多用于数学运算的方法，读者可以查阅 JDK 使用文档深入学习。

6.9.2 Random 类

java.util.Random 类专门用于生成一个伪随机数，它有两个构造方法：一个是无参数的，使用默认的种子（以当前时间作为种子）；另一个需要一个 long 类型的整数参数作为种子。

与 Math 类中的 random( )方法相比，Random 类提供了更多方法用于生成伪随机数，不仅能生成整数类型随机数，还能生成浮点型随机数。Random 类的常用方法如表 6.11 所示。

表 6.11　Random 类的常用方法

方法声明	功能描述
boolean nextBoolean( )	返回下一个伪随机数，它是取自随机数生成器序列的均匀分布的 boolean 值
double nextDouble( )	返回下一个伪随机数，它是取自随机数生成器序列的、在 0.0~1.0 均匀分布的 double 值
float nextFloat( )	返回下一个伪随机数，它是取自随机数生成器序列的、在 0.0~1.0 均匀分布的 float 值
int nextInt( )	返回下一个伪随机数，它是随机数生成器序列中均匀分布的 int 值
int nextInt(int n)	返回一个伪随机数，它是取自随机数生成器序列的、在 0（包括）和指定值（不包括）之间均匀分布的 int 值
long nextLong( )	返回下一个伪随机数，它是取自随机数生成器序列的均匀分布的 long 值

表 6.11 中列出了 Random 类的常用方法，接下来用一个案例来演示这些方法的具体使用方法，如例 6-25 所示。

【例 6-25】TestRandom.java

```
1   import java.util.Random;
2   public class TestRandom{
3       public static void main(String[] args){
4           Random r=new Random();
5           System.out.println("-----3个int类型随机数-----");
6           for(int i=0;i<3;i++){
7               System.out.println(r.nextInt());
8           }
9           System.out.println("-----3个0.0~100.0的double类型随机数-----");
10          for(int i=0;i<3;i++){
11              System.out.println(r.nextDouble()*100);
12          }
13          Random r2=new Random(10);
14          System.out.println("-----3个int类型随机数-----");
15          for(int i=0;i<3;i++){
16              System.out.println(r2.nextInt());
17          }
18          System.out.println("-----3个0.0~100.0的double类型随机数-----");
19          for(int i=0;i<3;i++){
20              System.out.println(r2.nextDouble()*100);
21          }
22      }
23  }
```

程序运行结果如图 6.30 所示。

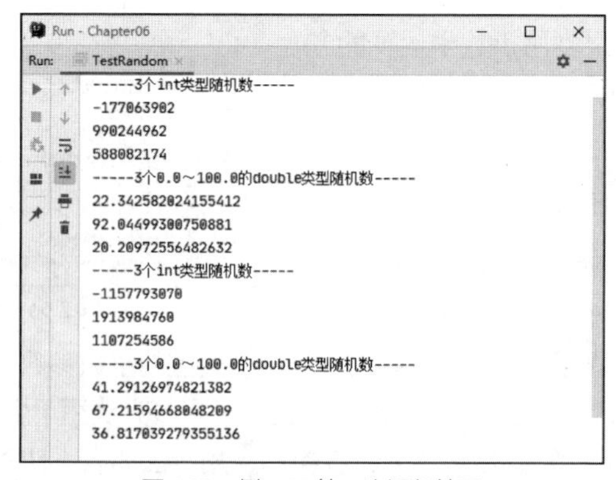

图 6.30　例 6-25 第一次运行结果

例 6-25 中，首先用无参的构造方法创建 Random 类的实例对象，然后分别获取 3 个 int 类型随机数和 3 个范围在 0.0～100.0 的 double 类型随机数，可以看到，程序运行两次，生成不同的随机数。接着创建了一个参数为 10 的 Random 类实例对象，同样获取 2 组随机数，从两次运行结果可以看出生成了相同的随机数，这是因为生成的是伪随机数，获取 Random 类实例对象时指定了种子，用同样的种子获取的随机数相同。前 2 组随机数不同，是因为使用的是默认的种子，即以当前时间作为种子，所以前 2 组随机数不同。

6.10 日期操作类

在实际开发中经常会遇到日期类型的操作，Java 对日期类型的操作提供了良好的支持，有 java.util 包中的 Date 类、Calendar 类，还有 java.text 包中的 DateFormat 类及它的子类 SimpleDateFormat 类，接下来会详细讲解这些类的用法，并且会讲解日期时间 API。

6.10.1 Date 类

java.util 包中的 Date 类用于表示日期和时间，里面大多数构造方法和常用方法被标注为已过时，但创建日期的方法很常用，它的构造方法中只有 2 个没有标注已过时，接下来用一个案例来演示这 2 个构造方法的具体使用方法，如例 6-26 所示。

【例 6-26】TestDate.java

```
1   import java.util.Date;
2   public class TestDate{
3       public static void main(String[] args){
4           Date date1=new Date();
5           System.out.println(date1);
6           Date date2=new Date(999999999999L);
7           System.out.println(date2);
8       }
9   }
```

程序运行结果如图 6.31 所示。

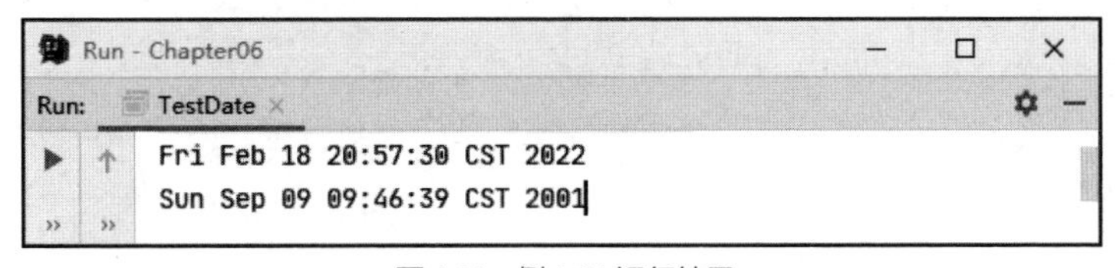

图 6.31 例 6-26 运行结果

在例 6-26 中，首先使用 Date 类的无参构造方法创建了一个日期并输出，这是创建的当前日期，接着创建了第二个日期并输出，传入了一个 long 类型的参数，表示从 GMT（格林尼治标准时间）的 1970 年 1 月 1 日 00:00:00 这一时刻开始，经过这个参数（毫秒数）后的日期。

6.10.2 Calendar 类

Calendar 类可以将取得的时间精确到毫秒。Calendar 类是一个抽象类，它提供了很多常量，Calendar 类的常用常量如表 6.12 所示。

表 6.12　Calendar 类的常用常量

常量	功能描述
public static final int YEAR	获取年
public static final int MONTH	获取月
public static final int DAY_OF_MONTH	获取日
public static final int HOUR_OF_DAY	获取小时，24 小时制
public static final int MINUTE	获取分
public static final int SECOND	获取秒
public static final int MILLISECOND	获取毫秒

表 6.12 列出了 Calendar 类的常用常量，它还有一些常用方法，如表 6.13 所示。

表 6.13　Calendar 类的常用方法

方法声明	功能描述
static Calendar getInstance()	使用默认时区和语言环境获得一个日历
static Calendar getInstance(Locale aLocale)	使用默认时区和指定语言环境获得一个日历
int get(int field)	返回给定日历字段的值。
boolean after(Object when)	判断 Calendar 表示的时间是否在指定 Object 表示的时间之后，返回判断结果
boolean before(Object when)	判断 Calendar 表示的时间是否在指定 Object 表示的时间之前，返回判断结果

接下来通过一个案例来演示 Calendar 类的常用常量和常用方法的具体使用方法，如例 6-27 所示。

【例 6-27】TestCalendar.java

```
1   import java.util.Calendar;
2   public class TestCalendar{
3       public static void main(String[] args){
4           Calendar c=Calendar.getInstance();
5           System.out.println("年:"+c.get(Calendar.YEAR));
6           System.out.println("月:"+c.get(Calendar.MONTH));
7           System.out.println("日:"+c.get(Calendar.DAY_OF_MONTH));
8           System.out.println("时:"+c.get(Calendar.HOUR_OF_DAY));
9           System.out.println("分:"+c.get(Calendar.MINUTE));
10          System.out.println("秒:"+c.get(Calendar.SECOND));
11          System.out.println("毫秒:"+c.get(Calendar.MILLISECOND));
12      }
13  }
```

程序运行结果如图 6.32 所示。

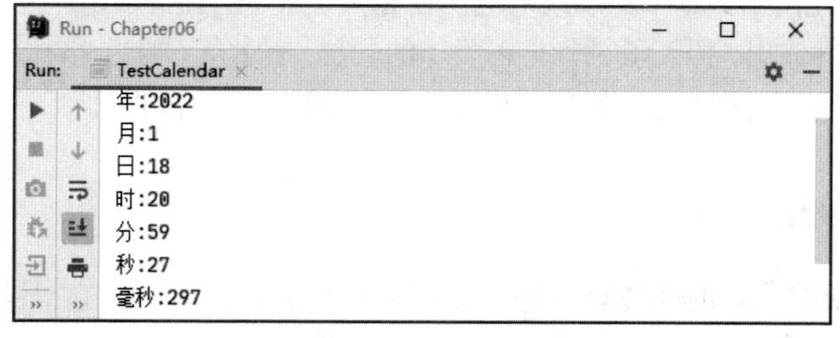

图 6.32　例 6-27 运行结果

在例 6-27 中，首先调用 Calendar 类的静态方法 getInstance( )获取 Calendar 类的实例对象，然后通过 get(int field)方法获取实例对象中相应常量的值。

6.10.3 DateFormat 类

前面讲解过 Date 类，它获取的时间明显不便于阅读，实际开发中需要对日期进行格式化操作，Java 提供了 DateFormat 类用于支持日期格式化。该类是一个抽象类，需要通过它的一些静态方法来获取它的实例对象，它的常用方法如表 6.14 所示。

表 6.14 DateFormat 类的常用方法

方法声明	功能描述
static DateFormat getDateInstance( )	获取日期格式器，该格式器具有默认语言环境的默认格式化风格
static DateFormat getDateInstance(int style, Locale aLocale)	获取日期格式器，该格式器具有给定语言环境的给定格式化风格
static DateFormat getDateTimeInstance( )	获取日期/时间格式器，该格式器具有默认语言环境的默认格式化风格
static DateFormat getDateTimeInstance(int dateStyle, int timeStyle, Locale aLocale)	获取日期/时间格式器，该格式器具有给定语言环境的给定格式化风格
String format(Date date)	将一个 Date 格式化为日期/时间字符串
Date parse(String source)	从给定字符串的开头解析文本，以生成一个日期

表 6.14 列举了 DateFormat 类的常用方法，接下来用一个案例来演示这些方法的具体使用方法，如例 6-28 所示。

【例 6-28】TestDateFormat.java

```
1   import java.text.DateFormat;
2   import java.util.*;
3   public class TestDateFormat{
4       public static void main(String[] args){
5           DateFormat df1=DateFormat.getDateInstance();
6           DateFormat df2=DateFormat.getTimeInstance();
7           DateFormat df3 = DateFormat.getDateInstance(DateFormat.YEAR_FIELD,
8                   new Locale("zh","CN"));
9           DateFormat df4 = DateFormat.getTimeInstance(DateFormat.ERA_FIELD,
10                  new Locale("zh","CN"));
11          System.out.println("data: "+df1.format(new Date()));
12          System.out.println("time: "+df2.format(new Date()));
13          System.out.println("----------------------");
14          System.out.println("data: "+df3.format(new Date()));
15          System.out.println("time: "+df4.format(new Date()));
16      }
17  }
```

程序运行结果如图 6.33 所示。

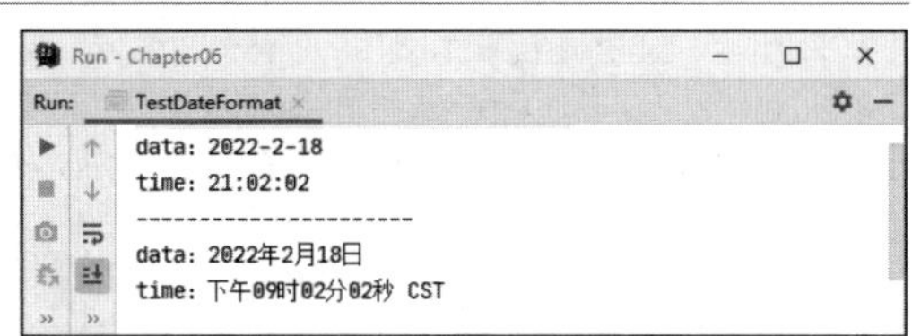

图 6.33 例 6-28 运行结果

在例 6-28 中，首先分别调用 DateFormat 类的 4 个静态方法获得 DateFormat 类的实例对象，然后对日期和时间格式化，可以看出空参的构造方法是使用默认语言环境和风格进行格式化的，而用参数指定了语言环境和风格的构造方法，其格式化的日期和时间更符合中国人阅读习惯。

6.10.4 SimpleDateFormat 类

上一小节中讲解了使用 DateFormat 类格式化日期和时间，如果想得到特殊的日期显示格式，可以通过 DateFormat 的子类 SimpleDateFormat 类来实现，它位于 java.text 包中。要自定义格式化日期，需要有一些特定的日期标记来表示日期格式，常用的日期标记如表 6.15 所示。

表 6.15 常用的日期标记

日期标记	功能描述
y	年，需要用 yyyy 表示年份的 4 位数字
M	月份，需要用 MM 表示月份的 2 位数字
d	天数，需要用 dd 表示天数的 2 位数字
H	小时（24 小时制），需要用 HH 表示小时的 2 位数字
h	小时（12 小时制，需要用 hh 表示小时的 2 位数字）
m	分钟，需要用 mm 表示分钟的 2 位数字
s	秒数，需要用 ss 表示秒数的 2 位数字
S	毫秒，需要用 SSS 表示毫秒的 3 位数字
G	公元，只需写一个 G 表示公元

在创建 SimpleDateFormat 类的实例对象时需要用到它的构造方法，它有 4 个构造方法，其中有一个是最常用的，示例如下。

```
public SimpleDateFormat(String pattern)
```

如上所示的构造方法有一个 String 类型的参数，该参数使用日期标记表示格式化后的日期格式。另外，因为 SimpleDateFormat 类继承了 DateFormat 类，所以它可以直接使用父类的方法格式化日期和时间。接下来用一个案例来演示 SimpleDateFormat 类的使用方法，如例 6-29 所示。

【例 6-29】TestSimpleDateFormat.java

```
1   import java.text.SimpleDateFormat;
2   import java.util.Date;
3   public class TestSimpleDateFormat{
4       public static void main(String[] args) throws Exception{
5           //创建 SimpleDateFormat 类的实例对象
6           SimpleDateFormat sdf=new SimpleDateFormat();
7           String date=sdf.format(new Date());
8           System.out.println("默认格式: "+date);
9           System.out.println("--------------------");
10          SimpleDateFormat sdf2=new SimpleDateFormat("yyyy-MM-dd");
11          date=sdf2.format(new Date());
12          System.out.println("自定义格式 1: "+date);
13          System.out.println("--------------------");
14          SimpleDateFormat sdf3=
15                  new SimpleDateFormat("Gyyyy-MM-dd hh:mm:ss:SSS");
16          date=sdf3.format(new Date());
17          System.out.println("自定义格式 2: " + date);
18      }
19  }
```

程序运行结果如图 6.34 所示。

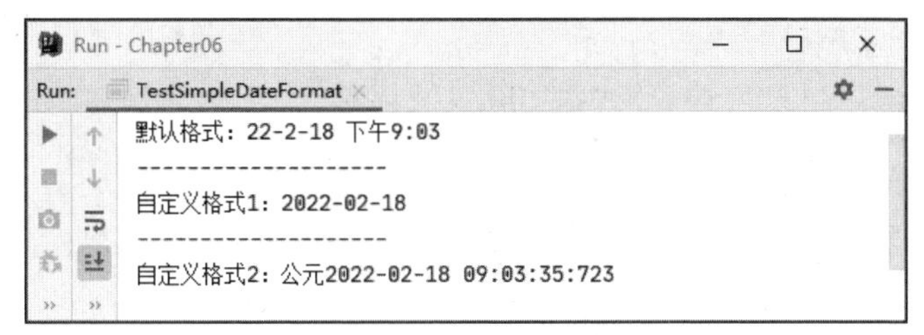

图6.34 例6-29运行结果

在例 6-29 中，首先使用空参的构造方法创建 SimpleDateFormat 的实例对象，然后调用父类的 format(Date date)方法，格式化当前日期和时间并输出，接着指定参数为“yyyy-MM-dd”创建 SimpleDateFormat 类的实例对象，按自定义的格式显示日期和时间，最后指定参数为“Gyyyy-MM-dd hh:mm:ss:SSS”创建 SimpleDateFormat 类的实例对象，按自定义的时间格式进行输出。日期和时间的自定义格式多种多样，读者可以根据实际需要扩展更多的格式，这里就不再赘述。

6.10.5 日期时间 API

Java 8 之前的 Date 类和 Calendar 类都是线程不安全的，而且使用起来比较麻烦，Java 8 提供的全新的时间日期 API 有 LocalDate（日期）、LocalTime（时间）、LocalDateTime（时间和日期）、Instant（时间戳）、Duration（用于计算两个“时间”间隔）、Period（用于计算两个“日期”间隔）等。接下来通过案例演示这些 API 的用法。

1. 本地化日期时间 API

LocalDate、LocalTime 和 LocalDateTime 类可以用在不需要处理时区的情况中，如例 6-30 所示。

【例 6-30】DateNew.java

```
1   import java.time.LocalDate;
2   import java.time.LocalTime;
3   import java.time.LocalDateTime;
4   import java.time.Month;
5   public class DateNew{
6     public static void main(String args[]){
7       DateNew tester=new DateNew();
8       tester.testLocalDateTime();
9     }
10    public void testLocalDateTime(){
11      //获取当前的日期时间
12      LocalDateTime currentTime=LocalDateTime.now();
13      System.out.println("当前时间: "+currentTime);
14      LocalDate date1=currentTime.toLocalDate();
15      System.out.println("date1: "+date1);
16      Month month=currentTime.getMonth();
17      int day=currentTime.getDayOfMonth();
18      int seconds=currentTime.getSecond();
19      System.out.println("月 :"+month +", 日: "+day+", 秒: "+seconds);
20      LocalDateTime date2 = currentTime.withDayOfMonth(10).withYear(2012);
21      System.out.println("date2: "+date2);
22      //12 december 2021
23      LocalDate date3=LocalDate.of(2021,Month.DECEMBER,12);
24      System.out.println("date3: "+date3);
```

```
25        //22 小时 15 分钟
26        LocalTime date4=LocalTime.of(22,15);
27        System.out.println("date4: "+date4);
28        //解析字符串
29        LocalTime date5=LocalTime.parse("20:15:30");
30        System.out.println("date5: "+date5);
31    }
32 }
```

程序运行结果如图 6.35 所示。

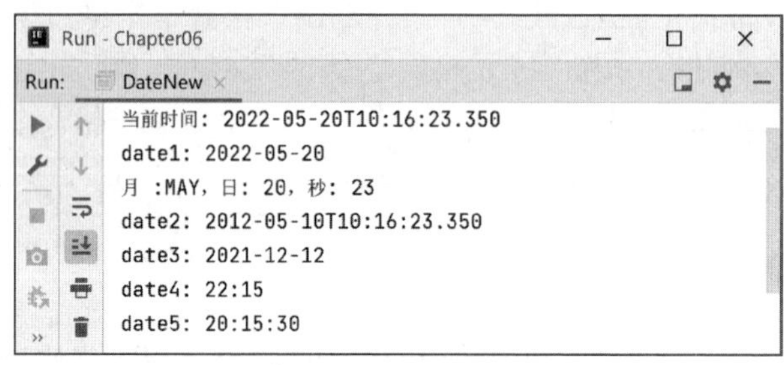

图 6.35　例 6-30 运行结果

2. 使用时区的日期时间 API

如果需要考虑时区，就可以使用时区的日期时间 API，如例 6-31 所示。

【例 6-31】DateNew1.java

```
1  import java.time.ZonedDateTime;
2  import java.time.ZoneId;
3  public class DateNew1{
4     public static void main(String args[]){
5        DateNew1 Java 8tester=new DateNew1();
6        Java 8tester.testZonedDateTime();
7     }
8     public void testZonedDateTime(){
9        //获取当前时间日期
10       ZonedDateTime date1=ZonedDateTime.parse("2015-12-
11       03T10:15:30+05:30[Asia/Shanghai]");
12       System.out.println("date1: "+date1);
13       ZoneId id=ZoneId.of("Europe/Paris");
14       System.out.println("ZoneId: "+id);
15       ZoneId currentZone=ZoneId.systemDefault();
16       System.out.println("当期时区: "+currentZone);
17    }
18 }
```

以上代码的运行结果如图 6.36 所示。

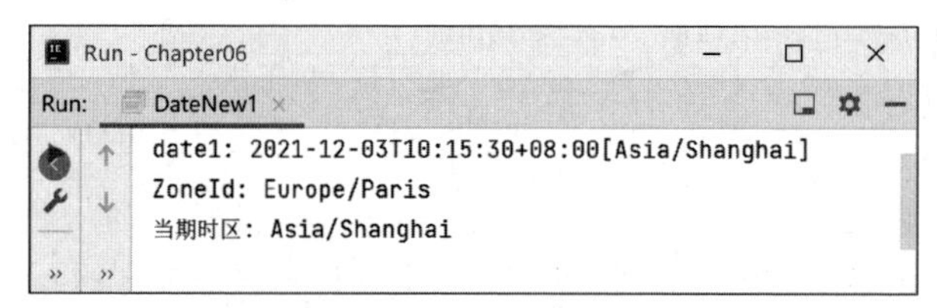

图 6.36　例 6-31 运行结果

3．获取指定的时间日期

在 LocalDate 类的方法中直接传入对应的年月日，可获取指定的时间日期，示例如下。

```
System.out.println(LocalDate.of(2019,08,08));    //直接传入对应的年月日
System.out.println(LocalDate.of(2019,Month.NOVEMBER,08));
//相对上面只是把月换成了枚举
LocalDate birDay=LocalDate.of(2019,08,08);
System.out.println(LocalDate.ofYearDay(2019,birDay.getDayOfYear()));
//第一个参数为年，第二个参数为当年的第几天
System.out.println(LocalDate.ofEpochDay(birDay.toEpochDay()));
//参数为距离 1970-01-01 的天数
System.out.println(LocalDate.parse("2019-08-08"));
System.out.println(LocalDate.parse("20190808",DateTimeFormatter.ofPattern
    ("yyyyMMdd")));
```

6.11 本章小结

通过本章的学习，读者能够掌握 Java 的异常处理机制和常用的 Java API。本章的学习重点是要了解异常处理的原则，当遇到程序异常时，建议不要将异常抛出，应该编写异常处理语句进行处理。

6.12 习题

1．填空题

（1）Java 语言的异常捕获结构由 try、________和 finally 3 个部分组成。

（2）抛出异常、生成异常对象都可以通过________语句实现。

（3）捕获异常的统一出口通过________语句实现。

（4） ________异常是由于环境造成的，因此是捕获处理的重点，即表示是可以恢复的。

（5）Throwable 类有两个子类，分别是________类和 Exception 类。

2．选择题

（1）在异常处理中，如释放资源、关闭文件、关闭数据库等，由（　　）来完成。

A. try 子句　　B. catch 子句　　C. finally 子句　　D. throw 子句

（2）当方法遇到异常又不知如何处理时，下列说法正确的是（　　）。

A. 捕获异常　　B. 抛出异常　　C. 声明异常　　D. 嵌套异常

（3）下列关于异常的说法，正确的是（　　）。

A. 异常是编译时出现的错误　　B. 异常是运行时出现的错误

C. 程序错误就是异常　　D. 以上说法都不正确

（4）下列有关 throw 和 throws 的说法，不正确的是（　　）。

A. throw 后面加的是异常类的对象　　B. throws 后面加的是异常类的类名

C. throws 后面只能加自定义异常类　　D. 以上说法都不正确

（5）关于异常，下列说法正确的是（　　）。

A. 异常是一种对象　　B. 一旦程序运行，异常将被创建

C. 为保证运行速度，应避免异常控制　　D. 以上说法都不正确

3．简答题

（1）请简述什么是异常。

（2）请简述什么是必检异常，什么是免检异常。

（3）请简述 Error 和 Exception 的区别。

（4）请简述关键字 throw 的作用。

4．编程题

（1）编写一个 Circle 类代表圆，提供默认构造方法和创建指定半径的构造方法。创建一个 InvalidRadiusException 异常类，当半径为负数时，setRadius( )方法抛出一个 InvalidRadiusException 类对象。

（2）编写一个 Triangle 类代表三角形，在三角形中，任意两边之和总大于第三边。创建一个 IllegalTriangleException 异常类，在 Triangle 类的构造方法中，如果创建的三角形的边违反了这一规则，则抛出一个 IllegalTriangleException 类对象。

第7章 集合框架

本章学习目标

- 熟练掌握 List、Map、Set 集合的使用方法。
- 熟练掌握集合遍历的方法。
- 熟悉泛型的使用方法。
- 熟练掌握 Collections 工具类的使用方法。
- 熟悉 Stream API 的使用方法。

第 6 章介绍了 Java 的一些常用 API，使用 API 进行程序开发，可以提高开发效率和质量，本章将讲解 Java API 中使用最频繁的集合类。集合类可以看作一种容器，用于存储对象信息。它克服了数组长度不可变、存储类型单一等缺点，同时，使用 Java 提供的操作集合元素的方法，能大大提高增、删、改、查元素的效率。集合中可以存放任意类型的元素，元素存入集合后都会被当作 Object 类型处理。当程序从集合中取出元素时，如果没有强制转换为真实类型，就容易引起 ClassCastException 异常。因此，从 Java 5 开始增加了泛型（Generic）语法，进行编译时期语法检查，降低错误发生的可能性。本章也将对泛型进行详细讲解。

7.1 集合框架概述

Java 的集合框架（Java Collections Framework）是为表示和操作集合而规定的一种统一的、标准的体系结构。

第 2 章中讲解的数组存在很多不便之处，例如，数组是相同类型的数据的集合，存储类型单一；数组的长度是固定的，无法改变等。在早期，Sun 公司提供了一些简单的可以自扩展的容器类，如 Vector、Stack、Hashtable 等，解决了数组存在的一些问题，但是这些容器类不能集中和统一管理，没有统一的规范。于是，在 Java 2 中，Java 的设计者对 Java 存储数据的容器进行了大刀阔斧的改革，推出了庞大的集合框架体系。

集合框架中包括各式各样的集合和操作这些集合的方法。虽然称为“框架”，但其使用方式却更像一个方法库，通过不同的实现，实现对不同场景元素的高性能增、删、改和查询。

Java 的集合框架主要由 Collection 和 Map 两个根接口派生出来的接口和实现类组成，它们都包含在 java.util 包中。从 Java 5 开始，新增了 Iterable 接口，作为 Collection 接口的父接口，Iterable 接口用于支持 foreach 循环。集合框架体系如图 7.1 所示。

图 7.1 中，椭圆区域中填写的都是接口类型，按照其存储结构分为两大类：单列集合 Collection 和双列集合 Map。Collection 和 Map 接口定义了存储和使用元素的规范。

Java 中的集合并没有直接实现 Collection 接口，而是实现了 Collection 的子接口，如 List、Set、Queue，List 集合中的元素不按特定方式排序，不允许元素重复；Set 集合中的对象按照索引位置排序，允许元素重复；Queue 代表队列。其中最常用的是 List 集合和 Set 集合。

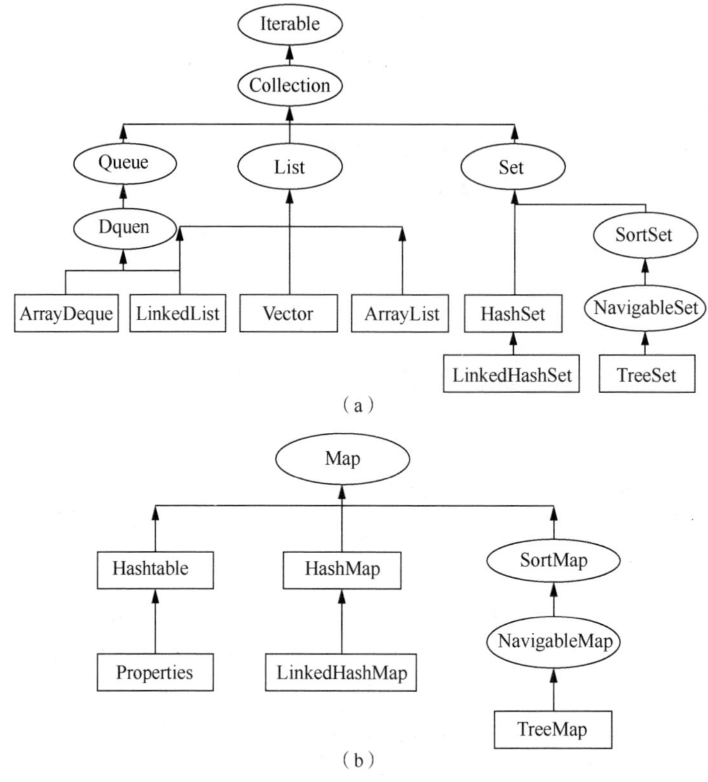

图 7.1　集合框架体系

Map 表示两个集合之间的映射关系，它里面的每项数据都是成对出现的，按键值对（key-value）的形式组成，常用的实现类是 HashMap、TreeMap。

任何一种集合类都包含了对外的接口、接口的实现和集合运算的算法 3 部分内容。使用集合框架可以让程序开发者专注于业务的开发，而不是数据结构或算法。接下来对图 7.1 中提到的常用的接口和实现类进行讲解。

7.2 Collection 接口

Collection 接口是 Java 最基本的集合接口，它定义了一组允许重复的对象。它虽然不能直接创建实例，但它派生了两个子接口 List 和 Set，可以使用子接口的实现类创建实例。Collection 接口是抽取 List 接口和 Set 接口共同的存储特点和操作方法进行的重构设计。Collection 接口提供了操作集合及集合中元素的方法。Collection 接口的常用方法如表 7.1 所示。

表 7.1　Collection 接口的常用方法

方法声明	功能描述
boolean add(Object obj)	向集合添加一个元素
boolean addAll(Collection c)	将指定集合中所有元素添加到当前集合
void clear( )	清空集合中所有元素
boolean contains(Object obj)	判断集合中是否包含某个元素
boolean containsAll(Collection c)	判断集合中是否包含指定集合中所有元素

续表

方法声明	功能描述
Iterator iterator( )	返回在 Collection 的元素上进行迭代的迭代器
boolean remove(Object o)	删除集合中的指定元素
boolean removeAll(Collection c)	删除指定集合中所有元素
boolean retainAll(Collection c)	仅保留当前 Collection 中那些也包含在指定 Collection 的元素
Object[ ] toArray( )	返回包含 Collection 中所有元素的数组
boolean isEmpty( )	如果集合为空，则返回 true
int size( )	返回集合中元素个数

表 7.1 所示的方法是集合的共性方法，这些方法既可以操作 List 集合，又可以操作 Set 集合。这些方法在 Java API 文档中都有详细介绍，通过 Java API 文档可以查阅 Collection 接口的其他方法的具体用法。

7.3 List 接口

List 接口是单列集合的一个重要分支，一般将实现了 List 接口的对象称为 List 集合。List 集合中元素是有序且可重复的，相当于数学里面的数列，有序、可重复。List 集合的 List 接口记录元素的先后添加顺序，使用此接口能够精确地控制每个元素插入的位置，用户也可以通过索引来访问集合中的指定元素。List 集合的存储模型如图 7.2 所示。

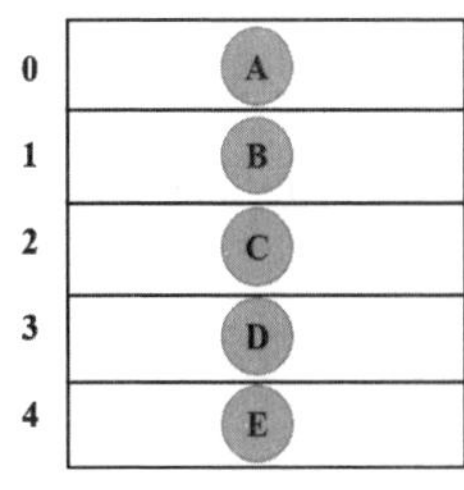

图 7.2　List 集合的存储模型

List 接口作为 Collection 接口的子接口，不但继承了 Collection 接口的所有方法，而且增加了一些操作 List 集合的特有方法，如表 7.2 所示。

表 7.2　List 接口的常用方法

方法声明	功能描述
void add(int index,Object element)	在 index 位置插入 element 元素
Object get(int index)	得到 index 处的元素
Object set(int index,Object element)	用 element 替换 index 位置的元素
Object remove(int index)	移除 index 位置的元素，并返回元素
int indexOf(Object o)	返回集合中第一次出现 o 的索引，若集合中不包含该元素，则返回-1
int lastIndex(Object o)	返回集合中最后一次出现 o 的索引，若集合中不包含该元素，则返回-1

表 7.2 列出了 List 接口的常用方法，所有的 List 实现类都可以通过调用这些方法对集合元素进行操作。

根据面向接口编程的思想，创建一个 List 类对象的语法格式如下。

```
List 变量=new 实现类();
```

List 接口不能直接实例化，需要使用它的实现类来创建对象，其中最常用的实现类是 ArrayList 和 LinkedList。使用 ArrayList 实现类和 LinkedList 实现类实例化 List 接口的代码如下所示。

```
List arraylist=new ArrayList();
List linkedlist=new LinkedList();
```

List 接口的常用方法的具体使用方法如例 7-1 所示。

【例 7-1】TestList.java

```
1  public class TestList{
2    public static void main(String[] args){
3      List list1=new ArrayList();
4      list1.add("小咪");
5      list1.add(1.5);
6      List list2=new LinkedList();
7      list2.add("小喵");
8      list2.add(2);
9      System.out.println("list1: "+list1);
10     System.out.println("list2: "+list2);
11     list1.add(0,"小猫资料");
12     System.out.println("在 list1 索引为 0 的位置添加元素“小猫资料”: "+list1);
13     System.out.println("list1 元素的个数: "+list1.size());
14     list1.addAll(list2);
15     System.out.println("添加 list2 后的 list1: "+list1);
16     System.out.println("list1 索引为 0 的位置的元素: "+list1.get(0));
17     list1.set(0,"哈哈");
18     System.out.println("将索引为 0 的位置的元素修改为“哈哈”后的 list1: "+list1);
19     System.out.println("list1 第一次出现“哈哈”的索引: "+list1.indexOf("哈哈"));
20     list1.remove(1);
21     System.out.println("移除索引 1 位置中元素后的 list1: "+list1);
22     list1.clear();
23     System.out.println("清空元素后的 list1: "+list1);
24   }
25 }
```

程序运行结果如图 7.3 所示。

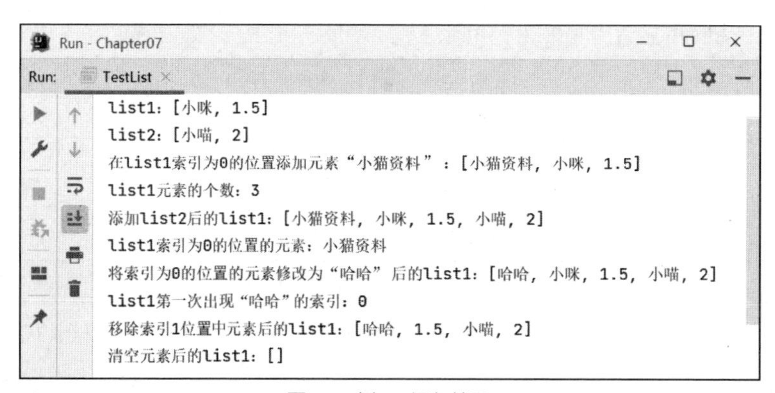

图 7.3　例 7-1 运行结果

由图 7.3 可以看出，无论是 List 接口中的方法，还是从 Collection 接口中继承的方法，都可以使用实现类创建的对象调用。

7.3.1 ArrayList 类

ArrayList 类是动态数组，用 MSDN（Microsoft Developer Network，微软开发者网络）中的说

法，就是数组的复杂版本，它提供了动态增加和减少元素的方法，继承 AbstractList 类，实现了 List 接口，提供了相关的添加、删除、修改、遍历等功能，具有灵活地设置数组的大小等优点。ArrayList 类实现了长度可变的数组，在内存中分配连续的空间，允许不同类型的元素共存。ArrayList 类能够根据索引位置快速地访问集合中的元素，因此，ArrayList 集合遍历元素和随机访问元素的效率比较高。

ArrayList 类中大部分方法都是从 List 接口继承过来的。

接下来通过一个案例来演示 ArrayList 类中常用方法的具体用法，如例 7-2 所示。

【例 7-2】TestArrayList.java

```
1    import java.util.ArrayList;
2    import java.util.Date;
3    public class TestArrayList{
4      public static void main(String[] args){
5        ArrayList arr=new ArrayList();    //创建ArrayList集合
6        arr.add(new Date());              //向集合中添加元素
7        arr.add("流浪猫");
8        System.out.println(arr.size());   //输出集合元素的个数
9        System.out.println(arr.get(0));   //获取并输出集合中指定索引的元素
10     }
11   }
```

程序运行结果如图 7.4 所示。

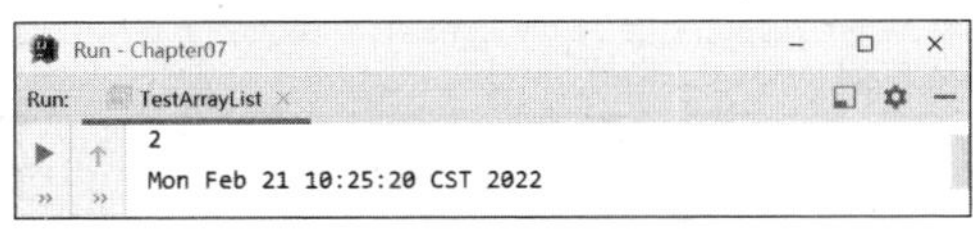

图7.4　例7-2运行结果

在例 7-2 中，首先创建一个 ArrayList 集合，然后向集合中添加两个元素，调用 size( )方法输出集合元素的个数，又调用 get(int index)方法得到集合中索引为 0 的元素，也就是第一个元素，并输出。这里的索引下标是从 0 开始的，最大的索引是 size-1，若取值超出索引范围，则会报 IndexOutOfBoundsException 异常。

ArrayList 的底层是用数组来保存元素的，用自动扩容机制实现动态增加容量。因为它的底层是用数组实现的，所以插入和删除操作效率不佳，不建议用 ArrayList 做大量增删操作。但由于它有索引，所以查询效率很高，适合用来做大量查询操作。

7.3.2 LinkedList 类

为了克服 ArrayList 集合查询速度快、增删速度慢的问题，可以使用 LinkedList 实现类。

LinkedList 底层的数据结构是基于双向链表的，它的底层实际上是由若干个相连的 Node 节点组成的，每个 Node 节点都包含该节点的数据、前一个节点、后一个节点。LinkedList 集合添加元素如图 7.5 所示，LinkedList 集合删除元素如图 7.6 所示。

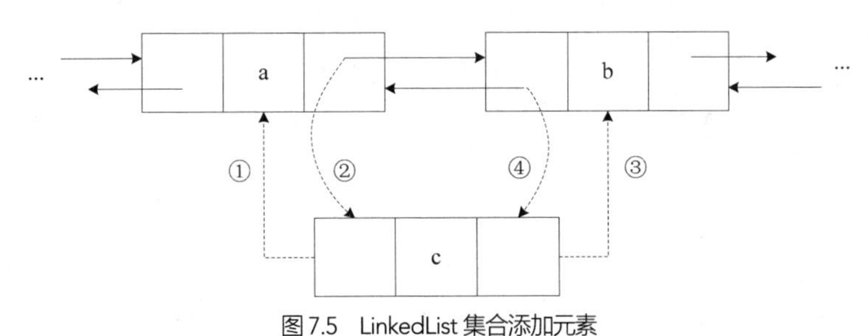

图7.5　LinkedList 集合添加元素

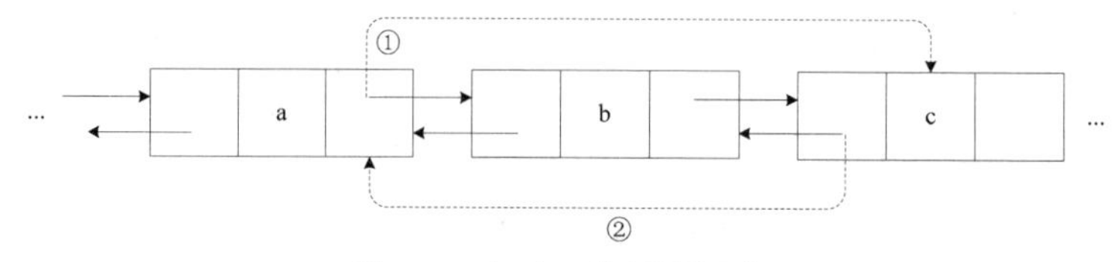

图7.6　LinkedList 集合删除元素

和 ArrayList 使用的数组结构不同，链表结构的优势在于大量数据的添加和删除，但并不擅长依赖索引的查询，因此，LinkedList 在执行像插入或者删除这样的操作时，效率是极高的，但在随机访问方面就弱了很多。

LinkedList 类包含从 Connection 接口和 List 接口继承的方法，由于它的底层是链表，所以它拥有头和尾，并且围绕头和尾设计了它独有的方法。LinkedList 类的常用方法如表 7.3 所示。

表 7.3　LinkedList 类的常用方法

方法声明	功能描述
void add(int index,Object o)	将 o 插入索引为 index 的位置
void addFirst(Object o)	将 o 插入集合的开头
void addLast(Object o)	将 o 插入集合的结尾
Object getFirst()	得到集合的第一个元素
Object getLast()	得到集合的最后一个元素
Object removeFirst()	删除并返回集合的第一个元素
Object removeLast()	删除并返回集合的最后一个元素

从表 7.3 可以看出，LinkedList 类的方法大多是围绕头和尾进行操作的，所以它对首尾元素的操作效率高。

只有把理论知识同具体实际相结合，才能正确回答实践提出的问题，扎实提升读者的理论水平与实战能力。接下来通过一个案例来演示 LinkedList 类的常用方法的具体用法，如例 7-3 所示。

【例 7-3】TestLinkedList.java

```
1   import java.util.LinkedList;
2   public class TestLinkedList{
3       public static void main(String[] args){
4           LinkedList<String> catList=new LinkedList<String>();
5           catList.add("喵喵");
6           catList.add("大壮");
7           catList.add("Tom");
8           catList.add("哈哈");
9           System.out.println(catList);
10          catList.addFirst("二胖");
11          System.out.println(catList);
12          catList.addLast("花花");
13          System.out.println(catList);
14          catList.removeFirst();
15          System.out.println(catList);
16          System.out.println("移除第一个元素"+catList.removeFirst());
17          System.out.println(catList);
18          System.out.println("第一个元素: "+catList.getFirst());
19          System.out.println("最后一个元素: " + catList.getLast());
20          System.out.println("移除最后一个元素: " + catList.removeLast());
```

```
21            System.out.println(catList);
22        }
23    }
```

程序运行结果如图 7.7 所示

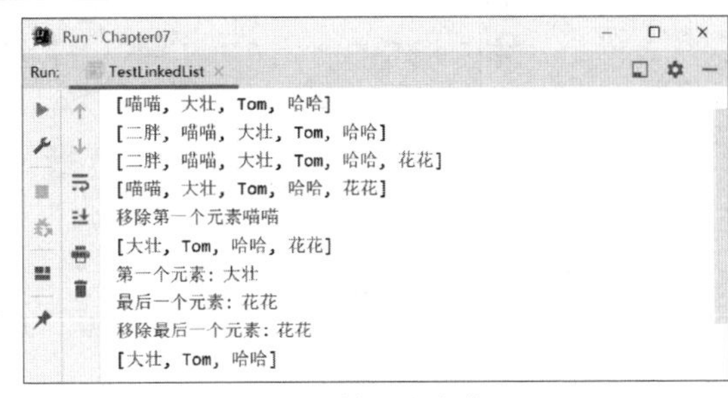

图 7.7　例 7-3 运行结果

在例 7-3 中，创建 catList 后，先插入了 4 个元素，并输出结果；然后向集合头部和尾部各插入一个元素，并分别输出，从输出结果可看出集合头部和尾部都多出一个元素；接着删除集合头部和尾部元素并进行相应输出。由此可见，LinkedList 对于增加和删除元素的操作，不仅高效，而且便捷。

【实战训练】 记录流浪猫信息

需求描述

编写程序，记录 3 只流浪猫的姓名、性别、花色和状况信息，并输出。3 只流浪猫的详细信息如下。

- 小喵，母，橘猫，收留。
- 小米，公，三花，收留。
- 小咪，母，奶牛，领养。

思路分析

（1）创建 3 个流浪猫对象。

（2）将 3 个流浪猫对象存储到 List 集合中。

（3）使用 for 循环将 List 集合中的信息输出。

代码实现

本实战训练的具体代码如训练 7-1 所示。

【训练 7-1】TestArrayList.java

```
1    class Cat{
2        private String name;
3        private char sex;
4        private String color;
5        private String status;
6        //省略全参构造方法、getter()方法、setter()方法和toString()方法
7    }
8    public class TestArrayList{
9        public static void main(String[] args){
10           String titles[]={"姓名","性别","花色","状况"};//定义标题数组
11           //输出标题
12           for(int i=0;i<titles.length;i++){
13               System.out.print(titles[i]+"\t\t");
14           }
15           System.out.println();    //换行
```

```
16          System.out.println("——————————————————————————————————");
17          List catList=new ArrayList();    //创建流浪猫集合
18          //创建流浪猫对象
19          Cat cat1=new Cat("小喵",'母',"橘猫","收留");
20          Cat cat2=new Cat("小米",'公',"三花","收留");
21          Cat cat3=new Cat("小咪",'母',"奶牛","领养");
22          //将流浪猫对象添加到集合中
23          catList.add(cat1);
24          catList.add(cat2);
25          catList.add(cat3);
26          //输出流浪猫信息
27          for(int i=0;i<catList.size();i++) { //遍历集合 list
28              Cat ele=(Cat) catList.get(i);
29              //获取集合 list 中的元素，并将其转换为 Cat 类型
30              System.out.print(ele.getName()+"\t\t");
31              System.out.print(ele.getSex()+"\t\t");
32              System.out.print(ele.getColor()+"\t\t");
33              System.out.print(ele.getStatus()+"\t\t");
34              System.out.println();
35          }
36      }
37  }
```

程序运行结果如图 7.8 所示。

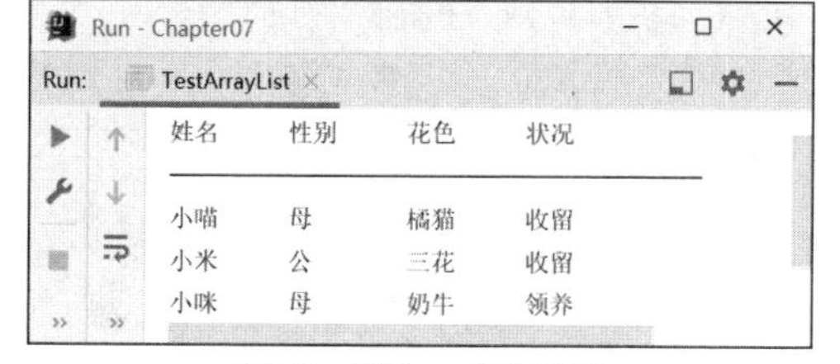

图 7.8　训练 7-1 运行结果

7.4 集合的迭代操作

集合的迭代操作指将集合中的元素逐个地遍历取出来。在开发过程中，经常需要遍历集合中的所有元素。除了使用 for 循环遍历集合外，Java 中用来迭代集合的常用方式还有两种，本节以 List 集合为例，对另外两种迭代方式进行讲解。

7.4.1 Iterator 接口

Java 提供了一个专门用于遍历集合的接口——Iterator，它是用来迭代访问 Collection 中元素的，因此也称为迭代器。通过 Collection 接口中的 iterator( )方法可以得到集合的迭代器对象，只要拿到这个对象，使用迭代器就可以遍历集合。

使用迭代器遍历训练 7-1 中 catList 集合中的元素，如例 7-4 所示。

【例 7-4】TestIterator.java

```
1  public class TestIterator{
2      public static void main(String[] args){
3          List catList=new ArrayList();    //创建流浪猫集合
4          Cat cat1=new Cat("小喵",'母',"橘猫","收留");
5          Cat cat2=new Cat("小米",'公',"三花","收留");
6          Cat cat3=new Cat("小咪",'母',"奶牛","领养");
7          catList.add(cat1);
```

```
8           catList.add(cat2);
9           catList.add(cat3);
10          Iterator iterator=catList.iterator();    //获取 Iterator 对象
11          while(iterator.hasNext()){    //判断集合中是否存在下一个元素
12              Cat ele=(Cat)iterator.next();    //输出集合中的元素
13              System.out.println(ele);
14          }
15      }
16  }
```

程序运行结果如图 7.9 所示。

例 7-4 演示了使用 Iterator 迭代器遍历集合的方法。通过调用 ArrayList 的 iterator( )方法获得迭代器的对象，然后使用 hasNext( )方法判断集合中是否存在下一个元素，若存在，则通过 next( )方法取出。这里要注意，通过 next( )方法获取元素时，必须调用 hasNext( )方法检测是否存在下一个元素，若元素不存在，会抛出 NoSuchElementException 异常。

Iterator 仅用于遍历集合，如果需要创建 Iterator 对象，则必须有一个被迭代的集合。接下来通过一个图例来演示 Iterator 迭代元素的过程，如图 7.10 所示。

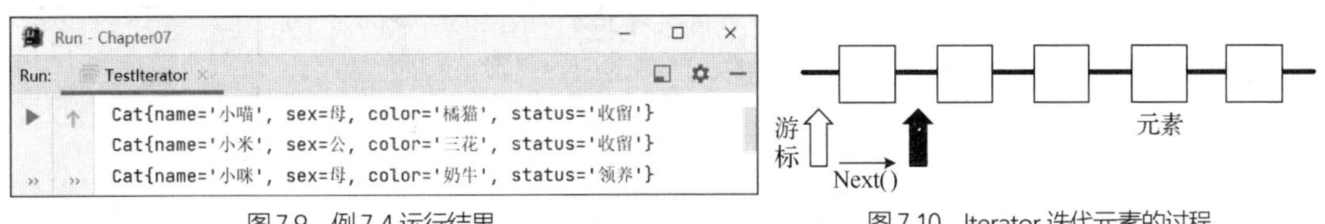

图 7.9　例 7-4 运行结果

图 7.10　Iterator 迭代元素的过程

图 7.10 中，在 Iterator 使用 next( )方法之前，迭代器游标在第一个元素之前，不指向任何元素，在第一次调用 next( )方法后，迭代器游标会后移一位，指向第一个元素并返回，依此类推，当 hasNext( )方法返回 false 时，则说明到达集合末尾，停止遍历。

7.4.2　foreach 遍历集合

在上一小节中，讲解了用 Iterator 迭代器来遍历集合，但这种方式写起来稍显复杂，Java 还提供了一种很简洁的遍历方法，即使用 foreach 循环遍历集合，在前面章节已经讲解过，它既能遍历普通数组，也能遍历集合，其语法格式如下。

```
for(容器中元素类型 临时变量:容器变量){
   代码块
}
```

从以上语法格式可以看出，与普通 for 循环不同的是，foreach 循环不需要获取容器长度，不需要用索引去访问容器中元素，但它能自动遍历容器中所有元素。下面通过一个案例来演示使用 foreach 循环遍历 ArrayList 集合，如例 7-5 所示。

【例 7-5】 TestForeach.java

```
1   public class TestForeach{
2       public static void main(String[] args){
3           Collection coll=new ArrayList(); //创建集合
4           coll.add("red");                 //向集合中添加元素
5           coll.add("yellow");
6           coll.add("blue");
```

```
7            for(Object o:coll){                    //用 foreach 遍历集合中元素
8                System.out.println(o);             //输出集合中取出来的每个元素
9            }
10       }
11   }
```

程序运行结果如图 7.11 所示。

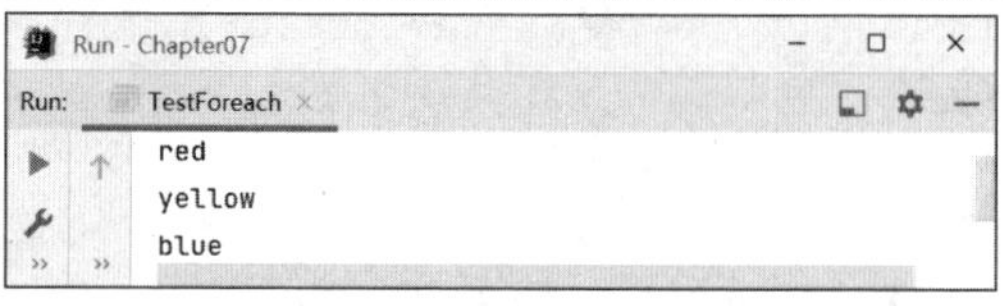

图 7.11　例 7-5 运行结果

从例 7-5 可以看出，foreach 循环遍历集合时语法非常简洁，没有循环条件，循环次数是根据容器中元素个数决定的，每次循环时 foreach 都通过临时变量将当前循环的元素记住，从而将集合中所有元素遍历并输出。

7.5 Set 接口

Set 接口是单列集合的一个重要分支，一般将实现了 Set 接口的对象称为 Set 集合。Set 集合中元素是无序、不可重复的，严格的说，是没有按照元素的插入顺序排列。Set 集合的存储模型如图 7.12 所示。

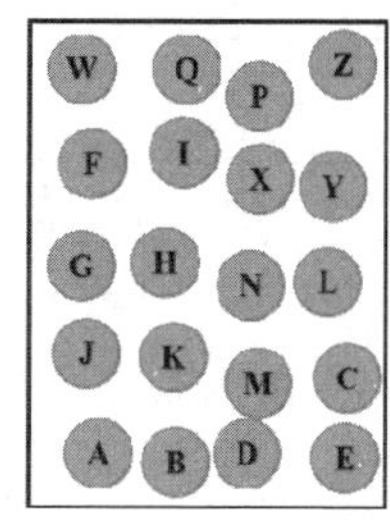

图 7.12　Set 集合的存储模型

Set 集合判断两个元素是否相等用 equals( )方法，而不是使用“==”运算符。如果两个对象比较，equals( )返回 true，则 Set 集合是不会接受这个两个对象的。Set 集合也可以存储 null，但只能存储一个，即使添加多个也只能存储一个。

Set 接口也继承了 Collection 接口，但它没有对 Collection 接口的方法进行扩充。Set 接口的主要实现类是 HashSet 和 TreeSet。其中，HashSet 根据对象的哈希值来确定元素在集合中的存储位置，能高效地查询，可以用来做少量数据的插入操作；TreeSet 底层是用二叉树来实现存储元素的，它可以对集合中的元素排序。接下来会围绕这两个实现类进行详细讲解。

7.5.1 HashSet 类

HashSet 类是 Set 接口的典型实现，是 Set 接口最常用的实现类。HashSet 按照 Hash 算法来确定对象在集合中的存储位置，因此，其具有很好的存取和查找性能。Set 集合与 List 集合存取元素的方式是一样的。

接下来通过一个案例演示 HashSet 的使用方法。通过键盘输入用户名与密码，使用 HashSet 集合存储，如果用户名已经存在于集合中，那么视为重复元素，不允许添加到 HashSet 集合中，如例 7-6 所示。

【例 7-6】TestHashSet.java

```
1   import java.util.HashSet;
2   import java.util.Scanner;
3   class User{
4       private String username;
5       private String password;
6       public User(String username,String password){
7           this.username=username;
8           this.password=password;
```

```
9           }
10          public int hashCode(){
11              return username.hashCode();
12          }
13          public boolean equals(Object obj){
14              User user=(User)obj;
15              return this.username.equals(user.username);
16          }
17          public String toString(){
18              return "User [username="+username+", password="+password+"]";
19          }
20      }
21      public class TestHashSet{
22          public static void main(String[] args){
23              HashSet hs=new HashSet();
24              while(true){
25                  Scanner scanner=new Scanner(System.in);
26                  System.out.print("请输入用户名:");
27                  String username=scanner.next();
28                  System.out.print("请输入密码:");
29                  String password=scanner.next();
30                  User user=new User(username, password);
31                  if(hs.add(user)){
32                      System.out.println("注册成功! ");
33                      System.out.println("已注册用户有"+hs);
34                  }
35                  else{
36                      System.out.println("用户名重复，请重新输入! ");
37                  }
38              }
39          }
40      }
```

程序运行结果如图 7.13 所示。

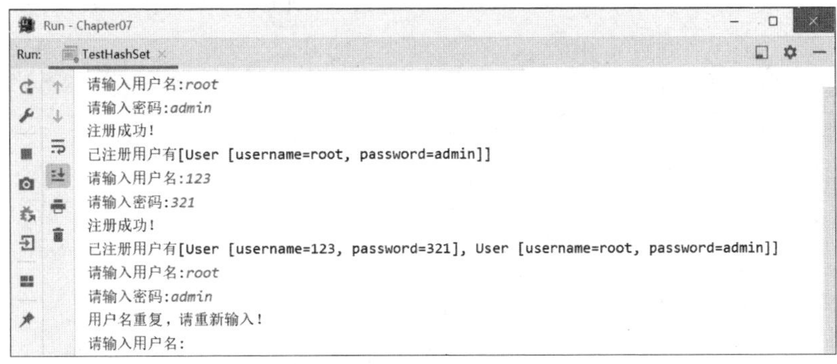

图7.13 例7-6运行结果

由图 7.13 可以看出，相同用户名和密码的用户不允许重复添加到 HashSet 集合中，这体现了 Set 集合不允许元素重复的特点。例 7-5 的第 10～16 行代码重写了 Object 类的 hashCode( )方法和 equals( )方法，如果要判定两个对象不是同一个对象，则 equals( )的结果必须为 false 且两个对象的 hashCode 值不相等。

知识拓展

对象的 hashCode 值决定了它在哈希表中的存储位置。向 HashSet 集合中添加对象时，会先判断要存储的对象和集合对象中的 hashCode 值是否相等，如果不相等，则直接将该对象存储到 hashCode 指定的位置；如果相等，则使用 equals( )方法将要存储的对象和集合中的元素进行比较，如果 equals( )的结果为 true，则为重复的元素，不进行存储，如果结果为 false，则可以存储在同 hashCode 值的元素同槽位的链表上。但是，在 hashCode 值相等、equals( )方法执行结果为 false 的情况下进行元素的存储，操作非常复杂，不会进行这种操作。因此，要保存到 HashSet 集合中的对象必须重写 equals( )方法和 hashCode( )方法，保证 equals( )方法执行结果相等的情况下，对象的 hashCode 值也是相等的。

7.5.2 TreeSet 类

TreeSet 类是 Set 接口的另一个实现类，TreeSet 集合和 HashSet 集合都可以保证容器内元素的唯一性，但它们底层实现方式不同，TreeSet 底层是用自平衡的排序二叉树实现的，所以它既能保证元素的唯一性，又可以对元素进行排序。TreeSet 类还提供一些特有的方法，如表 7.4 所示。

表 7.4 TreeSet 类的常用方法

方法声明	功能描述
Comparator comparator( )	如果 TreeSet 采用定制排序，则返回定制排序所使用的 Comparator；如果 TreeSet 采用自然排序，则返回 null
Object first( )	返回集合中第一个元素
Object last( )	返回集合中最后一个元素
Object lower(Object o)	返回集合中位于 o 之前的元素
Object higher(Object o)	返回集合中位于 o 之后的元素
SortedSet subset(Object o1,Object o2)	返回 Set 的子集合，范围为从 o1 到 o2
SortedSet headset(Object o)	返回 Set 的子集合，范围为小于元素 o
SortedSet tailSet(Object o)	返回 Set 的子集合，范围为大于或等于元素 o

表 7.4 列举了 TreeSet 类的常用方法，接下来通过一个案例来演示这些方法的具体使用方法，如例 7-7 所示。

【例 7-7】TestTreeSet.java

```
1   import java.util.*;
2   public class TestTreeSet{
3       public static void main(String[] args){
4           TreeSet tree=new TreeSet();          //创建 TreeSet 集合
5           tree.add(60);                        //添加元素
6           tree.add(360);
7           tree.add(120);
8           System.out.println(tree);            //输出集合
9           System.out.println(tree.first());    //输出集合中第一个元素
10          //输出集合中大于 100 且小于 500 的元素
11          System.out.println(tree.subSet(100, 500));
12      }
13  }
```

程序运行结果如图 7.14 所示。

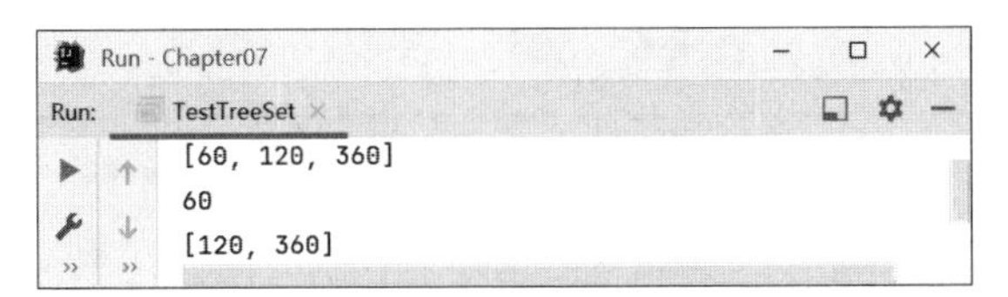

图7.14 例7-7运行结果

例7-7中添加元素时，不是按顺序的，这说明TreeSet中元素虽然是有序的，但这个顺序不是添加时的顺序，而是根据元素实际值的大小进行排序的。另外，输出结果还包含输出集合中第一个元素和输出集合中大于100且小于500的元素，也都是按排序好的元素来输出的。

TreeSet有两种排序方法：自然排序和定制排序。默认情况下，TreeSet采用自然排序。下面详细讲解这两种排序方式。

1. 自然排序

TreeSet类会调用集合元素的compareTo(Object obj)方法来比较元素的大小，然后将集合内元素按升序排序，这就是自然排序。

Java提供了Comparable接口，它里面定义了一个compareTo(Object obj)方法，实现Comparable接口必须实现该方法，在方法中实现对象大小比较。当该方法被调用时，如obj1.compareTo(obj2)，若该方法返回0，则说明obj1和obj2相等；若该方法返回一个正整数，则说明obj1大于obj2；若该方法返回一个负整数，则说明obj1小于obj2。

Java的一些常用类已经实现了Comparable接口，并提供了比较大小的方式，如包装类都实现了此接口。

如果把一个对象添加到TreeSet集合，则该对象必须实现Comparable接口，否则程序会抛出ClassCastException异常。下面通过一个案例来演示这种情况，如例7-8所示。

【例7-8】TestTreeSetError.java

```
1   import java.util.*;
2   class Student{
3   }
4   public class TestTreeSetError{
5       public static void main(String[] args){
6           TreeSet ts = new TreeSet();         //创建TreeSet集合
7           ts.add(new Student());              //向集合中添加元素
8       }
9   }
```

程序运行结果如图7.15所示。

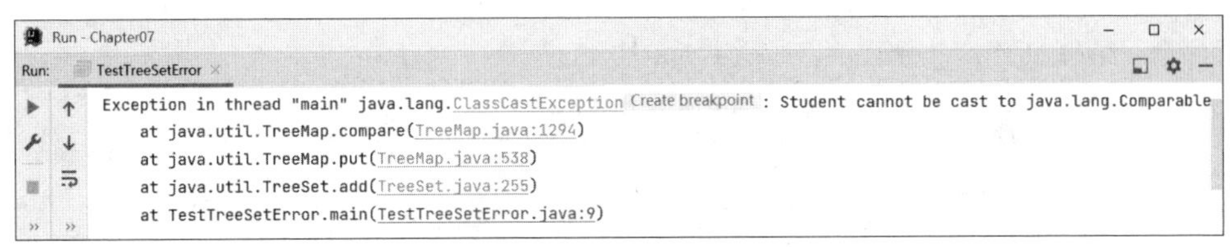

图7.15 例7-8运行结果

图7.15中所示运行结果报ClassCastException异常，这是因为例7-8中的Student类没有实现Comparable接口。

另外，向TreeSet集合中添加的应该是同一个类的对象，否则运行结果也会报ClassCastException异常，如例7-9所示。

【例 7-9】TestTreeSetError2.java

```
1   package chapter08;
2   import java.util.*;
3   public class TestTreeSetError2{
4       public static void main(String[] args){
5           TreeSet ts=new TreeSet();          //创建 TreeSet 集合
6           ts.add(100);                       //向集合中添加元素
7           ts.add(new Date());
8       }
9   }
```

程序运行结果如图 7.16 所示。

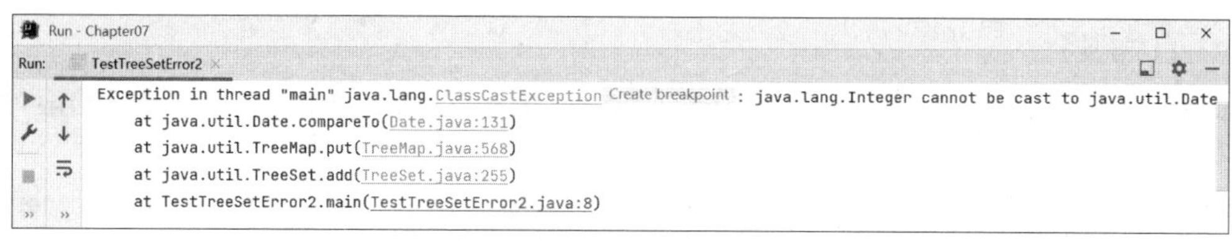

图 7.16　例 7-9 运行结果

图 7.16 所示运行结果报 ClassCastException 异常，Integer 类型不能转为 Date 类型，就是因为向 TreeSet 集合添加了不同类的对象。下面通过新建 Student 类来实现 Comparable 接口，并重写 compareTo( ) 方法，使程序正确运行，如例 7-10 所示。

【例 7-10】TestTreeSetSuccess.java

```
1   import java.util.*;
2   class Student implements Comparable{
3       public int compareTo(Object o){        //重写 compareTo()方法
4           return 1;                          //总是返回 1
5       }
6   }
7   public class TestTreeSetSuccess{
8       public static void main(String[] args){
9           TreeSet ts=new TreeSet();          //创建 TreeSet 集合
10          ts.add(new Student());             //向集合中添加元素
11          ts.add(new Student());
12          System.out.println(ts);            //输出集合
13      }
14  }
```

程序运行结果如图 7.17 所示。

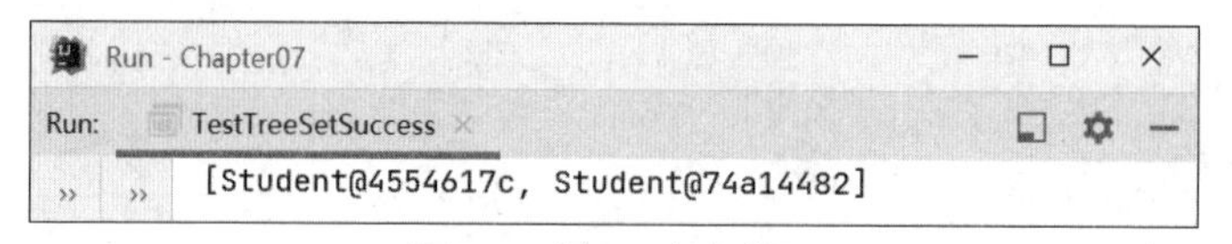

图 7.17　例 7-10 运行结果

图 7.17 中的运行结果正确，输出了集合中 2 个元素的地址值，添加元素操作成功。在例 7-10 中，Student 类实现了 Comparable 接口，并且例 7-10 重写了 compareTo(Object o)方法，设置总是返回 1，因此，添加元素操作成功。

2．定制排序

TreeSet 的自然排序是根据集合元素大小，按升序排序，如果需要按特殊规则排序或者元素自身不具备比较性，比如按降序排列，这时就需要用到定制排序。Comparator 接口包含一个 int compare(T t1,T t2)方法，该方法可以比较 t1 和 t2 大小，若返回正整数，则说明 t1 大于 t2；若返回 0，则说明 t1 等于 t2；若返回负整数，则说明 t1 小于 t2。

要实现 TreeSet 的定制排序，只需在创建 TreeSet 集合对象时，提供一个 Comparator 对象与该集合关联，并在 Comparator 中编写排序逻辑。接下来通过一个案例来演示 TreeSet 定制排序的实现方法，如例 7-11 所示。

【例 7-11】TestTreeSetSort.java

```
1   import java.util.*;
2   public class TestTreeSetSort{
3       public static void main(String[] args){
4           //创建 TreeSet 集合对象时，提供一个 Comparator 对象
5           TreeSet tree=new TreeSet(new MyComparator());
6           tree.add(new Student(140));
7           tree.add(new Student(15));
8           tree.add(new Student(11));
9           System.out.println(tree);
10      }
11  }
12  class Student{                              //定义 Student 类
13      private Integer age;
14      public Student(Integer age){
15          this.age=age;
16      }
17      public Integer getAge(){
18          return age;
19      }
20      public void setAge(Integer age){
21          this.age=age;
22      }
23      public String toString(){
24          return age+"";
25      }
26  }
27  class MyComparator implements Comparator{    //实现 Comparator 接口
28      //实现一个 campare 方法，判断对象是否是特定类的一个实例
29      public int compare(Object o1,Object o2){
30          if(o1 instanceof Student&o2 instanceof Student){
31            Student s1=(Student)o1;           //强制转换为 Student 类型
32            Student s2=(Student)o2;
33            if(s1.getAge()>s2.getAge()){
34              return -1;
35            }else if(s1.getAge()<s2.getAge()){
36              return 1;
37            }
38          }
39          return 0;
40      }
41  }
```

程序运行结果如图 7.18 所示。

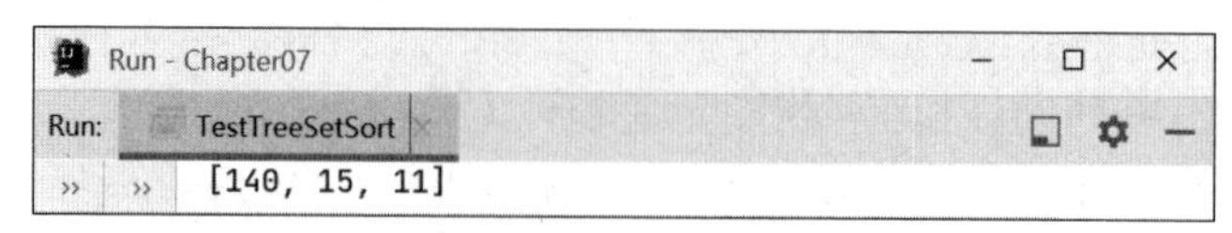

图 7.18 例 7-11 运行结果

在例 7-11 中，MyComparator 类实现了 Comparator 接口，在接口的 compare 方法中编写了降序逻辑，所以 TreeSet 集合中的元素以降序排列，这就是定制排序。

【实战训练】 实现流浪猫救助平台的购物功能

需求描述

有一位顾客想在流浪猫救助平台的线下商店购买 3 种猫粮，分别为 roy-幼猫粮-109.5、now-幼猫粮-89.5、go-成猫粮-180.5，他将这 3 种猫粮拿到收银台结账，并要求打印购物小票。

思路分析

（1）使用封装定义猫粮类。

（2）创建 3 个猫粮对象，存储到 HashSet 集合中。

（3）输出 3 条购物信息，并求出 3 种猫粮的总价。

代码实现

实现上述功能的代码如训练 7-2 所示。

【训练 7-2】TestHashSet.java

```
1   public class TestHashSet{
2       public static void main(String[] args){
3           HashSet<CatFood> shoppingCart=new HashSet<>();//创建购物车
4           //创建猫粮对象
5           CatFood food1=new CatFood("roy","幼猫粮",109.5);
6           CatFood food2=new CatFood("now","幼猫粮",89.5);
7           CatFood food3=new CatFood("go","成猫粮",180.5);
8           //将猫粮添加到购物车
9           shoppingCart.add(food1);
10          shoppingCart.add(food2);
11          shoppingCart.add(food3);
12          Iterator<CatFood> it=shoppingCart.iterator(); //创建迭代器
13          System.out.println("您的购物车里的商品信息: \n 品牌\t\t 类型\t\t\t 价格");
14          System.out.println("————————————————————————————————");
15          while(it.hasNext()) {    //判断购物车中是否有元素
16              System.out.println(it.next());    //输出购物车中的商品
17          }
18          System.out.println("————————————————————————————————");
19          double sumMoney=food1.getPrice()+food2.getPrice()+
               food3.getPrice(); //求猫粮总价
```

```
20          System.out.println("合计: \t\t\t"+sumMoney+"元\n\t\t\t
                ——→点我去结账"); //输出猫粮总价
21        }
22   }
```

程序运行结果如图 7.19 所示。

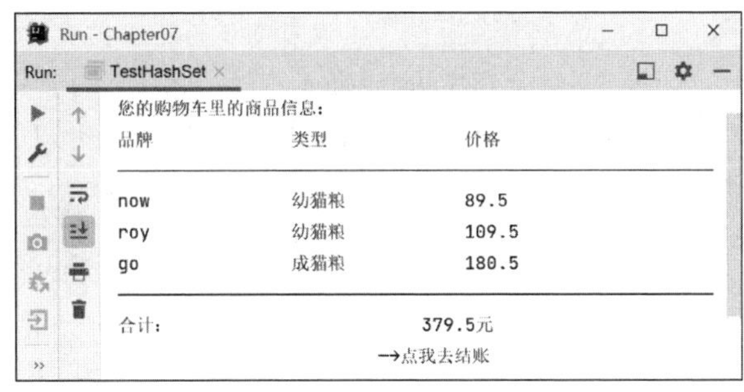

图 7.19　训练 7-2 运行结果

7.6 Map 接口

7.6.1 Map 接口简介

Map 接口不继承 Collection 接口，它与 Collection 接口是并列存在的，用于存储键值对（key-value）形式的元素，描述了由不重复的键到值的映射。

Map 中的 key 和 value 都可以是任何引用类型的数据。Map 中的 key 用 Set 来存放，不允许重复，即同一个 Map 对象所对应的类，必须重写 hashCode( )方法和 equals( )方法。通常用 String 类作为 Map 的 key，key 和 value 之间存在单向一对一关系，即通过指定的 key 总能找到唯一、确定的 value。Map 接口的方法如表 7.5 所示。

表 7.5　Map 接口的方法

方法声明	功能描述
Object put(Object key,Object value)	将指定的值与映射中的指定键关联（可选操作）
Object remove(Object key)	如果存在一个键的映射关系，则将其从映射中移除（可选操作）
void putAll(Map t)	从指定映射中将所有映射关系复制到当前映射中（可选操作）
void clear( )	从映射中移除所有映射关系（可选操作）
Object get(Object key)	返回指定键所映射的值；如果映射不包含该键的映射关系，则返回 null
boolean containsKey(Object key)	如果映射包含指定键的映射关系，则返回 true
boolean containsValue(Object value)	如果映射将一个或多个键映射到指定值，则返回 true
int size( )	返回映射中的键-值映射关系数
boolean isEmpty( )	如果映射未包含键-值映射关系，则返回 true
Set keySet( )	返回映射中包含的键的 Set 视图
Collection values( )	返回映射中包含的值的 Collection 视图
Set entrySet( )	返回映射中包含的映射关系的 Set 视图

表 7.5 列举了 Map 接口的方法，其中最常用的是 Object put(Object key,Object value)和 Object get (Object key)方法，用于向集合中存入和取出元素。

7.6.2 HashMap 类

HashMap 类是 Map 接口中使用频率最高的实现类，允许使用 null 键和 null 值，与 HashSet 集合一样，不保证映射的顺序。HashMap 集合判断两个 key 相等的标准：两个 key 通过 equals( )方法返回 true，hashCode 值也相等。HashMap 集合判断两个 value 相等的标准：两个 value 通过 equals( )方法返回 true。下面通过一个案例来演示 HashMap 集合是如何存取元素的，如例 7-12 所示。

【例 7-12】TestHashMap.java

```
1   import java.util.*;
2   public class TestHashMap{
3       public static void main(String[] args){
4           Map map=new HashMap();                      //创建 HashMap 集合
5           map.put("stu1","Lily");                     //存入元素
6           map.put("stu2","Jack");
7           map.put("stu3","Jone");
8           map.put(null,null);
9           System.out.println(map.size());             //输出集合长度
10          System.out.println(map);                    //输出集合所有元素
11          System.out.println(map.get("stu2"));        //取出并输出键为 stu2 的值
12      }
13  }
```

程序运行结果如图 7.20 所示。

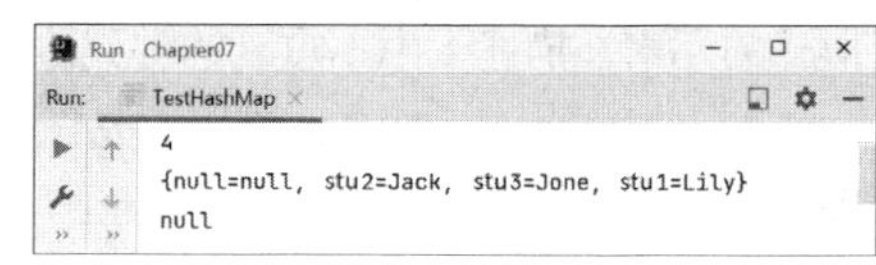

图 7.20　例 7-12 运行结果

例 7-12 输出了 HashMap 集合的长度和所有元素，取出并输出了集合中键为 stu2 的值，这是 HashMap 集合基本的存取操作。

由于 HashMap 集合中的键是用 Set 来储存的，所以不可重复。下面通过一个案例来演示当键重复时的情况，如例 7-13 所示。

【例 7-13】TestHashMap2.java

```
1   import java.util.*;
2   public class TestHashMap2{
3       public static void main(String[] args){
4           Map map=new HashMap();                      //创建 HashMap 集合
5           map.put("stu1","Lily");                     //存入元素
6           map.put("stu2","Jack");
7           map.put("stu3","Jone");
8           map.put("stu3","Lily");
9           System.out.println(map);                    //输出集合所有元素
10      }
11  }
```

程序运行结果如图 7.21 所示。

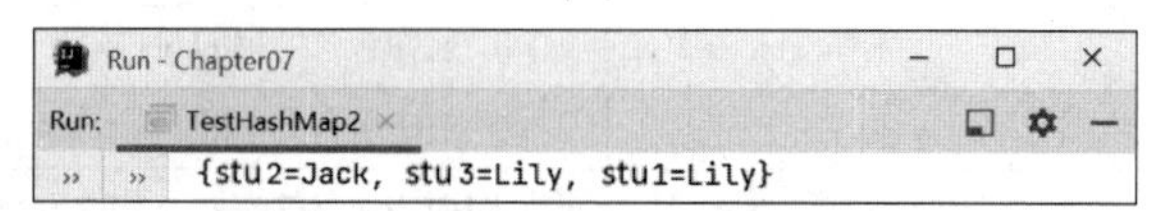

图 7.21　例 7-13 运行结果

先将键为“stu3”、值为“Jone”的元素添入集合，后将键为“stu3”值、为“Lily”的元素添入集合，当键重复时，后添加的元素的值，覆盖了先添加的元素的值，简单来说，就是键相同，值覆盖。

前面讲解了如何遍历 List，遍历 Map 与之前的方式有所不同，有两种方式可以实现，第一种是先遍历集合中所有的键，再根据键获得对应的值，下面通过一个案例来演示这种遍历方式，如例 7-14 所示。

【例 7-14】TestKeySet.java

```
1   import java.util.*;
2   public class TestKeySet{
3       public static void main(String[] args){
4           Map map=new HashMap();                  //创建 HashMap 集合
5           map.put("stu1","Lily");                 //存入元素
6           map.put("stu2","Jack");
7           map.put("stu3","Jone");
8           Set keySet=map.keySet();                //获取键的集合
9           Iterator iterator=keySet.iterator();    //获取迭代器对象
10          while(iterator.hasNext()){
11              Object key=iterator.next();
12              Object value=map.get(key);
13              System.out.println(key+":"+value);
14          }
15      }
16  }
```

程序运行结果如图 7.22 所示。

图 7.22　例 7-14 运行结果

例 7-14 通过 keySet( )方法获取键的集合，通过键获取迭代器，从而循环遍历集合的键，然后通过 Map 的 get(String key)方法，获取所有的值，最后输出所有键和值。

Map 的第二种遍历方式是先获得集合中所有的映射关系，然后从映射关系获取键和值。下面通过一个案例来演示这种遍历方式，如例 7-15 所示。

【例 7-15】TestEntrySet.java

```
1   import java.util.*;
2   public class TestEntrySet{
3       public static void main(String[] args){
4           Map map=new HashMap();                       //创建 HashMap 集合
5           map.put("stu1","Lily");                      //存入元素
6           map.put("stu2","Jack");
7           map.put("stu3","Jone");
8           Set entrySet=map.entrySet();
9           Iterator iterator=entrySet.iterator();       //获取迭代器对象
10          while(iterator.hasNext()){
11              //获取集合中键值对映射关系
12              Map.Entry entry=(Map.Entry) iterator.next();
```

```
13              Object key=entry.getKey();              //获取关系中的键
14              Object value=entry.getValue();          //获取关系中的值
15              System.out.println(key+":"+value);
16          }
17      }
18  }
```

程序运行结果如图 7.23 所示。

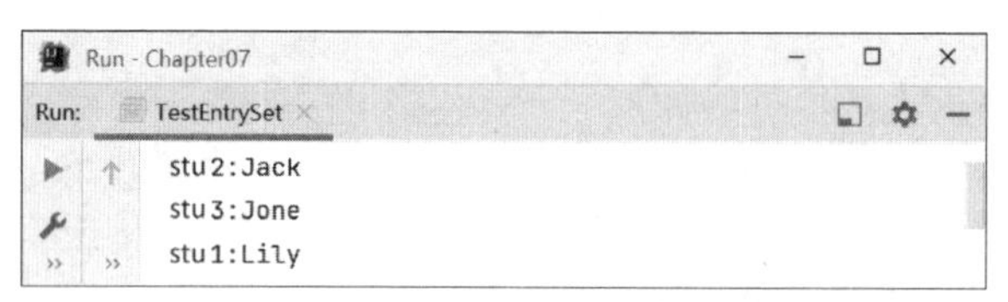

图 7.23　例 7-15 运行结果

例 7-15 在创建集合并添加元素后，先获取迭代器，在循环时，先获取集合中键值对映射关系，然后从映射关系中取出键和值，这就是 Map 的第二种遍历方式。

7.6.3　LinkedHashMap 类

LinkedHashMap 类是 HashMap 的子类，LinkedHashMap 类可以维护 Map 的迭代顺序，迭代顺序与键值对的插入顺序一致。如果需要输出顺序与输入时的顺序相同，那么就选用 LinkedHashMap 集合。下面通过一个案例来演示 LinkedHashMap 集合的用法，如例 7-16 所示。

【例 7-16】TestLinkedHashMap.java

```
1   import java.util.*;
2   public class TestLinkedHashMap{
3       public static void main(String[] args){
4           Map map=new LinkedHashMap();            //创建 LinkedHashMap 集合
5           map.put("2","yellow");                  //添加元素
6           map.put("1","red");
7           map.put("3","blue");
8           Iterator iterator=map.entrySet().iterator();
9           while(iterator.hasNext()){
10              //获取集合中键值对映射关系
11              Map.Entry entry=(Map.Entry)iterator.next();
12              Object key=entry.getKey();          //获取关系中的键
13              Object value=entry.getValue();      //获取关系中的值
14              System.out.println(key+":"+value);
15          }
16      }
17  }
```

程序运行结果如图 7.24 所示。

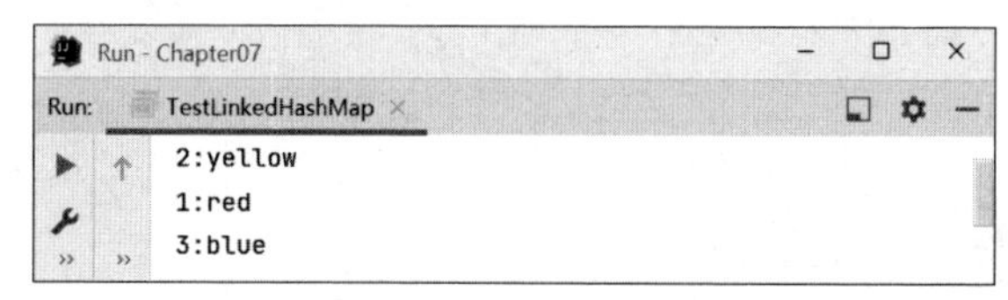

图 7.24　例 7-16 运行结果

例 7-16 创建了 LinkedHashMap 集合，然后向集合中添加元素并遍历输出。我们可以发现，输出的元素顺序和存入的元素顺序一样，这就是 LinkedHashMap 集合起到的作用，它用双向链表维护了插入和访问顺序，从而输出的元素顺序与存储顺序一致。

7.6.4 Properties 类

Map 接口中有一个古老的、线程安全的实现类——Hashtable，与 HashMap 集合相同的是，它也不能保证其中键值对的顺序，它判断两个键、两个值相等的标准与 HashMap 集合一样，与 HashMap 集合不同的是，它不允许使用 null 作为键和值。

Hashtable 类存取元素速度较慢，目前基本被 HashMap 类代替，但它有一个子类 Properties 在实际开发中很常用，该子类对象用于处理属性文件，由于属性文件里的键和值都是字符串类型的，所以 Properties 类中的键和值都是字符串类型的。Properties 类的常用方法如表 7.6 所示。

表 7.6　Properties 类的常用方法

方法声明	功能描述
String getProperty(String key)	获取 Properties 中键为 key 的属性值
String getProperty(String s1,String s2)	获取 Properties 中键为 s1 的属性值，若不存在键为 s1 的值，则获取键为 s2 的值
Object setProperty(String key,String value)	设置属性值，类似于 Map 的 put( )方法
void load(InputStream inStream)	从属性文件中加载所有键值对，将加载到的属性追加到 Properties 里，不保证加载顺序
void store(OutputStream out,String s)	将 Properties 中的键值对输出到指定文件

表 7.6 列出了 Properties 类的常用方法，其中最常用的是 String getProperty(String key)，它可以根据属性文件中属性的键，获取对应的属性值。接下来通过一个案例来演示 Properties 类的用法，如例 7-17 所示。

【例 7-17】TestProperties.java

```
1    import java.io.FileOutputStream;
2    import java.util.Properties;
3    public class TestProperties{
4        public static void main(String[] args) throws Exception{
5            Properties pro=new Properties(); //创建 Properties 类对象
6            //向 Properties 类对象中添加属性
7            pro.setProperty("username","1000phone");
8            pro.setProperty("password","123456");
9            //将 Properties 中的属性保存到 test.txt 中
10           pro.store(new FileOutputStream("test.ini"),"title");
11       }
12   }
```

上面的程序运行后，会在当前目录生成一个 test.ini 文件，文件内容如下。

```
#title
#Fri Oct 07 09:49:47 CST 2016
password=123456
username=1000phone
```

从 test.ini 文件中，可看到添加的属性以键值对的形式保存，实际开发中通常用这种方式处理属性文件。

【实战训练】 花样滑冰评分系统

需求描述

编写程序，模拟冬奥会女子花样滑冰比赛的评分机制，请 5 位评委（1～5 号评委）打分。在控制台输入 5 个 10 以内的整数，使用逗号分隔，输出每位评委的评分并计算平均分。

思路分析

（1）首先在控制台输入 5 个分数，存储到数组中。

（2）使用 Map 接口的实现类存储评委编号和评分。将评委编号作为 key，所评分数是该 key 对应的 value。

（3）使用迭代器从 Map 集合中取出 key 和对应的 value，进行组合输出。

（4）累加所有的 value，并求平均分。

代码实现

实现上述功能的代码如训练 7-3 所示。

【训练 7-3】Mark.java

```
1   import java.util.HashMap;
2   import java.util.Iterator;
3   import java.util.Scanner;
4   public class Mark{
5       public static void main(String[] args){
6       System.out.println("请 5 位评委评分\n(提示：输入 5 个 0~10 内的整数，使用逗号分隔。");
7           Scanner sc=new Scanner(System.in);    //控制台输入
8           String score=sc.next();
9           String[] scores=score.split(",");
10          //在控制台输入 5 个整数
11          int score1=Integer.valueOf(scores[0]);
12          int score2=Integer.valueOf(scores[1]);
13          int score3=Integer.valueOf(scores[2]);
14          int score4=Integer.valueOf(scores[3]);
15          int score5=Integer.valueOf(scores[4]);
16          HashMap<String,Integer> hm = new HashMap<>();//创建 HashMap 类对象
17          //使用 put()方法向集合 hm 中添加键值对
18          hm.put("评委 1",score1);
19          hm.put("评委 2",score2);
20          hm.put("评委 3",score3);
21          hm.put("评委 4",score4);
22          hm.put("评委 5",score5);
23          int total=0;     //初始化一个 int 类型的变量 total（总分数）
24          Iterator<String> it=hm.keySet().iterator();    //创建迭代器
25          while(it.hasNext()){    //判断集合 hm 中是否还有 key
26              String key=(String)it.next();    //接收 key
27              //输出集合 hm 中的键值对
28              System.out.println(key+": "+hm.get(key)+"分");
29              total+=(int)hm.get(key);    //替换 int 类型的变量 total
30          }
```

```
31            System.out.println();    //换行
32            System.out.println("运动员本轮比赛的成绩："+
                  (double)(total/5)+"分");    //输出 total
33            sc.close();    //关闭控制台输入
34        }
35    }
```

程序运行结果如图 7.25 所示。

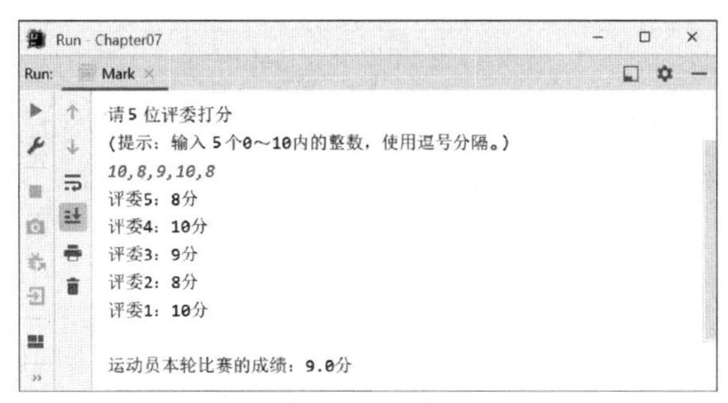

图 7.25 训练 7-3 运行结果

7.7 Java 5 的新特性——泛型

7.7.1 为什么要使用泛型

泛型是 Java 5 新加入的特性，解决了数据类型的安全性问题，其主要原理是在类声明时通过一个标识，表示类中某个属性的类型或者是某个方法的返回值及参数类型。这样在类声明或实例化时只要指定好需要的具体类型即可。

Java 泛型可以保证程序在编译时如果没有发出警告，运行时就不会报 ClassCastException 异常，同时，代码更加简洁、健壮。

在前面几节中，编译代码时，都会出现类型安全警告，如果指定了泛型，就不会出现这种警告。

7.7.2 泛型的定义

在定义泛型时，使用“<参数化类型>”的方式指定集合中方法操作的数据类型，具体示例如下。

```
ArrayList<参数化类型> list=new ArrayList<参数化类型>();
```

接下来通过一个案例来演示泛型在集合中的应用，如例 7-18 所示。

【例 7-18】TestGeneric.java

```
1    import java.util.ArrayList;
2    public class TestGeneric{
3        public static void main(String[] args){
4            //创建集合对象，并限定只能添加 String 类型的元素
5            ArrayList<String> list=new ArrayList<String>();
6            list.add("a");                    //添加元素
7            list.add("b");
```

```
8           list.add("c");
9           System.out.println(list);          //输出集合
10      }
11  }
```

程序运行结果如图 7.26 所示。

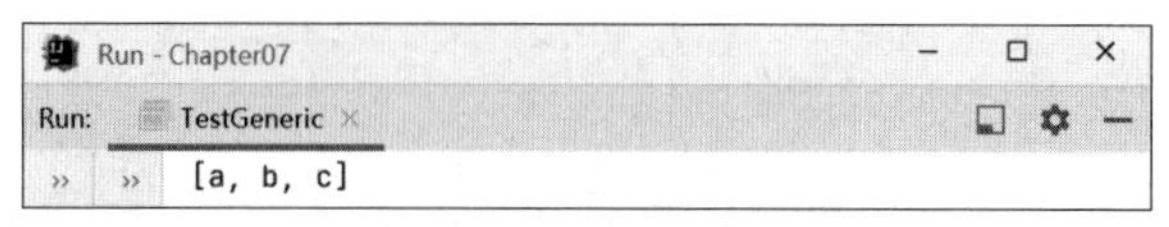

图 7.26　例 7-18 运行结果

例 7-18 在创建集合的时候，指定了泛型为 String 类型，该集合只能添加 String 类型的元素，编译文件时，不再出现类型安全警告，如果向集合中添加非 String 类型的元素，则会报编译时异常。

7.7.3　通配符

上一小节讲解了泛型的定义，这里要引入一个通配符的概念，类型通配符用符号“?”表示，比如 List<?>，它是 List<String>、List<Object>等各种泛型 List 的父类。

接下来通过一个案例来演示通配符的使用，如例 7-19 所示。

【例 7-19】TestGeneric2.java

```
1   import java.util.*;
2   public class TestGeneric2{
3       public static void main(String[] args){
4           List<?> list=null;            //声明泛型类型为“?”
5           list=new ArrayList<String>();
6           list=new ArrayList<Integer>();
7           //list.add(3);                //编译时报错
8           list.add(null);               //添加元素 null
9           System.out.println(list);
10          List<Integer> l1=new ArrayList<Integer>();
11          List<String> l2=new ArrayList<String>();
12          l1.add(1000);
13          l2.add("phone");
14          read(l1);
15          read(l2);
16      }
17      static void read(List<?> list){
18          for(Object o:list){
19              System.out.println(o);
20          }
21      }
22  }
```

程序运行结果如图 7.27 所示。

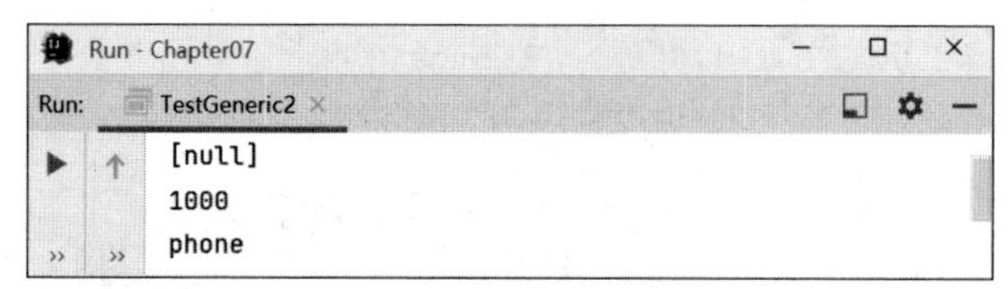

图 7.27　例 7-19 运行结果

在例 7-19 中，先声明 List 的泛型类型为“?”，然后在创建对象实例时，泛型类型设为 String 或 Integer 都不会报错，这体现了泛型的可扩展性，此时向集合中添加元素会报错，因为 list 的元素类型无法确定，唯一的例外是 null，它是所有类型的成员。

另外，在方法 read( )的参数声明中，List 参数也应用了泛型类型“?”，所以使用此静态方法能接收多种参数类型。

7.7.4 有界类型

上一小节讲解了利用通配符“?”来声明泛型类型，Java 还提供了有界类型，可用于声明超类的上界和声明子类的下界。下面通过一个案例来详细讲解有界类型，如例 7-20 所示。

【例 7-20】TestGeneric3.java

```
1   import java.util.*;
2   public class TestGeneric3{
3       public static void main(String[] args){
4           List<? extends Person> list=null;
5           //list=new ArrayList<String>();  报编译时异常
6           list=new ArrayList<Person>();
7           list=new ArrayList<Man>();
8           List<? super Man> list2=null;
9           //list=new ArrayList<String>();  报编译时异常
10          list2=new ArrayList<Person>();
11          list2=new ArrayList<Man>();
12      }
13  }
14  class Person{
15  }
16  class Man extends Person{
17  }
```

将 list 的泛型类型定义为“? extends Person”，表示只允许 list 的泛型类型为 Person 及 Person 的子类，若泛型为其他类型，则报编译时异常。将 list2 的泛型类型定义为“? super Man”，表示只允许 list2 的泛型类型为 Man 及 Man 的父类，若泛型为其他类型，则报编译时异常。这就是泛型有界类型的基本使用方法。

7.7.5 泛型的限制

前面几小节讲解了泛型的诸多用处，优点很多，但泛型也有一些限制，比如：加入集合中的对象类型必须与指定的泛型类型一致；静态方法中不能使用类的泛型；如果泛型类是一个接口或抽象类，则不可创建泛型类的对象；不能在 catch 中使用泛型；从泛型类派生子类，泛型类型需具体化等。

正确应用泛型，可以使程序变得更简洁、更健壮，在应用的同时，也要注意泛型的诸多限制，以免出现错误。

7.7.6 自定义泛型

前面讲解了泛型的一些应用，那么，如何在程序中自定义泛型呢？假设要实现一个简单的容器，用于保存某个值，这个容器应该定义两个方法——get( )方法和 set( )方法，前者用于取值，后者用于存值，语法格式如下。

```
void set(参数类型 参数){…}
返回值 参数类型 get(){…}
```

为了能储存任意类型的对象，set( )方法的参数需要定义为 Object 类型，get( )方法的返回值也需要定义为 Object 类型，但是当使用 get( )方法取值时，开发人员可能会忘记存储的值是什么类型，强转类型和存入的类型不一致，这样程序就会发生错误。接下来通过一个案例来演示这种情况，如例 7-21 所示。

【例 7-21】TestMyGeneric.java

```
1    public class TestMyGeneric{
2        public static void main(String[] args){
3            Pool pool=new Pool();
4            pool.set(new Boolean(true));
5            String i=pool.get();
6            System.out.println(i);
7        }
8    }
9    class Pool{
10       Object variable;
11       public void set(Object variable){
12           this.variable=variable;
13       }
14       public Object get(){
15           return variable;
16       }
17   }
```

在例 7-21 中，运行结果显示在编译时就报错了，这是因为代码中存入了一个 Boolean 类型的值，第 5 行取出这个值时，将其转换为 String 类型，出现类型不兼容错误。为了避免这个错误，可以使用泛型。如果定义类 Pool 时使用<T>声明参数类型（T 其实就是 Type 的缩写，这里也可以使用其他字符，为了方便理解就设定为 T），将 set( )方法的参数类型和 get( )方法的返回值类型都声明为 T，那么存入元素时，元素的类型就被限定了，容器中就只能存入这种 T 类型的元素，取出元素时也无须类型转换了。

接下来通过一个案例来演示如何自定义泛型，如例 7-22 所示。

【例 7-22】TestMyGeneric2.java

```
1    public class TestMyGeneric2{
2        public static void main(String[] args){
3            Pool<Integer> pool=new Pool<Integer>();
4            pool.set(new Integer(3));
5            Integer b=pool.get();
6            System.out.println(b);
7        }
8    }
9    class Pool<T>{                    //创建类时，指定泛型类型为 T
10       T variable;
11       //指定 set()方法的参数类型为 T 类型
12       public void set(T variable){
13           this.variable=variable;
14       }
15       //指定 get()方法的返回值类型为 T 类型
16       public T get(){
17           return variable;
18       }
19   }
```

程序运行结果如图7.28所示。

图7.28 例7-22运行结果

在例7-22中，创建Pool类时，指定泛型类型为T，其中set( )方法的参数类型和get( )方法的返回值类型都为T；在main( )方法中创建Pool类对象时，通过<Integer>将泛型T指定为Integer类型，调用set( )方法存入Integer类型的数据，调用get( )方法取出的值自然是Integer类型，这样就不需要进行类型转换了。

7.8 Collections工具类

Collections是一个操作Set、List和Map等集合的工具类，它提供了一系列静态的方法对集合元素进行排序、查询和修改等操作。接下来对这些常用方法进行详细介绍。

1．排序操作

Collections类中提供了一些对List集合进行排序的静态方法，如表7.7所示。

表7.7 Collections类的排序方法

方法声明	功能描述
static void reverse(List list)	将List集合元素顺序反转
static void shuffle(List list)	将List集合随机排序
static void sort(List list)	将List集合根据元素自然顺序排序
static void swap(List list,int i,int j)	将List集合中的i处元素与j处元素交换

表7.7列出了Collections类对List集合进行排序的方法，接下来通过一个案例来演示这些方法的具体使用方法，如例7-23所示。

【例7-23】TestCollections.java

```
1   import java.util.*;
2   public class TestCollections{
3       public static void main(String[] args){
4           List list=new ArrayList();          //创建集合对象
5           list.add(35);                       //添加元素
6           list.add(70);
7           list.add(26);
8           list.add(102);
9           list.add(9);
10          System.out.println(list);           //输出集合
11          Collections.reverse(list);          //反转集合
12          System.out.println(list);
13          Collections.shuffle(list);          //随机排序
14          System.out.println(list);
15          Collections.sort(list);             //按自然顺序排序
16          System.out.println(list);
17          //将索引为1的元素和索引为3的元素交换位置
18          Collections.swap(list,1,3);
19          System.out.println(list);
20      }
21  }
```

程序运行结果如图 7.29 所示。

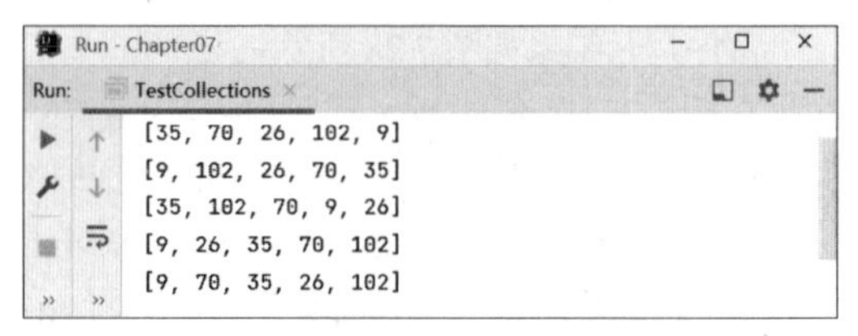

图 7.29　例 7-23 运行结果

在例 7-23 中，先向 List 集合添加了 5 个元素，分别为 35、70、26、102、9，第一次输出集合，第二次将集合反转后输出，第三次将集合随机排序输出，第四次将集合按自然顺序排序输出，最后将索引为 1 的元素和索引为 3 的元素交换位置并输出，可以看出这里的索引也是从 0 开始计算的。

2．查找、替换操作

Collections 类中还提供了一些对集合进行查找、替换的静态方法，如表 7.8 所示。

表 7.8　Collections 类的查找、替换方法

方法声明	功能描述
static int binarySearch(List list,Object o)	使用二分法搜索 o 元素在 List 集合中的索引，List 集合中的元素必须是有序的
static Object max(Collection coll)	根据元素自然顺序，返回 Collection 集合中最大的元素
static Object min(Collection coll)	根据元素自然顺序，返回 Collection 集合中最小的元素
static boolean replaceAll(List list,Object o1,Object o2)	用 o2 元素替换 List 集合中所有的 o1 元素
int frequency(Collection coll,Object o)	返回 Collection 集合中 o 元素出现的次数

表 7.8 列出了 Collections 类中对集合进行查找、替换的方法，接下来通过一个案例来演示这些方法的具体使用方法，如例 7-24 所示。

【例 7-24】TestCollections2.java

```
1   import java.util.*;
2   public class TestCollections2{
3       public static void main(String[] args){
4           List list=new ArrayList(5);            //创建集合对象
5           list.add(35);                          //添加元素
6           list.add(70);
7           list.add(26);
8           list.add(102);
9           list.add(9);
10          //输出元素 26 在 List 集合中的索引
11          System.out.println(Collections.binarySearch(list, 26));
12          System.out.println("集合中的最大元素："+Collections.max(list));
13          System.out.println("集合中的最小元素："+Collections.min(list));
14          //在集合 List 中，用元素 35 替换元素 26
15          Collections.replaceAll(list,26,35);
16          //输出集合中元素 35 出现的次数
17          System.out.println(Collections.frequency(list,35));
18      }
19  }
```

程序运行结果如图 7.30 所示。

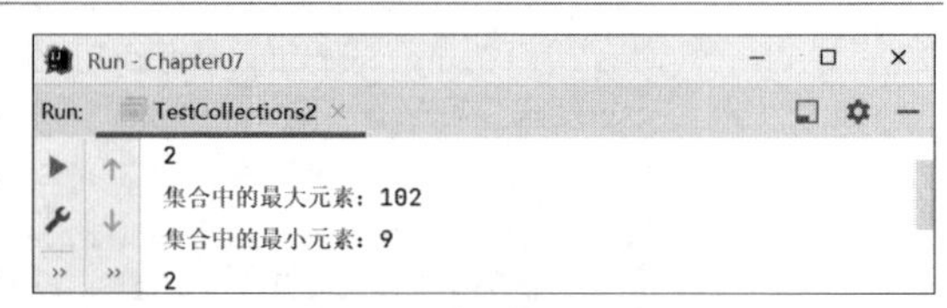

图 7.30　例 7-24 运行结果

运行结果先输出了元素 26 在集合中的索引，索引为 2，说明这里索引也是从 0 开始计算的，然后输出了集合中按自然顺序排序后的最大元素和最小元素，最后用元素 35 替换掉集合里所有的元素 26，输出元素 35 在集合中出现的次数（为 2 次）。例 7-24 演示了 Collections 类基本的查找、替换用法。

Collections 工具类还提供了对集合对象设置不可变、对集合对象实现同步控制等方法，有兴趣的读者可以通过自学 JDK 使用文档深入学习。

7.9 Java 8 的新特性——Stream API

Stream 是 Java 8 中处理集合的关键抽象概念，它可以指定对集合进行的操作，可以执行非常复杂的查找、过滤和映射数据等操作。使用 Stream API 对集合数据进行操作，就类似于使用 SQL 执行数据库查询操作。我们也可以使用 Stream API 来并行执行操作。简而言之，Stream API 提供了一种高效且易于使用的处理数据的方式。

1．Stream 的特点

Stream 被称作流，是用来处理集合及数组数据的。它有如下特点。

（1）Stream 自己不会存储元素。

（2）Stream 不会改变源对象，相反，它会返回一个持有结果的新 Stream。

（3）Stream 操作是延迟执行的，这意味着它会等到需要结果的时候才执行。

2．使用 Stream 的 3 个步骤

（1）创建 Stream：一个数据源（如集合、数组），获取一个流。

（2）中间操作：一个中间操作链，对数据源的数据进行处理。

（3）终止操作：一个终止操作，执行中间操作链，并产生结果。

下面通过一个案例来演示 Stream 的具体用法，如例 7-25 所示。

【例 7-25】StreamTest.java

```
1    import java.util.ArrayList;
2    import java.util.Arrays;
3    import java.util.List;
4    import java.util.stream.Stream;
5    public class StreamTest{
6        public static void main(String[] args){
7            //1. 通过集合提供的 stream 方法或 parallelStream()方法创建
8            List<String> list=new ArrayList<>();
9            Stream<String> stringStream=list.stream();
10           //2. 通过 Arrays 中的静态方法 stream 获取数组流
11           Employee[] employees=new Employee[10];
12           Stream<Employee> stream=Arrays.stream(employees);
13           //3. 通过 Stream 类的静态方法 of()创建流
14           Stream<String> stream1=Stream.of("aa","bb","cc");
15           //4. 创建无限流
16           //用迭代方式创建无限流
17           //从 0 开始，每次加 2，生成无限个
18           Stream<Integer> stream2=Stream.iterate(0,(x)->x+2);
19           //生成 10 个
20           stream2.limit(10).forEach(System.out::println);
21           //用生成方式创建无限流
22           Stream.generate(()->Math.random())
23                                .limit(5)
```

```
24                              .forEach(System.out::println);
25            }
26      }
```

3．生成流

在 Java 8 中，集合接口可采用两个方法来生成流。示例如下。

（1）stream( )：为集合创建串行流。

```
List<String> strings=Arrays.asList("abc","","bc","efg","abcd","","jkl");
List<String> filtered=strings.stream().filter(string
        ->!string.isEmpty()).collect(Collectors.toList());
```

（2）parallelStream( )：为集合创建并行流。（后文将给出具体示例。）

4．深入理解 Stream

Stream 使用一种类似用 SQL 语句从数据库查询数据的直观方式，来提供一种对 Java 集合运算和表达的高阶抽象。Stream API 可以极大提高 Java 程序员的生产力，让程序员写出高效率、干净、简洁的代码。Stream API 将要处理的元素集合看作一种流，流在管道中传输，并且可以在管道的节点上进行处理，比如筛选、排序、聚合等。示例如下。

```
List<Integer> transactionsIds=widgets.stream()
              .filter(b->b.getColor()==RED)
              .sorted((x,y)->x.getWeight()-y.getWeight())
              .mapToInt(Widget::getWeight)
              .sum();
```

Stream（流）是一个来自数据源的元素队列并支持聚合操作，元素是特定类型的对象，形成一个队列。Java 中的 Stream 并不会存储元素，而是按需计算。

数据源流的来源可以是集合、数组、I/O channel、产生器 generator 等。

聚合操作是类似 SQL 语句一样的操作，比如 filter( )、map( )、reduce( )、find( )、match( )、sorted( )等。和以前的 Collection 操作不同，Stream 操作还有以下两个基础的特征。

（1）Pipelining：中间操作都会返回流对象本身。这样多个操作可以串联成一个管道，如同流式风格（Fluent Style）。这样做可以对操作进行优化，比如延迟执行（Laziness）和短路（Short-Circuiting）。

（2）内部迭代：以前对集合遍历都是通过 Iterator 或者 foreach 的方式，显式地在集合外部进行迭代，这叫作外部迭代。Stream 提供了内部迭代的方式，通过访问者模式（Visitor）实现。

Stream 提供了 forEach( )方法来迭代流中的每个数据。以下代码片段使用 forEach( )方法输出 10 个随机数。

```
Random random=new Random();
random.ints().limit(10).forEach(System.out::println);
```

map( )方法用于映射每个元素到对应的结果，以下代码片段使用 map( )方法输出了元素对应的平方数。

```
List<Integer> numbers=Arrays.asList(3,2,2,3,7,3,5);
//获取对应的平方数
List<Integer> squaresList=numbers.stream().map(i->
     i*i).distinct().collect(Collectors.toList());
```

filter( )方法用于通过设置的条件过滤出元素。以下代码片段使用 filter( )方法过滤出空字符串。

```
List<String> strings=Arrays.asList("中国","","北京","","海淀");
//获取空字符串的数量
int count=strings.stream().filter(string->string.isEmpty()).count();
```

limit( )方法用于获取指定数量的流。以下代码片段使用 limit( )方法输出 10 条数据。

```
Random random=new Random();
random.ints().limit(10).forEach(System.out::println);
```

sorted( )方法用于对流进行排序。以下代码片段使用 sorted( )方法对输出的 10 个随机数进行排序。

```
Random random=new Random();
random.ints().limit(10).sorted().forEach(System.out::println);
```

parallelStream( )是流并行处理程序的代替方法。以下代码片段使用 parallelStream( )方法来输出空字符串的数量。

```
List<String> strings=Arrays.asList("中国","","北京","","海淀");
//获取空字符串的数量
int count=strings.parallelStream().filter(string->
      string.isEmpty()).count();
```

Collectors 类实现了很多归约操作，例如将流转换成集合和聚合元素。Collectors 可用于返回列表或字符串，示例代码如下。

```
List<String> strings=Arrays.asList("中国","","北京","","海淀","");
List<String> filtered=strings.stream().filter(string
       ->!string.isEmpty()).collect(Collectors.toList());
System.out.println("筛选列表: "+filtered);
String mergedString=strings.stream().filter(string
      ->!string.isEmpty()).collect(Collectors.joining(","));
System.out.println("合并字符串: "+mergedString);
```

JDK 1.8 引入了统计信息收集器来统计流处理时的所有统计信息。首先我们先来了解一下 IntSummaryStatistics 类，这个类主要是和 Stream 类配合使用的，在 java.util 包中，主要用于统计整形数组中元素的最大值、最小值、平均值、个数、元素总和等。IntSummaryStatistics 类的源码如下。

```
public class IntSummaryStatistics implements IntConsumer{
    private long count;
    private long sum;
    private int min=Integer.MAX_VALUE;
    private int max=Integer.MIN_VALUE;
    public IntSummaryStatistics(){ }
    @Override
    public void accept(int value){
        ++count;
        sum+=value;
        min=Math.min(min,value);
        max=Math.max(max,value);
    }
    public void combine(IntSummaryStatistics other){
        count+=other.count;
        sum+=other.sum;
        min=Math.min(min,other.min);
```

```
        max=Math.max(max,other.max);
    }
    public final long getCount(){
        return count;
    }
    public final long getSum(){
        return sum;
    }
    public final int getMin(){
        return min;
    }
    public final int getMax(){
        return max;
    }
    public final double getAverage(){
        return getCount()>0?(double)getSum()/getCount():0.0d;
    }
    @Override
    public String toString(){
        return String.format(
            "%s{count=%d,sum=%d,min=%d,average=%f,max=%d}",
            this.getClass().getSimpleName(),
            getCount(),
            getSum(),
            getMin(),
            getAverage(),
            getMax());
    }
}
```

通过源码可以看出，IntSummaryStatistics 类实现了 IntConsumer 接口，该类定义了获取元素个数、总和、最大值、最小值和平均数的方法，大家在编码时直接拿来使用即可。

另外，一些产生统计结果的收集器也非常有用，它们主要用于 int、double、long 等基本数据类型，它们可以用来产生类似如下代码的统计结果。

```
List<Integer> numbers=Arrays.asList(3,2,2,3,7,3,5);
IntSummaryStatistics stats=numbers.stream().mapToInt((x)->
    x).summaryStatistics();
System.out.println("列表中最大的数: "+stats.getMax());
System.out.println("列表中最小的数: "+stats.getMin());
System.out.println("所有数之和: "+stats.getSum());
System.out.println("平均数: "+stats.getAverage());
```

7.10 本章小结

通过本章的学习，读者能够掌握 Java 集合框架的相关知识，了解 JDK 8 的 foreach 遍历，掌握 Stream API 的使用方法。读者要重点了解的是，Java 泛型可以保证程序在编译时如果没有发出警告，运行时就不会报 ClassCastException 异常，并且 Java 泛型可使代码更加简洁、健壮。

7.11 习题

1．填空题

（1）________接口是 List、Set 和 Queue 等接口的父接口，该接口里定义的方法既可用于操作 List 集合，也可用于操作 Set 和 Queue 集合。

（2）________集合中元素是有序且可重复的，相当于数学里面的数列，有序、可重复。

（3）________集合中元素是无序、不可重复的，它继承了 Collection 接口，但它没有对 Collection 接口的方法进行扩充。

（4）________接口未继承 Collection 接口，它与 Collection 接口是并列存在的，用于存储键值对（key-value）形式的元素，描述了由不重复的键到值的映射。

（5）Java 8 提供了________方法进行遍历，其遍历时输出剩余元素，且只能用一次。

2．选择题

（1）在 Java 中，（　　）类对象可以使用值对的形式保存数据。

A. ArrayList　　B. HashSet　　C. LinkedList　　D. HashMap

（2）下列属于线程安全的类是（　　）。

A. ArrayList　　B. Vector　　C. HashMap　　D. HashSet

（3）“ArrayList list=new ArrayList(20);”，这条语句中的 list 扩容了几次？（　　）

A. 0 次　　B. 1 次　　C. 2 次　　D. 3 次

（4）下面哪个 Map 是排序的？（　　）

A. TreeMap　　B. HashMap　　C. WeakHashMap　　D. LinkedHashMap

（5）下列关于 Stream 的描述中，不正确的是（　　）。

A. Stream 被称作流，是用来处理集合及数组数据的

B. Stream 自己不会存储元素

C. Stream 可以改变源对象

D. Stream 操作是延迟执行的，这意味着它会等到需要结果的时候才执行

3．简答题

（1）简述 Set 和 List 有哪些区别。

（2）简述 Collection 与 Collections 的区别。

（3）简述 Iterator 和 ListIterator 的区别。

（4）简述 Enumeration 接口和 Iterator 接口的区别。

（5）简述使用泛型的好处。

4．编程题

（1）将 26 个英文字母正序和逆序输出（先输出“A→Z”，再输出“Z→A”）。

（2）使用 Map 接口的实现类，输出西北省份（陕西省、甘肃省、青海省、宁夏回族自治区、新疆维吾尔自治区）及其主要城市。

第8章 I/O流

本章学习目标

- 熟练掌握使用字节流和字符流读写文件。
- 了解其他 I/O 流。
- 熟练掌握 File 类及其用法。

计算机中所有程序的运行都在内存中进行，即变量、数组和集合中的数据都是保存在内存中的，而内存仅能暂时存放 CPU 中的运算数据，所以这些数据在程序运行结束后就会丢失。将内存中的数据保存至硬盘中才能长时间存储，可以将这种数据的传输看作一种数据的流动。Java I/O 系统负责处理程序的输入和输出，I/O 类库位于 java.io 包中，它对各种常见的输入流和输出流进行了抽象。本章将对 I/O 流进行详细讲解。

8.1 File 类

Java 的 I/O 操作相关类和接口都在 java.io 包中，包中提供了大量的 I/O 操作的 API，进行 I/O 操作的基础是 File 类，File 类的对象既可以表示一个特定的文件，又可以表示一个文件目录。如果希望在程序中操作文件和目录，都需要通过 File 类来实现。

8.1.1 文件分隔符和 File 类对象的创建

1. 文件分隔符

使用 File 类进行操作，首先要设置操作的文件的路径，Windows 系统的路径如“E:\IdeaProjects\Chapter07”，分隔符为“\”。但是，在 Java 中一个“\”表示转义，在 Windows 系统的 Java 代码中，“\”是可以表示一个路径的，因此，要在 Windows 系统使用“\”作为路径分隔符，就得使用两个“\”，如“E:\\IdeaProjects\\Chapter07”。UNIX 系统的路径分隔符和 Windows 系统不同，它使用“/”来分割目录路径。

Windows 系统也支持将“/”作为路径分隔符，所以，在 Windows 系统中，路径可以有以下两种表示方式。

（1）使用“\\”：E:\\IdeaProjects\\Chapter07。

（2）使用“/”：E:/IdeaProjects/Chapter07。

项目开发环境（操作系统）和运行环境不一定都是相同的，而不同的环境会使用不同的路径表示方式。如果在 Windows 环境下开发项目，文件路径使用的是 Windows 下的路径，那么，项目就无法在 UNIX 环境中运行，跨平台会抛出“No such file or diretory”的异常。Java 的一大优势是平台无关性，可以“一次开发，处处运行”。项目中存在上述问题，并不符合这一理念。同时，项目可移植性会很差，不利于后期维护。

除了路径分隔符，I/O 操作中可能还会用到的分隔符是属性分隔符，指用来分隔连续多个路径字符串的符号。例如，在配置环境变量时，path 变量的变量值有多个路径，在 Windows 7 系统中，不同路径之间使用“;”来进行分隔，在 UNIX 系统中，不同路径之间使用“:”来进行分隔。

由于无法确定会在哪种系统上运行程序，Java 在 java.io.File 类中提供了两类常量，分别用来表示路径分隔符和属性分隔符，如表 8.1 所示。

表 8.1　路径分隔符和属性分隔符

字段声明	字段描述
static String pathSeparator	系统默认的路径分隔符，表示为字符串形式
static char pathSeparatorChar	系统默认的路径分隔符
static String separator	系统默认的属性分隔符，表示为字符串形式
static char separatorChar	系统默认的属性分隔符

表 8.1 中提供了 4 种方式，用于获取系统的路径分隔符和属性分隔符，一般多使用返回值类型为 String 的方式。

2．File 类对象的创建

File 类提供了 3 个构造方法，可以用来生成 File 类对象并且设置操作文件的路径，如下所示。

```
//创建指定文件名的 File 类对象，该文件与当前应用程序在同一目录中
public File(String filename)
//创建指定路径与指定文件名的 File 类对象
public File(String directoryPath,String filename)
//创建指定文件目录路径和文件名的 File 类对象
public File(File dirObj,String filename)
```

如上所示的构造方法中，“directoryPath”表示文件的路径名，“filename”是文件名，“dirObj”是一个指定目录的 File 类对象。通过这 3 个构造方法可以创建 File 类对象，示例代码如下。

```
File f1=new File("/");
File f2=new File("/","test.txt");
File f3=new File(f1,"text.txt");
```

上面的代码创建了 3 个 File 类对象——f1、f2 和 f3，在指定路径时，使用了“/”，也可写两个反斜杠“\\”。

8.1.2 File 类的常用方法

File 类的常用方法如表 8.2 所示。

表 8.2　File 类的常用方法

分类	方法声明	功能描述
检测 File 状态的方法	boolean exists( )	测试当前 File 类对象是否存在
	boolean canRead( )	测试应用程序是否能从指定的文件中进行读取
	boolean canWrite( )	测试应用程序是否能写当前文件
	long length( )	返回当前 File 类对象表示的文件长度
	long lastModified( )	返回当前 File 类对象表示的文件最后修改的时间

续表

分类	方法声明	功能描述
操作文件的方法	boolean isFile( )	测试当前 File 类对象表示的文件是否是一个“普通”文件
	boolean createNewFile( )	在指定路径创建一个新文件
	boolean delete( )	删除当前对象指定的文件
	boolean renameTo(File dest)	重命名文件
操作目录的方法	boolean isDirectory( )	测试当前 File 类对象表示的文件是否是一个路径
	boolean mkdir( )	创建一个目录，它的路径名由当前 File 类对象指定
	String[ ] list( )	返回当前 File 类对象指定的路径文件列表
	File[]listFiles(FileFilter filter)	返回数组的抽象路径名表示的文件和目录由此抽象路径名表示目录中满足指定的筛选器
操作 File 路径和名称的方法	String getAbsolutePath( )	返回由当前对象表示的文件的绝对路径名
	String getPath( )	返回表示当前对象的路径名
	String getName( )	返回表示当前对象的文件名
	String getParent( )	返回当前对象的上级目录路径，如果没有上级目录，则返回 null
	String getCanonicalPath( )	返回当前 File 类对象的路径名的规范格式

表 8.2 列举了 File 类的常用方法，File 类的方法还有很多，读者可以查阅 Java API 文档进行学习。在计算机的 E 盘下创建文件“file.txt”，并在文件中输入内容“java file”，编写代码演示 File 类的一些常用方法，如例 8-1 所示。

【例 8-1】TestFile.java

```
1    public class TestFile{
2        public static void main(String[] args) throws IOException{
3            //创建 File 类对象
4            File file=new File("E:/file.txt");
5            //检测 File 状态的方法
6            System.out.println(file.exists()?"文件存在":"文件不存在");
7            System.out.println(file.canRead()?"文件可读":"文件不可读");
8            System.out.println(file.canWrite()?"文件可写":"文件不可写");
9            System.out.println("文件长度："+file.length()+"Bytes");
10           System.out.println("文件最后修改时间："
11               + new SimpleDateFormat("yyyy-MM-dd").format(new Date(file
12               .lastModified())));
13           //操作 file 的路径和名称
14           System.out.println("文件名："+file.getName());
15           System.out.println("文件路径："+file.getPath());
16           System.out.println("绝对路径："+file.getAbsolutePath());
17           System.out.println("父文件夹名："+file.getParent());
18           System.out.println("规范名称："+file.getCanonicalPath());
19           //操作目录的方法
20           System.out.println(file.isDirectory()?"是":"不是"+"目录");
21           System.out.println(file.mkdir());
22           System.out.println(file.list());
23           //操作文件的方法
24           System.out.println(file.isFile()?"是文件":"不是文件");
25           System.out.println(file.createNewFile());
```

```
26            File newFile=new File("E:/java.txt");
27            System.out.println(newfile.createNewFile());
28            System.out.println(newfile.delete());
29        }
30    }
```

程序运行结果如图 8.1 所示。

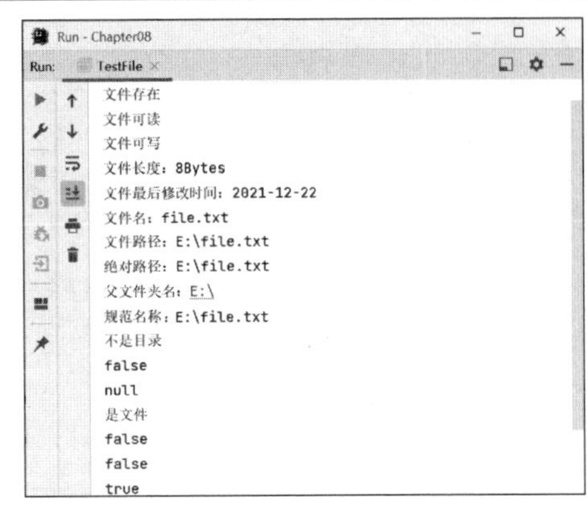

图 8.1　例 8-1 运行结果

8.1.3　遍历目录下的文件

在文件操作中，遍历某个目录下的文件是很常用的操作，File 类中提供的 listFiles ( )方法就是用来遍历目录下所有文件的。传统的做法可以通过 for 循环找到各级目录，并进行遍历。这里也可以使用方法的递归操作。

接下来通过一个案例来演示使用 listFiles ( )方法遍历目录。使用 listFiles( )方法和递归操作列出“E:\IdeaProjects”路径下的所有文件，如例 8-2 所示。

【例 8-2】TestFileList.java

```
1    public class TestFileList{
2        public static void main(String[] args){
3            File con=new File("E:\\IdeaProjects");
4            fileList(con);
5        }
6        private static void fileList(File contents){
7            //第一级子目录
8            File[] files=contents.listFiles();
9            for(File file:files){
10               //输出文件和目录
11               System.out.println(file);
12               //如果子文件夹是目录，则继续递归
13               if(file.isDirectory()){
14                   fileList(file);
15               }
16           }
17       }
18   }
```

程序运行结果如图 8.2 所示。

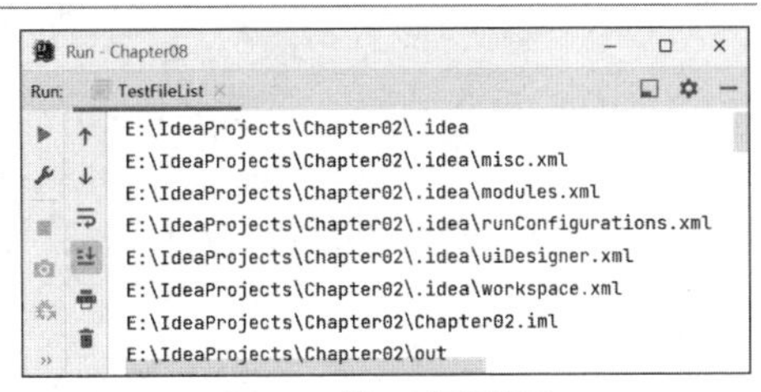

图 8.2　例 8-2 运行结果

在例 8-2 中，先创建 File 类对象存储目标目录，调用 fileList( )方法遍历目录下所有文件后，循环输出遍历结果，并判断遍历到的是否是目录，如果是目录，则再次调用 fileList( )方法本身，直到遍历结果中不再存在目录。

8.1.4　文件过滤器

调用 File 类的 listFiles ( )方法可遍历目录下的所有文件，但有时候可能只需要遍历某些文件，比如遍历目录下扩展名为“.java”的文件，这时就需要用到 File 类的文件过滤器——list(FilenameFilter filter)方法。接下来通过一个案例来演示遍历文件使用 list(FilenameFilter filter)方法。遍历“E:/IdeaProjects/

Chapter08”目录下所有扩展名为“.java”的文件，如例 8-3 所示。

【例 8-3】TestFilter.java

```
1   public class TestFilter{
2       public static void main(String[] args) throws IOException{
3           //匿名类
4           FilenameFilter filter=new FilenameFilter(){
5               public boolean accept(File dir,String name){
6                   File currFile=new File(dir,name);
7                   if(currFile.isFile()&&name.indexOf(".java")!=-1) {
8                     return true;
9                   }else{
10                    return false;
11                  }
12              }
13          };
14          //返回目录下扩展名为“.java”的文件名
15          String[] list=new File("E:/IdeaProjects/Chapter08").list(filter);
16          for(int i=0;i<list.length;i++){
17             System.out.println(list[i]);
18          }
19      }
20  }
```

程序运行结果如图 8.3 所示。

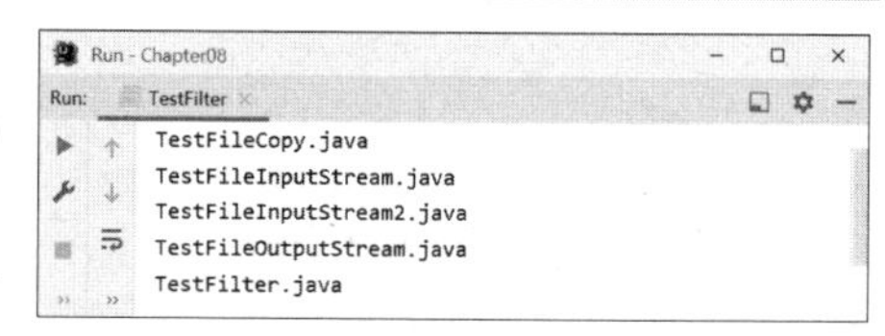

图 8.3　例 8-3 运行结果

在例 8-3 中，先创建了一个匿名内部类，实现 accept( ) 方法，在 list(FilenameFilter filter)方法中已经实现了基本的遍历功能，在运行时采用 FilenameFilter 类对象提供的策略来执行程序，这种方式也叫作策略设计模式，可以在 FilenameFilter 实现类中指定具体的执行策略。

File 类只能设置和获取文件本身的信息，不能访问文件内容本身，如果需要访问文件内容本身，则需要使用输入/输出流。

8.2　I/O 概述

流是字节序列的抽象概念，能被连续读取数据的数据源和能被连续写入数据的接收端就是流。流机制是 Java 及 C++中的一个重要机制，通过流可以自由地控制文件、内存和 I/O 设备数据的流向。I/O 指输入（Input）和输出（Output）。和计算机进行通信的设备是常见的 I/O 设备，其中输入设备有麦克风、鼠标和键盘等，输出设备有显示器、耳机和音响等。数据流就好像管道，将两种设备连接起来，如图 8.4 所示。

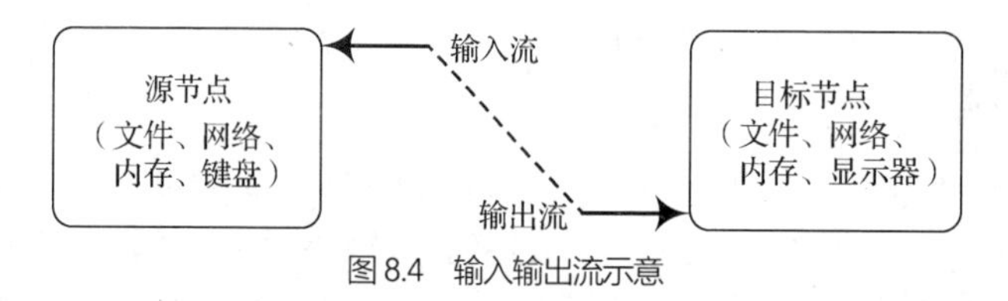

图 8.4　输入输出流示意

I/O 操作是一个相对的过程，一般情况下，要从程序（程序内存）的角度来思考。程序运行需要用到数据，将数据流入程序中，对程序而言是输入；程序运行会保存数据，将数据传递到外部的空间，对程序而言是输出，如图8.5所示。

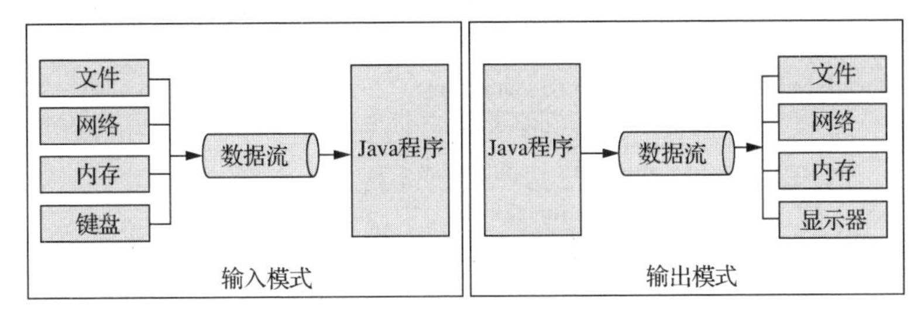

图8.5 数据输入和输出

I/O流有很多种，按处理数据单位不同可分为字节流（8bit）和字符流（16bit），按数据流的流向不同分为输入流和输出流，如表8.3所示。

表8.3 I/O流的分类

分类	字节流	字符流
输入流	InputStream	Reader
输出流	OutputStream	Writer

从表8.3中可看出I/O流的大致分类，表中所示的4个类都是抽象类，Java的I/O流所涉及的类，都是从这4个抽象类派生的，由这4个类派生出来的子类，其名称都是以其父类名作为后缀。不能直接创建这4个类的对象，只能创建其子类的对象。

需要注意的是，无论使用哪种流来操作数据，都需要使用close( )方法来关闭操作的资源。例如，如果操作文件，就需要开通一个流对象将程序和磁盘文件进行关联，如果不关闭资源，那么磁盘的文件就会一直被程序引用，既不能修改，也不能删除。

进行I/O操作的步骤一般如下。

（1）创建源或者目标对象。

（2）创建I/O流对象。

（3）具体的I/O操作。

（4）关闭资源（勿忘）。一旦资源关闭之后，就不能使用流对象了，否则报错。

8.3 字节流

字节流的处理单位是字节，通常用来处理二进制文件，如音频、图片文件等。实际上，所有的文件都能以二进制（字节）形式存在，Java的I/O中针对字节传输操作提供了一系列流，统称为字节流。字节流有两个抽象基类——InputStream和OutputStream，分别处理字节流的输入和输出，所有的字节输入流都继承了InputStream类，所有的字节输出流都继承了OutputStream类。

8.3.1 字节流的结构

InputStream类是所有Java I/O输入流的基类，它是以字节为单位的输入流。需要定义InputStream子类的应用程序，必须提供返回下一个输入字节的方法。字节输入流的继承体系如图8.6所示。

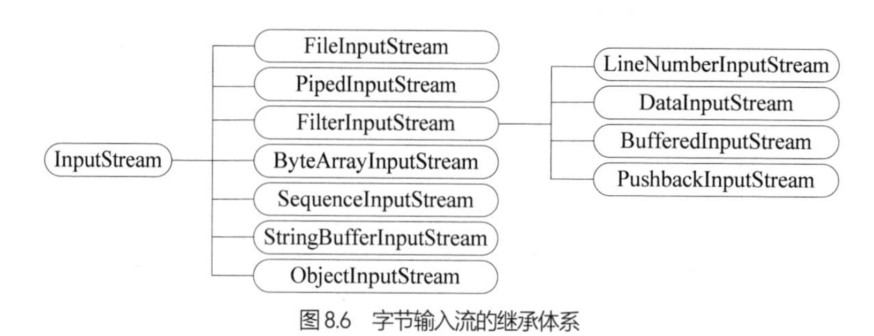

图 8.6　字节输入流的继承体系

InputStream 的子类都以“InputStream”为后缀，并且集成了 InputStream 类的所有方法，如表 8.4 所示。

表 8.4　InputStream 类的方法

方法声明	功能描述
int available( )	返回输入流的字节数长度和大小
void close( )	关闭输入流并释放与该输入流关联的所有系统资源
void mark(int readlimit)	标记输入流中当前的位置
boolean markSupported( )	测试输入流是否支持 mark( )方法和 reset( )方法
long skip(long n)	跳过和丢弃输入流中数据的 *n* 个字节
int read( )	从输入流中读取数据的下一个字节
int read(byte[ ] b)	从输入流中读取一定数量的字节，并将其存储在缓冲区数组 b 中，返回读取的字节数
int read(byte[ ] b,int off,int len)	将输入流中最多 len 个数据字节读入 byte 数组
void reset( )	将输入流重新定位到最后一次对此输入流调用 mark( )方法时的位置

表 8.4 列出的 InputStream 类的方法中，最常用的是 3 个重载的 read( )方法，read( )方法是从流中逐个读入字节，read(byte[ ] b)方法和 read(byte[ ] b,int off,int len)方法是将若干字节以字节数组形式一次性读入，提高读数据的效率。

介绍完 InputStream 类的相关方法，接下来要介绍一下它所对应的 OutputStream 类的相关方法，如表 8.5 所示。

表 8.5　OutputStream 类的方法

方法声明	功能描述
void close( )	关闭输出流并释放与此输出流有关的所有系统资源
void flush( )	刷新输出流并强制写出所有缓冲的输出字节
void write(byte[ ] b)	将 b.length 个字节从指定的 byte 数组写入输出流
void write(int b)	将指定的字节写入输出流
void write(byte[ ] b,int off,int len)	将指定的 byte 数组中从偏移量 off 开始的 len 个字节写入输出流

表 8.5 中，3 个重载的 write( )方法都是向输出流写入字节，其中 void write(int b)方法是逐个写入字

节，void write(byte[ ] b)方法和 void write(byte[ ] b,int off,int len) 方法是将若干个字节以字节数组的形式一次性写入，提高写数据的效率。flush( )方法用于将当前输出流的缓冲区中数据强制写入目标文件，close( )方法用来关闭输出流并释放系统资源。

InputStream 和 OutputStream 都是抽象类，不能实例化，所以要实现功能，需要用到它们的子类。

从图 8.6 和图 8.7 可看出，InputStream 和 OutputStream 的子类虽然多，但都有规律可循，比如 InputStream 的子类都以“InputStream”为后缀，OutputStream 的子类都以“OutputStream”为后缀。另外，InputStream 和 OutputStream 的子类也相互对应，如 FileInputStream 和 FileOutputStream。接下来会详细讲解这些类的使用方法。

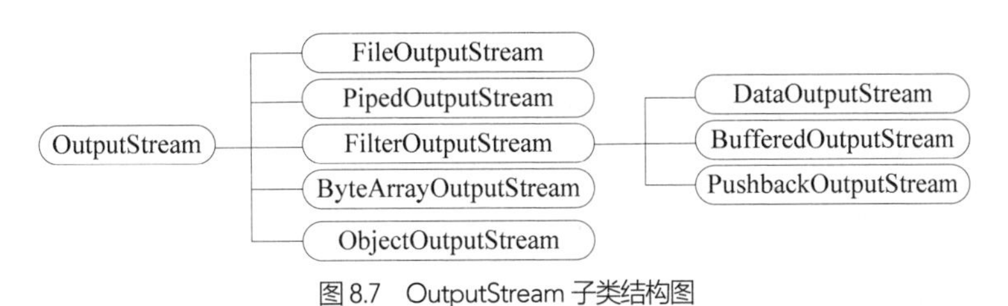

图 8.7　OutputStream 子类结构图

8.3.2 字节流操作文件

InputStream 和 OutputStream 的众多子类中，FileInputStream 和 FileOutputStream 是两个很常用的子类。FileInputStream 用来从文件中读取数据，操作文件的字节输入流，接下来通过一个案例来演示如何从文件中读取数据。首先在 D 盘根目录下新建一个文本文件 read.txt，文件内容如下。

```
read file
```

创建文件完成后，开始编写代码，如例 8-4 所示。

【例 8-4】TestFileInputStream.java

```
1       import java.io.*;
2       public class TestFileInputStream{
3           public static void main(String[] args){
4               FileInputStream fis=null;
5               try{
6                 //创建文件输入流对象
7                 fis=new FileInputStream("D://read.txt");
8                 int n=512;                //设定读取的字节数
9                 byte buffer[]=new byte[n];
10              //读取输入流
11              while((fis.read(buffer,0,n)!=-1)&&(n>0)){
12                  System.out.print(new String(buffer));
13              }
14          }catch(Exception e){
15              System.out.println(e);
16          }finally{
17              try{
18                  fis.close();        //释放资源
19              }catch(IOException e){
20                  e.printStackTrace();
21              }
```

```
22          }
23      }
24  }
```

程序运行结果如图 8.8 所示。

在 8-4 例中，第 8 行设定了读取的字节数为 512，程序在读取数据时，一次性读取 512 个字符，所以在图 8.8 所示的运行结果中，read file 后有很多空格。

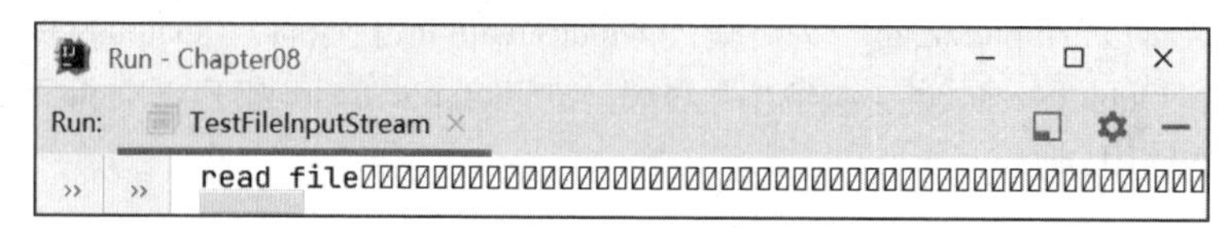

图 8.8 例 8-4 运行结果

与 FileInputStream 对应的是 FileOutputStream，它是用来将数据写入文件，操作文件字节输出流的，接下来通过一个案例来演示如何将数据写入文件，如例 8-5 所示。

【例 8-5】TestFileOutputStream

```
1   public class TestFileOutputStream{
2       public static void main(String[] args) throws IOException{
3           System.out.print("输入要保存文件的内容：");
4           int count,n=512;
5           byte buffer[]=new byte[n];
6           count=System.in.read(buffer);           //读取标准输入流
7           //创建文件输出流对象
8           FileOutputStream fos=new FileOutputStream("D://read.txt");
9           fos.write(buffer,0,count);              //写入输出流
10          System.out.println("已保存到 read.txt!");
11          fos.close();                            //释放资源
12      }
13  }
```

程序运行结果如图 8.9 所示。

图 8.9 例 8-5 运行结果

在图 8.9 中，运行结果显示“write file”已成功存入 read.txt 文件，此时文件内容如下。

```
write file
```

如果文件不存在，文件输出流会先创建文件，再将内容输出到文件中，例 8-5 中，read.txt 已经存在，从运行后文件内容可看出，程序是先将之前的文件内容清除掉，然后写入“write file”，如果想不清除文件内容，可以使用 FileOutputStream 类的构造方法 FileOutputStream(String FileName,boolean append)来创建文件输出流对象，指定参数 append 为 true。将 read.txt 文件内容重新修改为“ok”，如例 8-6 所示。

【例 8-6】TestFileOutputStream2.java

```
1   import java.io.*;
```

```
2    public class TestFileOutputStream2{
3        public static void main(String[] args) throws Exception{
4            System.out.print("输入要保存文件的内容：");
5            int count,n=512;
6            byte buffer[]=new byte[n];
7            count=System.in.read(buffer);          //读取标准输入流
8            //创建文件输出流对象
9            FileOutputStream fos=new FileOutputStream("E://read.txt", true);
10           fos.write(buffer,0,count);             //写入输出流
11           System.out.println("已保存到read.txt!");
12           fos.close();                           //释放资源
13       }
14   }
```

程序运行结果如图 8.10 所示。

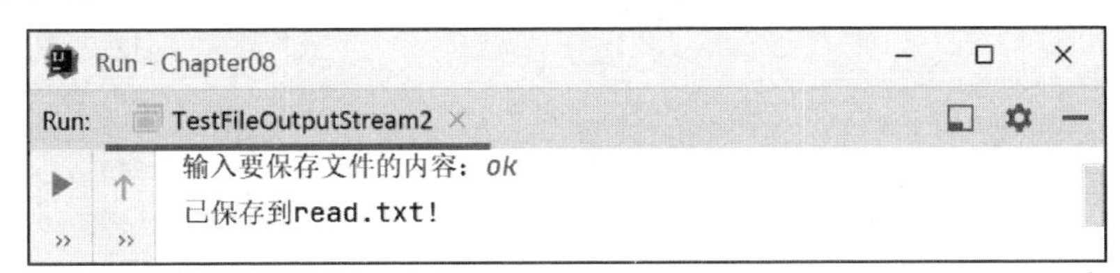

图8.10 例8-6运行结果

在图 8.10 中，运行结果显示成功将“ok”存入 read.txt 文件，此时文件内容如下。

```
write file
ok
```

通过 FileOutputStream 类的构造方法指定参数 append 为 true，内容成功写入文件，并且没有清除之前的内容，将内容写入文件末尾。

8.3.3 文件的复制

上一小节详细讲解了文件输入流和文件输出流，实际开发中，往往都是二者结合使用，比如文件的复制。接下来通过一个案例来演示如何通过输入输出流实现文件的复制，首先在当前目录新建文件夹 src 和 tar，将一张图片 test.jpg 存入 src 中，然后开始编写代码，如例 8-7 所示。

【例 8-7】TestFileCopy.java

```
1    import java.io.*;
2    public class TestFileCopy{
3        public static void main(String[] args) throws IOException{
4            //创建文件输入流对象
5            FileInputStream fis=new FileInputStream("src/test.jpg");
6            //创建文件输出流对象
7            FileOutputStream fos=new FileOutputStream("tar/test.jpg");
8            int len;    //定义len，记录每次读取的字节
9            //复制文件前的系统时间
10           long begin=System.currentTimeMillis();
11           //读取文件并判断是否到达文件末尾
12           while((len=fis.read())!=-1){
```

```
13              fos.write(len);      //将读到的字节写入文件
14          }
15          //复制文件后的系统时间
16          long end=System.currentTimeMillis();
17          System.out.println("复制文件耗时: "+(end-begin)+"毫秒");
18          fos.close();              //释放资源
19          fis.close();
20      }
21  }
```

程序运行结果如图 8.11 所示。

在图 8.11 中，运行结果显示了文件复制所耗费的时间，文件成功从 src 文件夹复制到 tar 文件夹，如图 8.12 所示。

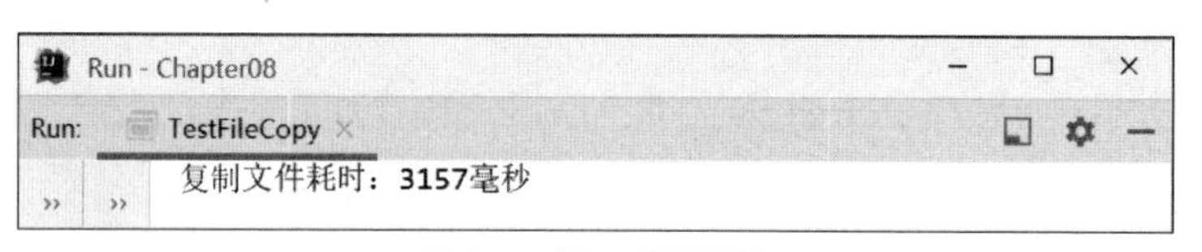

图 8.11　例 8-7 运行结果

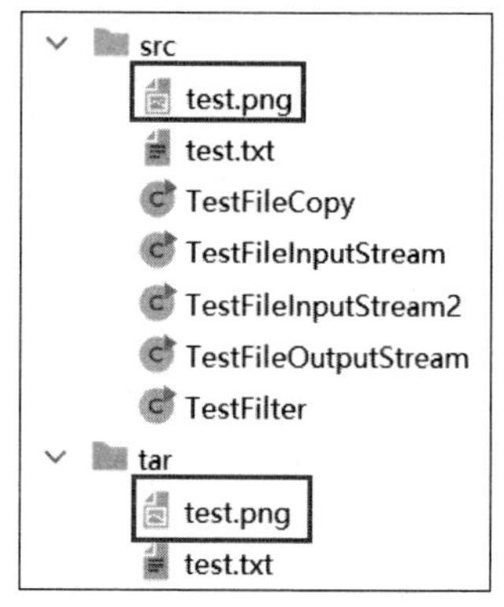

图 8.12　文件复制成功

另外，从图 8.11 可看出，复制文件耗费了 3157 毫秒，由于计算机的性能差异等原因，复制文件的耗时可能每次都不相同。

8.3.4 字节流的缓冲区

上一小节中讲解了如何复制文件，但复制的方式是一个字节一个字节地复制，频繁操作文件，效率非常低，利用字节流的缓冲区可以解决这一问题，提高效率。缓冲区可以存放一些数据，例如，某出版社要从北京往西安运送教材，如果有 1000 本教材，每次只运送一本教材，就需要运输 1000 次，为了减少运输次数，可以先把一批教材装在车厢中，这样就可以成批地运送教材，这时的车厢就相当于一个临时缓冲区。当通过流的方式复制文件时，为了提高效率也可以定义一个字节数组作为缓冲区，将多个字节读到缓冲区，然后一次性写入文件，这样会大大提高效率。接下来通过一个案例来演示如何在复制文件时应用缓冲区以提高效率，如例 8-8 所示。

【例 8-8】TestFileCopyBuffer

```
1   import java.io.*;
2   public class TestFileCopyBuffer{
3       public static void main(String[] args) throws Exception{
4           //创建文件输入流对象
5           FileInputStream fis=new FileInputStream("src/test.jpg");
6           //创建文件输出流对象
7           FileOutputStream fos=new FileOutputStream("tar/test.jpg");
```

```
8          byte[] b=new byte[512];        //定义缓冲区大小
9          int len;                       //定义 len，记录每次读取的字节
10         //复制文件前的系统时间
11         long begin=System.currentTimeMillis();
12         //读取文件并判断是否到达文件末尾
13         while((len=fis.read(b))!=-1){
14             fos.write(b,0,len);        //从第 1 个字节开始，向文件写入 len 个字节
15         }
16         //复制文件后的系统时间
17         long end=System.currentTimeMillis();
18         System.out.println("复制文件耗时："+(end-begin)+"毫秒");
19         fos.close();                   //释放资源
20         fis.close();
21     }
22 }
```

程序运行结果如图 8.13 所示。

图 8.13　例 8-8 运行结果

从图 8.13 所示运行结果可看出，与图 8.11 相比，复制同样的文件，耗时大大降低了，说明应用缓冲区后，程序运行效率大大提高了。这是因为应用缓冲区后，操作文件的次数减少了，从而提高了读写效率。

8.3.5 装饰设计模式

装饰设计模式是在不必改变原类文件和继承关系的情况下，动态地扩展一个对象的功能。它通过创建一个包装对象，也就是装饰，来包裹真实的对象。例如，某人在北京买了一套房，冬天天气很冷，此人便在房子的客厅安装了一台空调，这就相当于为这套新房填加了新的功能。

装饰对象和被装饰对象要实现同一个接口，装饰对象持有被装饰对象的实例，如图 8.14 所示。

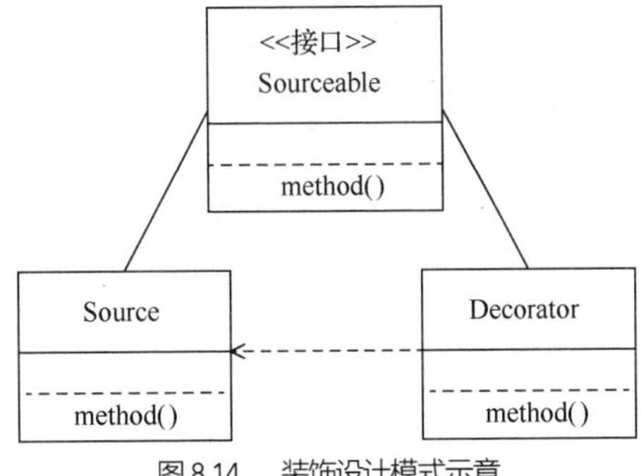

图 8.14　装饰设计模式示意

Source 类和 Decorator 类都实现了 Sourceable 接口，Source 类是被装饰类，Decorator 类是装饰类，其可以为 Source 类动态地添加一些功能。接下来通过一个案例来演示装饰设计模式的使用方法，如

例 8-9 所示。

【例 8-9】TestDecorator.java

```
1   public class TestDecorator{
2       public static void main(String[] args){
3           //创建被装饰类对象
4           Sourceable source=new Source();
5           System.out.println("--------装饰前--------");
6           source.method();
7           System.out.println("--------装饰后--------");
8           //创建装饰类对象，并将被装饰类当成参数传入
9           Sourceable obj=new Decorator(source);
10          obj.method();
11      }
12  }
13  interface Sourceable{    //定义公共接口
14      public void method();
15  }
16  //定义被装饰类
17  class Source implements Sourceable{
18      public void method(){
19          System.out.println("功能1");
20      }
21  }
22  //定义装饰类
23  class Decorator implements Sourceable{
24      private Sourceable source;
25      public Decorator(Sourceable source){
26          super();
27          this.source=source;
28      }
29      public void method(){
30          source.method();
31          System.out.println("功能2");
32          System.out.println("功能3");
33      }
34  }
```

程序运行结果如图 8.15 所示。

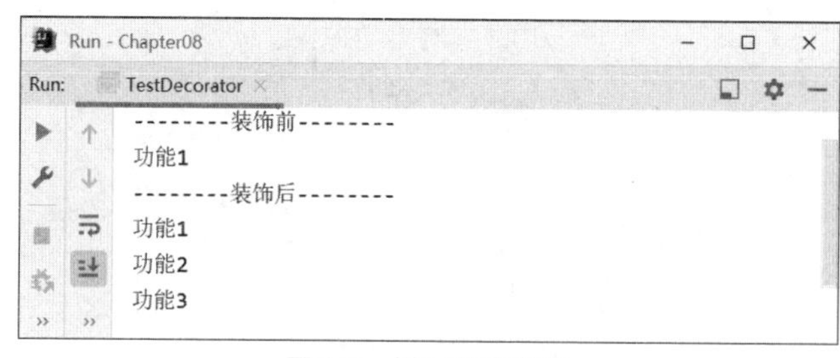

图 8.15　例 8-9 运行结果

在例 8-9 中，被装饰类 Source 本身只有一个功能，在装饰前输出了功能 1，经过装饰类 Decorator 装饰后，输出了功能 1、功能 2 和功能 3。Sourceable 公共接口保证了装饰类实现了被装饰类实现的方法。

创建被装饰类对象后，创建装饰类对象时，通过装饰类的构造方法，将被装饰类以参数形式传入，执行装饰类的方法，这样就达到了动态增加功能的效果。

例 8-9 这样做的好处就是动态增加了对象的功能，并且还能动态撤销其功能，继承是不能做到这一点的，继承的功能是静态的，不能动态增删。但这种方式也有不足，这样做会产生过多相似的对象，不易排错。

8.3.6 字节缓冲流

前面讲解了装饰设计模式，实际上，在 I/O 中一些流也用到了这种模式，分别是 BufferedInputStream 类和 BufferedOutputStream 类，这两个流都使用了装饰设计模式。它们的构造方法分别接收 InputStream 和 OutputStream 类型的参数作为被装饰对象，在执行读写操作时提供缓冲功能，如图 8.16 所示。

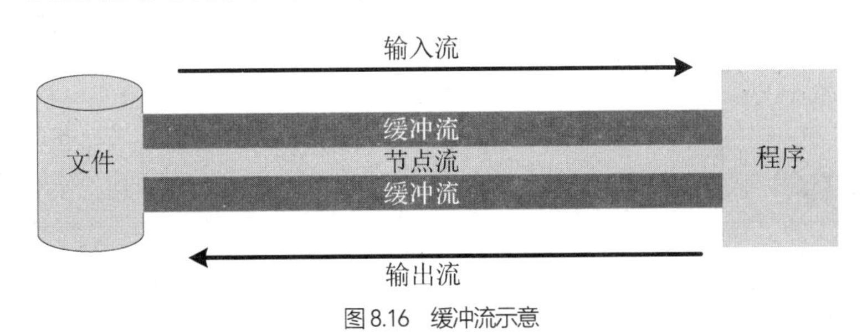

图 8.16 缓冲流示意

在图 8.16 中，可以看到程序和文件两个节点相互传输数据，形成的是节点流，比如前面提到的 FileInputStream 类和 FileOutputStream 类都是节点流。在节点流之外，封装有缓冲流，它是对一个已存在的流的连接和封装，比如 BufferedInputStream 类和 BufferedOutputStream 类。接下来通过一个案例来演示缓冲流的使用方法，如例 8-10 所示。

【例 8-10】TestBuffered.java

```
1   import java.io.*;
2   public class TestBuffered{
3       public static void main(String[] args) throws IOException{
4           //创建文件输入流对象
5           FileInputStream fis=new FileInputStream("src\\test.jpg");
6           //创建文件输出流对象
7           FileOutputStream fos=new FileOutputStream("tar\\test.jpg");
8           //将创建的节点流的对象作为形参传递给缓冲流的构造方法
9           BufferedInputStream bis=new BufferedInputStream(fis);
10          BufferedOutputStream bos=new BufferedOutputStream(fos);
11          int len;    //定义 len，记录每次读取的字节
12          //复制文件前的系统时间
13          long begin=System.currentTimeMillis();
14          //读取文件并判断是否到达文件末尾
15          while((len=bis.read())!=-1){
16              bos.write(len);       //将读到的字节写入文件
17          }
18          //复制文件后的系统时间
19          long end=System.currentTimeMillis();
20          System.out.println("复制文件耗时："+(end-begin)+"毫秒");
21          bos.close();
```

```
22            bis.close();
23        }
24    }
```

程序运行结果如图 8.17 所示。

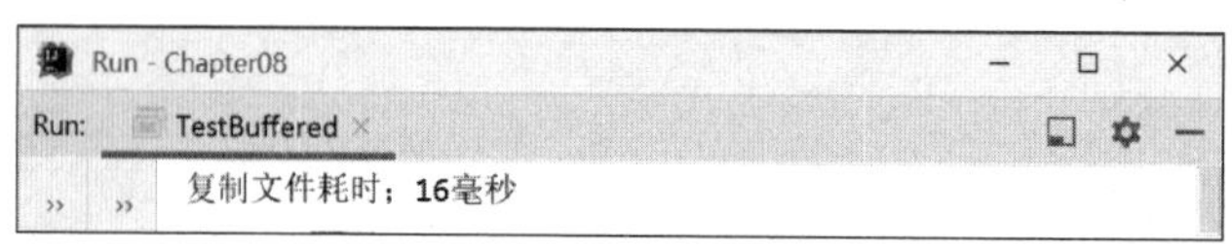

图 8.17　例 8-10 运行结果

与例 8-7 相比，例 8-10 只是应用了缓冲流，就将复制效率明显提升。两个缓冲流内部均定义了一个大小为 8182 的字节数组，当调用 read( )方法或 write( )方法操作数据时，首先将读写的数据存入定义好的字节数组，然后将数组中的数据一次性操作完成。缓冲流和前面讲解的字节流缓冲区类似，二者都是对数据进行了缓冲，减少操作次数，从而提高程序运行效率。

8.4 字符流

8.4.1 字符流的结构

前面讲解了字节流的相关内容，Java 还提供了字符流，用于操作字符。与字节流相似，字符流也有两个抽象基类，分别是 Reader 和 Writer，Reader 是字符输入流，用于从目标文件读取字符，Writer 是字符输出流，用于向目标文件写入字符。字符流也是由两个抽象基类衍生出很多子类，由子类来实现功能，如图 8.18 和图 8.19 所示。

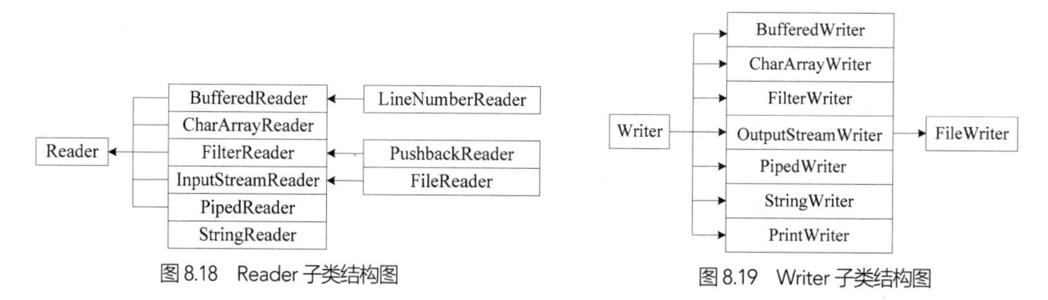

图 8.18　Reader 子类结构图　　　图 8.19　Writer 子类结构图

从图 8.18 和图 8.19 中，可以看出字符流与字节流相似，也是很有规律的，这些子类都是以它们的抽象基类为结尾命名的，并且 Reader 和 Writer 很多子类相对应，如 CharArrayReader 和 CharArrayWriter。接下来会详细讲解字符流的使用方法。

8.4.2 字符流操作文件

上一小节介绍了 Reader 和 Writer 的众多子类，其中 FileReader 和 FileWriter 是两个很常用的子类。FileReader 类是用来从文件中读取字符，操作文件字符输入流的，接下来通过一个案例来演示如何从文件中读取字符。首先在计算机 D 盘的根目录下新建一个文本文件 read.txt，文件内容如下。

```
Java 语言程序设计
```

【例 8-11】TestFileReader.java

```
1    import java.io.*;
2    public class TestFileReader{
3        public static void main(String[] args) throws Exception{
4            File file=new File("read.txt");
5            FileReader fr=new FileReader(file);
6            int len;    //定义 len，记录读取的字符
7            //判断是否读取到文件的末尾
8            while((len=fr.read())!=-1){
9                //输出文件内容
10               System.out.print((char)len);
11           }
12           fr.close(); //释放资源
13       }
14   }
```

程序运行结果如图 8.20 所示。

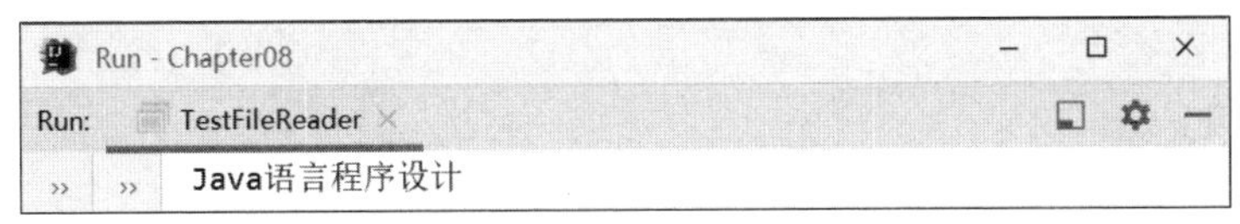

图 8.20 例 8-11 运行结果

在例 8-11 中，首先声明一个文件字符输入流，然后在创建输入流实例时，将文件以参数传入，读取到文件后，用变量 len 记录读取的字符，然后循环输出。这里要注意 len 是 int 类型，所以输出时要强制转换类型，第 10 行将 len 强制转换为 char 类型。

与 FileReader 类对应的是 FileWriter 类，它是用来将字符写入文件，操作文件字符输出流的。接下来通过一个案例来演示如何将字符写入文件，如例 8-12 所示。

【例 8-12】TestFileWriter.java

```
1    import java.io.*;
2    public class TestFileWriter{
3        public static void main(String[] args) throws IOException{
4            File file=new File("read.txt");
5            FileWriter fw=new FileWriter(file);
6            fw.write("我爱 Java");          //写入文件的内容
7            System.out.println("已保存到 read.txt!");
8            fw.close();                    //释放资源
9        }
10   }
```

程序运行结果如图 8.21 所示。

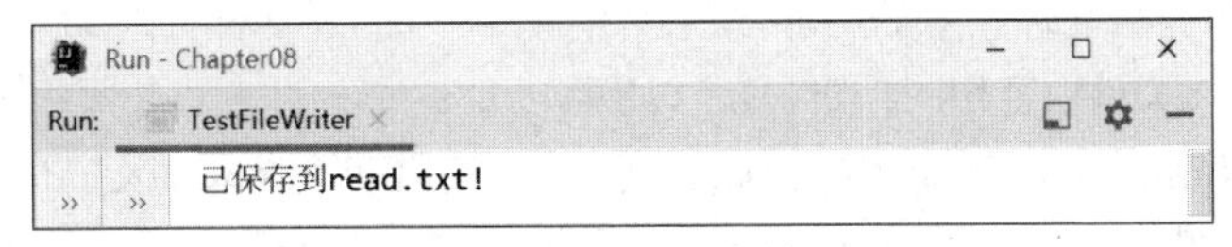

图 8.21 例 8-12 运行结果

在图 8.21 中，运行结果显示将“我爱 Java”成功存入 read.txt 文件，文件内容如下。

```
我爱 Java
```

```
我爱 Java
```

FileWriter 与 FileOutputStream 类似，如果指定的目标文件不存在，则先新建文件，再写入内容，如果文件存在，会先清空文件内容，然后写入新内容。如果想在文件内容的末尾追加内容，则需要调用构造方法 FileWriter (String FileName,boolean append)来创建文件输出流对象，将参数 append 指定为 true 即可。将例 8-12 第 5 行代码修改如下。

```
FileWriter fw=new FileWriter(file,true);
```

再次运行程序，输出流会将字符追加到文件内容的末尾，不会清除文件本身的内容。

8.4.3 字符流的缓冲区

前面讲解了字节流的缓冲区，字符流同样有缓冲区。字符流中带缓冲区的流分别是 BufferedReader 类和 BufferedWriter 类，其中 BufferedReader 类用于对字符输入流进行包装，BufferedWriter 类用于对字符输出流进行包装，包装后会提高字符流的读写效率。接下来通过一个案例来演示如何在复制文件时应用字符流缓冲区。先在项目的根目录下创建一个 src.txt 文件，文件内容如下。

```
Java 语言程序设计
Java Web 程序开发实战
Java EE 企业应用实战
```

创建好文件后，开始编写代码，如例 8-13 所示。

【例 8-13】TestCopyBuffered.java

```
1   import java.io.*;
2   public class TestCopyBuffered{
3       public static void main(String[] args) throws IOException{
4           FileReader fr=new FileReader("src/src.txt");
5           FileWriter fw=new FileWriter("src/tar.txt");
6           BufferedReader br=new BufferedReader(fr);
7           BufferedWriter bw=new BufferedWriter(fw);
8           String str;
9           //每次读取一行文本，判断是否到文件末尾
10          while((str=br.readLine())!=null){
11              bw.write(str);
12              //写入一个换行符，该方法会根据不同操作系统生成相应换行符
13              bw.newLine();
14          }
15          bw.close(); //释放资源
16          br.close();
17      }
18  }
```

例 8-13 中程序运行结束后，在 src 根目录下会生成一个 tar.txt 文件，内容与之前创建的 src.txt 文件内容相同，如图 8.22 所示。

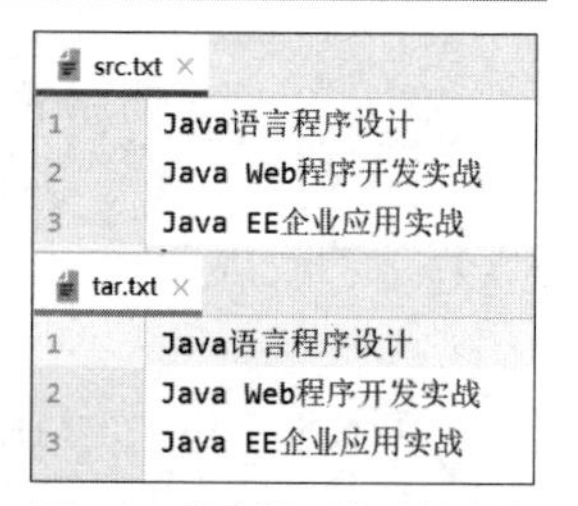

图 8.22　复制前后的文件内容

图 8.22 展示了复制前后的文件内容，可以看到，程序应用字符流缓冲区成功复制了文件。在例 8-13 中，第 10 行每次循环都用 readLine( )方法读取一行字符，然后通过 write( )方法写入目标文件。

需要注意的是，例 8-13 中，循环中调用 BufferedWriter 的 write( )方法写字符时，这些字符首先会被写入缓冲区，当缓冲区写满或调用 close( )方法时，

分数据未写入目标文件的情况。

8.4.4 LineNumberReader

Java 程序在编译或运行期间经常会出现一些错误，错误提示中通常会报告出错的行号，为了方便查找错误，需要在代码中加入行号。JDK 提供了一个可以跟踪行号的流——LineNumberReader，它是 BufferedReader 的子类。接下来通过一个案例来演示复制文件时，如何为文件内容加上行号。首先在当前目录新建一个文件 code1.txt，文件内容如下。

```
import java.io.*;
public class TestFileInputStream {
   public static void main(String[] args) throws Exception{
         FileInputStream  fis = new FileInputStream("xxx.txt");
         int n = 512;
         byte buffer[] = new byte[n];
         while ((fis.read(buffer, 0, n) != -1) && (n > 0)) {
             System.out.print(new String(buffer));
         }
         fis.close();
      }
}
```

创建好文件后，开始编写代码，如例 8-14 所示。

【例 8-14】TestLineNumberReader.java

```
1   import java.io.*;
2   public class TestLineNumberReader{
3       public static void main(String[] args) throws IOException{
4           FileReader fr=new FileReader("src/code1.txt");
5           FileWriter fw=new FileWriter("src/code2.txt");
6           LineNumberReader lnr=new LineNumberReader(fr);
7           lnr.setLineNumber(0);     //设置文件起始行号
8           String str=null;
9           while((str=lnr.readLine())!=null){
10              //将行号写入文件
11              fw.write(lnr.getLineNumber()+":"+str);
12              fw.write("\r\n");     //写入换行
13          }
14          fw.close();               //释放资源
15          lnr.close();
16      }
17  }
```

例 8-14 中程序运行结束后，在当前目录会生成一个 code2.txt 文件，与 code1.txt 相比，文件内容增加了行号，如图 8.23 所示。

例 8-14 中，使用 LineNumberReader 类来跟踪行号，调用 setLineNumber( )方法设置行号起始值为 0，从图 8.23 可看到第一行的行号是 1，这是因为 LineNumberReader 类在读取到换行符 “\n”、回车符 “\r” 或者回车后紧跟换行符时，行号会自动加 1。这就是 LineNumberReader 类的基本使用方法。

```
code2.txt
1  1:import java.io.*;
2  2:public class TestFileInputStream{
3  3:  public static void main(String[] args) throws Exception{
4  4:      FileInputStream  fis=new FileInputStream("xxx.txt");
5  5:      int n=512;
6  6:      byte buffer[]=new byte[n];
7  7:      while((fis.read(buffer,0,n)!=-1)&&(n>0)){
```

```
code1.txt
1  import java.io.*;
2  public class TestFileInputStream{
3      public static void main(String[] args) throws Exception{
4          FileInputStream  fis=new FileInputStream("xxx.txt");
5          int n=512;
6          byte buffer[]=new byte[n];
7          while((fis.read(buffer,0,n)!=-1)&&(n>0)){
```

图 8.23　复制后和复制前的文件内容

8.4.5 转换流

前面分别讲解了字节流和字符流，有时字节流和字符流之间也需要进行转换，JDK 提供了可以将字节流转换为字符流的两个类，分别是 OutputStreamWriter 类和 InputStreamReader 类，它们被称为转换流。OutputStreamWriter 类可以将一个字符输出流转换成字节输出流，而 InputStreamReader 类可以将一个字节输入流转换成字符输入流。转换流的出现方便了对文件的读写，它在字符流与字节流之间架起了一座桥梁，使原本没有关联的两种流操作能够进行转化，提高了程序的灵活性。通过转换流进行读写数据的过程如图 8.24 所示。

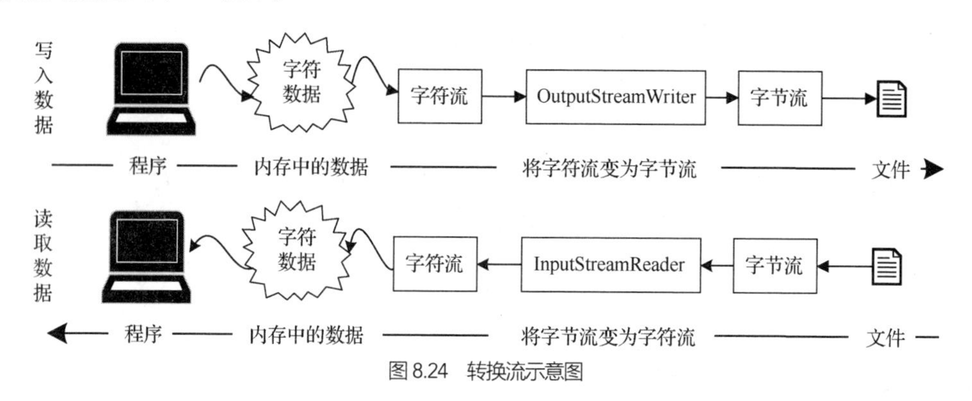

图 8.24　转换流示意图

在图 8.24 中，程序向文件写入数据时，将字符流变为字节流，程序从文件读取数据时，将字节流变为字符流，提高了读写效率。接下来通过一个案例来演示转换流的使用方法。首先在当前项目的根目录下新建一个文本文件 source.txt，文件内容如下。

```
Java 语言程序设计
```

创建文件完成后，开始编写代码，如例 8-15 所示。

【例 8-15】 TestConvert.java

```
1   import java.io.*;
2   public class TestConvert{
3       public static void main(String[] args) throws Exception{
4           //创建字节输入流
5           FileInputStream fis=new FileInputStream("src/source.txt");
6           //将字节输入流转换为字符输入流
7           InputStreamReader isr=new InputStreamReader(fis);
8           //创建字符输出流
9           FileOutputStream fos=new FileOutputStream("src/target.txt");
```

```
10          //将字符输出流转换成字节输出流
11          OutputStreamWriter osw=new OutputStreamWriter(fos);
12          int str;
13          while((str=isr.read())!=-1){
14              osw.write(str);
15          }
16          osw.close();
17          isr.close();
18      }
19  }
```

例 8-15 中程序运行结束后，在 src 根目录下会生成一个 target.txt 文件，source.txt 文件和 target.txt 文件的内容对比如图 8.25 所示。

例 8-15 实现了字节流与字符流之间的转换，将字节流转换为字符流，从而实现直接对字符的读写。这里要注意，如果用字符流去操作非文本文件，如操作视频文件，可能会造成部分数据丢失。

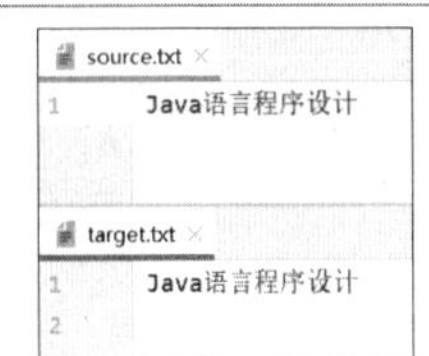

图 8.25 两文件内容对比

8.5 其他 I/O 流

前面几节已经向大家介绍了 I/O 中几个比较重要的流，在 I/O 流体系中还有很多其他的 I/O 流，接下来将对一些常见的 I/O 流进行讲解。

8.5.1 对象流

前面讲解了如何通过流读取文件，实际上通过流也可以读取对象，如将内存中的对象转化为二进制数据流的形式输出，保存到硬盘，这叫作对象的序列化。通过将对象序列化，可以方便地实现对象的传输和保存。

在 Java 中，并不是所有的类的对象都可以被序列化，如果一个类对象需要被序列化，则此类必须实现 java.io.Serializable 接口，这个接口内没有定义任何方法，是一个标识接口，表示一种能力。

Java 提供了两个类用于序列化对象的操作，它们分别是 ObjectInputStream 类和 ObjectOutputStream 类。对象序列化和反序列化通过以下两步实现。

（1）创建一个对象输出流 ObjectOutputStream，调用它的 writeObject( )方法写入对象，即可实现对象序列化操作。

（2）创建一个对象输入流 ObjectInputStream，调用它的 readObject( )方法读取对象，即可实现对象反序列化操作。

接下来通过一个案例来演示对象如何通过 ObjectOutputStream 进行序列化，如例 8-16 所示。

【例 8-16】TestObjectOutputStream.java

```
1  import java.io.*;
2  public class TestObjectOutputStream{
3      public static void main(String[] args) throws Exception{
4          Student s=new Student(10,"Lily");
5          //创建文件输出流对象，将数据写入 student.txt 文件
6          FileOutputStream fos=new FileOutputStream("src/student.txt");
7          //创建对象输出流对象
8          ObjectOutputStream oos=new ObjectOutputStream(fos);
```

```
9           oos.writeObject(s);          //将s对象序列化
10      }
11  }
12  class Student implements Serializable{
13      private Integer id;
14      private String name;
15      public Student(Integer id,String name){
16          this.id=id;
17          this.name=name;
18      }
19      public Integer getId(){
20          return id;
21      }
22      public void setId(Integer id){
23          this.id=id;
24      }
25      public String getName(){
26          return name;
27      }
28      public void setName(String name){
29          this.name=name;
30      }
31  }
```

例 8-16 中程序运行结束后，在当前目录会生成一个 student.txt 文件，该文件以二进制形式存储了 Student 类对象的数据。

与序列化相对应的是反序列化，Java 提供的 ObjectInputStream 类可以进行对象的反序列化，根据序列化保存的二进制数据文件，将二进制数据恢复为序列化之前的对象。接下来通过一个案例来演示对象的反序列化，如例 8-17 所示。

【例 8-17】 TestObjectInputStream.java

```
1   import java.io.*;
2   public class TestObjectInputStream{
3       public static void main(String[] args) throws Exception{
4           //创建文件输入流对象，读取student.txt文件的内容
5           FileInputStream fis=new FileInputStream("src/student.txt");
6           ObjectInputStream ois=new ObjectInputStream(fis);
7           //从student.txt文件中读取数据
8           Student s=(Student)ois.readObject();
9           System.out.println("Student类对象的id是："+s.getId());
10          System.out.println("Student类对象的name是："+s.getName());
11      }
12  }
13  class Student implements Serializable{
14      private Integer id;
15      private String name;
16      public Student(Integer id,String name){
17          this.id=id;
18          this.name=name;
19      }
20      public Integer getId(){
21          return id;
22      }
```

```
23      public void setId(Integer id){
24          this.id=id;
25      }
26      public String getName(){
27          return name;
28      }
29      public void setName(String name){
30          this.name=name;
31      }
32  }
```

程序运行结果如图 8.26 所示。

图 8.26　例 8-17 运行结果

运行结果显示输出了 Student 类对象的属性，输出的结果与例 8-16 中序列化存储到 student.txt 的数据一致，说明例 8-17 成功将 student.txt 中的二进制数据反序列化了。

需要注意的是，被存储和被读取的对象都必须实现 java.io.Serializable 接口，否则会报 NotSerializable-Exception 异常。

8.5.2 数据流

上一小节讲解了将对象序列化和反序列化，Java 还提供了将对象中的一部分数据进行序列化和反序列化的类，也就是将基本数据类型序列化和反序列化的类，它们分别是 DataInputStream 类和 DataOutputStream 类。

DataInputStream 类和 DataOutputStream 类是两个与平台无关的数据操作流，它们不仅提供了读写各种基本数据类型数据的方法，还提供了 readUTF( )方法和 writeUTF( )方法，用于输入输出时指定字符串的编码类型为 UTF-8，接下来通过一个案例来演示这两个类如何读写数据，如例 8-18 所示。

【例 8-18】TestDataStream.java

```
1   import java.io.*;
2   public class TestDataStream{
3       public static void main(String[] args) throws Exception{
4           FileOutputStream fos=new FileOutputStream("src/data.txt");
5           DataOutputStream dos=new DataOutputStream(fos);
6           dos.write(10);                          //写入数据，默认为字节形式
7           dos.writeChar('c');                     //写入一个字符
8           dos.writeBoolean(true);                 //写入一个布尔类型的值
9           dos.writeUTF("千锋教育");                //写入以 UTF-8 编码的字符串
10          dos.close();
11          FileInputStream fis=new FileInputStream("src/data.txt");
12          DataInputStream dis=new DataInputStream(fis);
13          System.out.println(dis.read());         //读取一个字节
14          System.out.println(dis.readChar());     //读取一个字符
15          System.out.println(dis.readBoolean());  //读取一个布尔值
16          System.out.println(dis.readUTF());      //读取 UTF-8 编码的字符串
17          dis.close();
18      }
19  }
```

程序运行结果如图 8.27 所示。

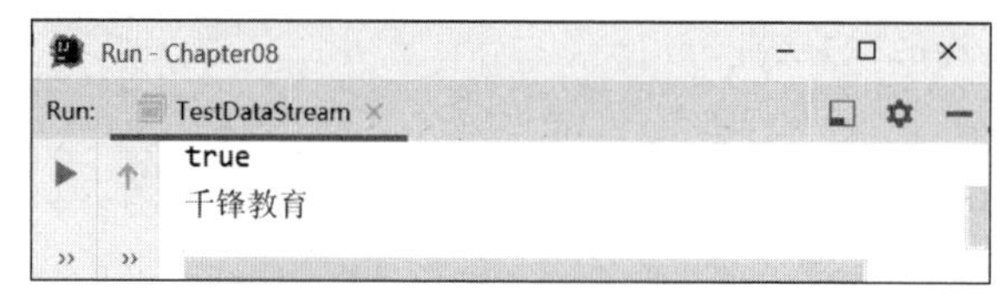

图 8.27 例 8-18 运行结果

在例 8-18 中，将数据用 DataOutputStream 流存入 data.txt 文件，该文件生成在当前目录，这里要注意，读取数据的顺序要与存储数据的顺序保持一致，这样才能保证读取数据正确。

8.5.3 打印流

问题是时代的声音，回答并指导解决问题是理论的根本任务。前面讲解了使用输出流输出字节数组，如果想直接输出数组、日期、字符等数据呢？Java 提供了 PrintStream 流来解决这一问题。它应用了装饰设计模式，使输出流的功能更完善。它提供了一系列用于输出数据的 print( )和 println( )方法，被称作打印流。接下来通过一个案例来演示 PrintStream 流的用法，如例 8-19 所示。

【例 8-19】TestPrintStream.java

```
1   import java.io.*;
2   public class TestPrintStream{
3       public static void main(String[] args) throws Exception{
4           //创建 PrintStream 类对象，将 FileOutputStream 读取到的数据输出
5           PrintStream ps=new PrintStream
6                   (new FileOutputStream("src/print.txt"),true);
7           ps.print(2022);
8           ps.println("年");
9           ps.print("疫情得到有效控制！ ");
10      }
11  }
```

例 8-19 中程序运行结束后，在当前目录会生成一个 print.txt 文件，文件内容如下。

```
2022 年
疫情得到有效控制！
```

从文件内容可看出，例 8-19 输出的内容都成功储存到 print.txt 文件。

8.5.4 标准输入输出流

Java 中有 3 个特殊的流对象常量，如表 8.6 所示。

表 8.6 流对象常量

常量	功能
public static final PrintStream err	错误输出
public static final PrintStream out	系统输出
public static final InputStream in	系统输入

表 8.6 中列出的 3 个特殊的流对象常量，被人们习惯性地称为标准输入输出流。其中，err 是将数据输出到控制台，通常是程序运行的错误信息，是不希望用户看到的；out 是标准输出流，默认将数据

输出到命令行窗口，是希望用户看到的；in 是标准输入流，默认读取通过键盘输入的数据。接下来通过一个案例来演示这 3 个流对象常量的使用方法，如例 8-20 所示。

【例 8-20】TestSystem.java

```
1    import java.util.Scanner;
2    public class TestSystem{
3        public static void main(String[] args){
4            //创建标准输入流
5            Scanner s=new Scanner(System.in);
6            System.out.println("请输入一个字母：");
7            String next=s.next();          //接收输入的字母
8            try{
9                Integer.parseInt(next);    //将字母解析成 Integer 类型
10           }catch(Exception e){
11               System.err.println(e);     //输出错误信息
12               System.out.println("程序内部发生错误");
13           }
14       }
15   }
```

程序运行结果如图 8.28 所示。

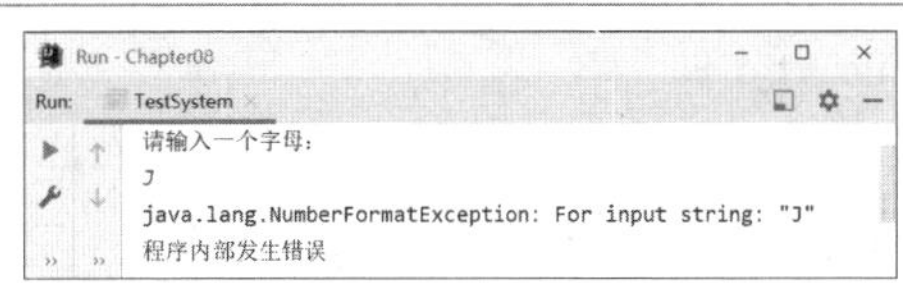

图 8.28 例 8-20 运行结果

在图 8.28 中，程序运行时先输入一个字母，然后程序输出了两条错误：一条是程序错误的堆栈信息；另一条是自定义的错误信息。例 8-20 中，先创建了标准输入流，读取从键盘输入的字母，用一个 String 类型的变量接收，然后试图将这个变量解析成 Integer 类型，程序出错，运行到 catch 代码块，用两种方式输出了错误信息。

有时程序会向命令行窗口输出大量的数据，如程序运行中的日志，大量日志的输出会使命令行窗口快速滚动，浏览起来很不方便。System 类提供了一些静态方法来解决这一问题，将标准输入输出流重定向到其他设备，如将数据输出到硬盘的文件中。这些静态方法如表 8.7 所示。

表 8.7 重定向标准输入输出流的静态方法

方法声明	功能描述
void setIn(InputStream in)	对标准输入流重定向
void setOut(PrintStream out)	对标准输出流重定向
void setErr(PrintStream out)	对标准错误输出流重定向

表 8.7 列出了重定向标准输入输出流的静态方法，接下来通过一个案例来演示这些静态方法的具体使用方法。首先在当前目录创建一个 src.txt 文件，文件内容如下。

```
Java 语言程序设计
Java Web 程序开发实战
Java EE 企业应用实战
```

创建好文件后，开始编写代码，如例 8-21 所示。

【例 8-21】TestSystemRedirect.java

```
1    import java.io.*;
2    public class TestSystemRedirect{
3        public static void main(String[] args) throws Exception{
```

```
4            System.setIn(new FileInputStream("src/src.txt"));      //重定向输入流
5            System.setOut(new PrintStream("src/tar.txt"));         //重定向输出流
6            BufferedReader br=new
7                    BufferedReader(new InputStreamReader(System.in));
8            String str;
9            //判断是否读取到文件末尾
10           while((str=br.readLine())!=null){
11               System.out.println(str);
12           }
13       }
14   }
```

例 8-21 中程序运行结束后，在当前目录会生成一个 tar.txt 文件，tar.txt 文件和 src.txt 文件内容一致，如图 8.29 所示。

图 8.29　例 8-21 运行前后的文件内容对比

在例 8-21 中，使用 setIn(InputStream in)方法将标准输入流重定向到 InputStream 流，关联当前目录下的 src.txt 文件；使用 setOut(PrintStream)方法将标准输出流重定向到一个 PrintStream 流，关联当前目录下的 tar.txt 文件，若文件不存在则创建文件，若文件存在，则清空里面内容，再写入数据；最后使用 BufferedReader 包装流进行包装，程序每次从 src.txt 文件读取一行，写入 tar.txt 文件。

8.5.5 管道流

在 UNIX/Linux 中有一个很有用的概念——管道（Pipe），它具有将一个程序的输出当作另一个程序的输入的能力。Java 提供了类似这个概念的管道流，使用管道流可以进行线程之间的通信。在这个机制中，输入流和输出流必须相连接，这样的通信有别于一般的共享数据，它不需要一个共享的数据空间。

管道流主要用于连接两个线程间的通信。管道流也分为字节流（PipedInputStream、PipedOutputStream）和字符流（PipedReader、PipedWriter），本小节只讲解字节流（PipedInputStream、PipedOutputStream）。接下来通过一个案例来演示管道流的使用方法，如例 8-22 所示。

【例 8-22】TestPiped.java

```
1    import java.io.*;
2    public class TestPiped{
3        public static void main(String[] args) throws IOException{
4            Send send=new Send();
5            Receive receive=new Receive();
6            //写入
7            PipedOutputStream pos = send.getOutputStream();
8            //读取
9            PipedInputStream pis=receive.getInputStream();
10           pos.connect(pis);                    //将输出发送到输入
11           send.start();                        //启动线程
12           receive.start();
13       }
14   }
15   class Send extends Thread{
16       private PipedOutputStream pos=new PipedOutputStream();
17       public PipedOutputStream getOutputStream(){
```

```
18            return pos;
19        }
20        public void run(){
21            String s=new String("Send发送的数据");
22            try{
23                pos.write(s.getBytes()); //写入数据
24                pos.close();
25            }catch(IOException e){
26                e.printStackTrace();
27            }
28        }
29    }
30    class Receive extends Thread{
31        private PipedInputStream pis=new PipedInputStream();
32        public PipedInputStream getInputStream(){
33            return pis;
34        }
35        public void run(){
36            String s=null;
37            byte[] b=new byte[1024];
38            try{
39                int len=pis.read(b);
40                s=new String(b,0,len);
41                //读取数据
42                System.out.println("Receive接收到了: "+s);
43                pis.close();
44            }catch(IOException e){
45                e.printStackTrace();
46            }
47        }
48    }
```

程序运行结果如图8.30所示。

图8.30 例8-22运行结果

在例8-22中，Send类用于发送数据，Receive类用于接收其他线程发送的数据，main( )方法创建Send类和Receive类实例后，分别调用send对象的getOutputStream( )方法和receive对象的getInputStream( )方法，返回各自的管道输出流和管道输入流对象，然后通过调用管道输出流对象的connect( )方法，将两个管道连接在一起，最后通过调用start( )方法分别开启两个线程。

8.5.6 字节内存操作流

前面介绍的输入流和输出流都是程序与文件之间的操作，有时程序在运行过程中要生成一些临时文件，这时可以采用虚拟文件的方式来实现。Java提供了内存流机制，可以实现将数据储存到内存中，称为内存操作流，它们分别是字节内存操作流（ByteArrayInputStream、ByteArrayOutputStream）和字符内存操作流（CharArrayWriter、CharArrayReader），本小节只讲解字节内存操作流。接下来通过一个案例来演示字节内存操作流的使用方法，如例8-23所示。

【例8-23】TestByteArray.java

```
1    import java.io.*;
2    public class TestByteArray{
3        public static void main(String[] args) throws Exception{
```

```
4           int a=0;
5           int b=1;
6           int c=2;
7           //创建字节内存输出流
8           ByteArrayOutputStream baos=new ByteArrayOutputStream();
9           baos.write(a);
10          baos.write(b);
11          baos.write(c);
12          baos.close();
13          byte[] buff=baos.toByteArray();        //转为byte[]数组
14          for(int i=0;i<buff.length;i++)
15             System.out.println(buff[i]);        //遍历数组内容
16          System.out.println("**********************");
17          //创建字节内存输入流，读取内存中的byte[]数组
18          ByteArrayInputStream bais=new ByteArrayInputStream(buff);
19          while((b=bais.read())!=-1){
20              System.out.println(b);
21          }
22          bais.close();
23      }
24  }
```

程序运行结果如图 8.31 所示。

例 8-23 中，先将 3 个 int 类型变量用 ByteArrayOutputStream 流存入内存中，然后将这些数据转为 byte[ ]数组的形式，遍历输出，最后将这些数据用 ByteArrayInputStream 流从内存中读取出来并遍历输出。

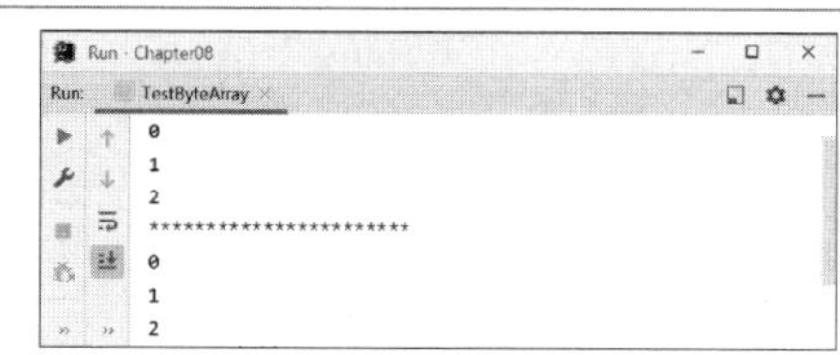

图 8.31　例 8-23 运行结果

8.5.7 字符内存操作流

上一小节讲解了字节内存操作流，与之对应的还有字符内存操作流。字符内存操作流包含 CharArrayReader 类和 CharArrayWriter 类，CharArrayWriter 类可以将字符类型数据临时存入内存缓冲区中，CharArrayReader 类可以从内存缓冲区中读取字符类型数据，接下来通过一个案例来演示这两个类的使用方法，如例 8-24 所示。

【例 8-24】 TestCharArray.java

```
1   import java.io.*;
2   public class TestCharArray{
3       public static void main(String[] args) throws IOException{
4           //创建字符内存输出流
5           CharArrayWriter caw=new CharArrayWriter();
6           caw.write("a");
7           caw.write("b");
8           caw.write("c");
9           System.out.println(caw);
10          caw.close();
11          //将内存中数据转为char[]数组
12          char[] charArray=caw.toCharArray();
13          System.out.println("**********************");
14          //创建字符内存输入流，读取内存中的char[]数组
15          CharArrayReader car=new CharArrayReader(charArray);
```

```
16            int len;
17            while((len=car.read())!=-1){
18                System.out.println((char)len);
19            }
20        }
21    }
```

程序运行结果如图 8.32 所示。

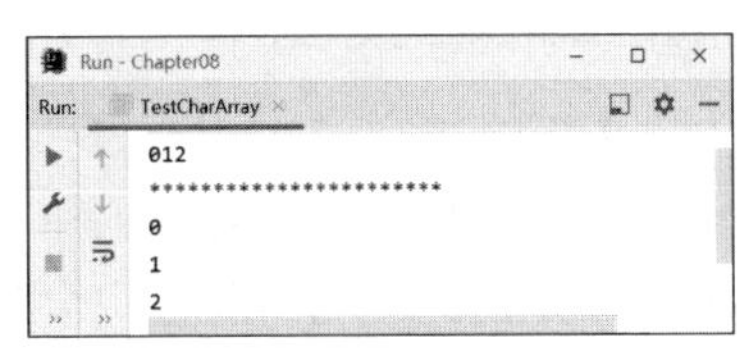

图 8.32 例 8-24 运行结果

在例 8-24 中，先将 3 个字符串用 CharArrayWriter 存入内存中，输出存入的数据，然后将这些数据转为 char[ ]数组的形式，将内存中的 char[ ]数组用 CharArrayReader 读取出来并遍历输出。

8.5.8 合并流

前面讲解的对文件进行操作都是通过流来实现的，Java 提供了 SequenceInputStream 类，它可以将多个输入流按顺序连接起来，合并为一个输入流。当通过这个类来读取数据时，它会依次从所有被串联的输入流中读取数据，对程序来说就好像对同一个流操作。接下来通过一个案例来演示 SequenceInputStream 类的使用方法。首先在当前目录创建 file1.txt 文件和 file2.txt 文件，其中 file1.txt 文件的内容如下。

```
2022 年
```

file2.txt 文件的内容如下。

```
冬奥会
```

创建文件完成后，开始编写代码，如例 8-25 所示。

【例 8-25】 TestSequence.java

```
1   import java.io.*;
2   public class TestSequence{
3       public static void main(String[] args) throws Exception{
4           //创建 2 个文件输入流，读取 2 个文件
5           FileInputStream fis1=new FileInputStream("src/file1.txt");
6           FileInputStream fis2=new FileInputStream("src/file2.txt");
7           //创建 SequenceInputStream 类对象，用于合并 2 个文件输入流
8           SequenceInputStream sis=new SequenceInputStream(fis1, fis2);
9           FileOutputStream fos=new FileOutputStream("src/fileMerge.txt");
10          int len;
11          byte[] buff=new byte[1024];
12          while((len=sis.read(buff))!=-1){
13              fos.write(buff,0,len);
14              fos.write("\r\n".getBytes());
15          }
16          sis.close();
17          fos.close();
18      }
19  }
```

例 8-25 中程序运行结束后，在当前目录会生成一个 fileMerge.txt 文件，3 个文件的内容如图 8.33 所示。

图 8.33　3 个文件的内容

在例 8-25 中，先创建 2 个文件输入流读取当前目录下的 2 个文件，然后创建 SequenceInputStream 类对象用于合并两个文件输入流，接着创建文件输出流生成 fileMerge.txt 文件

在例 8-25 中，SequenceInputStream 类对象将 2 个流合并。SequenceInputStream 类还提供了合并多个流的构造方法，具体如下。

```
public SequenceInputStream(Enumeration<? extends InputStream> e)
```

这个构造方法接收一个 Enumeration 类对象作为参数，Enumeration 类对象会返回一系列 InputStream 类型的对象，提供给 SequenceInputStream 类读取。接下来通过一个案例来演示 SequenceInputStream 类接收多个流的用法，如例 8-26 所示。

【例 8-26】TestSequence2.java

```
1   import java.io.*;
2   import java.util.*;
3   public class TestSequence2{
4       public static void main(String[] args) throws Exception{
5           //创建 3 个文件输入流，读取 3 个文件
6           FileInputStream fis1=new FileInputStream("src/file1.txt");
7           FileInputStream fis2=new FileInputStream("src/file2.txt");
8           FileInputStream fis3=new FileInputStream("src/file3.txt");
9           //创建 Vector 类对象
10          Vector vector=new Vector();
11          vector.addElement(fis1);
12          vector.addElement(fis2);
13          vector.addElement(fis3);
14          //获取 Vector 类对象中的元素
15          Enumeration elements=vector.elements();
16          //将 Enumeration 类对象中的流合并
17          SequenceInputStream sis=new SequenceInputStream(elements);
18          FileOutputStream fos=new FileOutputStream("src/fileMerge.txt");
19          int len;
20          byte[] buff=new byte[1024];
21          while((len=sis.read(buff))!=-1){
22              fos.write(buff,0,len);
23              fos.write("\r\n".getBytes());
24          }
25          sis.close();
26          fos.close();
27      }
28  }
```

例 8-26 中程序运行结束后，在当前目录会生成一个 fileMerge.txt 文件，4 个文件的内容如图 8.34 所示。

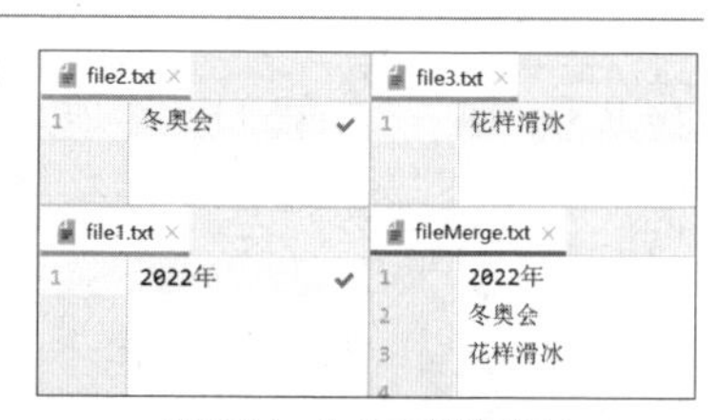

图 8.34　4 个文件的内容

在例 8-26 中，先创建 3 个文件输入流读取当前目录下的 3 个文件，然后创建 Vector 类对象用于存放 3 个流，接下来调用 Vector 类对象的 elements( )方法返回 Enumeration 类对象，创建 SequenceInputStream 类对象并将 Enumeration 类对象以参数形式传入，最后创建一个文件输出流生成 fileMerge.txt 文件，成功将 3 个文件的内容合并。

【实战训练】 流浪猫科普知识

需求描述

从磁盘文件中读取流浪猫的科普知识并打印在控制台。

思路分析

定义文件处理工具类 FileUtil，在类中定义读取文件的方法 getMeassage(String url)，使用 FileReader 类进行文件的读取。

实现代码

【训练 8-1】FileUtil.java

```
1   import java.io.*
2   public class FileUtil {
3       /**
4        * 读取文件中的信息
5        */
6       public static void getMessage(String address) {
7           Reader reader = null;
8           StringBuffer buffer = null;
9           try {
10              reader = new FileReader(address);
11              char[] array = new char[3];
12              buffer = new StringBuffer();
13              int length = reader.read(array);
14              while(length != -1) {
15                  buffer.append(array);
16                  array = new char[3];
17                  length = reader.read(array);
18              }
19          } catch(FileNotFoundException e) {
20              System.out.println("科普不见了...");
21          } catch (IOException e) {
22              e.printStackTrace();
23          }finally {
24              if(buffer!=null) {
25                  try {
26                      reader.close();
27                  } catch (IOException e) {
28                      e.printStackTrace();
29                  }
30              }
31          }
32          System.out.println(buffer);
33      }
34      public static void main(String[] args) {
35          FileUtil.getMessage("E:\\IdeaProjects\\Chapter08\\src\\knowledge.txt");
36      }
37  }
```

程序运行结果如图 8.35 所示。

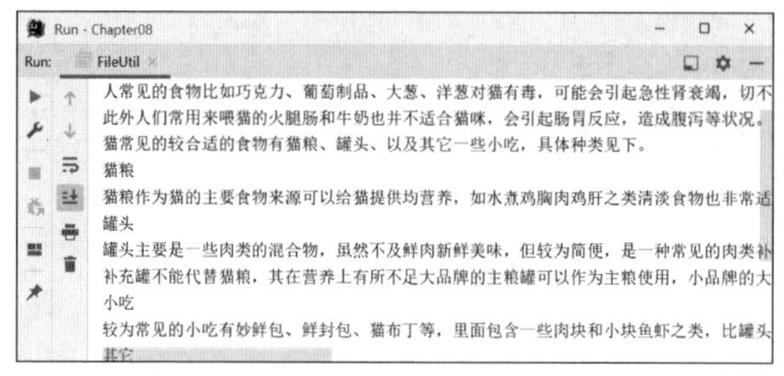

图 8.35　训练 8-1 运行结果

8.6 本章小结

通过本章的学习，读者能够掌握 Java 输入、输出体系的相关知识。读者需要重点理解的是输入流和输出流的区别，对于输入流只能进行读操作，对于输出流只能进行写操作，程序中需要根据待传输数据的不同特性而使用不同的流。

8.7 习题

1. 填空题

（1）I/O 流有很多种，按操作数据单位不同可分为________和________，按数据流的流向不同可分为________和________。

（2）在计算机中，所有的文件都能以二进制形式存在，Java 的 I/O 中针对字节传输操作提供了一系列流，统称为________。

（3）字符流中带缓冲区的流分别是________类和________类。

（4）在文件操作中，遍历某个目录下的文件是很常见的操作，File 类中提供的________方法就是用来遍历目录下所有文件的。

（5）除了 File 类，Java 还提供了________类用于专门处理文件，它支持“随机访问”的方式，这里“随机”是指可以跳转到文件的任意位置处读写数据。

2. 选择题

（1）下面哪个流类属于面向字符的输入流？（　　）

A. BufferedWriter　　B. FileInputStream
C. ObjectInputStream　　D. InputStreamReader

（2）新建一个流对象，下面哪个选项的代码是错误的？（　　）

A. new BufferedWriter(new FileWriter("a.txt"));
B. new BufferedReader(new FileInputStream("a.dat"));
C. new GZIPOutputStream(new FileOutputStream("a.zip"));
D. new ObjectInputStream(new FileInputStream("a.dat"));

（3）要从文件“file.dat”中读出第 10 个字节到变量 c 中，使用下列哪段代码较合适？（　　）

A. FileInputStream in=new FileInputStream("file.dat"); in.skip(8); int c=in.read( );

B. FileInputStream in=new FileInputStream("file.dat"); in.skip(10); int c=in.read( );

C. FileInputStream in=new FileInputStream("file.dat"); int c=in.read( );

D. RandomAccessFile in=new RandomAccessFile("file.dat"); in.skip(8);

（4）Java I/O 程序设计中，下列描述正确的是（　　）。

A. OutputStream 用于写操作　　B. InputStream 用于写操作

C. 只有字节流可以进行读操作　　D. I/O 库不支持对文件可读可写 API

（5）下列哪个不是合法的字符编码？（　　）

A. UTF-8　　B. ISO8858-1　　C. GBL　　D. ASCII

（6）下面的程序段的功能是（　　）。

```
File file1=new File("e:\\xxx\\yyy"): filel.mkdirO;
```

A. 在当前目录下生成子目录:\xxx\yyy　　B. 生成目录:e:\xxx\yyy

C. 在当前目录下生成文件 xxx.yyy　　D. 以上说法都不对

3．简答题

（1）Java 中有几种类型的流?

（2）什么是 Java 序列化?

（3）如何实现 Java 序列化?

（4）什么是标准的 I/O 流?

4．编程题

（1）利用程序在 D 盘新建一个文本文件“test.txt”，利用程序在文件中写入“我写的代码没 bug”。

（2）利用程序读取“test.txt”文件内容并输出到控制台。

（3）利用转换流复制“test.txt”为“my.txt”。

第 9 章 图形用户界面

本章学习目标

- 掌握常用的 Swing 组件的使用方法。
- 了解常用的窗体和布局管理器。
- 熟练掌握事件监听器的使用方法。

早期，用户和计算机交互使用的是命令行界面（Command-Line Interface，CLI），现在还可以依稀看到它的身影。例如，Windows 系统保留的 DOS 窗口。命令行界面单调、枯燥且需要用户记忆大量的操作命令。Windows 和 Mac OS 等操作系统的出现，将图形用户界面（Graphical User Interface，GUI）设计带进新的时代。GUI 是指采用图形方式显示的计算机操作用户界面，用户可以通过其中的图形对象进行操作。Java 提供了丰富的开发工具用于 GUI 设计，如 AWT 组件和 Swing 组件。Swing 组件是 AWT 组件的增强版，本章将简单介绍 AWT 组件，主要讲解 Swing 组件的基本要素，包括窗体、布局、常用组件和事件监听等内容。

9.1 AWT 概述

在 Java 1.0 时，Sun 公司提供了一个用于基本的 GUI 程序设计的类库，名为抽象窗口工具集 （Abstract Window Toolkit，AWT）。AWT 是 Java 最早的 GUI 类库，它提供了一系列用于实现图形界面的组件，如窗口、按钮和对话框等。JDK 针对每个组件都提供了对应的类，并将和 AWT 编程相关的类都放在 java.awt 包及它的子包中。

Sun 公司希望 GUI 类库在所有平台都能运行，但 AWT 并没有实现严格意义上的跨平台。因为 AWT 的图形函数与操作系统提供的图形函数是一一对应的关系，利用 AWT 构建图形用户界面时，实际上是在使用操作系统的图形库。当含有 AWT 组件的 Java 程序放在不同的操作系统上运行时，每个操作系统的 GUI 组件的显示效果会有差别。程序开发人员必须在每一种平台上测试程序。

9.2 Swing 概述

由于 AWT 是依靠本地方法来实现功能的，所以 AWT 控件称为“重量级控件”。但是 AWT 组件种类有限，无法实现 GUI 设计的所有功能，并且不能实现跨平台。于是 Sun 公司又提供一个用户界面库，名为 Swing。Swing 的 API 多数位于 java.awt、javax.swing 包及其子包中。Swing 具有跨平台性，与本地图形库没有太大的关系，也就是说不管什么操作系统，只要使用 Swing 绘制界面，那么显示都是一样的，而且能绘制比 AWT 更丰富的图形界面。

知识拓展

2008年，Sun公司发布了基于Java语言的JavaFX1.0。JavaFX是一个强大的图形和多媒体处理工具包集合，程序开发者能够使用JavaFX高效地设计和开发富客户端应用程序，并且它和Java一样跨平台。使用JavaFX开发的应用程序能够在各种设备上运行，如计算机、手机、电视、平板电脑等。从Java 7开始，JavaFX和JDK一起打包。Java 9开始使用Java平台模块系统，将JavaFX作为JDK的一个模块。从Java 11开始，JDK和JavaFX分离开来，JavaFX作为独立的模块提供。

需要注意的是，虽然Swing提供的组件可以更方便地开发Java的GUI程序，但是Swing并不能完全取代AWT，而是基于AWT架构的基础进行构建的。在开发Swing程序时，开发人员通常借助AWT的一些对象来共同完成应用程序的设计，如AWT的事件处理机制等。

在java.awt包中有一个Container类，JComponent是它的子类，大部分Swing组件都是JComponent的直接或间接子类。Swing的体系结构如图9.1所示。

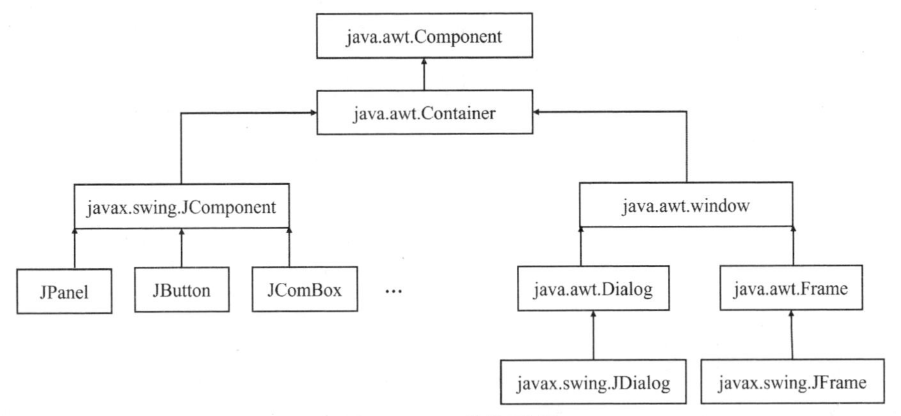

图9.1　Swing的体系结构

了解Swing的层级结构和继承关系，是有效掌握Swing组件的前提。通过图9.1可以清晰地看到Swing的体系结构，它的组件大多数与AWT命名相似，只是名字前加了一个"J"，javax.swing包中的一部分类是基于java.awt包中的类扩展而来的，或者是使用了AWT组件的底层实现的。常用的Swing组件如表9.1所示。

表9.1　常用的Swing组件

组件名称	含义
JButton	按钮组件，可以显示图片或文字
JCheckBox	复选框组件
JComBox	下拉列表框组件，可以在下拉区域显示多个选项
JFrame	窗体/框架组件
JDialog	对话框组件
JLable	标签组件
JRadioButton	单选按钮组件
JList	列表框组件，在图形界面中显示一系列条目
JTextFiled	文本框组件
JPassword	密码框组件
JTextArea	文本区域组件，用来编辑多行的文本
JOptionPane	可定制4种标准对话框组件：消息、选项、确认和输入

表 9.1 所示的各种 Swing 组件，都可以用各自不同的构造方法，创建不同样式的组件。

9.3 常用窗体

在 Java 中，顶层窗口称为窗体（Frame），即未被包含在其他窗口中的窗口。窗体是应用程序中其他组件的承载体，在 AWT 中使用 Frame 类描述窗体，Swing 中常用的窗体是 JFrame 和 JDialog。

9.3.1 JFrame 窗体

JFrame 窗体是一个容器，它扩展了 java.awt.Frame 类，是 Swing 程序中各个组件的载体。在开发应用程序时，可以通过继承 javax.swing.JFrame 类来创建一个窗体对象，这个窗体继承了 JFrame 类自带的控制窗体的按钮，如“最大化”“最小化”“关闭”等，可以在窗体中添加组件以及为组件设置事件。

窗体是其他组件的容器，所以首先要创建一个窗体。JFrame 类常用的构造方法如表 9.2 所示。

表 9.2　JFrame 类常用的构造方法

方法声明	描述
public JFrame( )	创建一个无标题的初始不可见的窗体
public JFrame(String title)	创建一个标题为 title 的不可见的窗体

创建一个 JFrame 类对象，代码如下。

```
JFrame jf=new JFrame("JFrame 窗体");
```

通过上面的代码就可以创建一个 JFrame 窗体。JFrame 类提供了一些方法，可以对窗体的位置、大小和是否可见等信息进行设置。JFrame 类的常用方法如表 9.3 所示。

表 9.3　JFrame 类的常用方法

方法声明	功能描述
setBounds(int x,int y,int width,int height)	移动和调整窗体的大小。设置组件左上角顶点为(x,y)，宽度为 width，高度为 height
setLocation(int x,int y)	将组件移动到新的位置。左上角顶点为(x,y)
setSize(int width,int height)	调整组件的大小，宽度为 width，高度为 height
setVisible(boolean b)	设置组件是否可见，参数 b 为 true 表示可见，为 false 表示不可见
setDefaultCloseOperation(int operation)	设置关闭 JFrame 窗体的方式，默认为 HIDE_ON_CLOSE
setLocationRelativeTo(Component c)	设置窗体相对于指定组件的位置。如果组件当前未显示或者 c 为 null，则窗体将置于屏幕的中央

Java 中关闭 JFrame 窗体的方式有 4 种，如表 9.4 所示。

表 9.4　关闭 JFrame 窗体的方式

关闭方式	实现功能
DO_NOTHING_ON_CLO	单击“关闭”按钮时不做任何操作
HIDE_ON_CLOSE	单击“关闭”按钮时隐藏窗体
DISPOSE_ON_CLOSE	单击“关闭”按钮时隐藏当前窗体
EXIT_ON_CLOSE	单击“关闭”按钮时退出当前窗体并关闭程序

在开发时可以根据不同的需求，为 setDefaultCloseOperation(int operation)设置不同的参数值。

如果要在 JFrame 窗体中填充组件，需要获取当前窗体的 Container 类对象，将窗体作为容器来添加组件或设置布局管理器。将窗体转换为容器的代码如下。

```
Container container=jf.getContentPane();
```

将组件添加到容器中，可以使用 Container 类的 add( )方法，还可以使用 remove( )方法将组件移除，代码如下。

```
JLabel jl=new JLabel("这是一个 JFrame 窗体");
container.add(jl);
container.remove(jl);
```

接下来通过一个案例来演示 JFrame 窗体的使用方法。创建 SimpleJFrame 类，该类继承自 JFrame 类，在该类中定义 createJFrame( )方法，在该方法中创建标签组件和按钮组件，并添加到窗体容器中，如例 9-1 所示。

【例 9-1】TestJFrame.java

```
1   class SimpleFrame extends JFrame{
2      public void createJFrame(String title){
3          JFrame jf=new JFrame("JFrame 窗体");             //创建 JFrame 窗体
4          Container container=jf.getContentPane();    //获取一个容器
5          container.setBackground(Color.white);       //设置窗体的背景颜色
6          JLabel jl=new JLabel(title);                //创建一个 JLabel 标签
7          container.add(jl);                          //添加标签
8          jl.setHorizontalAlignment(SwingConstants.CENTER);    //设置标签居中
9          JButton jb=new JButton("按钮");              //创建一个按钮
10         jf.add(jb);                                 //添加按钮
11         jf.setLayout(new FlowLayout());             //设置布局
12         jf.setSize(500,300);                        //设置窗体大小
13         jf.setVisible(true);                        //设置窗体可见
14         //设置窗体关闭方式
15         jf.setDefaultCloseOperation(JFrame.EXIT_ON_CLOSE);
16     }
17  }
18  public class TestJFrame{
19     public static void main(String[] args){
20         new SimpleFrame().createJFrame("这是一个 JFrame 窗体");
21     }
22  }
```

程序运行结果如图 9.2 所示。

在例 9-1 中，为了使窗体的显示效果更明显，在第 5 行给窗体设置了背景颜色，在第 12 行设置了窗体的大小为 500 像素×300 像素（窗体默认大小为 0 像素×0 像素），在第 8 行设置了标签居中等。

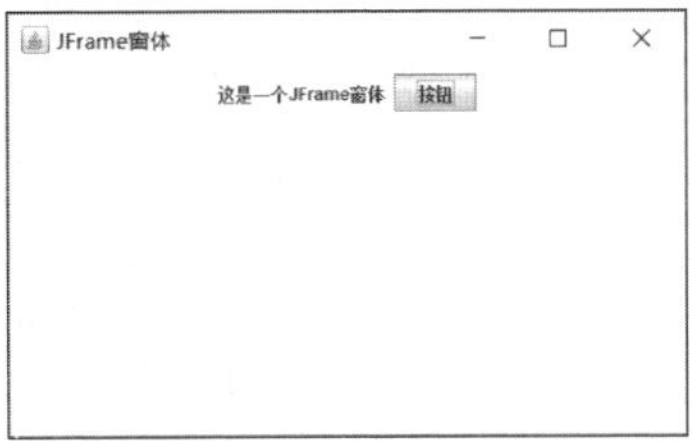

图 9.2 例 9-1 运行结果

9.3.2 JDialog 对话框窗体

应用程序不仅需要将所有的用户界面组件显示在窗体中，还需要不同的对话框，用来给用户显示

信息或者获取用户提供的信息。JDialog 是 Swing 组件中的对话框组件，它继承了 AWT 组件中的 Dialog 类，它的功能是从一个窗体中弹出另一个窗体。JDialog 窗体与 JFrame 窗体类似，实质上是另一种类型的窗体。JDialog 类的常用构造方法如表 9.5 所示。

表 9.5　JDialog 类的常用构造方法

构造方法声明	功能描述
public JDialog( )	创建一个没有标题和父窗体的对话框
public JDialog(Frame f)	创建一个指定父窗体、无标题的对话框
public JDialog(Frame f,String title)	创建一个指定父窗体、有标题的对话框
public JDialog(Frame f,boolean model)	创建一个指定父窗体、无标题且指定模式的对话框
public JDialog(Frame f,String title,boolean model)	创建一个指定父窗体、有标题且指定模式的对话框

表 9.5 列举了 JDialog 类的常用构造方法，其中 model 参数用于指定在显示该对话框时，阻塞应用程序的哪些窗口。有模式的对话框将阻塞应用程序中除当前窗口子窗口外的所有其他窗口，而无模式的对话框不会阻塞其他窗口。

使用 JDialog 类实现对话框主要包括以下 5 步。

（1）自定义对话框继承 JDialog 类。

（2）在自定义对话框的构造方法中，调用父类 JDialog 的构造方法。

（3）添加对话框的 Swing 组件，如按钮和标签等。

（4）为组件绑定事件处理器（第 9.12 节进行讲解）。

（5）根据需求，对对话框的属性进行调整，如大小和位置等。

需要注意的是，调用父类 JDialog 的构造方法，要提供所在窗体对象（Frame 类的对象），如果没有提供，那么该对话框是一个隐藏窗体。

接下来通过一个案例来演示 JDialog 对话框的使用方法，实现单击图 9.2 所示的 JFrame 窗体的“按钮”时，弹出一个对话框。创建一个 JDialog 对话框，作为组件添加到例 9-1 中的 JFrame 窗体中，如例 9-2 所示。

【例 9-2】TesrtJDialog.java

```
1   class MyJDialog extends JDialog{
2       public MyJDialog(JFrame frame){
3           super(frame);
4           Container container=this.getContentPane();
5           JLabel jl=new JLabel("JDialog对话框");
6           container.add(jl);
7           this.setBounds(150,150,100,100);
8       }
9   }
10  class SimpleFrame extends JFrame{
11      public void createJFrame(String title){
12          JFrame jf=new JFrame("JFrame窗体");
13          Container container=jf.getContentPane();
14          container.setBackground(Color.white);
15          JLabel jl=new JLabel(title);
16          container.add(jl);
17          jl.setHorizontalAlignment(SwingConstants.CENTER);
18          JButton jb=new JButton("按钮");
19          jf.add(jb);
```

```
20          //为按钮添加监听事件
21          jb.addActionListener(new ActionListener(){
22              public void actionPerformed(ActionEvent e){
23                  //创建MyJDialog对话框
24                  MyJDialog dl=new MyJDialog(SimpleFrame.this);
25                  dl.setVisible(true);
26              }
27          });
28          jf.setLayout(new FlowLayout());
29          jf.setSize(500,300);
30          jf.setVisible(true);
31          //设置窗体关闭方式
32          jf.setDefaultCloseOperation(JFrame.EXIT_ON_CLOSE);
33      }
34  }
35  public class TesrtJDialog{
36      public static void main(String[] args){
37          SimpleFrame sf=new SimpleFrame();
38          sf.createJFrame("JFrame窗体");
39      }
40  }
```

程序运行结果如图9.3所示。

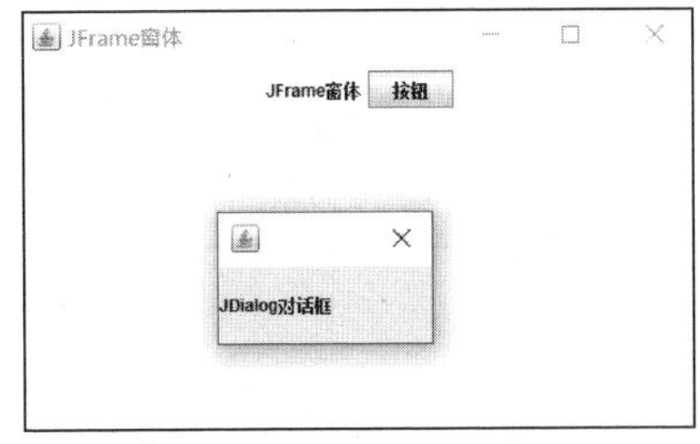

图9.3 例9-2运行结果

如图9.3所示，运行程序时弹出了JFrame窗体，窗体的效果和图9.2所示相同，单击"按钮"按钮后，弹出JDialog对话框。例9-2中，第20～27行代码为JFrame窗体的按钮添加事件监听器（事件监听器在第9.12节中进行讲解，在这里读者只需要知道第20～27行代码可以使按钮在被单击后能够实现某项功能即可），单击按钮触发事件，弹出JDialog对话框，此时不能操作JFrame窗体，JFrame窗体变成了灰色，要先将弹出的JDialog对话框关闭，才可以操作JFrame窗体。这就是有模式JDialog对话框的基本使用方法。

从图9.3可以看出，JDialog对话框和JFrame窗体的样式类似；从程序中可以看出，二者设置窗体属性时调用的方法名称基本相同。

9.4 常用布局管理器

在使用Swing进行程序设计时，向容器中添加组件，需要考虑每种组件的位置和尺寸，甚至需要在纸上设计好摆放位置后，设置好组件的位置和尺寸属性，再向容器中添加。由此可见，使用这种方式在窗体中摆放组件非常复杂。为此，Java提供了一些布局管理器，组件放置在容器中，布局管理器决定容器中组件的位置和尺寸。Java的布局管理器位于java.awt包中，本节讲解常用的流式布局管理器（FlowLayout）、边界布局管理器（BorderLayout）、网格布局管理器（GridLayout）、盒子布局管理器（BoxLayout）。

9.4.1 流式布局管理器

流式布局管理器（FlowLayout）是最基本的布局管理器，是JPanel和JApplet的默认布局管理器。

FlowLayout 将组件按照从左到右的放置规律逐行进行定位，占据了这一行的所有空间后自动移到下一行。组件在每一行默认是居中排列的，但通过设置可以调整组件的排列位置。FlowLayout 不会限制它所管理的组件的尺寸，而是允许它们拥有最佳尺寸。FlowLayout 类的常用构造方法如表 9.6 所示。

表 9.6　FlowLayout 类的常用构造方法

构造方法	功能描述
public FlowLayout( )	构造一个 FlowLayout，居中对齐，默认的水平和垂直间距是 5 个单位
public FlowLayout(int align)	构造一个 FlowLayout，并指定对齐方式，垂直间距默认是 5 个单位
public FlowLayout(int align,int hgap,int vgap)	构造一个 FlowLayout，并指定对齐方式和垂直间距

表 9.6 所示的构造方法中，align 参数表示组件的对齐方式（在每一行的具体摆放位置）；hgap 参数表示组件之间的横向间隔；vgap 参数表示组件之间的纵向间隔，单位是像素。align 参数可以设置为表 9.7 所示的 3 个值。

表 9.7　align 的参数值

参数值	描述
FlowLayout.LEFT	左对齐
FlowLayout.CENTER	居中对齐
FlowLayout.RIGHT	右对齐
FlowLayout.LEADING	与容器的开始端对齐方式一样
FlowLayout.TRAILING	与容器的结束端对齐方式一样

接下来通过一个案例来演示 FlowLayout 布局管理器的用法。创建一个窗口，大小为 400 像素 × 400 像素，设置标题为“使用流式布局管理器的窗体”；使用 FlowLayout 类对窗口进行布局，向容器内添加 5 个按钮，并设置横向和纵向的间隔都为 40 像素，如例 9-3 所示。

【例 9-3】TestFlowLayout.java

```
1    public class TestFlowLayout{
2        public static void main(String[] agrs){
3            JFrame jf=new JFrame("使用流式布局管理器的窗体");
4            JButton btn1=new JButton("按钮 0");    //创建按钮
5            JButton btn2=new JButton("按钮 1");
6            JButton btn3=new JButton("按钮 2");
7            JButton btn4=new JButton("按钮 3");
8            JButton btn5=new JButton("按钮 4");
9            JButton btn6=new JButton("按钮 5");
10           jf.add(btn1);    //添加按钮
11           jf.add(btn2);
12           jf.add(btn3);
13           jf.add(btn4);
14           jf.add(btn5);
15           jf.add(btn6);
16           //向jf添加FlowLayout布局管理器，将组件间的横向和纵向间隔设置为40像素
17           jf.setLayout(new FlowLayout(FlowLayout.LEADING,40,40));
18           jf.setBackground(Color.gray);
19           jf.setBounds(200,200,400,400);    //设置容器的大小
```

```
20          jf.setVisible(true);
21          jf.setDefaultCloseOperation(JFrame.EXIT_ON_CLOSE);
22      }
23  }
```

程序运行结果如图 9.4（a）所示。

由图 9.4（a）可见，按钮的摆放位置会在占满一行的空间后，自动换行。如果手动改变窗体的大小，组件的摆放位置也会发生变化。例如，在例 9-3 第 19 行设置容器大小时，将 width 和 height 参数值均修改为 500，运行效果如图 9.4（b）所示。

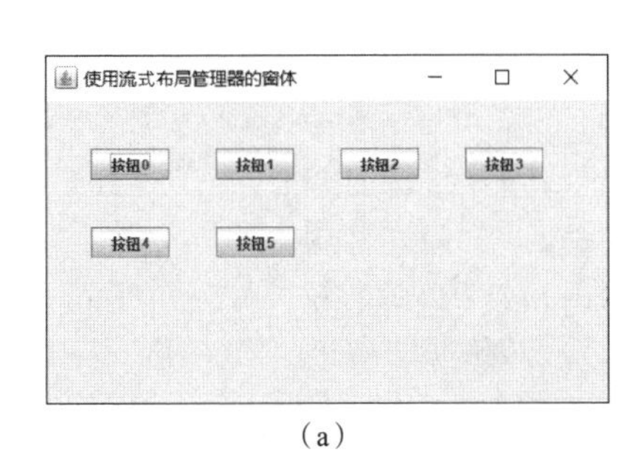

（a）

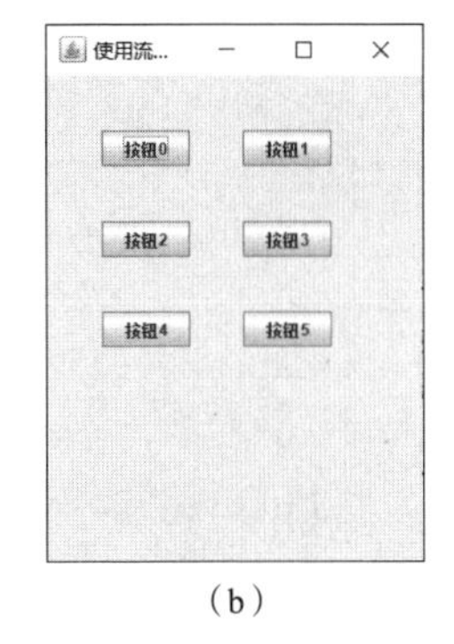

（b）

图 9.4 例 9-3 运行结果

9.4.2 边界布局管理器

在不指定窗体布局的情况下，Window、JFrame 和 JDialog 等窗体的默认布局模式是边界布局。边界布局管理器（BorderLayout）将窗体分为 North、South、East、West 和 Center 5 个区域，如图 9.5 所示。

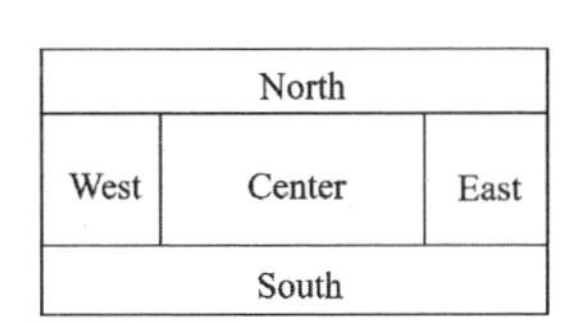

图 9.5 边界布局窗体区域划分

由图 9.5 可以看出，North 区域占据窗体的上方，South 区域占据窗体的下方，East 区域占据窗体的右侧，West 区域占据窗体的左侧，中间区域 Center 是其他 4 个区域填满后剩下的区域。这 5 个区域分别由 BorderLayout 类中对应的同名常量控制，如表 9.8 所示。

表 9.8 BorderLayout 类中对应的同名常量

常量声明	描述
public static final String EAST	将组件设置在东区域
public static final String WEST	将组件设置在西区域
public static final String SOUTH	将组件设置在南区域
public static final String NORTH	将组件设置在北区域
public static final String CENTER	将组件设置在中间区域

通过调用 Container 类的 add( )方法将组件填充到容器时，可以同时设置组件的摆放位置。方法声明如下。

```
public void add(Component  comp,Object  constraints)
```

其中，comp 参数表示要添加的组件，constraints 参数表示该组件的布局约束对象。

接下来通过一个案例来演示 BorderLayout 布局管理器的用法。创建一个窗体，给该窗体使用 BorderLayout 布局管理器，分别在 BorderLayout 布局管理器的 North、South、East、West 和 Center 区域中添加 5 个按钮，如例 9-4 所示。

【例 9-4】TestBorderLayout.java

```
1    public class TestBorderLayout extends JFrame{
2        public TestBorderLayout(){
3            setTitle("使用边界布局管理器的窗体");
4            Container c=getContentPane();  //定义一个容器
5            setLayout(new BorderLayout()); //设置容器为边界布局管理器
6            JButton button1=new JButton("中"),
7                    button2=new JButton("北"),
8                    button3=new JButton("南"),
9                    button4=new JButton("西"),
10                   button5=new JButton("东");
11           c.add(button1,BorderLayout.CENTER);//中部添加按钮
12           c.add(button2,BorderLayout.NORTH);//北部添加按钮
13           c.add(button3,BorderLayout.SOUTH);//南部添加按钮
14           c.add(button4,BorderLayout.WEST);//西部添加按钮
15           c.add(button5,BorderLayout.EAST);//东部添加按钮
16           setSize(500,300); //设置窗体大小
17           setVisible(true); //设置窗体可见
18           //设置窗体关闭方式
19           setDefaultCloseOperation(WindowConstants.DISPOSE_ON_CLOSE);
20       }
21       public static void main(String[] args){
22           new TestBorderLayout();
23       }
24   }
```

程序运行结果如图 9.6 所示。

在例 9-4 中，运行程序时弹出了 JFrame 窗体，窗体内有 5 个按钮，东、西、南、北、中这 5 个按钮按照相应位置排列。这是 BorderLayout 布局管理器的基本使用方法。

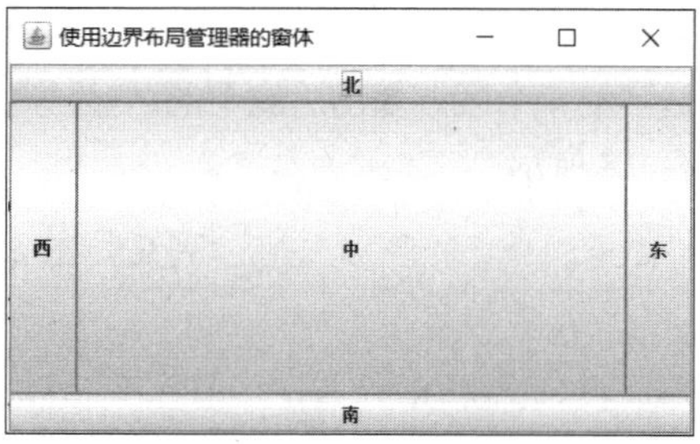

图 9.6　例 9-4 运行结果

9.4.3　网格布局管理器

网格布局管理器（GridLayout）将容器划分为网格，以表格形式进行管理。在使用网格布局管理器时必须设置显示的行数和列数，可以将组件按行或者按列进行排列。GridLayout 类的构造方法如表 9.9 所示。

表 9.9　GridLayout 类的构造方法

方法声明	功能描述
GridLayout( )	构造一个具有默认值的 GridLayout 布局管理器，即每个组件占一行一列
GridLayout(int rows,int cols)	构造一个指定行数和列数的 GridyLaout 布局管理器
GridLayout(int rows,int cols,int hgap,int vgap)	构造一个指定行数和列数以及水平和垂直间距的 GridLayout 布局管理器

表 9.9 列出了 GridLayout 类的常用构造方法，其中 rows 和 cols 参数分别代表网格的行数和列数，这两个参数的值只能有一个为 0，代表一行或者一列可以排列若干个组件；hgap 和 vgap 参数分别用来

指定网格之间的水平间距和垂直间距。

接下来通过一个案例来演示在窗体中使用 GridLayout 布局管理器。设置 GridLayout 布局管理器呈现 5 行 6 列的网格，设置网格之间的水平间距和垂直间距都是 5，并向每个网格中添加一个 JButton 组件，如例 9-5 所示。

【例 9-5】TestGridLayout.java

```
1    public class TestGridLayout extends JFrame{
2        public TestGridLayout(){
3            setTitle("使用网格布局管理器的窗体");
4            Container con=getContentPane();            //将窗体设置为容器
5            setLayout(new GridLayout(5,6,5,5));       //设置容器使用网格布局管理器
6            for(int i=0;i<30;i++){
7               con.add(new JButton("按钮"+i));
8            }
9            setSize(600,500);
10           setVisible(true);
11           setDefaultCloseOperation(WindowConstants.EXIT_ON_CLOSE);
12       }
13       public static void main(String[] args){
14           new TestGridLayout();
15       }
16   }
```

程序运行结果如图 9.7 所示。

图 9.7 例 9-5 运行结果

9.4.4 盒子布局管理器

盒子布局管理器（BoxLayout）允许组件水平或垂直排列，这一点类似于 FlowLayout，不过 FlowLayout 是不支持垂直排列的。BoxLayout 类的常用构造方法如下所示。

```
BoxLayout(Container target,int axis)
```

参数 target 代表的是目标容器；参数 axis 代表的是 BoxLayout 的排列方式，常用的值是 X_AXIS 或者 Y_AXIS，前者可以让组件从左至右排列，后者可以让组件从上至下排列。

接下来通过一个案例来演示在窗体中使用 BoxLayout 布局管理器，实现 3 个按钮的垂直排列，如例 9-6 所示。

【例 9-6】TestBoxLayout.java

```
1    public class TestBoxLayout extends JFrame{
2        public TestBoxLayout(){
3            setTitle("使用盒子布局管理器的窗体");
4            JPanel boxPanel=new JPanel();
5            Container con=getContentPane();
6            con.add(boxPanel);
7            boxPanel.setLayout(new BoxLayout(boxPanel,BoxLayout.Y_AXIS));
8            for(int i=0;i<3;i++){
9               boxPanel.add(new JButton("按钮"+i));
10           }
11           setSize(300,200);    //设置容器的大小
```

```
12          setDefaultCloseOperation(JFrame.EXIT_ON_CLOSE);
13          setVisible(true);
14      }
15      public static void main(String[] args){
16          new TestBoxLayout();
17      }
18  }
```

程序运行结果如图 9.8 所示。

图 9.8　例 9-6 运行结果

9.5 常用面板

面板也是一种 Swing 容器，能够容纳其他组件。在使用时，需要将面板添加到 JFrame 窗体中，或者将子面板添加到上级面板中，再将组件添加到面板中。Swing 中常用的面板包括 JPanel 面板和 JScrollPane 面板。

9.5.1 JPanel

JPanel 是一种中间层容器，它的默认布局管理器为 FlowLayout。JPanel 面板可以添加组件并将组件组合到一起，但它本身必须添加到其他容器中使用，并且它没有边框，不能被移动、放大、缩小或关闭。JPanel 类的构造方法如表 9.10 所示。

表 9.10　JPanel 类的构造方法

构造方法声明	功能描述
public JPanel( )	使用默认的布局管理器创建新面板
public JPanel(LayoutManager layout)	创建具有指定布局管理器的面板

表 9.10 列出了 JPanel 类的构造方法，其中 layout 参数表示为面板指定的布局管理器。

接下来通过一个案例来演示 JPanel 面板的使用方法。创建一个窗体，设置标题为“JFrame 窗体”，添加 GridLayout 布局管理器呈现 2 行 2 列的网格，设置网格之间的水平间距和垂直间距都是 10，创建 4 个 JPanel 面板分别设置 GridLayout 布局管理器呈现 2 行 1 列的网格，设置网格之间的水平间距和垂直间距都是 10，向 4 个面板中添加按钮，按钮名为 JPanel 的按钮 1～4，最后将面板添加到窗体中，如例 9-7 所示。

【例 9-7】TestJPanel.java

```
1   public class TestJPanel{
2       public static void main(String[] args){
3           JFrame jf=new JFrame("JFrame 窗体");                //创建 JFrame 窗体
4           jf.setLayout(new GridLayout(2,2,10,10));          //设置布局管理器
5           JPanel jp1=new JPanel(new GridLayout(2、1、10、10));
6           JPanel jp2=new JPanel(new GridLayout(2、1、10、10));
7           JPanel jp3=new JPanel(new GridLayout(2、1、10、10));
8           JPanel jp4=new JPanel(new GridLayout(2、1、10、10));
9           jp1.add(new JButton("JPanel 的按钮 1"));  //添加 JPanel 的按钮
10          jp2.add(new JButton("JPanel 的按钮 2"));
11          jp3.add(new JButton("JPanel 的按钮 3"));
12          jp4.add(new JButton("JPanel 的按钮 4"));
```

```
13          jf.add(jp1);  //将 JPanel 添加进 JFrame 窗体
14          jf.add(jp2);
15          jf.add(jp3);
16          jf.add(jp4);
17          jf.setSize(500,400);
18          //设置窗体关闭方式
19          jf.setDefaultCloseOperation(JFrame.EXIT_ON_CLOSE);
20          jf.setVisible(true);
21      }
22  }
```

程序运行结果如图 9.9 所示。

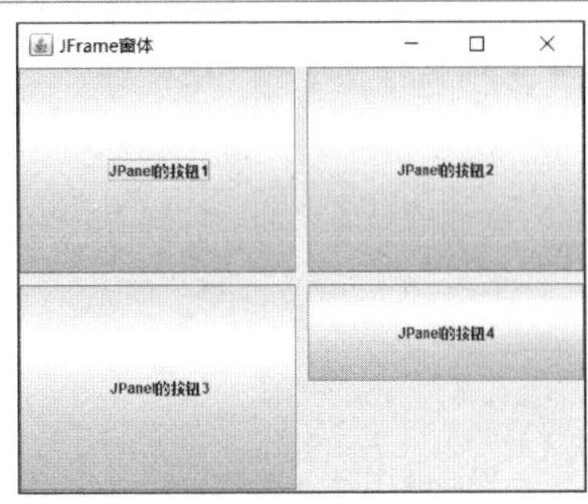

图 9.9　例 9-7 运行结果

在例 9-7 中，运行程序时弹出了 JFrame 窗体，窗体内有 4 个按钮。

9.5.2　JScrollPane

在设置界面时，可能会遇到一个较小的容器窗体中显示较多内容的情况，这时可以使用 JScrollPane 面板。JScrollPane 是一个带滚动条的面板容器，但是 JScrollPane 只能放置一个组件，并且不能使用布局管理器，如果需要在其中放置多个组件，需要将多个组件放置在 JPanel 面板容器上，然后将 JPanel 面板作为一个整体组件添加到 JScrollPane 面板中。这样，从界面上看，面板上好像也有多个组件。JScrollPane 类的常用构造方法如表 9.11 所示。

表 9.11　JScrollPane 类的常用构造方法

构造方法声明	功能描述
public JScrollPane( )	创建一个空的 JScrollPane，需要时水平和垂直滚动条都可显示
public JScrollPane(Component view)	创建一个显示指定组件内容的 JScrollPane，只要组件的内容超过视图大小，就会显示水平和垂直滚动条

表 9.11 列出了 JScrollPane 类的常用构造方法，其中 view 参数表示要放置于 JScrollPane 面板上的组件对象。为 JScrollPane 类对象指定了显示的组件之后，再用 add( )方法将 JScrollPane 类对象放置于窗体中。

接下来通过一个案例来演示 JScrollPane 面板的使用方法。创建一个 JFrame 窗体，添加一个文本域组件 JTextArea（在 9.6 节讲解），并指定文本域的大小。创建一个 JScrollPane 面板，将文本域对象添加到 JScrollPane 面板中，如例 9-8 所示。

【例 9-8】TestJScrollPane.java

```
1   public class TestJScrollPane{
2       public static void main(String[] args){
3           JFrame jf=new JFrame("JFrame 窗体");
4           //创建文本域组件
5           JTextArea jta=new JTextArea(20,50);
6           jta.setText("带滚动条的文字编辑器");
7           JScrollPane jsp=new JScrollPane(jta);
8           jf.add(jsp);
9           jf.setSize(500,200);
10          //设置窗体关闭方式
```

```
11          jf.setDefaultCloseOperation(JFrame.EXIT_ON_CLOSE);
12          jf.setVisible(true);
13      }
14  }
```

程序运行结果如图 9.10 所示。

在例 9-8 中，运行程序时弹出了 JFrame 窗体，窗体内有滚动条，可以上下左右移动。

图 9.10　例 9-8 运行结果

9.6 文本组件

文本组件用于接收用户输入的信息或向用户展示信息，在开发工作中应用最为广泛，主要有文本框（JTextField）、密码框（JPasswordField）和文本域（JTextArea）。

9.6.1 文本框

文本框用来显示或编辑一个单行文本，在 Swing 中通过 JTextField 类创建，JTextField 类的构造方法如表 9.12 所示。

表 9.12　JTextField 类的构造方法

构造方法声明	功能描述
public JTextField( )	构造一个新的 JTextField
public JTextField(int columns)	构造一个具有指定列数的、新的空 JTextField
public JTextField(String text)	构造一个用指定文本初始化的、新的 JTextField
public JTextField(String text,int columns)	构造一个用指定文本和列初始化的、新的 JTextField
public JTextField(Document doc,String text,int columns)	构造一个新的 JTextField，它使用给定的文本存储模型和给定的列数

表 9.12 列出了 JTextField 类的构造方法，其中 text 参数表示文本框的指定文本，可以用来设置提示信息，如果使用了 JTextField( )构造方法创建对象，则可以使用 setText(String t)方法设置默认文本。

接下来通过一个案例来演示文本框的使用方法。创建一个 JFrame 窗体，添加文本框组件和按钮组件，如例 9-9 所示。

【例 9-9】TestJTextField.java

```
1   public class TestJTextField{
2       public static void main(String[] args){
3           JFrame jf=new JFrame("JFrame 窗体");      //创建 JFrame 窗体
4           //创建文本框
5           final JTextField jtf=new JTextField("1000phone",15);
6           jf.add(jtf);                              //将文本框添加到 JFrame 窗体
7           JButton jb=new JButton("清空");
8           jb.addActionListener(new ActionListener(){
9               public void actionPerformed(ActionEvent e){
10                  jtf.setText("");                  //清空文本框
11                  jtf.requestFocus();               //回到文本框焦点
```

```
12              }
13          });
14          jf.add(jb);
15          jf.setLayout(new FlowLayout());
16          jf.setSize(500,300);
17          jf.setDefaultCloseOperation(JFrame.EXIT_ON_CLOSE);
18          jf.setVisible(true);
19      }
20  }
```

程序运行结果如图 9.11 所示。

图 9.11　例 9-9 运行结果

运行程序时弹出了 JFrame 窗体，窗体内有一个文本框，单击“清空”按钮，可将文本框内容清空。例 9-9 中先创建了 JFrame 窗体，然后创建了文本框对象并设置内容为“1000phone”，将文本框添加到 JFrame 窗体，接着创建一个“清空”按钮并设置监听事件，将其添加到 JFrame 窗体。这是文本框的基本使用方法。

9.6.2 密码框

密码框与文本框的定义和用法类似，唯一不同的就是密码框将用户输入的字符串以某种符号进行加密。密码框对象是通过 JPasswordField 类来创建的，JPasswordField 类的构造方法与 JTextField 类的构造方法类似，如表 9.13 所示。

表 9.13　JPasswordField 类的构造方法

构造方法声明	功能描述
public JPasswordField( )	构造一个新 JPasswordField，使其具有默认文档、为 null 的开始文本字符串和为 0 的列宽度
public JPasswordField(Document doc,String txt,int columns)	构造一个使用给定文本存储模型和给定列数的新 JPasswordField
public JPasswordField(int columns)	构造一个具有指定列数的新的空 JPasswordField
public JPasswordField(String text)	构造一个利用指定文本初始化的新 JPasswordField
public JPasswordField(String text,int columns)	构造一个利用指定文本和列初始化的新 JPasswordField

表 9.13 列出了 JPasswordField 类的构造方法，接下来通过一个案例来演示 JPasswordField 类的使用方法，如例 9-10 所示。

【例 9-10】TestJPasswordField.java

```
1   import java.awt.*;
2   import java.awt.event.*;
3   import javax.swing.*;
4   public class TestJPasswordField{
5       public static void main(String[] args){
6           JFrame jf=new JFrame("JFrame 窗体");  //创建 JFrame 窗体
7           //创建密码框
8           final JPasswordField jpf=new JPasswordField("123456789",15);
9           jpf.setEchoChar('$');
10          jf.add(jpf); //将文本框添加到 JFrame
11          JButton jb=new JButton("清空");
12          jb.addActionListener(new ActionListener(){
13              public void actionPerformed(ActionEvent e){
```

```
14                  jpf.setText("");                    //清空文本框
15                  jpf.requestFocus();                 //回到文本框焦点
16              }
17          });
18          jf.add(jb);
19          jf.setLayout(new FlowLayout());
20          jf.setSize(200,150);
21          //设置窗体关闭方式
22          jf.setDefaultCloseOperation(JFrame.EXIT_ON_CLOSE);
23          jf.setVisible(true);
24      }
25  }
```

程序运行结果如图 9.12 所示。

运行程序时弹出了 JFrame 窗体，窗体内有一个密码框，密码框内显示的是加密后的内容，单击“清空”按钮，可将密码框内容清空。例 9-10 中先创建了 JFrame 窗体，然后创建了密码框并设置内容为“123456789”，调用 setEchoChar (Char char)方法设置回显字符为“$”，将密码框添加到 JFrame 窗体，接着创建一个“清空”按钮并设置监听事件，将其添加到 JFrame 窗体。这是密码框的基本使用方法。

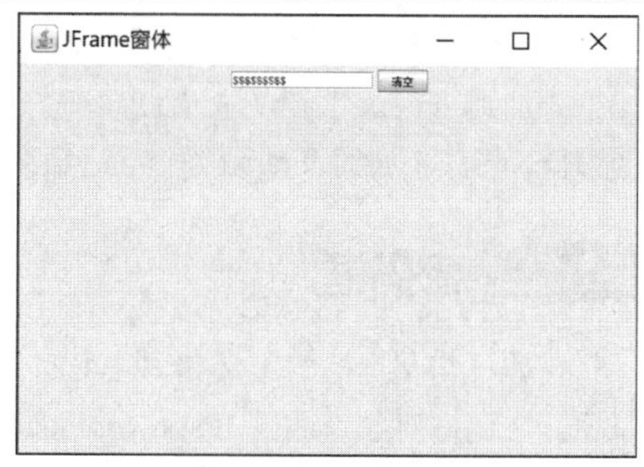

图 9.12　例 9-10 运行结果

9.6.3　文本域

Swing 中任何一个文本域都是 JTextArea 类型的对象。JTextArea 类的构造方法如表 9.14 所示。

表 9.14　JTextArea 类的构造方法

构造方法声明	功能描述
public JTextArea( )	构造新的 JTextArea
public JTextArea(Document doc)	构造新的 JTextArea，使其具有给定的文档模型
public JTextArea(Document doc,String text,int rows,int columns)	构造具有指定行数和列数及给定模型的新的 JTextArea
public JTextArea(int rows,int columns)	构造具有指定行数和列数的新的空 JTextArea
public JTextArea(String text)	构造显示指定文本的新的 JTextArea
public JTextArea(String text,int rows,int columns)	构造具有指定文本、行数和列数的新的 JTextArea

表 9.14 列出了 JTextArea 类的构造方法，接下来通过一个案例来演示 JTextArea 类的使用方法，如例 9-11 所示。

【例 9-11】TestJTextArea.java

```
1   import java.awt.*;
2   import javax.swing.*;
3   public class TestJTextArea{
4       public static void main(String[] args){
5           JFrame jf=new JFrame("JFrame 窗体");   //创建 JFrame 窗体
6           JTextArea jta=new JTextArea("自动换行的文本域",6,6);
7           jta.setSize(190,200);
8           jta.setLineWrap(true);
9           jf.add(jta);
```

```
10          jf.setLayout(new FlowLayout());       //设置布局管理器
11          jf.setSize(200,150);
12          //设置窗体关闭方式
13          jf.setDefaultCloseOperation(JFrame.EXIT_ON_CLOSE);
14          jf.setVisible(true);
15      }
16  }
```

程序运行结果如图 9.13 所示。

图 9.13 例 9-11 运行结果

运行程序时弹出了 JFrame 窗体，窗体内有一个文本域，在文本域内输入内容到达行尾时，会自动换行。例 9-11 中先创建了 JFrame 窗体，然后创建了文本域并设置内容为"自动换行的文本域"，调用 setLineWrap(boolean b)方法设置自动换行。这是文本域的基本使用方法。

9.7 按钮组件

按钮组件在 Swing 中是较为常见的组件，用于触发特定动作。按钮组件包括提交按钮（JButton）、单选按钮（JRadioButton）和复选框（JCheckBox）等，它们都继承自 AbstractButton 抽象类。这些组件在实际开发中应用广泛，接下来对这些组件进行详细讲解。

9.7.1 提交按钮

Swing 中的提交按钮通过 JButton 类来创建。JButton 类的构造方法如表 9.15 所示。

表 9.15 JButton 类的构造方法

构造方法声明	功能描述
public JButton( )	创建一个不带初始文本和图标的按钮
public JButton(Action a)	创建一个按钮，其属性从所提供的 Action 中获取
public JButton(Icon icon)	创建一个带图标的按钮
public JButton(String text)	创建一个带文本的按钮
public JButton(String text,Icon icon)	创建一个带初始文本和图标的按钮

表 9.15 列出了 JButton 类的构造方法，之前创建的按钮都用的是默认图标，从表 9.15 所列的构造方法可看出按钮图标可以自定义，接下来通过一个案例来演示自定义按钮图标。首先将自定义图标"button.png"放到当前目录，然后编写代码，如例 9-12 所示。

【例 9-12】TestJButton.java

```
1   import java.awt.*;
2   import javax.swing.*;
3   public class TestJButton{
4       public static void main(String[] args){
5           JFrame jf=new JFrame("JFrame 窗体");      //创建 JFrame 窗体
6           Icon icon=new ImageIcon("src/button.png");
7           JButton jb=new JButton(icon);             //创建按钮
```

```
8           jf.add(jb);                              //添加按钮
9           jf.setLayout(new FlowLayout());          //设置布局管理器
10          jf.setSize(300,250);
11          //设置窗体关闭方式
12          jf.setDefaultCloseOperation(JFrame.EXIT_ON_CLOSE);
13          jf.setVisible(true);
14      }
15  }
```

程序运行结果如图 9.14 所示。

运行程序时弹出了 JFrame 窗体，窗体内有一个图标按钮。例 9-12 中先创建了 JFrame 窗体，然后引入图片，在新建按钮时将 icon 以参数传入，按钮图标使用了自定义的图标。这是自定义按钮图标的基本方法。

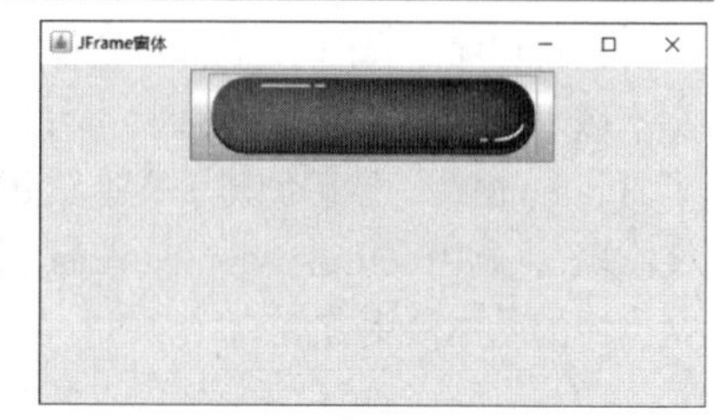

图 9.14　例 9-12 运行结果

9.7.2　单选按钮

在默认情况下，单选按钮显示为一个圆形图标，并且通常在该图标旁放置有一些说明性文字，而在应用程序中，一般将多个单选按钮放置在按钮组中，使这些单选按钮表现出某种功能，当用户选中某个单选按钮后，按钮组中其他按钮将被自动取消。单选按钮是 Swing 组件中 JRadioButton 类的对象，该类是 JToggleButton 的子类。JRadioButton 类的构造方法如表 9.16 所示。

表 9.16　JRadioButton 类的构造方法

构造方法声明	功能描述
public JRadioButton( )	创建一个初始化为未被选中的单选按钮，其文本未设定
public JRadioButton(Action a)	创建一个单选按钮，其属性来自所提供的 Action
public JRadioButton(Icon icon)	创建一个初始化为未被选中的单选按钮，其具有指定的图像但无文本
public JRadioButton(Icon icon,boolean selected)	创建一个具有指定图像和选中状态的单选按钮，但无文本
public JRadioButton(String text)	创建一个具有指定文本、状态为未选中的单选按钮
public JRadioButton(String text,boolean selected)	创建一个具有指定文本和选中状态的单选按钮
public JRadioButton(String text,Icon icon)	创建一个具有指定的文本和图像并初始化为未被选中的单选按钮
public JRadioButton(String text,Icon icon,boolean selected)	创建一个具有指定的文本、图像和选中状态的单选按钮

表 9.16 列出了 JRadioButton 类的构造方法，实质上单选按钮与提交按钮的用法基本类似，只是实例化单选按钮对象后需要将其添加至按钮组中，接下来通过一个案例来演示 JRadioButton 类的使用方法，如例 9-13 所示。

【例 9-13】TestJRadioButton.java

```
1   import java.awt.*;
2   import javax.swing.*;
3   public class TestJRadioButton{
4       public static void main(String[] args){
5           JFrame jf=new JFrame("JFrame 窗体");  //创建 JFrame 窗体
6           JRadioButton jrb1=new JRadioButton("aa");
7           JRadioButton jrb2=new JRadioButton("bb");
8           JRadioButton jrb3=new JRadioButton("cc");
9           ButtonGroup bg=new ButtonGroup();    //创建按钮组
```

```
10          bg.add(jrb1);                          //添加到按钮组
11          bg.add(jrb2);
12          bg.add(jrb3);
13          jf.add(jrb1);                          //添加到 JFrame 窗体
14          jf.add(jrb2);
15          jf.add(jrb3);
16          jf.setLayout(new FlowLayout());        //设置布局管理器
17          jf.setSize(200,150);
18          //设置窗体关闭方式
19          jf.setDefaultCloseOperation(JFrame.EXIT_ON_CLOSE);
20          jf.setVisible(true);
21      }
22  }
```

程序运行结果如图 9.15 所示。

图 9.15　例 9-13 运行结果

运行程序时弹出 JFrame 窗体，窗体中有 3 个按钮，单击第一个按钮，其显示为选中状态；再单击第二个按钮，第一个按钮显示为未选中状态，第二个按钮显示为选中状态。例 9-13 中，先创建 JFrame 窗体，然后创建 3 个单选按钮，创建按钮组，将单选按钮添加至按钮组，按钮组的作用是负责维护该组按钮的“开启”状态，在按钮组中只能有一个按钮处于“开启”状态，最后需要把单选按钮添加到 JFrame 窗体。这是 JRadioButton 类的基本使用方法。

9.7.3 复选框

复选框在 Swing 组件中使用也非常广泛，它有一个方框图标，外加一段描述性文字。与单选按钮不同的是，复选框可以进行多选设置，每一个复选框都提供“选中”与“不选中”两种状态。复选框通过 JCheckBox 类来创建，JCheckBox 类继承自 AbstractButton 抽象类，JCheckBox 类的构造方法如表 9.17 所示。

表 9.17　JCheckBox 类的构造方法

构造方法声明	功能描述
public JCheckBox( )	创建一个没有文本、没有图标并且最初未被选中的复选框
public JCheckBox(Action a)	创建一个复选框，其属性从所提供的 Action 获取
public JCheckBox(Icon icon)	创建一个有图标、最初未被选中的复选框
public JCheckBox(Icon icon,boolean selected)	创建一个带图标的复选框，并指定其最初是否处于被选中状态
public JCheckBox(String text)	创建一个带文本的、最初未被选中的复选框
public JCheckBox(String text,boolean selected)	创建一个带文本的复选框，并指定其最初是否处于被选中状态
public JCheckBox(String text,Icon icon)	创建带有指定文本和图标的、最初未被选中的复选框
public JCheckBox(String text,Icon icon,boolean selected)	创建一个带文本和图标的复选框，并指定其最初是否处于被选中状态

表 9.17 列出了 JCheckBox 类的构造方法，接下来通过一个案例来演示 JCheckBox 类的使用方法，如例 9-14 所示。

【例 9-14】TestJCheckBox.java

```
1   import java.awt.*;
2   import javax.swing.*;
```

```
3   public class TestJCheckBox{
4       public static void main(String[] args){
5           JFrame jf=new JFrame("JFrame 窗体");    //创建 JFrame 窗体
6           jf.add(new JCheckBox("aa")); //创建复选框并添加到 JFrame 窗体
7           jf.add(new JCheckBox("bb"));
8           jf.add(new JCheckBox("cc"));
9           jf.setLayout(new FlowLayout());
10          jf.setSize(200, 150);
11          //设置窗体关闭方式
12          jf.setDefaultCloseOperation(JFrame.EXIT_ON_CLOSE);
13          jf.setVisible(true);
14      }
15  }
```

程序运行结果如图 9.16 所示。

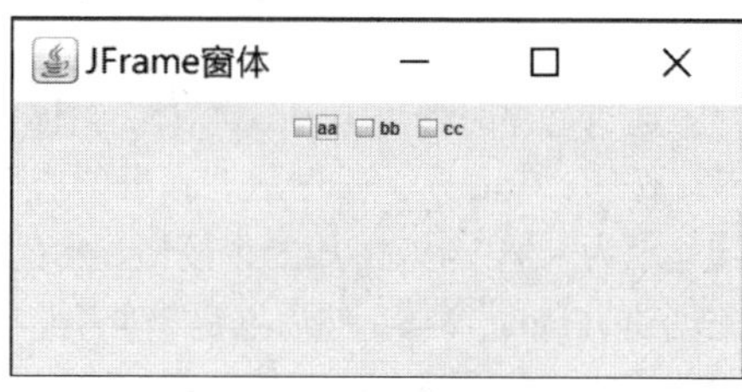

图 9.16　例 9-14 运行结果

运行程序时弹出 JFrame 窗体，窗体中有 3 个复选框，默认为未选中，每单击一个复选框，就选中一个复选框，可选多个复选框。例 9-14 中，先创建 JFrame 窗体，然后创建 3 个复选框并添加进 JFrame 窗体，创建复选框时调用 public JCheckBox(String text)构造方法，创建一个带文本的、最初未被选中的复选框。这是 JCheckBox 类的基本使用方法。

9.8 JComboBox

Swing 提供了一个 JComboBox 组件，被称为组合框或者下拉列表框，它将所有选项折叠在一起，默认显示的是第一个添加的选项，JComboBox 类的构造方法如表 9.18 所示。

表 9.18　JComboBox 类的构造方法

构造方法声明	功能描述
public JComboBox( )	创建具有默认数据模型的 JComboBox
public JComboBox(ComboBoxModel aModel)	创建一个 JComboBox，其选项取自现有的 ComboBoxModel
public JComboBox(Object[ ] items)	创建包含指定数组中元素的 JComboBox
public JComboBox(Vector<?> items)	创建包含指定 Vector 中元素的 JComboBox

表 9.18 列出了 JComboBox 类的构造方法，初始化下拉列表框时，可以同时指定下拉列表框的选项内容，也可以在程序中使用其他方法设置下拉列表框的选项内容，下拉列表框中的选项内容可以被封装在 ComboBoxModel 类型、数组或者 Vector 类型中。另外，JComboBox 类还有一些常用的方法，如表 9.19 所示。

表 9.19　JComboBox 类的常用方法

方法声明	功能描述
void　addItem(Object anObject)	为下拉列表框添加选项
void　insertItemAt(Object anObject, int index)	在下拉列表框中的给定索引处插入选项
Object getSelectedItem( )	返回当前所选项
Void addItemListener(ItemListener aListener)	添加 ItemListener 监听事件

表9.19列出了JComboBox类的常用方法,接下来通过一个案例来演示JComboBox类的使用方法,如例9-15所示。

【例9-15】TestJComboBox.java

```
1   import java.awt.*;
2   import java.awt.event.*;
3   import javax.swing.*;
4   public class TestJComboBox implements ItemListener{
5       JFrame jf=new JFrame("JFrame 窗体");  //创建 JFrame 窗体
6       JComboBox jcb;
7       JPanel p=new JPanel();
8       public TestJComboBox(){
9           jcb=new JComboBox();              //创建下拉列表框
10          jcb.addItem("aa");                //添加下拉列表框选项
11          jcb.addItem("bb");
12          jcb.addItem("cc");
13          jcb.addItemListener(this);
14          p.add(jcb);
15          jf.getContentPane().add(p);
16          jf.setLayout(new FlowLayout());  //设置布局管理器
17          jf.setSize(200,150);
18          //设置窗体关闭方式
19          jf.setDefaultCloseOperation(JFrame.EXIT_ON_CLOSE);
20          jf.setVisible(true);
21      }
22      //实现事件监听
23      public void itemStateChanged(ItemEvent e){
24          if(e.getStateChange()==ItemEvent.SELECTED){
25             String s=(String)jcb.getSelectedItem();
26             System.out.println(s);
27          }
28      }
29      public static void main(String[] args){    //主方法
30          new TestJComboBox();
31      }
32  }
```

程序运行结果如图9.17所示。

运行程序时弹出JFrame窗体，窗体中有下拉列表框，界面有3个选项。例9-14中，先创建JFrame窗体，在构造方法中初始化窗体，将下拉列表框及其选项都添加进去，实现监听接口用于监听用户选择的选项，最后通过main( )方法运行程序。这是JComboBox类的基本使用方法。

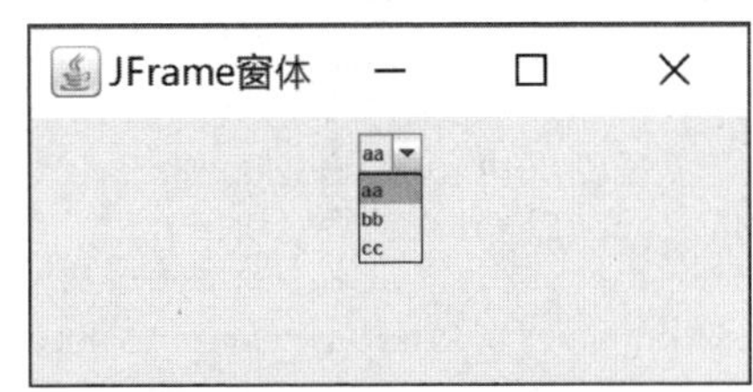

图9.17　例9-15运行结果

9.9 菜单组件

在Swing组件中，菜单组件是很常见的，利用菜单组件可以创建出多种样式的菜单。菜单包括下拉式菜单和弹出式菜单，接下来对两种菜单进行详细讲解。

9.9.1 下拉式菜单

对于下拉式菜单大家肯定不会陌生，在 Windows 中经常会看到下拉式菜单，如图 9.18 所示。

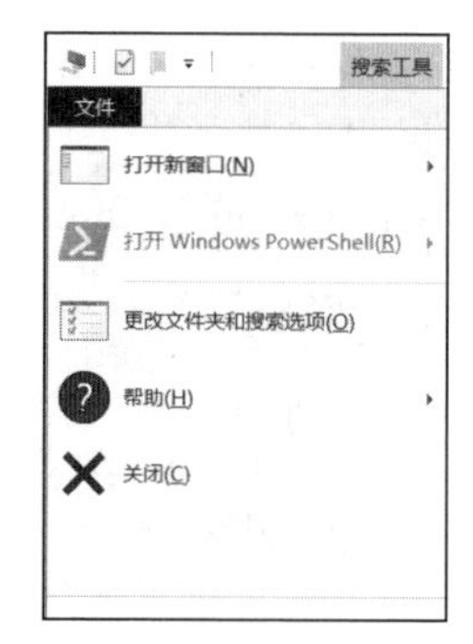

图 9.18 Windows 下拉菜单

图 9.18 展示了 Windows 中的下拉菜单，如果要在 Java 中实现此下拉菜单，可以使用 JMenu 组件，在使用 JMenu 组件前要先了解 JMenuBar 组件。JMenuBar 组件是用来摆放 JMenu 组件的菜单栏组件，在建立很多 JMenu 组件后，需要通过 JMenuBar 组件将 JMenu 组件加入窗体中。接下来先了解一下 JMenu 类的构造方法，如表 9.20 所示。

表 9.20 JMenu 类的构造方法

构造方法声明	功能描述
public JMenu( )	构造没有文本的新 JMenu
public JMenu(Action a)	构造一个从提供的 Action 获取其属性的菜单
public JMenu(String s)	构造一个新 JMenu，用提供的字符串作为其文本
public JMenu(String s,boolean b)	构造一个新 JMenu，用提供的字符串作为其文本并指定其是否为分离式（tear-off）菜单

表 9.20 列出了 JMenu 类的构造方法，它还有一些常用的方法，如表 9.21 所示。

表 9.21 JMenu 类的常用方法

方法声明	功能描述
JMenuItem add(JMenuItem menuItem)	将某个菜单项追加到菜单的末尾
void addSeparator( )	将新分隔符追加到菜单的末尾
int getItemCount( )	返回菜单上的项数，包括分隔符
void remove(int pos)	从菜单移除指定索引处的菜单项
void remove(JMenuItem item)	从菜单移除指定的菜单项
void removeAll()	从菜单移除所有菜单项

表 9.21 列出了 JMenu 类的常用方法，接下来通过一个案例来演示下拉式菜单的使用方法，如例 9-16 所示。

【例 9-16】TestJMenu.java

```
1   import java.awt.*;
2   import java.awt.event.*;
3   import javax.swing.*;
4   public class TestJMenu{
5       public static void main(String[] args){
6           final JFrame jf=new JFrame("JFrame 窗体");      //创建 JFrame 窗体
7           JMenuBar jmb=new JMenuBar();                    //创建菜单栏
8           jf.setJMenuBar(jmb);
9           JMenu jm=new JMenu("文件");                     //创建菜单
10          jmb.add(jm);
11          //创建两个菜单项
12          JMenuItem item1=new JMenuItem("保存");
13          JMenuItem item2=new JMenuItem("退出");
14          //为第二个菜单项添加事件监听器
```

```
15          item2.addActionListener(new ActionListener(){
16              public void actionPerformed(ActionEvent e){
17                  jf.dispose();
18              }
19          });
20          jm.add(item1);                      //将菜单项添加到菜单
21          jm.addSeparator();                  //添加分隔符
22          jm.add(item2);
23          jf.setLayout(new FlowLayout());     //设置布局管理器
24          jf.setSize(200,150);
25          //设置窗体关闭方式
26          jf.setDefaultCloseOperation(JFrame.EXIT_ON_CLOSE);
27          jf.setVisible(true);
28      }
29  }
```

程序运行结果如图 9.19 所示。

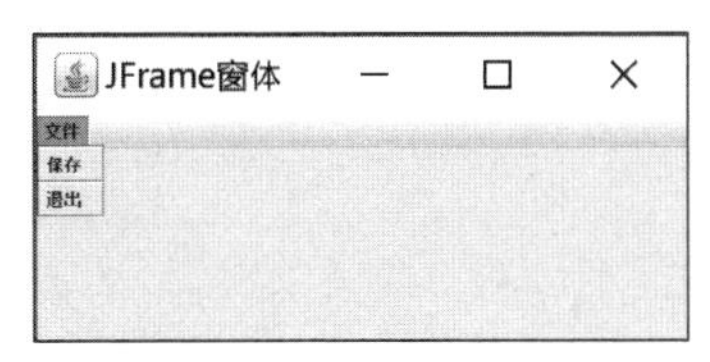

图 9.19　例 9-16 运行结果

运行程序时弹出 JFrame 窗体，窗体中有一个菜单栏，菜单栏中有一个“文件”菜单，单击“文件”菜单可以看到两个菜单项，单击“退出”项，窗体成功关闭。例 9-16 中，先创建了 JFrame 窗体，然后创建菜单栏、菜单、菜单项，调用 setJMenuBar(JMenuBar menuBar)方法将菜单栏添加进窗体，在“退出”菜单项中添加事件监听器，单击“退出”菜单项，窗体立即关闭。这是下拉式菜单的基本使用方法。

9.9.2　弹出式菜单

前面讲解了下拉式菜单，还有一种菜单是弹出式菜单，大家肯定也不会陌生，例如在 Windows 桌面中单击鼠标右键会弹出一个快捷菜单，这就是弹出式菜单，如果要在 Java 中实现此菜单，可以使用 JPopupMenu 类。JPopupMenu 类的构造方法如表 9.22 所示。

表 9.22　JPopupMenu 类的构造方法

构造方法声明	功能描述
public JPopupMenu( )	构造一个不带“调用者”的 JPopupMenu
public JPopupMenu(String label)	构造一个具有指定标题的 JPopupMenu

表 9.22 列出了 JPopupMenu 类的构造方法，它的常用方法和 JMenu 类似，这里就不再赘述，读者可以参考 JDK 使用文档进行学习。接下来通过一个案例来演示弹出式菜单的使用方法，如例 9-17 所示。

【例 9-17】TestJPopupMenu.java

```
1   import java.awt.*;
2   import java.awt.event.*;
3   import javax.swing.*;
4   public class TestJPopupMenu{
5       public static void main(String[] args){
```

```
6            final JFrame jf=new JFrame("JFrame 窗体");         //创建 JFrame 窗体
7            final JPopupMenu jpm=new JPopupMenu();             //创建菜单
8            //创建两个菜单项
9            JMenuItem item1=new JMenuItem("保存");
10           JMenuItem item2=new JMenuItem("退出");
11           //为第二个菜单项添加事件监听器
12           item2.addActionListener(new ActionListener(){
13               public void actionPerformed(ActionEvent e){
14                   jf.dispose();
15               }
16           });
17           jpm.add(item1);                                    //将菜单项添加到菜单
18           jpm.add(item2);
19           //为 JFrame 窗体添加单击事件监听器
20           jf.addMouseListener(new MouseAdapter(){
21               public void mouseClicked(MouseEvent e){
22                   if(e.getButton()==e.BUTTON3) {
23                      jpm.show(e.getComponent(),e.getX(),e.getY());
24                   }
25               }
26           });
27           jf.setLayout(new FlowLayout());                    //设置布局管理器
28           jf.setSize(200,150);
29           //设置窗体关闭方式
30           jf.setDefaultCloseOperation(JFrame.EXIT_ON_CLOSE);
31           jf.setVisible(true);
32       }
33   }
```

程序运行结果如图 9.20 所示。

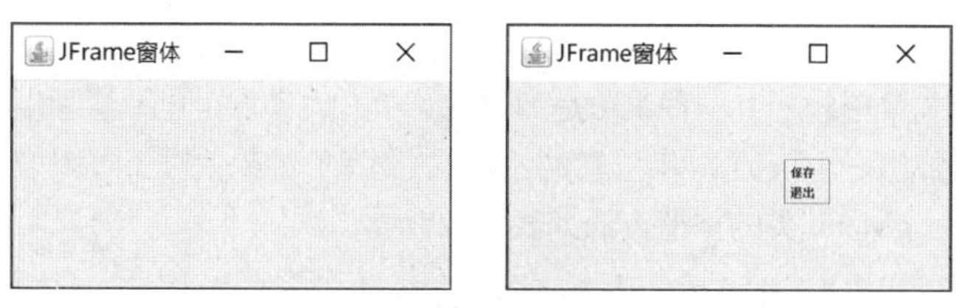

图 9.20　例 9-17 运行结果

运行程序时弹出 JFrame 窗体，在窗体中右击，会弹出菜单，单击“退出”菜单项，窗体成功关闭。例 9-17 中，先创建了 JFrame 窗体，然后创建菜单、菜单项，在“退出”菜单项中添加事件监听器，单击“退出”菜单项，窗体就会关闭，最后为 JFrame 窗体添加单击事件监听器，实现右击弹出菜单的效果。这是弹出式菜单的基本使用方法。

9.10 创建 Tree

树是图形化用户界面中使用非常广泛的 GUI 组件，例如打开 Windows 资源管理器时就会看到目录树，如图 9.21 所示。

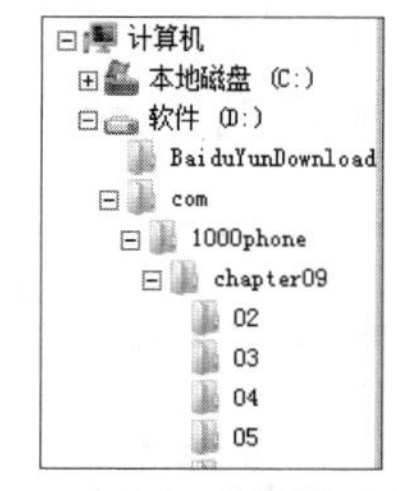

图 9.21　Windows 资源管理器目录树

图 9.21 展示了 Windows 资源管理器的目录树，在 Swing 中使用 JTree 类对象来代表一棵树，树中节点可以使用 TreePath 标识，JTree 类对象封装了当前节点及其所有的父节点。当一个节点具有子节点时，该节点具有展开和折叠两种状态。如果希望创建一棵树，可使用 JTree 类的构造方法，如表 9.23 所示。

表 9.23　JTree 类的构造方法

构造方法声明	功能描述
public JTree( )	返回带有示例模型的 JTree
public JTree(Hashtable<?,?> value)	返回从 Hashtable 创建的 JTree，它不显示根
public JTree(Object[ ] value)	返回 JTree，指定数组的每个元素作为不被显示的新根节点的子节点
public JTree(TreeModel newModel)	返回 JTree 的一个实例，它显示根节点，并使用指定的数据模型创建树
public JTree(TreeNode root)	返回 JTree，指定的 TreeNode 作为其根，它显示根节点
public JTree(TreeNode root,boolean asksAllowsChildren)	返回 JTree，指定的 TreeNode 作为其根，它用指定的方式显示根节点，并确定节点是否为子节点
public JTree(Vector<?> value)	返回 JTree，指定 Vector 的每个元素作为不被显示的新根节点的子节点

表 9.23 列出了 JTree 类的构造方法，接下来通过一个案例来演示 JTree 类的使用方法，如例 9-18 所示。

【例 9-18】TestJTree.java

```
1   import javax.swing.*;
2   import javax.swing.tree.*;
3   public class TestJTree{
4       public static void main(String[] args){
5           JFrame jf=new JFrame("JFrame 窗体");   //创建 JFrame 窗体
6           //创建树中所有节点
7           DefaultMutableTreeNode root=new DefaultMutableTreeNode("中国");
8           DefaultMutableTreeNode bj=new DefaultMutableTreeNode("北京");
9           DefaultMutableTreeNode hb=new DefaultMutableTreeNode("河北");
10          DefaultMutableTreeNode lf=new DefaultMutableTreeNode("廊坊");
11          DefaultMutableTreeNode sjz=new DefaultMutableTreeNode("石家庄");
12          //建立节点之间的父子关系
13          hb.add(lf);
14          hb.add(sjz);
15          root.add(bj);
16          root.add(hb);
17          JTree tree=new JTree(root);                //创建树
18          jf.add(new JScrollPane(tree));
19          jf.setSize(200,150);
20          //设置窗体关闭方式
21          jf.setDefaultCloseOperation(JFrame.EXIT_ON_CLOSE);
22          jf.setVisible(true);
23      }
24  }
```

程序运行结果如图 9.22 所示。

图 9.22　例 9-18 运行结果

程序运行时弹出 JFrame 窗体，窗体中有一棵目录树，“中国”有子节点，如“河北”节点，双击“河北”节点，可以看到“河北”的两个子节点。

例 9-18 中，先创建了 JFrame 窗体，然后创建树中所有节点，接着建立节点之间的父子关系，最后以根节点创建树。这是 JTree 类的基本使用方法。

9.11 JTable

上一节讲解了 GUI 中的树，表格也是 GUI 中常用的组件。表格是一个由多行、多列组成的二维显示区，Swing 的 JTable 类提供了对表格的支持，使用 JTable 类来创建表格是非常容易的，它的构造方法如表 9.24 所示。

表 9.24　JTable 类的构造方法

构造方法声明	功能描述
public JTable( )	构造一个默认的 JTable，使用默认的数据模型、默认的列模型和默认的选择模型对其进行初始化
public JTable(int numRows,int numColumns)	使用 DefaultTableModel 构造具有 numRows 行和 numColumns 列空单元格的 JTable
public JTable(Object[ ][ ] rowData,Object[ ] columnNames)	构造一个 JTable 来显示二维数组 rowData 中的值，其列名称为 columnNames
public JTable(TableModel dm)	构造一个 JTable，使用数据模型 dm、默认的列模型和默认的选择模型对其进行初始化
public JTable(TableModel dm,TableColumnModel cm)	构造一个 JTable，使用数据模型 dm、列模型 cm 和默认的选择模型对其进行初始化
public JTable(TableModel dm,TableColumnModel cm, ListSelectionModel sm)	构造一个 JTable，使用数据模型 dm、列模型 cm 和选择模型 sm 对其进行初始化
public JTable(Vector rowData,Vector columnNames)	构造一个 JTable 来显示由 Vector 所组成的 Vector rowData 中的值，其列名称为 columnNames

表 9.24 列出了 JTable 类的构造方法，使用这些构造方法，可以把二维数据包装成表格，二维数据既可以是二维数组，也可以是集合元素为 Vector 的 Vector 类对象，为了给表格每列设置列标题，还需要传入一维数据作为列标题。接下来通过一个案例来演示 JTable 类的使用方法，如例 9-19 所示。

【例 9-19】TestJTable.java

```
1   import javax.swing.*;
2   public class TestJTable{
3       public static void main(String[] args){
4           JFrame jf=new JFrame("JFrame 窗体");      //创建 JFrame 窗体
5           String[] title={ "序号","教室","课程"};    //定义表格标题
6           //定义表格数据
7           Object[][] data={new Object[]{1,12,"Java"},
8                           new Object[]{2,9,"IOS"},
9                           new Object[]{3,15,"Android"}};
10          JTable table=new JTable(data,title); //创建 JTable 对象
11          jf.add(new JScrollPane(table));
12          jf.setSize(200,150);
13          //设置窗体关闭方式
14          jf.setDefaultCloseOperation(JFrame.EXIT_ON_CLOSE);
15          jf.setVisible(true);
16      }
17  }
```

程序运行结果如图 9.23 所示。

程序运行时弹出 JFrame 窗体，窗体中有一个表格，其中包含列标题和表格内容。例 9-19 中，先创建了 JFrame 窗体，然后定义了表格标题和数据的两个数组，最后创建 JTable 时将两个数组以参数传入，利用 JTable 类成功展现了一个表格。这是 JTable 类的基本使用方法。

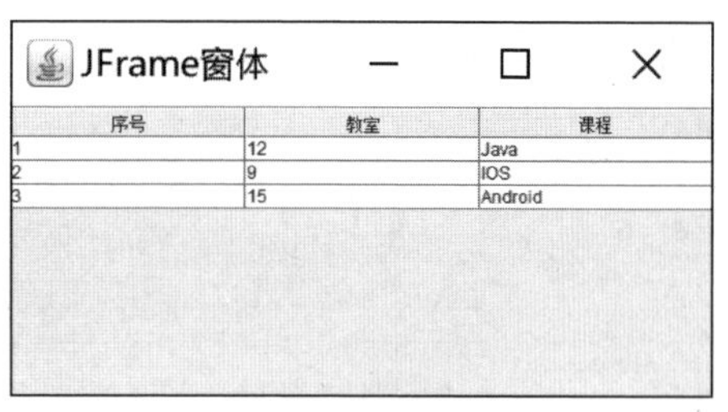

图 9.23　例 9-19 运行结果

【实战训练】　流浪猫救助平台主窗体

需求描述

编写程序，实现流浪猫救助平台的首页窗体。在菜单栏中显示“个人中心”菜单，单击“个人中心”菜单可以打开菜单项：“注册”和“登录”。在用户未登录的状态下显示“您还没有登录，请登录”。

思路分析

（1）使用 JFrame 类实现首页的窗体。

（2）使用 JMenuBar 类实现菜单栏。

（3）使用 JMenu 类实现“个人中心”菜单，并添加到菜单栏中。

（4）使用 JMenuItem 类实现“注册”和“登录”两个菜单项，并添加到“个人中心”菜单中。

（5）使用 JPanel 类实现顶部状态栏，设置 text 属性为“您还没有登录，请登录”，使用流式布局管理器。

代码实现

主窗体的代码如训练 9-1 所示。

【训练 9-1】FrmMain.java

```
1   public class FrmMain extends JFrame{
2       //菜单栏
3       private JMenuBar menubar=new JMenuBar();
4       //菜单
5       private JMenu menuUser=new JMenu("个人中心");
6       //下拉菜单项
7       private JMenuItem register=new JMenuItem("注册");
8       private JMenuItem login=new JMenuItem("登录");
9       private JMenuItem center=new JMenuItem("个人中心");
10      //底部状态栏
11      private JPanel statusBar=new JPanel();
12      //主面板：查询流浪猫信息后显示流浪猫信息
13      private JPanel mainPanel=new JPanel();
14
15      public FrmMain(){
16          this.setTitle("流浪猫救助平台");      //设置窗体标题
17          this.setSize(700,500);              //设置窗体尺寸
18          //添加菜单
19          menubar.add(menuUser);
20          menubar.add(admin);
```

```
21          menubar.add(inSchool);
22          menubar.add(graduate);
23          menubar.add(dropOut);
24          menubar.add(star);
25          //添加menuUser菜单的菜单项
26          menuUser.add(register);
27          menuUser.add(login);
28          //设置状态栏
29          this.setJMenuBar(menubar);
30          //状态栏布局
31          statusBar.setLayout(new FlowLayout(FlowLayout.LEFT));
32          JLabel label=new JLabel("您还没有登录，请登录");
33          statusBar.add(label);
34          //将窗体转化为容器并添加状态栏
35          this.getContentPane().add(statusBar,BorderLayout.SOUTH);
36          //设置窗体关闭方式
37          this.setDefaultCloseOperation(WindowConstants.EXIT_ON_CLOSE);
38          this.setLocationRelativeTo(null);    //设置窗体位于屏幕中央
39      }
40      //定义run()方法，设置主窗体可见（使用方法便于进行其他操作）
41      public void run(){
42          FrmMain.this.setVisible(true);
43      }
44  }
```

编写测试类，创建 FrmMain 类的对象并调用 run( )，代码如训练 9-2 所示。

【训练 9-2】

```
1   public class TestFromMain{
2       public static void main(String[] args){
3           FrmMain frmMain=new FrmMain();
4           frmMain.run();
5       }
6   }
```

运行上述代码，程序运行结果如图 9.24 所示。

图 9.24　程序运行结果

9.12 事件监听器

事件表示程序和用户之间的交互，如在文本框中输入文本、选中复选框或单选框、单击按钮等。事件处理表示程序对事件的响应。当事件发生时，系统会自动进行捕捉，并创建表示该动作的事件对象，再把事件对象分派给程序内的事件处理代码。事件处理代码确定了如何处理此事件来使用户得到相应的回答。

9.12.1 事件处理机制

在创建一个 JFrame 窗体后，单击“关闭”按钮无法将窗口关闭，因为在 Java 的 GUI 编程中，所有事件必须由特定对象（事件监听器）来处理，而 JFrame 窗体和组件本身并没有事件处理能力。为了使图形化界面能接收用户的指令，必须给各个组件加上事件处理机制。

在事件处理过程中，主要涉及以下 3 个对象。

Event（事件）：用户对组件的一次操作称为事件，以类的形式体现，如键盘操作对应的事件类是 KeyEvent。

Event Source（事件源）：事件发生的场所，通常就是各个组件，如窗口、按钮等。

Event Listener（事件监听器）：负责监听事件源所发生的事件，并做出响应。

以上 3 个对象具有非常紧密的联系，在事件处理中有非常重要的作用，接下来了解一下事件处理流程，如图 9.25 所示。

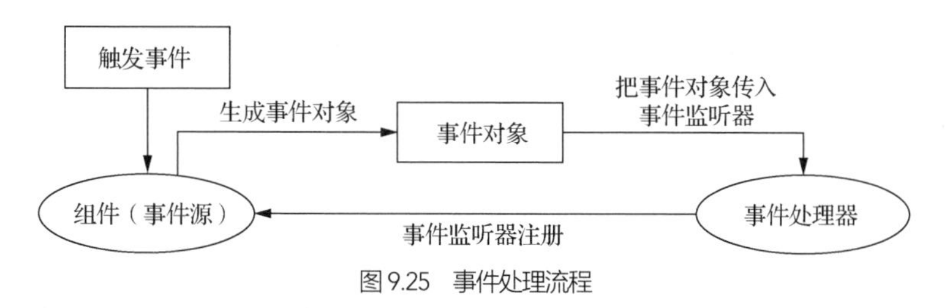

图 9.25　事件处理流程

图 9.25 中所示的事件监听器时刻监听事件源上所发生的事件类型，一旦事件类型与自己所负责处理的事件类型一致，便立刻进行处理。

9.12.2 动作事件监听器

Swing 中提供了各种事件供用户选择，如窗体事件、鼠标事件、键盘事件、动作事件等，当用户对 Swing 组件进行某些操作时，对应 Swing 组件会自动产生各种事件来响应用户行为。例如，当用户单击 Swing 组件时，该 Swing 组件会产生一个动作事件（ActionEvent）。本小节将介绍 Swing 中常用的动作事件监听器。

动作事件监听器（ActionListener）是 Swing 中比较常用的事件监听器，很多组件的动作都能够使用它监听，如按钮被单击、单选按钮被选中等。动作事件监听器相关的接口和事件源等信息如表 9.25 所示。

表 9.25　动作事件监听器

动作事件名称	动作事件监听接口	动作事件监听器相关方法	涉及事件源
ActionEvent	ActionListener	addActionListener( )用于添加动作事件监听器， removeActionListener( )用于删除动作事件监听器	JButton、JList、JTextField

使用表 9.25 中所介绍的方法可以为相应的组件添加动作事件监听器。

接下来通过一个案例来演示动作事件监听器的使用方法。为按钮添加动作事件监听器，如例 9-20 所示。

【例 9-20】ActionListenerFrm.java

```
1   public class ActionListenerFrm extends JFrame{
2       JButton btn=new JButton("请单击这里！");                //创建按钮
3       public ActionListenerFrm(){
4           Container con=getContentPane();
5           setTitle("动作事件监听器窗体");
6           setLayout(null);
```

```
7           con.add(btn);
8           //为按钮添加动作事件监听器
9           btn.addActionListener(new BtnAction());
10          btn.setBounds(10,10,200,30);
11          setSize(400,300);
12          //设置窗体关闭方式
13          setDefaultCloseOperation(JFrame.EXIT_ON_CLOSE);
14          setVisible(true);
15      }
16      //定义内部类实现 ActionListener 接口
17      class BtnAction implements ActionListener{
18          @Override
19          public void actionPerformed(ActionEvent e){
20              btn.setText("我被单击了");
21          }
22      }
23      public static void main(String[] args){
24          new ActionListenerFrm();
25      }
26  }
```

程序运行结果如图 9.26 所示。

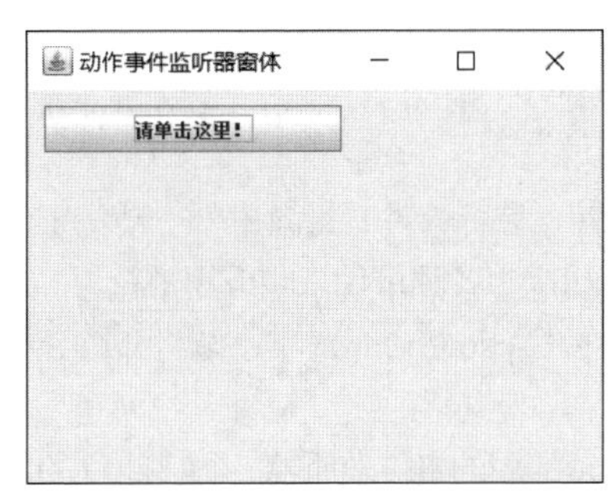

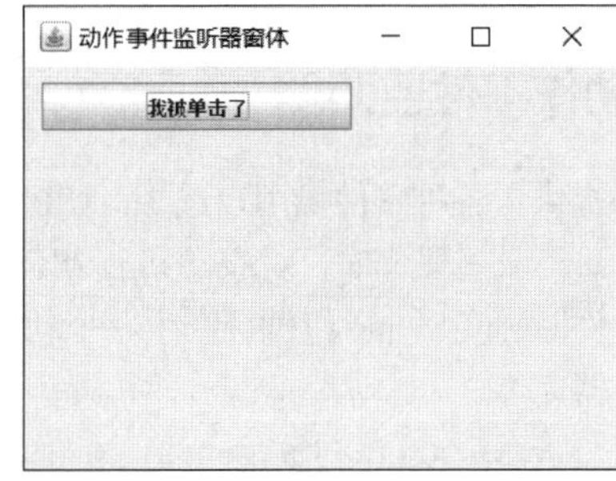

图 9.26　例 9-20 运行结果

在例 9-20 中，第 8～9 行代码为按钮设置了动作事件监听器。获取事件监听时需要获取实现 ActionListener 接口的对象，为此，第 16～22 行定义了一个内部类 BtnAction 实现了 ActionListener 接口，同时在该内部类中重写了 actionPerformed( )方法，在 actionPerformed( )方法中定义当用户单击该按钮后的实现效果。

设置动作事件监听器可以使用 Lambda 表达式，示例代码如下。

```
//为按钮添加动作事件监听器
btn.addActionListener(e->{
    btn.setText("我被单击了");
});
```

使用 Lambda 表达式的方式可以不需要定义 ActionListener 的实现类。

9.12.3 窗体事件

Java 提供的 WindowListener 是专门处理窗体事件的监听接口，一个窗口的所有变化，如窗口的打开、关闭等，都可以使用这个接口进行监听。WindowListener 接口的方法如表 9.26 所示。

表 9.26 WindowListener 接口的方法

方法声明	功能描述
void windowActivated(WindowEvent e)	将窗口变为活动窗口时触发
void windowDeactivated(WindowEvent e)	将窗口变为不活动窗口时触发
void windowClosed(WindowEvent e)	当窗口被关闭时触发
void windowClosing(WindowEvent e)	当窗口正在关闭时触发
void windowIconified(WindowEvent e)	窗口最小化时触发
void windowDeiconified(WindowEvent e)	窗口从最小化恢复到正常状态时触发
void windowOpened(WindowEvent e)	窗口打开时触发

表 9.26 列出了 WindowListener 接口的方法，接下来通过一个案例来演示窗体事件的使用方法，如例 9-21 所示。

【例 9-21】TestWindowEvent.java

```
1   import java.awt.*;
2   import java.awt.event.*;
3   public class TestWindowEvent{
4       public static void main(String[] args){
5           //创建 Frame 类对象
6           Frame f=new Frame("Frame 窗口");
7           f.setSize(300,200);         //设置长和宽
8           f.setLocation(500,200);  //设置窗口相对位置
9           f.setVisible(true);         //设置为可见
10          //创建匿名内部类，监听窗体事件
11          f.addWindowListener(new WindowListener(){
12              public void windowOpened(WindowEvent e){
13                  System.out.println("windowOpened-->窗口被打开");
14              }
15              public void windowIconified(WindowEvent e){
16                  System.out.println("windowIconified-->窗口最小化");
17              }
18              public void windowDeiconified(WindowEvent e){
19                  System.out.println("windowDeiconified-->窗口从最小化恢复");
20              }
21              public void windowDeactivated(WindowEvent e){
22                  System.out.println("windowDeactivated-->取消窗口选中");
23              }
24              public void windowClosing(WindowEvent e){
25                  System.out.println("windowClosing-->窗口正在关闭");
26                  ((Window)e.getComponent()).dispose();
27              }
28              public void windowClosed(WindowEvent e){
29                  System.out.println("windowClosed-->窗口关闭");
30              }
31              public void windowActivated(WindowEvent e){
32                  System.out.println("windowActivated-->窗口被选中");
33              }
34          });
```

```
35        }
36    }
```

程序运行结果如图 9.27 所示。

程序运行后输出了窗体事件的各种状态。这些是窗体事件的基本用法，开发中根据实际需求在监听器中自定义事件处理器。

图 9.27　例 9-21 运行结果

9.12.4　鼠标事件

Java 提供的 MouseListener 是专门处理鼠标事件的监听接口，如果想对一个鼠标的操作进行监听，如鼠标按下、松开等，则可以使用此接口。此接口的方法如表 9.27 所示。

表 9.27　MouseListener 接口的方法

方法声明	功能描述
void mouseClicked(MouseEvent e)	单击鼠标时调用（按下并释放）
void mousePressed(MouseEvent e)	按下鼠标时调用
void mouseReleased(MouseEvent e)	松开鼠标时调用
void mouseEntered(MouseEvent e)	鼠标进入组件时调用
void mouseExited(MouseEvent e)	鼠标离开组件时调用

表 9.27 列出了 MouseListener 接口的方法，每个事件触发后都会产生 MouseEvent 事件，此事件可以得到鼠标的相关操作，如左击、右击等。MouseEvent 类的常量及常用方法如表 9.28 所示。

表 9.28　MouseEvent 类的常量及常用方法

常量及方法声明	功能描述
public static final int BUTTON1	表示鼠标左键的常量
public static final int BUTTON2	表示鼠标滚轴的常量
public static final int BUTTON3	表示鼠标右键的常量
int getClickCount( )	返回鼠标的单击次数
int getButton( )	以数字形式返回按下的鼠标键

表 9.28 列出了 MouseEvent 类的常量及常用方法，接下来通过一个案例来演示鼠标事件的使用方法，如例 9-22 所示。

【例 9-22】TestMouseEvent.java

```
1    import java.awt.*;
2    import java.awt.event.*;
3    public class TestMouseEvent{
4        public static void main(String[] args){
5            //创建 Frame 类对象
6            Frame f=new Frame("Frame 窗口");
7            Panel p=new Panel();
8            Button b=new Button("按钮");
9            p.add(b);
10           f.add(p);
11           f.setSize(300,200);       //设置长和宽
12           f.setLocation(500,200);   //设置窗口相对位置
```

```
13          f.setVisible(true);         //设置为可见
14          b.addMouseListener(new MouseListener(){
15              public void mouseReleased(MouseEvent e){
16                  System.out.println("mouseReleased-->鼠标松开");
17              }
18              public void mousePressed(MouseEvent e){
19                  System.out.println("mousePressed-->鼠标按下");
20              }
21              public void mouseExited(MouseEvent e){
22                  System.out.println("mouseExited-->鼠标离开组件");
23              }
24              public void mouseEntered(MouseEvent e){
25                  System.out.println("mouseEntered-->鼠标进入组件");
26              }
27              public void mouseClicked(MouseEvent e){
28                  int i=e.getButton();
29                  if(i==MouseEvent.BUTTON1){
30                      System.out.println("mouseClicked-->单击鼠标左键"+
31                              e.getClickCount()+"次");
32                  }else if(i==MouseEvent.BUTTON3){
33                      System.out.println("mouseClicked-->单击鼠标右键"+
34                              e.getClickCount()+"次");
35                  }else{
36                      System.out.println("mouseClicked-->滚动鼠标滚轮"+
37                              e.getClickCount()+"次");
38                  }
39              }
40          });
41      }
42  }
```

程序运行结果如图 9.28 所示。

图 9.28　例 9-22 运行结果

运行结果输出了鼠标事件的各种状态。首先，运行程序弹出窗口后，将鼠标移入按钮，输出鼠标进入组件；然后，快速单击鼠标左键 3 次，输出鼠标 3 次单击的运作流程；最后，将鼠标移出按钮，输出“鼠标离开组件”。这些是鼠标事件的基本用法，开发中根据实际需求在监听器中自定义事件处理器。

9.12.5 键盘事件

Java 提供的 KeyListener 是专门处理键盘事件的监听接口，如果想对键盘的操作进行监听，如按键、松开键等，则可以使用此接口。KeyListener 接口的方法如表 9.29 所示。

表 9.29　KeyListener 接口的方法

方法声明	功能描述
void KeyTyped(KeyEvent e)	用键盘输入某个键时调用
void KeyPressed(KeyEvent e)	键盘按下时调用
void KeyReleased(KeyEvent e)	键盘松开时调用

表 9.29 列出了 KeyListener 接口的方法，每个事件触发后都会产生 KeyEvent 事件，此事件可以得到键盘的相关操作。KeyEvent 类的常用方法如表 9.30 所示。

表 9.30　KeyEvent 类的常用方法

方法声明	功能描述
char getKeyChar( )	返回输入的字符，只针对 keyTyped 有意义
int getKeyCode( )	返回输入字符的键码
static Sring getKeyText(int KeyCode)	返回按键的信息，如 “F1” “H” 等

表 9.30 列出了 KeyEvent 类的常用方法，接下来通过一个案例来演示键盘事件的使用方法，如例 9-23 所示。

【例 9-23】TestKeyEvent.java

```
1   import java.awt.*;
2   import java.awt.event.*;
3   public class TestKeyEvent{
4       public static void main(String[] args){
5           //创建 Frame 类对象
6           Frame f=new Frame("Frame 窗口");
7           Panel p=new Panel();
8           TextField tf=new TextField(10);  //创建文本框
9           p.add(tf);
10          f.add(p);
11          f.setSize(300,200);              //设置长和宽
12          f.setLocation(500,200);          //设置窗口相对位置
13          f.setVisible(true);              //设置为可见
14          tf.addKeyListener(new KeyAdapter(){
15              public void keyPressed(KeyEvent e){
16                  System.out.println("keyPressed-->键盘"+
17                          KeyEvent.getKeyText(e.getKeyCode())+"键按下");
18              }
19              public void keyReleased(KeyEvent e){
20                  System.out.println("keyReleased-->键盘"+
21                          KeyEvent.getKeyText(e.getKeyCode())+"键松开");
22              }
23              public void keyTyped(KeyEvent e){
24                  System.out.println("keyTyped-->键盘输入的内容是："+
```

```
25                                  e.getKeyChar());
26                     }
27             });
28         }
29   }
```

程序运行结果如图 9.29 所示。

运行结果输出了键盘事件的各种状态。运行程序弹出窗口后，首先通过键盘输入“q”，然后通过键盘输入“w”，最后通过键盘输入“e”，控制台输出了键盘的运作流程。这些是键盘事件的基本用法，在开发中可根据实际需求在监听器中自定义事件处理器。

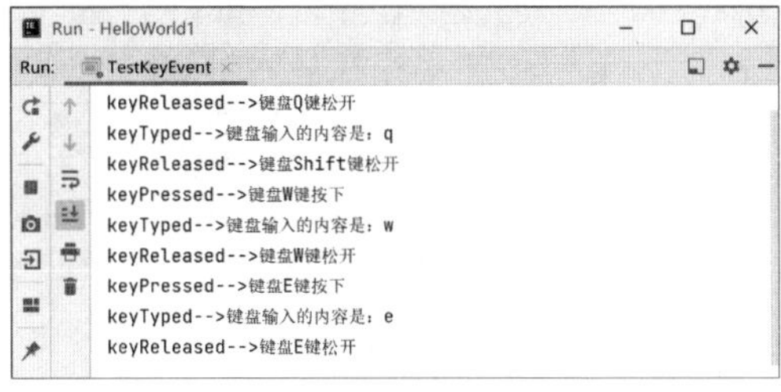

图 9.29 例 9-23 运行结果

【实战训练】 实现注册、登录对话框

需求描述

编写程序，实现单击“注册”和“登录”菜单项后，弹出“注册”对话框和“登录”对话框。

思路分析

（1）使用 JDialog 类实现“注册”对话框和“登录”对话框。

（2）为“注册”菜单项和“登录”菜单项设置动作事件监听器。

代码实现

“注册”对话框的实现代码如训练 9-3 所示。

【训练 9-3】 FrmRegister.java

```
1    public class FrmRegister extends JDialog{
2       private JPanel toolBar=new JPanel();
3       private JPanel workPane=new JPanel();
4       private JButton btnOk=new JButton("注册");
5       private JButton btnCancel=new JButton("取消");
6       private JLabel labelName=new JLabel("昵称");
7       private JLabel labelArea=new JLabel("地区");
8       private JLabel labelPwd=new JLabel("密码");
9       private JLabel labelWork=new JLabel("工作是否稳定");
10      private JLabel labelHome=new JLabel("居住是否稳定");
11      private JTextField edtName=new JTextField(20);
12      private JTextField edtArea=new JTextField(20);
13      private JPasswordField edtPwd=new JPasswordField(20);
14      private JTextField edtWork=new JTextField(15);
15      private JTextField edtHome=new JTextField(15);
16      public FrmRegister(Frame f,String s,boolean b){
17         super(f,s,b);
18         toolBar.setLayout(new FlowLayout(FlowLayout.RIGHT));
19         toolBar.add(this.btnOk);
20         toolBar.add(btnCancel);
21         this.getContentPane().add(toolBar,BorderLayout.SOUTH);
22         BoxLayout boxLayout=new BoxLayout(workPane,BoxLayout.Y_AXIS);
```

```
23          workPane.setLayout(boxLayout);
24          //姓名
25          JPanel jPanel1=new JPanel();
26          jPanel1.add(labelName);jPanel1.add(edtName);
27          workPane.add(jPanel1);
28          JPanel jPanel2=new JPanel();
29          jPanel2.add(labelArea);jPanel2.add(edtArea);
30          //密码
31          workPane.add(jPanel2);
32          JPanel jPanel3=new JPanel();
33          jPanel3.add(labelPwd);jPanel3.add(edtPwd);
34          workPane.add(jPanel3);
35          //工作情况
36          JPanel jPanel5=new JPanel();
37          jPanel5.add(labelWork);jPanel5.add(edtWork);
38          workPane.add(jPanel5);
39          //居住情况
40          JPanel jPanel6=new JPanel();
41          jPanel6.add(labelHome);jPanel6.add(edtHome);
42          workPane.add(jPanel6);
43          this.getContentPane().add(workPane,BorderLayout.CENTER);
44          this.setSize(300,320);
45          this.setLocationRelativeTo(f);
46          this.validate();
47      }
48  }
```

"登录"对话框的实现代码如训练 9-4 所示。

【训练 9-4】FrmLogin.java

```
1   public class FrmLogin extends JDialog{
2       private JPanel toolBar=new JPanel();
3       private JPanel workPane=new JPanel();
4       private JButton btnLogin=new JButton("登录");
5       private JButton btnCancel=new JButton("返回");
6       private JLabel labelUser=new JLabel("账号");
7       private JLabel labelPwd=new JLabel("密码");
8       private JTextField edtUserId=new JTextField(20);
9       private JPasswordField edtPwd=new JPasswordField(20);
10      public FrmLogin(Frame f,String s,boolean b){
11          super(f,s,b);
12          toolBar.setLayout(new FlowLayout(FlowLayout.RIGHT));
13          toolBar.add(btnLogin);
14          toolBar.add(btnCancel);
15          this.getContentPane().add(toolBar,BorderLayout.SOUTH);
16          workPane.add(labelUser);
17          workPane.add(edtUserId);
18          workPane.add(labelPwd);
19          workPane.add(edtPwd);
20          this.getContentPane().add(workPane,BorderLayout.CENTER);
21          this.setSize(300,180);
22          //屏幕居中显示
23          this.setLocationRelativeTo(f);
```

```
24        }
25    }
```

在 FrmMain 类的 FrmMain 构造方法中为“注册”菜单项和“登录”菜单项设置动作事件监听器，代码如下。

```
login.addActionListener(e->{
   new FrmLogin(new FrmMain(),"登录",true).setVisible(true);
});
register.addActionListener(e->{
    new FrmRegister(new FrmMain(),"注册",true).setVisible(true);
});
```

运行上述代码，程序运行结果如图 9.30 所示。

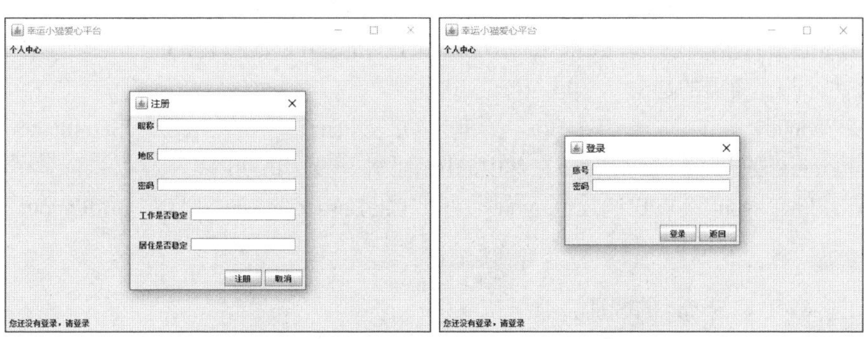

“注册”对话框　　“登录”对话框

图 9.30　程序运行结果

9.13 本章小结

通过本章的学习，读者能够掌握如何开发 GUI 程序，掌握图形用户界面工具的使用方法。本章的学习重点是：了解 Swing 中的常用组件与动作事件监听器；能够自主设计简单的 Swing 窗体程序，并能够灵活运用各种组件完善窗体的功能，实现组件的常用事件处理。如果大家想进一步了解 GUI，可以查阅 JDK 文档，动手做一些 Demo 程序。

9.14 习题

1. 填空题

（1）AWT 有两个抽象基类，分别为________、________。

（2）Java 提供的________是专门处理窗体事件的监听接口，一个窗体的所有变化，如窗体的打开、关闭等，都可以使用这个接口进行监听。

（3）________类属于流式布局管理器，使用此种布局管理器会使所有的组件像流水一样依次进行排列。

（4）________和 Swing 都可以处理图形用户界面，前者可用来构建应用程序的 Java 库，如果想要在 Eclipse 开发工具中使用它，需要安装________插件。

（5）AWT 事件处理的过程中，主要涉及 3 个对象，分别是________、________、________。

2．选择题

（1）在 Java 中，要使用布局管理器，必须导入下列（　　）包。

A. java.awt.*　　B. java.awt.layout.*

C. javax.swing.layout.*　　D. javax.swing. *

（2）Swing 与 AWT 的区别不包括（　　）。

A. Swing 是由纯 Java 实现的轻量级构件　　B. Swing 没有本地代码

C. Swing 不依赖操作系统的支持　　D. Swing 支持图形用户界面

（3）在编写 Java applet 程序时，若需要对发生的事件做出响应和处理，一般需要在程序的开头写上（　　）语句。

A. import java.awt.*;　　B. import java.applet.*;

C. import java.io.*;　　D. import java.awt.event.*;

（4）下列不属于容器的是（　　）。

A. Window　　B. TextBox　　C. JPanel　　D. JScrollPane

（5）当 Frame 改变大小时，要使放在其中的按钮大小不变，应使用（　　）。

A. FlowLayout　　B. CardLayout　　C. BorderLayout　　D. GridLayout

3．简答题

（1）简述 AWT 和 Swing 的区别。

（2）java.awt 包中提供的布局管理器有哪些?

（3）简述事件处理机制中所涉及的概念。

（4）简述 GUI 中实现事件监听的步骤。

（5）AWT 的常用事件有哪些?

4．编程题

（1）在 JFrame 窗体中添加 5 个按钮，使用 BorderLayout 布局管理器，使 5 个按钮分布在东、西、南、北、中区域，在缩放或扩大界面时，南区域和北区域的按钮总是保持最佳高度。

（2）在 JFrame 窗体下部添加 5 个按钮，分别显示为“上一张”“下一张”“1”“2”“3”，控制窗体上部显示的红色、蓝色、绿色卡片，使用 CardLayout 布局管理器实现这些效果。

第10章 线程与并发

本章学习目标

- 理解进程和线程的区别。
- 熟练掌握创建线程的方式。
- 了解线程的生命周期及状态转换。
- 熟练掌握多线程的同步机制。
- 了解线程池的使用方法。

程序在没有流程控制的前提下，代码都是自上而下依次执行的。基于这样的机制，如果要编写程序，实现边玩游戏边听音乐的需求，就会很困难。因为按照执行顺序，只能逐行依次执行，同一时刻，只能执行听音乐和玩游戏的其中之一。为了实现在同一时间运行多个任务，Java 语言提供了非常优秀的多线程支持，程序可以通过非常简单的方式来启动多线程，如继承 Thread 类。本章将讲解 Java 中线程的概念和线程的使用方式，带领读者了解线程的生命周期和线程的同步机制。

10.1 进程与线程概述

现代操作系统，如 Mac OS X、Linux、Windows 等，都是支持“多任务”的操作系统。“多任务”即操作系统可以同时运行多个任务，如用浏览器上网的同时听音乐，并且还在操作 Word，这就是“多任务”。

10.1.1 并行和并发

CPU 执行代码是逐行顺序执行的，但是，即使是单核 CPU，也可以同时运行多个任务，这就是“并发”，即在一段时间内，宏观上这些任务同时在运行。操作系统执行多个任务时，单核 CPU 对多个任务是轮流交替执行的。在单核 CPU 计算机中，每一个时间片（即 CPU 分配给各个程序的运行时间）仅能有一道程序执行（时间片），因此，微观上各个程序只能是分时地交替执行。

如果计算机中有多个 CPU，则可以将这些并发执行的程序分配到多个处理器上，从而实现多任务“并行”执行。利用每个处理器来处理一个可并发执行的程序，这样，多个程序便可以同时执行。例如，多核处理器的计算机可以并行地处理多个程序，运行效率更高。

10.1.2 进程和线程

操作系统同时执行的任务有很多，以多线程在 Windows 操作系统的运行模式为例，打开

Windows 的任务管理器，可以看到它是以进程为单位的，如图 10.1 所示。

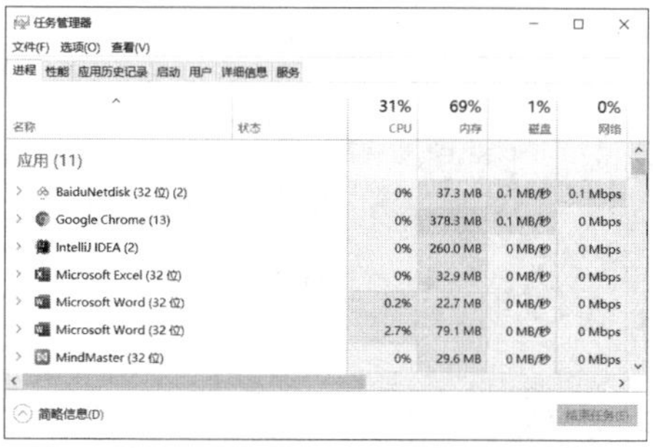

图 10.1 Windows 任务管理器

在图 10.1 中，正在运行的 IntelliJ IDEA 是一个进程，正在运行的 Microsoft Word 也是一个进程。进程是指计算机中正在运行的程序，是计算机中的程序关于某数据集合的一次运行活动，是系统进行资源分配和调度的基本单位，是操作系统结构的基础。在 Windows 系统中，每一个正在运行的.exe 文件就是一个进程。为了实现前文提到的同时玩游戏和听音乐的需求，可以设计两个程序，分别负责运行游戏和播放音乐。但是，在一款游戏中，要在展示游戏背景图的同时，播放背景音乐，还要根据用户的操作移动游戏角色，设计多个程序来实现是不合理的，并且进程之间进行通信是非常不方便的。这种情况下，需要使用线程。

线程和进程一样，都是实现并发的一个基本单位。线程是比进程更小的执行单位，是在进程的基础之上进行的进一步划分。所谓多线程，是指一个进程在执行过程中可以产生多个更小的程序单元，这些更小的单元称为线程。这些线程可以同时存在、同时运行。一个进程可能包含了多个同时执行的线程，且至少会有一个线程，但一个线程只能属于一个进程，且依赖于进程而存在。例如，在一个游戏进程中，可以通过 3 个不同的线程分别控制展示游戏背景图、播放音乐和移动游戏角色，但是游戏进程中播放音乐的线程不能在其他程序的进程中使用。

进程在内存中拥有独立的内存空间，进程中的数据存放空间（堆空间和栈空间）是独立的，但是线程的堆空间是共享的。线程的内存开销比进程小，相互之间可以影响。

10.1.3 多线程的优势

多线程作为一种多任务、高并发的工作方式，其优势是非常明显的。程序在完成一个任务时，会有明显的分工，且各部分处理速度是不同的。例如，对于报表批处理程序，首先要读取存储在文件中的原始数据，然后进行数据处理，最终显示或存储处理结果。由此，程序就可以分成 3 部分：读取 I/O、运算和写入 I/O。从计算机原理上来讲，这 3 部分花费的时间：写入 I/O>读取 I/O>运算。如果只需要处理一份文件，只能按照先读取，再运算，最后写入的顺序处理。但是，如果需要处理一批文件，选用多线程就能比顺序执行节约很多时间。例如，要处理 A 和 B 两个文件，在对 A 文件中的数据进行运算时，计算机的 I/O 是空闲的，可以在这一段时间去读取 B 文件；在对 A 文件进行写入 I/O 时，CPU 是空闲的，可以在这一段时间运算 B 文件的数据。

前文中提到边玩游戏边听音乐的需求也是如此，在单线程中，二者不能同时执行，但在多线程的情况下，玩游戏的线程和听音乐的线程可以并行，如图 10.2 所示。

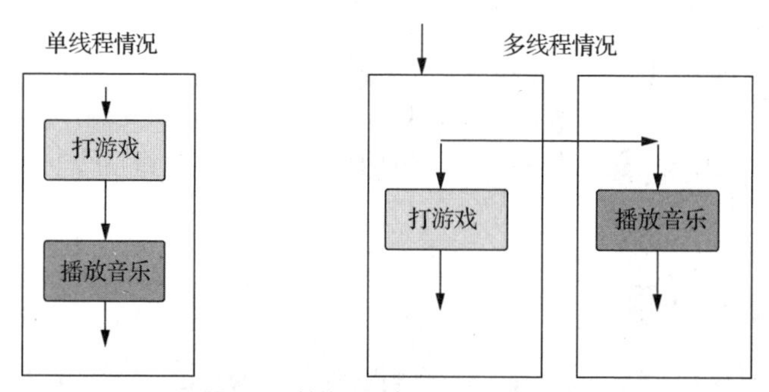

图 10.2 单线程和多线程运行的对比

10.2 线程的创建和启动

Java 实现线程的传统方式有两种，分别是继承 Thread 类和实现 Runnable 接口。除此之外，还可以使用匿名内部类的方式创建新线程。本节将分别对这 3 种方式进行讲解。

10.2.1 继承 Thread 类创建线程

Thread 类位于 java.lang 包中，Java 的 API 中将 Thread 类和 Thread 类的子类称为线程类。Thread 类的常用构造方法如表 10.1 所示。

表 10.1 Thread 类的常用构造方法

方法声明	描述
pubic Thread( )	创建新的 Thread 类对象，自动生成的线程名称为"Thread-"+n，其中的 n 为整数
public Thread(String name)	创建新的 Thread 类对象，name 是新线程的名称

表 10.1 列出了 Thread 类的常用构造方法，用这些构造方法可以创建线程实例，线程真正的功能代码在类的 run( )方法中。一个类继承 Thread 类后，可以在类中覆盖父类的 run( )方法，在方法内写入功能代码。另外，Thread 类还有一些常用方法，如表 10.2 所示。

表 10.2 Thread 类的常用方法

方法声明	功能描述
String getName( )	返回线程的名称
Thread.State getState( )	返回线程的状态
boolean isAlive( )	测试线程是否处于活动状态
void setName(String name)	改变线程名称，使之与参数 name 相同
void start( )	使线程开始执行；Java 虚拟机调用线程的 run( )方法
static void sleep(long millis)	在指定的毫秒数内让当前正在执行的线程休眠（暂停执行），此操作受系统计时器和调度程序的精度与准确性影响

表 10.2 列出了 Thread 类的常用方法，使用这些方法可以完成线程的启动。通过继承 Thread 类创建和启动线程的步骤如下。

（1）定义 A 类继承 java.lang.Thread 类。

（2）在 A 类中重写 Thread 类中的 run( )方法。

（3）在 run( )方法中编写需要执行的操作。

（4）在 main( )方法（主线程）中创建线程对象，并调用 start( )方法启动线程。

当 Java 程序启动时，一个线程会立刻运行，该线程叫作主线程（main thread），因为它是程序开始时就执行的。主线程是产生其他子线程的线程，它负责执行各种关闭动作，因此，它必须最后完成执行。

需要注意的是，不能直接调用 run( )方法。run( )方法在程序中确立另一个并发的线程执行入口，而且能够像主线程一样调用其他方法。当 run( )方法执行完毕时，该线程结束。但是 run( )方法只是类的一个普通方法，如果直接调用 run( )方法，是不会开启新的线程的，程序中依然只有主线程，程序执行路径还是只有一条，所以还是在顺序执行，没有达到使用线程的目的。

使用 Thread 类启动线程的语法格式如下。

```
A类 a=new A类();
a.start() ;
```

接下来通过一个案例来演示使用 Thread 类创建线程。在玩游戏时，用户会听到背景音乐，背景音乐在游戏中是非常重要的，它能够增强用户的游戏体验感。使用 Thread 类实现在玩游戏的同时播放音乐，如例 10-1 所示。

【例 10-1】TestThread.java

```
1   public class TestThread{
2       //播放音乐的线程类
3       static class MusicThread extends Thread{
4           //模拟播放的过程
5           private int playTime=50;
6           public void run(){
7               for(int i=0;i<playTime;i++){
8                 System.out.println("播放音乐"+i);
9               }
10          }
11      }
12      public static void main(String[] args){
13          //主线程：运行游戏
14          for(int i=0;i<50;i++){
15            System.out.println("玩游戏"+i);
16            if(i==10){
17              //创建播放音乐线程
18              MusicThread musicThread=new MusicThread();
19              musicThread.start();
20            }
21          }
22      }
23  }
```

程序运行结果如图 10.3 所示。

在例 10-1 中，创建了静态内部类 MusicThread，该类继承了 Thread 类，并重写了 run()方法，在其中模拟了播放 50 次音乐；使用主线程模拟玩游戏的线程，创建了播放音乐线程的对象 musicThread，在玩游戏的线程进行 10 次后，开始播放音乐。

由图 10.3 可以看出，玩游戏和播放音乐交替出现，说明已经成功使用 Thread 类实现玩游戏时播放背景音乐。

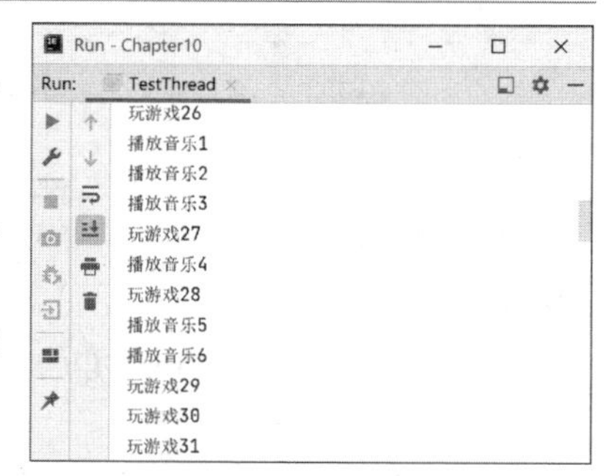

图 10.3 例 10-1 运行结果

10.2.2 实现 Runnable 接口创建线程

创建线程最常用的方法是创建一个实现 Runnable 接口的类。在 Java 中，类仅支持单继承，也就是说，当定义一个新的类时，它只能扩展一个外部类。如果创建自定义线程类的时候是通过继承 Thread 类来实现的，那么这个自定义类就不能再去扩展其他的类，也就无法实现更加复杂的功能。因此，当自定义类必须扩展其他的类时，可以使用实现 Runnable 接口的方法来实现多线程，这样就可以避免 Java 单继承所带来的局限性。

在创建了 Runnable 接口的实现类后，要在类内部实例化一个 Thread 类的对象，使用的 Thread 类的构造方法如下。

```
Thread(Runnable obj);
Thread(Runnable obj,String name);
```

上面的构造方法中，参数 obj 代表一个 Runnable 接口实现类的实例，其定义了线程执行的起点。新线程的名称由参数 name 指定。

实现 Runnable 接口创建并启动线程，具体步骤如下。

（1）定义 Runnable 接口实现类 A，并重写 run( )方法。

（2）在 run( )方法中编写需要执行的操作。

（3）在主线程中创建实现类的对象并用 start( )方法启动线程。

需要注意的是，Runnable 接口的实现类不能是线程类，即不能在实现 Runnable 接口的同时继承 Thread 类。

使用 Runnable 接口的实现类启动线程的语法格式如下。

```
Thread t=new Thread(new A(),a);
t.start();
```

接下来通过一个案例来演示使用 Runnable 接口创建线程，如例 10-2 所示。

【例 10-2】TestRunnable.java

```
1   public class TestRunnable{
2       //播放音乐的线程类
3       static class MusicThread implements Runnable{
4           //模拟播放的过程
5           private int playTime=50;
6           public void run(){
7               for(int i=0;i<playTime;i++){
8                   System.out.println("播放音乐"+i);
9               }
10          }
11      }
12      public static void main(String[] args){
13          //主线程：运行游戏
14          for(int i=0;i<50;i++){
15              System.out.println("玩游戏"+i);
16              if(i==10){
17                  //创建播放音乐线程
18                  Thread musicThread=new Thread(new MusicThread());
19                  musicThread.start();
20              }
21          }
22      }
23  }
```

程序运行结果如图 10.4 所示。

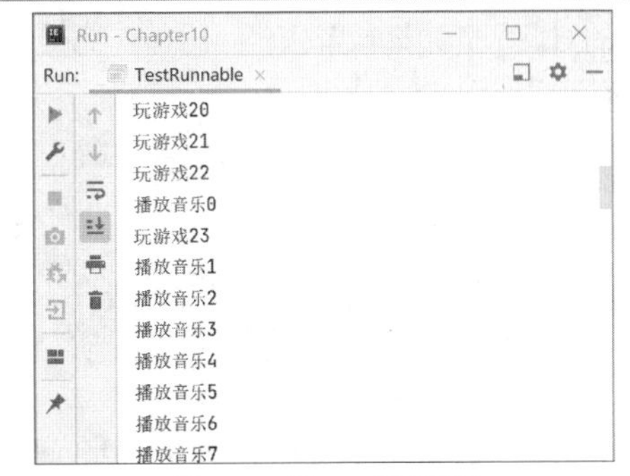

图 10.4　例 10-2 运行结果

在例 10-2 中，创建静态内部类 MusicThread 实现了 Runnable 接口，并重写了 run( )方法，在其中模拟了播放音乐的过程；使用主线程模拟玩游戏的线程，创建了播放音乐线程的对象 musicThread，在玩游戏的线程进行 10 次后，开始播放音乐。

由图 10.4 可以看出，玩游戏和播放音乐交替出现，说明已经成功使用 Runnable 接口实现玩游戏时播放背景音乐。

10.2.3 使用匿名内部类创建线程

使用匿名内部类创建线程的代码更加简洁、方便，它也有两种方式，即分别使用 Thread 类和 Runnable 接口，但只适用于某一个线程只使用一次的情况。

通过 Thread 类方式，使用匿名内部类创建线程的步骤如下。

（1）首先在一个类中创建一个 Thread 类的匿名对象。

（2）重写 run( )方法，将要执行的代码写在 run( )方法中。

（3）调用 start( )方法启动线程。

通过 Runnable 接口方式，使用匿名内部类创建线程的步骤如下。

（1）首先在一个类中创建一个 Thread 类的匿名对象，并将 Runnable 的子类对象传递给 Thread 类的构造方法。

（2）重写 run( )方法，将执行代码写在 run( )方法中。

（3）调用 start( )方法启动线程。

接下来通过一个案例来演示如何使用匿名内部类创建线程，如例 10-3 所示。

【例 10-3】TestInnerClassThread.java

```
1    public class TestInnerClassThread{
2        public static void main(String[] args){
3            for(int i=0;i<50;i++){
4               System.out.println("玩游戏"+i);
5               if(i==10){
6                  Thread th1=new Thread(new Runnable(){
7                     @Override
8                     public void run(){
9                        for(int i=0;i<50;i++){
10                          System.out.println("播放音乐"+i);
11                       }
12                    }
13                 });
14                 th1.start();
15              }
16           }
17       }
18   }
```

程序运行结果如图 10.5 所示。

在例 10-3 中，使用主线程模拟玩游戏的线程，在玩游戏的线程进行 10 次后，使用匿名内部类创建播放音乐线程的对象，开始播放音乐。

由图 10.5 可以看出，玩游戏和播放音乐交替出现，说明已经成功使用匿名内部类实现玩游戏时播放背景音乐。

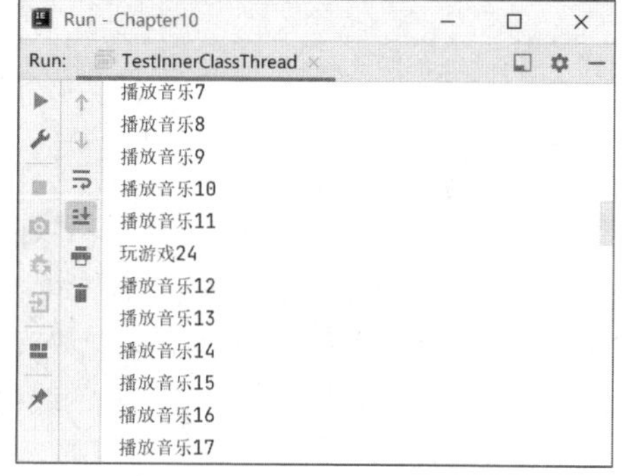

图 10.5 例 10-3 运行结果

10.3 线程的生命周期

线程有新建（New）、就绪（Runnable）、运行（Running）、阻塞（Blocked）和死亡（Terminated）5 种状态，线程从新建到死亡的过程称为线程的生命周期，如图 10.6 所示。

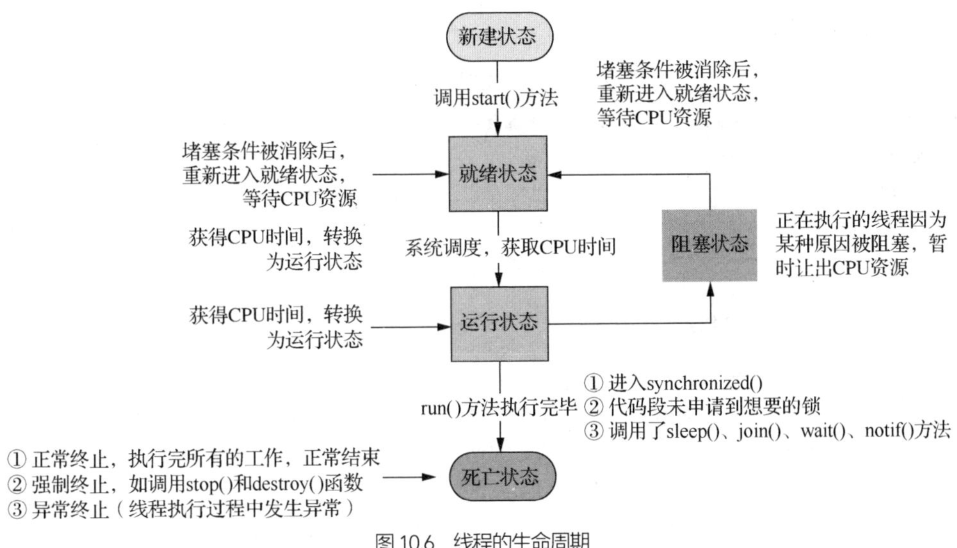

图 10.6　线程的生命周期

下面详细讲解线程的 5 种状态。

1．新建状态

程序使用 new 关键字创建一个线程后，该线程处于新建状态，此时它和其他 Java 对象一样，在堆空间内被分配了一块内存，但还不能运行。

2．就绪状态

一个线程对象被创建后，其他线程调用它的 start( )方法，该线程就进入就绪状态，Java 虚拟机会为它创建方法调用栈和程序计数器。处于这个状态的线程位于可运行池中，等待获得 CPU 的使用权。

3．运行状态

处于这个状态的线程占用 CPU，执行程序代码。在并发执行时，如果计算机只有一个 CPU，那么只会有一个线程处于运行状态。如果计算机有多个 CPU，那么同一时刻可以有多个线程占用不同 CPU 处于运行状态，只有处于就绪状态的线程才可以转换到运行状态。

4．阻塞状态

阻塞状态是指线程因为某些原因放弃 CPU，暂时停止运行。当线程处于阻塞状态时，Java 虚拟机不会给线程分配 CPU，直到线程重新进入就绪状态，它才有机会转换到运行状态。

下面列举线程由运行状态转换成阻塞状态的原因，以及如何从阻塞状态转换成就绪状态。

- 当线程调用了某个对象的 suspend( )方法时，会使线程进入阻塞状态，如果想进入就绪状态，需要使用 resume( )方法唤醒该线程。
- 当线程试图获取某个对象的同步锁时，如果该锁被其他线程持有，则当前线程会进入阻塞状态，如果想从阻塞状态进入就绪状态，必须获取到其他线程持有的锁，关于锁的概念会在后面详细讲解。
- 当线程调用了 Thread 类的 sleep( )方法时，会使线程进入阻塞状态，在这种情况下，需要等到线程睡眠的时间结束，线程才会进入就绪状态。
- 当线程调用了某个对象的 wait( )方法时，会使线程进入阻塞状态，如果想进入就绪状态，需要使用 notify( )方法或 notifyAll( )方法唤醒该线程。
- 当在一个线程中调用了另一个线程的 join( )方法时，会使当前线程进入阻塞状态，在这种情况下，要等到新加入的线程运行结束后才会结束阻塞状态，进入就绪状态。

5．死亡状态

- 线程的 run()方法正常执行完成，线程正常结束。
- 线程抛出异常（Exception）或错误（Error）。
- 调用线程对象的 stop()方法结束该线程。

线程一旦转换为死亡状态，就不能运行且不能转换为其他状态。

10.4 线程控制

如果计算机只有一个 CPU，那么在任意时刻只能执行一条指令，每个线程只有获得 CPU 使用权才能执行指令。多线程的并发运行，从宏观上看，是各个线程轮流获得 CPU 的使用权，分别执行各自的任务。但在可运行池中，会有多个处于就绪状态的线程在等待 CPU，Java 虚拟机的一项任务就是负责线程的调度，即按照特定的机制为多个线程分配 CPU 使用权。调度模型分为分时调度模型和抢占式调度模型两种。

分时调度模型是让所有线程轮流获得 CPU 使用权，平均分配每个线程占用 CPU 的时间片。抢占式调度模型是优先让可运行池中优先级高的线程占用 CPU，若可运行池中线程优先级相同，则随机选择一个线程使用 CPU，当它失去 CPU 使用权时，再随机选取一个线程获取 CPU 使用权。Java 默认使用抢占式调度模型。

10.4.1 线程的优先级

所有处于就绪状态的线程根据优先级存放在可运行池中，优先级低的线程运行机会较少，优先级高的线程运行机会更多。Thread 类的 setPriority(int newPriority)方法和 getPriority()方法分别用于设置优先级和读取优先级。优先级用整数表示，取值范围为 1～10，除了直接用数字表示线程的优先级，还可以用 Thread 类提供的 3 个静态常量来表示线程的优先级，如表 10.3 所示。

表 10.3　Thread 类的静态常量

常量声明	功能描述
static int MAX_PRIORITY	取值为 10，表示最高优先级
static int NORM_PRIORITY	取值为 5，表示默认优先级
static int MIN_PRIORITY	取值为 1，表示最低优先级

表 10.3 列出了 Thread 类的 3 个静态常量，可以用这些常量设置线程的优先级，接下来用一个案例来演示线程优先级的使用方法，如例 10-4 所示。

【例 10-4】TestPriority.java

```
1  public class TestPriority{
2      public static void main(String[] args){
3          //创建 SubThread1 实例
4          SubThread1 st1=new SubThread1("优先级低的线程");
5          SubThread1 st2=new SubThread1("优先级高的线程");
6          st1.setPriority(Thread.MIN_PRIORITY);        //设置优先级
7          st2.setPriority(Thread.MAX_PRIORITY);
8          st1.start();                                 //开启线程
```

```
9              st2.start();
10         }
11     }
12     class SubThread1 extends Thread{
13         public SubThread1(String name){
14             super(name);
15         }
16         public void run(){                                   //重写 run()方法
17             for(int i=0;i<10;i++){
18               if(i%2!=0){
19                 System.out.println(Thread.
20                       currentThread().getName()+":"+i);
21               }
22             }
23         }
24     }
```

程序运行结果如图 10.7 所示。

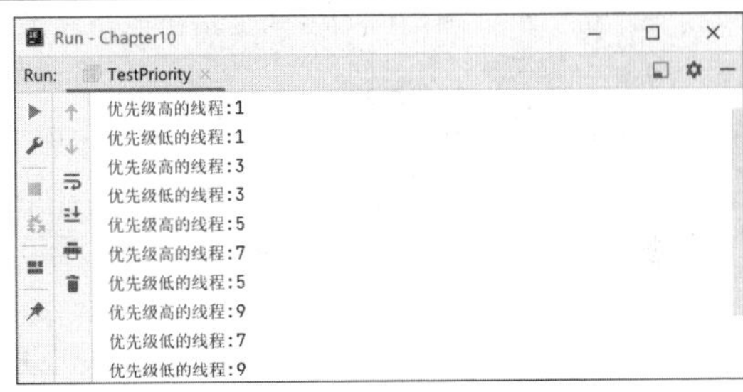

图 10.7　例 10-4 运行结果

在例 10-4 中，声明 SubThread1 类继承 Thread 类，在类中重写了 run( )方法，方法内循环输出小于 10 的奇数，在 main( )方法中创建两个 SubThread1 类实例并指定线程名称，调用 setPriority(int newPriority)方法分别设置两个线程的优先级，最后调用 start( )方法启动两个线程，从运行结果看，优先级高的线程优先执行。这里要注意，优先级低的不一定永远后执行，有可能优先级低的线程先执行，只不过概率较小。

10.4.2 线程休眠

前面讲解了线程的优先级，可以发现，将需要后执行的线程设置为低优先级，也有一定概率先执行该线程，可以用 Thread 类的静态方法 sleep( )来解决这一问题。sleep( )方法有两种重载形式，具体示例如下。

```
static void sleep(long millis)
static void sleep(long millis,int nanos)
```

如上所示是 sleep( )方法的两种重载形式，第一种形式中，参数用于指定线程休眠的毫秒数；第二种形式中，参数用于指定线程休眠的毫秒数和毫微秒数。正在执行的线程调用 sleep( )方法可以进入阻塞状态，也叫线程休眠，在休眠时间内，即使系统中没有其他可执行的线程，该线程也不会获得执行的机会，当休眠时间结束时才可以执行该线程。接下来用一个案例来演示线程休眠，如例 10-5 所示。

【例 10-5】TestSleep.java

```
1   import java.text.SimpleDateFormat;
2   import java.util.Date;
3   public class TestSleep{
4       public static void main(String[] args) throws Exception{
5           for(int i=0;i<5;i++){
6             System.out.println("当前时间: "+
7                   new SimpleDateFormat("hh:mm:ss").format(new Date()));
8             Thread.sleep(2000);
9           }
```

```
10        }
11    }
```

程序运行结果如图 10.8 所示。

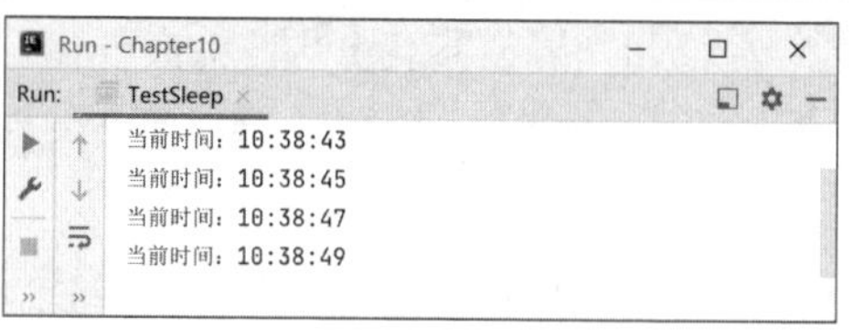

图 10.8　例 10-5 运行结果

在例 10-5 中，在循环中输出 5 次格式化后的当前时间，每次输出后都调用 Thread 类的 sleep( )方法，让程序休眠 2s，从运行结果也可以看出每次的间隔都是 2s。这是线程休眠的基本使用方法。

10.4.3 线程让步

前面讲解了使用 sleep( )方法使线程阻塞，Thread 类还提供了一个 yield( )方法。它与 sleep( )方法类似，可以让当前正在执行的线程暂停，但它不会使线程阻塞，只是将线程转换为就绪状态，也就是让当前线程暂停一下。线程调度器重新调度一次，有可能还会将暂停的程序调度出来继续执行，这也称为线程让步。接下来用一个案例来演示线程让步，如例 10-6 所示。

【例 10-6】TestYield.java

```
1   public class TestYield{
2       public static void main(String[] args){
3           SubThread3 st=new SubThread3();  //创建 SubThread3 实例
4           new Thread(st,"线程 1").start();  //创建并开启线程
5           new Thread(st,"线程 2").start();
6       }
7   }
8   class SubThread3 implements Runnable{
9       public void run(){                          //重写 run()方法
10          for(int i=1;i<=6;i++){
11            System.out.println(Thread.
12                    currentThread().getName()+":"+i);
13            if(i%3==0){
14               Thread.yield();
15            }
16          }
17      }
18  }
```

程序运行结果如图 10.9 所示。

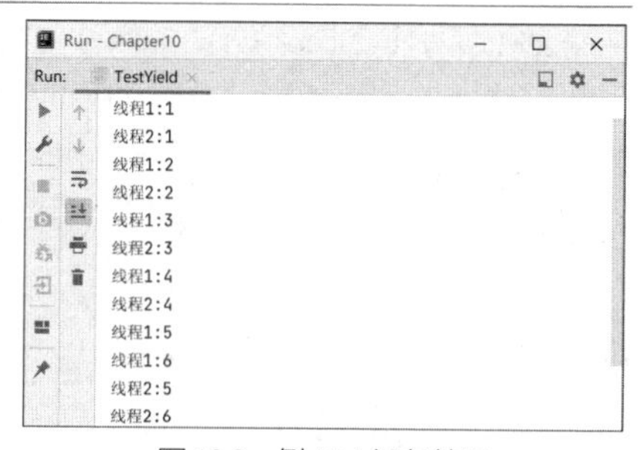

图 10.9　例 10-6 运行结果

在例 10-6 中，声明 SubThread3 类实现 Runnable 接口，在类中实现了 run( )方法，方法内循环输出数字 1～6，当变量 i 能被 3 整除时，调用 yield( )方法实现线程让步；在 main( )方法中创建 SubThread3 类实例，分别创建并开启两个线程。当线程执行到第 3 次或第 6 次时，变量 i 能被 3 整除，调用 Thread 类的 yield( )方法实现线程让步，切换到其他线程。这里注意，并不是线程执行到第 3 次或第 6 次一定切换到其他线程，也有可能线程继续执行。这是线程让步的基本使用方法。

10.4.4 线程插队

Thread 类提供了 join( )方法，当系统在执行某个线程的过程中调用其他线程的 join( )方法时，此线

程将被阻塞，直到其他线程执行完为止，这种情况也称为线程插队。接下来用一个案例来演示线程插队，如例10-7所示。

【例10-7】TestJoin.java

```
1   public class TestJoin{
2       public static void main(String[] args) throws Exception{
3           SubThread4 st=new SubThread4();    //创建SubThread4实例
4           Thread t=new Thread(st,"线程1");  //创建并开启线程
5           t.start();
6           for(int i=1;i<6;i++){
7              System.out.println(Thread.
8                      currentThread().getName()+":"+i);
9              if(i==2){
10                 t.join();                    //线程插队
11             }
12          }
13      }
14  }
15  class SubThread4 implements Runnable{
16      public void run(){                         //重写run()方法
17          for(int i=1;i<6;i++){
18             System.out.println(Thread.
19                     currentThread().getName()+":"+i);
20          }
21      }
22  }
```

程序运行结果如图10.10所示。

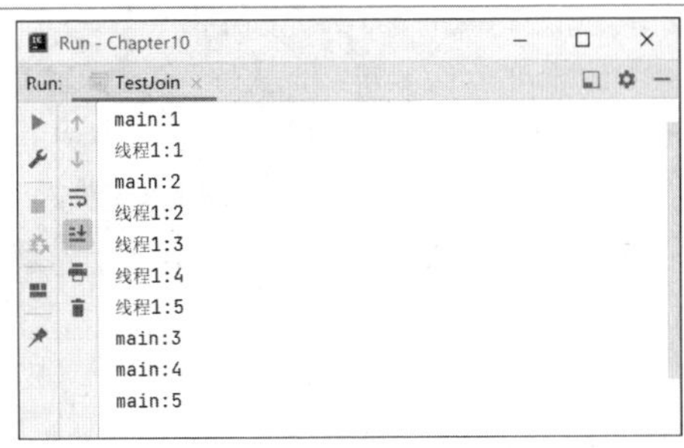

图10.10 例10-7运行结果

在例10-7中，声明SubThread4类实现Runnable接口，在类中实现了run( )方法，方法内循环输出数字1～5，在main( )方法中创建SubThread4类实例并启动线程，main( )方法中同样循环输出数字1～5，当变量i为2时，调用join( )方法将子线程插入，子线程开始执行，直到子线程执行完，main( )方法的主线程才能继续执行。这是线程插队的基本使用方法。

10.4.5 后台线程

线程中还有一种后台线程，它是为其他线程提供服务的，又称为“守护线程”或“精灵线程”，JVM的垃圾回收线程就是典型的后台线程。

如果所有的前台线程都死亡，后台线程会自动死亡。当整个虚拟机中只剩下后台线程时，程序就没有继续运行的必要了，所以虚拟机也就退出了。

若将一个线程设置为后台线程，可以调用Thread类的setDaemon(boolean on)方法，将参数指定为true即可，Thread类还提供了一个isDaemon( )方法，用于判断一个线程是否是后台线程。接下来用一个案例来演示后台线程，如例10-8所示。

【例10-8】TestBackThread.java

```
1   public class TestBackThread{
2       public static void main(String[] args){
3           //创建SubThread5实例
```

```
4            SubThread5 st1=new SubThread5("新线程");
5            st1.setDaemon(true);
6            st1.start();
7            for(int i=0;i<2;i++){
8               System.out.println(Thread.
9                         currentThread().getName()+":"+i);
10           }
11       }
12   }
13   class SubThread5 extends Thread{
14       public SubThread5(String name){
15           super(name);
16       }
17       public void run(){              //重写 run()方法
18           for(int i=0;i<1000;i++){
19              if(i%2!=0){
20                 System.out.println(Thread.
21                          currentThread().getName()+":"+i);
22              }
23           }
24       }
25   }
```

程序运行结果如图 10.11 所示。

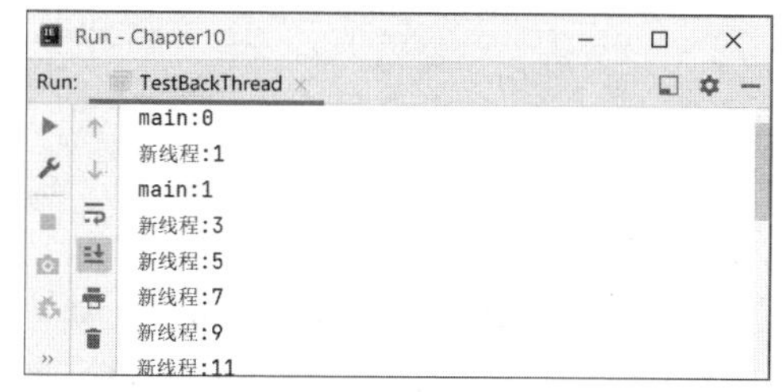

图 10.11　例 10-8 运行结果

在例 10-8 中，声明 SubThread5 类继承 Thread 类，在类中实现了 run( )方法，方法内循环输出数字 0~1000 的奇数，在 main( )方法中创建 SubThread5 类实例，调用 setDaemon(boolean on)方法，将参数指定为 true，此线程被设置为后台线程，随后开启线程，最后循环输出 0~2 的数字。这里可以看到，新线程本应该执行到输出 999，但是这里执行到 11 就结束了，因为前台线程执行完毕，线程死亡，后台线程随之死亡。这是后台线程的基本使用方法。

10.5 线程同步

前面讲解了线程的创建和启动，在并发执行的情况下，多线程可能会突然出现“不安全”的问题，这是因为系统的线程调度有一定随机性，当多线程并发访问同一个资源对象时，很容易出现“不安全”的问题。接下来会详细讲解如何解决这种问题。

10.5.1 线程安全

线程安全是指在拥有共享数据的多个线程并发执行的程序中，不同线程的执行代码会通过同步机制保证各个线程都能够正常且正确执行，不会造成数据污染等意外情况。

关于线程安全，有一个经典的问题——窗口卖票问题。窗口卖票的基本流程大致为：首先要知道共有多少张票，每卖掉一张票，票的总数减 1，多个窗口同时卖票，当票数剩余 0 时，说明没有余票，停止售票。流程很简单，但如果这个流程放在多线程并发的场景下，就存在问题，可能问题不会及时暴露出来，运行很多次才出一次问题。接下来用一个案例来演示窗口卖票的经典问题，假设总票数为

5，有 3 个窗口在卖票，代码如例 10-9 所示。

【例 10-9】TestTicket.java

```
1   public class TestTicket{
2      public static void main(String[] args){
3         Ticket ticket=new Ticket();
4         Thread t1=new Thread(ticket,"窗口一");
5         Thread t2=new Thread(ticket,"窗口二");
6         Thread t3=new Thread(ticket,"窗口三");
7         t1.start();
8         t2.start();
9         t3.start();
10     }
11  }
12  class Ticket implements Runnable{
13     private int ticket=5;
14     public void run(){
15        while(true){
16           if(ticket>0){
17              try{
18                 Thread.sleep(100);
19              }catch(InterruptedException e){
20                 e.printStackTrace();
21              }
22              System.out.println(Thread.currentThread().getName()+
23                       "卖出第"+ticket+"张票，还剩"+--ticket+"张票");
24           }
25        }
26     }
27  }
```

程序运行结果如图 10.12 所示。

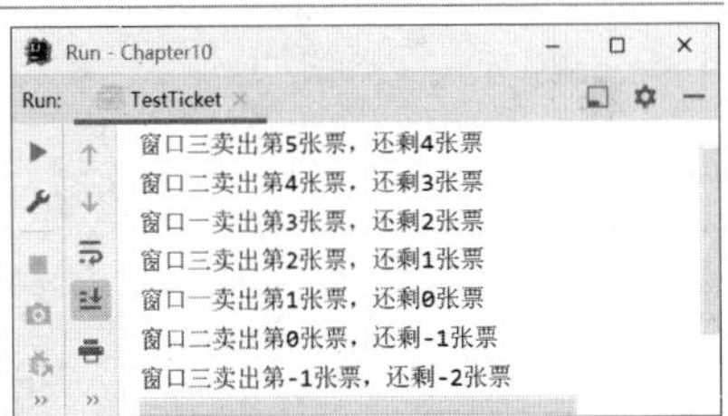

图 10.12 例 10-9 运行结果

在例 10-9 中，第 17～21 行代码使用 sleep( )方法让当前线程休眠 100 毫秒，当前线程休息，让其他线程去抢资源，这样可以让问题更明显。在实际开发中，sleep( )方法经常用来模拟网络延迟。

从图 10.12 可以看出，所卖的票号和剩余的票数出现了负值，出现了超卖现象，即在还有最后一张票的时候，3 个窗口同时有顾客在买票，窗口一将票卖给顾客后，窗口二和窗口三也与客人沟通好了，结果发现最后一张票没了，超卖了两张。这样就是出现了数据被污染的情况。这是因为同时创建了 3 个线程，这 3 个线程对 ticket 变量都有修改功能，在最后一次循环中，ticket 变量值为 1，这 3 个线程同时进入 run()方法，“窗口一”线程获得了 CPU 的使用权，在卖出“第 1 张票”后，做了递减操作。但“窗口二”和“窗口三”线程会继续抢夺 CPU 的使用权，得到 CPU 的使用权后，也都对 ticket 变量进行了递减操作，因此产生了负值。

10.5.2 线程同步机制

要解决多线程并发访问同一个资源的安全性问题，就需要控制一个线程在完成整个线程操作后，其他线程才能进入。例如，在窗口卖票案例中，当“窗口一”进行售票操作时，“窗口二”和“窗口三”只能等待，等“窗口一”操作结束，“窗口二”和“窗口三”才能进行售票操作。这就好比一个人在洗手间时会把门锁上，出来时再将门打开，其他人才可以进去。Java 中提供了以下方式来实现线程同步。

1．同步代码块

同步机制使用到 synchronized 关键字，可以有效地防止资源冲突。使用 synchronized 关键字修饰的代码块称为同步代码块，它是 Java 中最基础的实现线程间同步的机制之一。同步代码块的语法格式如下。

```
synchronized(this){
    //需要同步操作的代码
}
```

如上所示，synchronized 关键字后括号里的 this 就是同步锁，当线程执行同步代码块时，首先会检查同步锁的标志位，默认情况下标志位为 1，线程会执行同步代码块，同时将标志位改为 0，当第二个线程在执行同步代码块前，检查到标志位为 0 时，第二个线程会进入阻塞状态，直到前一个线程执行完同步代码块内的操作，标志位重新改为 1，第二个线程才有可能执行同步代码块。接下来通过修改例 10-9 的代码来演示用同步代码块解决线程安全问题，如例 10-10 所示。

【例 10-10】TestSynBlock.java

```
1   public class TestSynBlock{
2       public static void main(String[] args){
3           Ticket2 ticket=new Ticket2();
4           Thread t1=new Thread(ticket,"窗口一");
5           Thread t2=new Thread(ticket,"窗口二");
6           Thread t3=new Thread(ticket,"窗口三");
7           t1.start();
8           t2.start();
9           t3.start();
10      }
11  }
12  class Ticket2 implements Runnable{
13      private int ticket=5;
14      public void run(){
15          while(true){
16             synchronized(this){
17                 if(ticket>0){
18                   try{
19                      Thread.sleep(100);
20                   }catch(InterruptedException e){
21                      e.printStackTrace();
22                   }
23                   System.out.println(Thread.currentThread().getName()+
24                           "卖出第"+ticket+"张票，还剩"+--ticket+"张票");
25                 }
26             }
27          }
28      }
29  }
```

程序运行结果如图 10.13 所示。

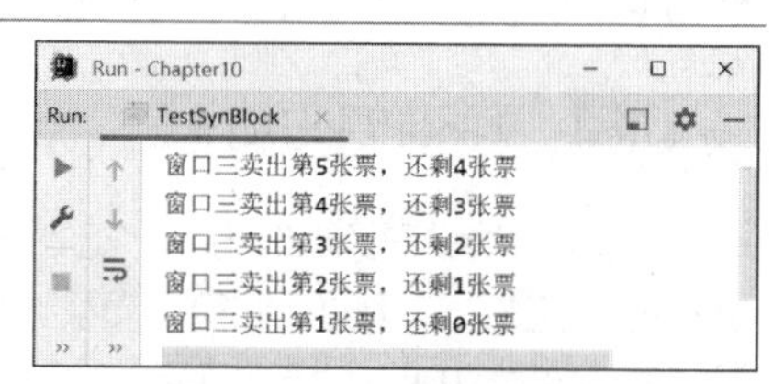

图 10.13　例 10-10 运行结果

例 10-10 与例 10-9 几乎完全一样，区别就是例 10-10 在 run( ) 方法的循环中执行售票操作时，将操作变量 ticket 的操作都放到同步代码块中。在使用同步代码块时，必须指定一个需要同步的对象作为同步锁，一般用当前对象（this）即可。

从图 10.13 中可以看出，将例 10-9 修改为例 10-10 后，运行程序都不会出现负票的情况。在本次运行结果中，代表“窗口三”的线程获得了这次售票过程中所有的CPU使用权。多次运行程序，结果会有差异。

知识拓展

每个Java对象都可以作为一个实现同步的锁，这些锁被称为内置锁（Intrinsic Lock）或监视器锁（Monitor Lock）。线程在进入同步代码块之前会自动获得锁，并且在退出同步代码块时自动释放锁。获得内置锁的唯一途径就是进入由这个锁保护的同步代码块或方法。

对于非static方法，同步锁就是this。对于static方法，使用当前方法所在类的字节码对象作为同步锁。

2. 同步方法

前面讲解了用同步代码块解决线程安全问题，Java还提供了同步方法，即使用synchronized关键字修饰方法，该方法就是同步方法。Java的每个对象都可以作为一个内置锁，当用synchronized关键字修饰方法时，内置锁会保护整个方法。在调用同步方法前，需要获得内置锁，否则线程就处于阻塞状态。接下来通过修改例10-9的代码来演示用同步方法解决线程安全问题，如例10-11所示。

【例10-11】TestSynMethod.java

```
1   public class TestSynMethod{
2       public static void main(String[] args){
3           Ticket3 ticket=new Ticket3();
4           Thread t1=new Thread(ticket,"窗口一");
5           Thread t2=new Thread(ticket,"窗口二");
6           Thread t3=new Thread(ticket,"窗口三");
7           t1.start();
8           t2.start();
9           t3.start();
10      }
11  }
12  class Ticket3 implements Runnable{
13      private int ticket=5;
14      public synchronized void run(){
15          for(int i=0;i<100;i++){
16             if(ticket>0){
17                try{
18                   Thread.sleep(100);
19                }catch(InterruptedException e){
20                   e.printStackTrace();
21                }
22                System.out.println(Thread.currentThread().getName()+
23                          "卖出第"+ticket+"张票，还剩"+--ticket+"张票");
24             }
25          }
26      }
27  }
```

程序运行结果如图10.14所示。

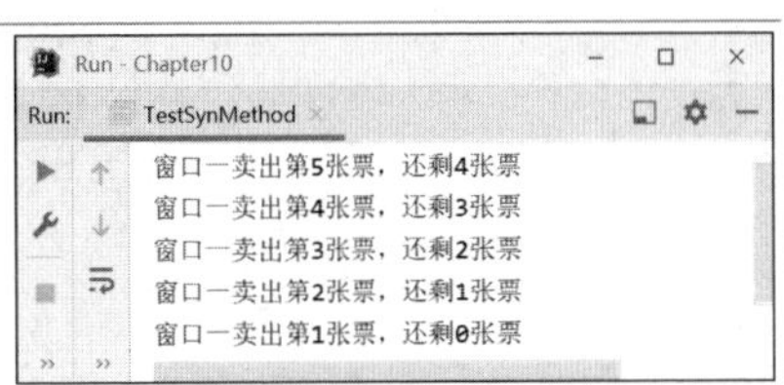

图10.14 例10-11运行结果

例10-11与例10-9几乎完全一样，区别就是例10-11的run()方法是用synchronized关键字修饰的，将例10-9修改为例10-11后，多次运行该程序不会出现负票的情况。

从图10.14可以看出，在本次运行结果中，代表“窗口一”

的线程获得了这次售票过程中所有的 CPU 使用权。多次运行程序，结果会有差异。

使用 synchronized 关键字保证了多线程并发访问时的同步操作，避免线程的安全性问题，但是使用 synchronized 关键字修饰的方法或代码块，其性能比不用时要低，所以要尽量减小 synchronized 的作用域。

10.6 Lock 机制

由于 synchronized 有一个缺点，那就是一个线程必须等前一个线程执行完后才能执行，如果前一个线程有耗时操作，那么后一个线程一直在等待的状态中，这就导致程序不灵活且效率低下，所以 Java 6 加入了 Lock 来解决这个问题。Lock 是一个接口，是需要开发人员手动去维护状态的一个同步锁，而且它只有一个实现 ReentrantLock（可重入锁），Lock 的获取锁、释放锁、线程中断等，都可以通过编码的方式在程序中控制，这给多线程同步带来了更多扩展性。Lock 机制提供了比同步代码块和同步方法更广泛的锁定操作，同步代码块和同步方法具有的功能 Lock 都有，除此之外，其更强大，更能体现面向对象。

接下来通过修改例 10-9 的代码来演示用同步锁解决线程安全问题，如例 10-12 所示。

【例 10-12】 TestLock.java

```
1    public class TestLock{
2        public static void main(String[] args){
3            Ticket2 ticket=new Ticket2();
4            Thread t1=new Thread(ticket,"窗口一");
5            Thread t2=new Thread(ticket,"窗口二");
6            Thread t3=new Thread(ticket,"窗口三");
7            t1.start();
8            t2.start();
9            t3.start();
10       }
11   }
12   class Ticket4 implements Runnable{
13       private int ticket=5;
14       private final Lock lock=new ReentrantLock();
15       public void run(){
16           //进入方法立刻加锁
17           lock.lock();    //获取锁
18           for(int i=0;i<100;i++){
19               try{
20                   if(ticket>0){
21                       System.out.println(Thread.currentThread().getName()+
22                               "卖出第"+ticket+"张票，还剩"+--ticket+"张票");
23                   }
24                   Thread.sleep(100);
25           }catch(InterruptedException e){
26               e.printStackTrace();
27           }finally{
28               lock.unlock();    //释放锁
29           }
```

```
30          }
31      }
32  }
```

程序运行结果如图 10.14 所示。

10.7 单例模式及双重检查加锁机制

在所有的设计模式中，单例模式是在项目开发中最为常见的设计模式。而单例模式有很多种实现方式，如本节将要介绍的"饿汉式"和"懒汉式"。在高并发情况下，这两种实现方式都可以保证单例模式的线程安全性。

10.7.1 单例模式简介

单例模式，顾名思义，就是一个类只有一个实例，该类负责创建自己的对象，同时确保只有单个对象会被创建，并且该类提供了一种访问其唯一对象的方式，即使用 static 方法直接访问，不需要且不能在外部实例化该类的对象。

根据概念可以得出使用单例模式的 3 点注意事项，如下所述。

（1）在任何情况下，单例类只能有一个实例存在。

（2）单例类需要自己为自己创建实例。

（3）单例类必须有能力为其他类提供实例。

生活中也有单例模式存在，例如，一个班只有一个班主任；每台计算机可以连接若干个打印机，但只能有一个 Printer Spooler，从而避免两个打印作业同时发送到打印机中。选择单例模式的目的是避免不一致状态，避免出现多头。

正是由于这个特点，单例对象通常会被作为程序中存放配置信息的载体，因为它可以保证其他对象读到的信息是一致的。例如在某个服务器程序中，该服务器的配置信息可能是存放在数据库或文件中的，这些配置数据通过某个单例对象进行统一读取，程序进程中的其他对象如果要使用这些配置信息，只需访问这个单例对象即可。这种方式可以极大简化在复杂环境下，尤其是多线程环境下的配置管理。

10.7.2 "饿汉式"单例模式

"饿汉式"单例模式是指类一旦加载，就把单例初始化完成，在方法调用前，实例就已经创建好了。"饿汉式"单例模式可保证在获取实例时，单例就已经存在了。

创建一个自定义的 Singleton 类，命名为 MySingleton，该类有私有的构造方法和自身的一个静态实例。Singleton 类提供了一个静态方法，供外界获取它的静态实例。"饿汉式"单例模式的实现如例 10-13 所示。

【例 10-13】 TestMySingleton1.java

```
1   class MySingleton1{
2       //创建 MySingleton1 类的一个对象
3       private static MySingleton1 instance=new MySingleton1();
4       //私有化构造方法，避免被外部创建实例
5       private MySingleton1(){}
6       //获取唯一可用的对象
```

```
7       public static MySingleton1 getInstance(){
8           return instance;
9       }
10      //该单例类提供的方法
11      public void show(){
12          System.out.println("“饿汉式”单例模式");
13      }
14  }
15  public class TestMySingleton1{
16      public static void main(String[] args){
17          //MySingleton1 object=new MySingleton1();
18          //获取唯一可用的对象
19          MySingleton1 object2=MySingleton1.getInstance();
20          //显示消息
21          object2.show();
22      }
23  }
```

程序运行结果如下。

```
“饿汉式”单例模式
```

例 10-13 中，第 17 行代码编译时报错：MySingleton1( )是不可见的。这说明外部是不可以实例化该类的。“饿汉式”单例模式可以实现单例对象的创建，并且不需要使用 synchronized 关键字也可以实现线程安全，因为返回给调用者的始终是在类加载时就存在的静态实例，如果多次获取实例，返回的内存地址也会一致。但是这种创建方式并不是延时加载的，所以比较容易产生垃圾对象。一般认为延时加载可以节约内存资源，但是，是否需要延时加载要看实际应用场景。

10.7.3 “懒汉式”单例模式

与“饿汉式”对应的是“懒汉式”，“懒汉式”单例模式是指在调用方法获取实例时才创建实例，相对“饿汉式”显得“不急迫”，所以被叫作“懒汉式”。虽然“懒汉式”单例模式支持延迟加载，但是“懒汉式”单例模式会存在线程不安全问题。使用“懒汉式”单例模式实现同“饿汉式”单例模式同样的需求，如例 10-14 所示。

【例 10-14】TestMySingleton2.java

```
1   class MySingleton2{
2       //未进行实例化
3       private static MySingleton2 instance;
4       private MySingleton2(){
5       }
6       public static MySingleton2 getInstance(){
7           try{
8               Thread.sleep(1000);
9           }catch(InterruptedException e){
10              e.printStackTrace();
11          }
12          if(instance==null){
13              //线程在这里等待
14              instance=new MySingleton2();
15          }
```

```
16          return instance;
17      }
18      public void show(){
19          System.out.println(" “懒汉式” 单例模式");
20      }
21  }
22  public class TestMySingleton2{
23      public static void main(String[] args){
24          for(int i=0;i<20;i++){
25            Thread t=new Thread(()->{
26                System.out.println(MySingleton2.getInstance().hashCode());
27            });
28            t.start();
29            System.out.println(MySingleton2.getInstance().hashCode());
30          }
31      }
32  }
```

程序运行结果如图 10.15 所示。

在例 10-14 中，为了使问题更加明显，在第 7～11 行代码使用 sleep( )方法让线程进入阻塞状态，在第 24～27 行代码中获取了 20 次实例，并分别输出它们的 hashCode 值，从图 10.15 可以看出，这 20 个实例 hashCode 值并不相同，可见它们并不是同一个对象。这是因为在多个线程都需要使用这个单例对象时，线程 1 在判断完“instance==null”后，进入了阻塞状态，线程 2 获得了 CPU 的使用权，由于 instance 仍然为 null，所以线程 2 会创建这个 MySingleton2 的单例对象。此时线程 1 醒来，拿回 CPU 的使用权，而线程 1 之前暂停的位置，是在判断 instance 是否为 null 之后且创建对象之前，这样线程 1 会创建一个新的 MySingleton2 类对象。在例 10-14 中，有 20 个线程，更体现出了“懒汉式”单例模式存在线程不安全的问题。

为了线程安全,不得不为获取对象的操作加锁。可以在例 10-14 中获取唯一对象的方法 getInstance( )前加上 synchronized 修饰符，并重新运行程序，运行结果如图 10.16 所示。

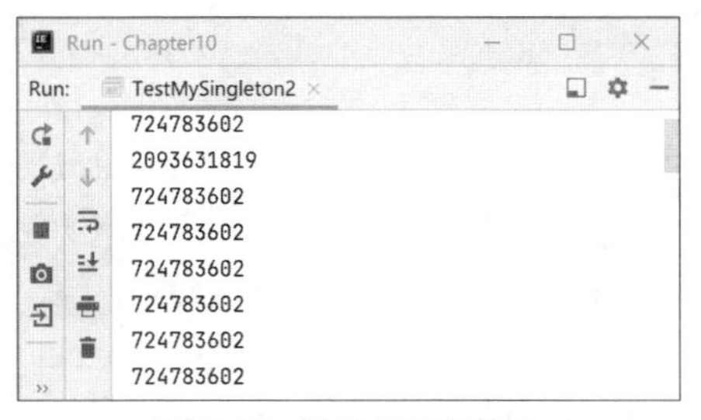

图 10.15 例 10-14 运行结果

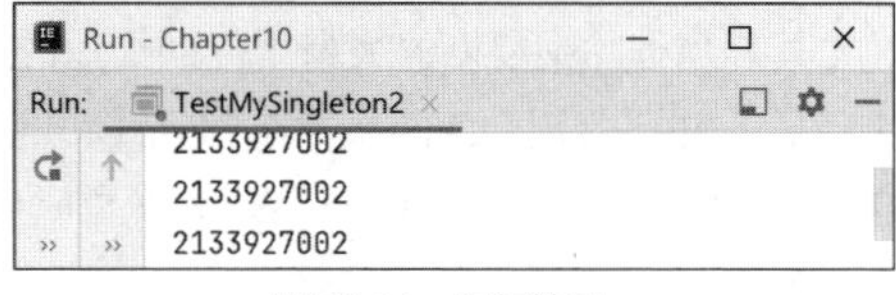

图 10.16 运行结果

通过加锁，保证了线程安全，但是这也导致了低性能，并且这把锁仅在第一次创建对象时有意义，之后的每次获取对象，这把锁就会变成一个累赘。

10.7.4 双重检查加锁机制

“饿汉式”和“懒汉式”的单例都有缺点，双重检查加锁机制解决了二者的缺点。双重检查加锁机制将“懒汉式”单例模式中的 synchronized 方法改成了 synchronized 代码块。

双重检查加锁机制是指：并不是每次进入 getInstance( )方法都需要同步，而是先不同步，进入方法后，先检查实例是否存在，如果不存在才进行下面的同步代码块，这是第一重检查，进入同步代码块后，再次检查实例是否存在，如果不存在，就在同步的情况下创建一个实例，这是第二重检查。这样一来，就只需要同步一次了，从而减少了多次在同步情况下进行判断所浪费的时间。

使用双重检查加锁机制实现线程安全的单例模式如例 10-15 所示。

【例 10-15】MySingleton3java

```
1    class MySingleton3{
2       private static MySingleton3 instance;
3       private MySingleton3(){}
4       public static MySingleton3 getInstance(){
5          if(instance==null){
6            synchronized(MySingleton3.class) { //注意这里是类级别的锁
7               if(instance==null){ //这里的检查可避免多线程并发时多次创建对象
8                 instance=new MySingleton3();
9               }
10           }
11         }
12         return instance;
13      }
14   }
```

这种实现方式在 Java 4 及更早的版本中有些问题，就是指令重排序，可能会导致单例对象被 new 出来，并且赋值给 instance 之后，还没来得及初始化，就被另一个线程使用了。这时需要使用关键字 volatile，被 volatile 修饰的变量的值，将不会被本地线程缓存，所有对该变量的读写都是直接操作共享内存，从而确保了多个线程能正确处理该变量。

volatile 关键字可能会屏蔽掉虚拟机中一些必要的代码优化，从而导致程序运行效率并不是很高。因此，如果没有特别的需要，一般建议不要使用。也就是说，虽然可以使用双重检查加锁机制来实现线程安全的单例，但并不建议大量使用，可以根据情况来选用。

10.8 线程池

程序启动一个新线程成本是比较高的，因为它到要与操作系统进行交互。而使用线程池可以很好地提高性能，尤其是当程序中要创建大量生存期很短的线程时，更应该考虑使用线程池。线程池里的每一个线程代码结束后，并不会死亡，而是再次回到线程池中成为空闲状态，等待下一个对象来使用。

在 Java 5 之前，开发人员必须手动实现自己的线程池，从 Java 5 开始，Java 提供了 Executors 工厂类来产生线程池，该类中的方法都是静态工厂方法。Executors 类的常用方法如表 10.4 所示。

表 10.4　Executors 类的常用方法

方法声明	功能描述
static ExecutorService newCachedThreadPool( )	创建一个可根据需要创建新线程的线程池，但是在以前构造的线程可用时将重用它们
static ExecutorService newFixedThreadPool(int nThreads)	创建一个可重用固定线程数的线程池，以共享的无界队列方式来运行这些线程
static ExecutorService newSingleThreadExecutor( )	创建一个使用单个 worker 线程的 Executor，以无界队列方式来运行该线程
static ThreadFactory privilegedThreadFactory( )	返回用于创建新线程的线程工厂，这些新线程与当前线程具有相同的权限

表10.4中列出了Executors类的常用方法，接下来通过一个案例来演示线程池的使用方法，如例10-16所示。

【例10-16】TestThreadPool

```
1   public class TestThreadPool{
2       public static void main(String[] args){
3           ExecutorService es=Executors.newFixedThreadPool(10);
4           Runnable run=new Runnable(){
5               public void run(){
6                   for(int i=0;i<3;i++){
7                   System.out.println(Thread.currentThread().getName()+
8                               "执行了第"+i+"次");
9                   }
10              }
11          }
12          es.submit(run);
13          es.submit(run);
14          es.shutdown();
15      }
16  }
```

程序运行结果如图10.17所示。

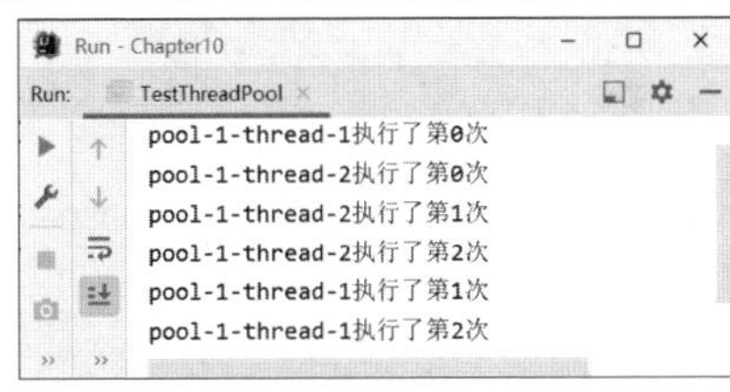

图10.17 例10-16运行结果

在例10-16中，调用Executors类的newFixedThreadPool(int nThreads)方法，创建了一个大小为10的线程池，向线程池中添加了2个线程，2个线程分别循环输出执行了第几次，最后关闭线程池。

【实战训练】 拼手气红包

需求描述

生活中，人们经常会在QQ群或微信群发红包来活跃气氛，并且发拼手气红包的频率比发普通红包要大很多，当然，抢拼手气红包的乐趣也远高于普通红包。编写程序，使用多线程模拟发拼手气红包的情景。首先确认群成员的个数和昵称（假设发红包的人不参与抢红包），发红包的人输入红包总金额和红包个数，群成员进行抢红包。红包金额随机，但最多不能超过总金额的一半。在抢完红包后，显示群成员抢到的红包金额。并且规定当群成员数量多于红包个数时，存在抢不到的成员，但被抢到的红包大小不能小于0.01元。

思路分析

（1）定义红包类，类中有群成员数量属性、红包总金额属性和抢红包的方法。抢红包方法应是同步方法，以免在抢红包过程中出现金额被重复分配的情况。

（2）定义群成员类，类中有群成员数组属性、数组索引属性、红包对象和成员红包金额，该类需要实现Runnable接口，重写run()方法，在run()方法中调用红包类中抢红包的方法，并显示抢红包的结果。

（3）定义抢红包类，用于实现程序的逻辑：接收发红包者输入的数据、控制红包最小金额等。

代码实现

红包类的定义如训练10-1所示。

【训练 10-1】RedBag.java

```
1   import java.math.BigDecimal;
2   public class RedBag{
3       int num;      //红包总数
4       double money;//红包总金额
5       public  RedBag(int num,double money){
6           this.num=num;
7           this.money=new BigDecimal(money).setScale(2,
                BigDecimal.ROUND_HALF_UP).doubleValue();
8       }
9       synchronized  public  double shareBag(){
10          double ramoney;   //随机金额
11          if(num>1){
12              ramoney=new BigDecimal(Math.random()*money).setScale(2,
                    BigDecimal.ROUND_HALF_UP).doubleValue();
13              money-=ramoney;
14              num--;
15          }else if(num==1){
16              ramoney=new BigDecimal(money).setScale(2,
                    BigDecimal.ROUND_HALF_UP).doubleValue();
17              money=0;
18              num--;
19          }else{
20              ramoney=0;
21          }
22          return ramoney;
23      }
24  }
```

群成员类的定义如训练 10-2 所示。

【训练 10-2】Member.java

```
1   public class Member implements Runnable{
2       String[] name;     //群成员昵称数组
3       int index;         //数组的索引
4       RedBag bag;        //总红包对象
5       double idmoney;    //群成员红包金额
6       public Member(int id,RedBag bag,String[] name){
7           this.index=id;
8           this.bag=bag;
9           this.name=name;
10      }
11      public void run(){
12          System.out.println(name[index]+"，开始抢红包");
13          try{
14              Thread.sleep(500);
15          }catch(InterruptedException e){
16            e.printStackTrace();
17          }
18          idmoney=bag.shareBag();
19          if(idmoney>0){
20              System.out.println("恭喜，"+name[index]+"抢到"+idmoney+"元");
21          }else{
```

```
22              System.out.println("很遗憾，"+name[index]+"手速慢了，未抢到红包");
23          }
24      }
25  }
```

抢红包类的定义如训练 10-3 所示。

【训练 10-3】ShareRedBag.java

```
1   import java.util.Scanner;
2   public class ShareRedBag{
3       public static void main(String[] args){
4           System.out.println("----------拼手气红包----------");
5           Scanner sc=new Scanner(System.in);
6           System.out.print("请输入群成员个数：");
7           int memberIndex=sc.nextInt();
8           String[] name=new String[memberIndex];
9           for(int i=0;i<memberIndex;i++){
10              System.out.print("请输入群成员昵称：");
11              name[i]=sc.next();
12          }
13          System.out.print("请输入所发红包的总金额：");
14          double money=sc.nextDouble();
15          System.out.print("请输入所发红包的个数：");
16          int num=sc.nextInt();
17          if(money/num==0.01){
18            for(int i=0;i<memberIndex;i++){
19               System.out.println(name[i]+"抢到红包 0.01 元");
20            }
21          }else if(money/num<0.01){
22            System.out.println("金额过小或红包个数过多，不合理！请重新输入！");
23          }else{
24            RedBag bag=new RedBag(num,money);
25            System.out.println("抢红包开始，红包总共"+money+"元");
26            for(int i=0;i<memberIndex;i++){
27               new Thread(new Member(i,bag,name)).start();
28            }
29          }
30      }
31  }
```

运行上述代码，程序运行结果如图 10.18 所示。

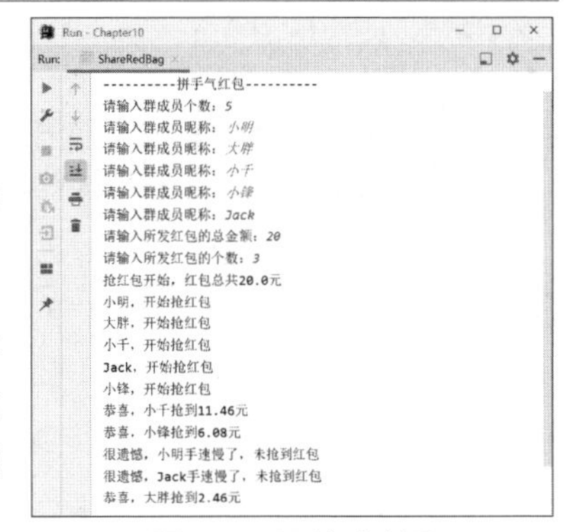

图 10.18 程序运行结果

10.9 本章小结

通过本章的学习，读者能够掌握 Java 多线程的相关知识。本章的学习重点是要掌握 Java 的多线程机制，它使系统可以同时运行多个程序块，从而使程序具有更好的用户体验，也解决了传统程序设计语言所无法解决的问题。

10.10 习题

1．填空题

（1）________是 Java 程序的并发机制，它能同步共享数据、处理不同的事件。

（2）线程有新建、就绪、运行、________和死亡 5 种状态。

（3）JDK 5.0 以前，线程的创建有两种方法：实现________接口和继承 Thread 类。

（4）多线程程序设计的含义是可以将程序任务分成几个________的子任务。

（5）在多线程系统中，多个线程之间有________和互斥两种关系。

2．选择题

（1）线程调用了 sleep( )方法后，该线程将进入（　　）状态。

A. 可运行　　B. 运行　　C. 阻塞　　D. 终止

（2）关于 Java 线程，下面说法错误的是（　　）。

A. 线程是以 CPU 为主体的行为　　B. Java 利用线程使整个系统成为异步

C. 继承 Thread 类可以创建线程　　D. 新线程被创建后，它将自动开始运行

（3）线程控制方法中，yield( )的作用是（　　）。

A. 返回当前线程的引用　　B. 使优先级比其低的线程执行

C. 强行终止线程　　D. 只让给同优先级线程执行

（4）当（　　）方法终止时，能使线程进入死亡状态。

A. run( )　　B. setPrority( )　　C. yield( )　　D. sleep( )

（5）线程通过（　　）方法可以改变优先级。

A. run( )　　B. setPrority( )　　C. yield( )　　D. sleep( )

3．问答题

（1）什么是线程？什么是进程？

（2）Java 有哪几种创建线程的方式？

（3）什么是线程的生命周期？

（4）启动一个线程可用什么方法？

4．编程题

（1）利用多线程设计一个程序，同时输出 10 以内的奇数和偶数，以及当前运行的线程名称，输出数字完毕后输出“end”。

（2）编写一个通过继承 Thread 类的方式来实现多线程的程序。MyThread 类有两个属性，一个字符串 WhoAmI 代表线程名，一个整数 delay 代表该线程随机要休眠的时间。利用有参的构造方法指定线程名称和休眠时间，休眠时间为随机数，线程执行时，显示线程名和要休眠的时间。最后，在 main( )方法中创建 3 个线程对象以展示执行情况。

第11章 网络编程

本章学习目标

- 了解网络通信协议。
- 熟练掌握 UDP 通信。
- 熟练掌握 TCP 通信。
- 熟练掌握网络程序的开发方法。

现在是信息化时代，在生活中，网络通信无处不在。例如，发送短信、邮件，进行视频通话等。而网络编程早已不再是专家们的私有领域，每一位开发人员都应该去了解和学习。Java 是一门广泛应用于网络编程的语言，原因在于用 Java 开发网络应用程序非常简单，需要编写的代码量也很少，即使是开发浏览器这样复杂的任务，其中网络模块的代码量也是很少的。而要编写网络应用程序，首先必须明确网络应用程序所要使用的网络协议，TCP/IP 协议是网络应用程序的首选。本章将带领大家学习网络编程的相关知识，并利用这些知识进行网络程序的开发。

11.1 网络通信协议

计算机网络的种类很多，根据各种不同的分类原则，可以分为各种不同类型的计算机网络，计算机网络通常是按规模大小和延伸范围来分类的，常见的划分为：局域网（LAN）、城域网（MAN）和广域网（WAN）。Internet 可以视为世界上最大的广域网。

计算机网络中实现通信必须有一些约定，这些约定被称为通信协议。通信协议通常由 3 部分组成：一是语义部分，用于决定双方对话的类型；二是语法部分，用于决定双方对话的格式；三是变换规则，用于决定通信双方的应答关系。

国际标准化组织（ISO）于 1978 年提出“开放系统互连参考模型”，即 OSI（Open System Interconnection），它力求将网络简化，并以模块化的方式来设计网络，把计算机网络分成 7 层，分别为物理层、数据链路层、网络层、传输层、会话层、表示层和应用层，但是 OSI 模型过于理想化，未能在因特网上进行广泛推广。

还有一种非常重要的通信协议，即 IP（Internet Protocol）协议，又称互联网协议。与 IP 协议放在一起的有 TCP（Transmission Control Protocol）协议，即传输控制协议。TCP 与 IP 是在同一时期作为协议来设计的，功能互补，所以被统称为 TCP/IP 协议，它是事实上的国际标准。

TCP/IP 参考模型将网络分为 4 层，分别为物理+数据链路层、网络层、传输层和应用层，它与 OSI 参考模型的对应关系和各层的对应协议如图 11.1 所示。

图 11.1 列出了 OSI 和 TCP/IP 参考模型的分层，还列出了各层所对应的协议，本章主要涉及的是传输层的 TCP、UDP 协议和网络层的 IP 协议。

OSI参考模型	TCP/IP参考模型	各层对应协议
应用层	应用层	HTTP、FTP、Telnet、DNS···
表示层		
会话层		
传输层	传输层	TCP、UDP···
网络层	网络层	IP、ICMP、ARP···
数据链路层	物理+数据链路层	Link
物理层		

图 11.1　两个模型的对应关系及对应协议

11.1.1　IP 地址和端口号

网络中的计算机互相通信，需要为每台计算机指定一个标识号，通过这个标识号来指定接收或发送数据的计算机，在 TCP/IP 协议中，这个标识号就是 IP 地址，它能唯一标识 Internet 上的计算机。

IP 地址是数字型的，它由一个 32 位整数表示，但这样不方便记忆，通常把它分成 4 个 8 位的二进制数，每 8 位之间用圆点隔开，每个 8 位整数可以转换成一个 0～255 的十进制整数，如 123.56.153.206。

通过 IP 地址可以唯一标识网络上的一个通信实体，但一个通信实体可以有多个通信程序同时提供网络服务，比如计算机同时运行 QQ 和 MSN，这就需要使用端口号来区分不同的应用程序，不同应用程序处理不同端口上的数据。

端口号是一个 16 位的整数，取值范围为 0～65535，其中 0～1023 的端口号用于一些知名的网络服务和应用，用户的普通应用程序使用 1024 以上的端口号，以避免端口号冲突。

如果把程序当作人，把计算机网络当作类似邮递员的角色，当一个程序需要发送数据时，指定目的地的 IP 地址就像指定了目的地的街道，但这样还是找不到目的地，还需要指定房间号，也就是端口号，接下来用一张图来描述 IP 地址和端口号的作用，如图 11.2 所示。

图 11.2 中，IP 为 192.168.0.1 的计算机和 IP 为 192.168.0.2 的计算机进行 QQ 相互通信，其中一台计算机首先要根据对方的 IP 地址找到网络位置，然后根据端口号找到具体的应用程序，从而实现 QQ 准确连接并通信。

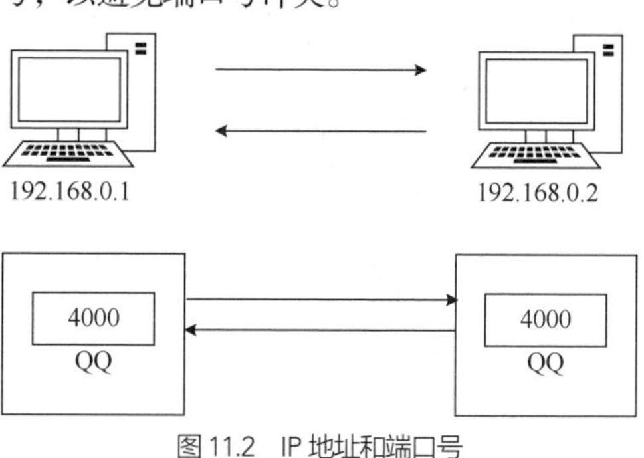

图 11.2　IP 地址和端口号

11.1.2　InetAddress

上一小节中讲解了 IP 地址的相关知识，Java 提供了 InetAddress 类来代表 IP 地址，它有 2 个子类，分别为 Inet4Address 类和 Inet6Address 类，它们分别代表 IPv4 和 IPv6 的地址。InetAddress 类没有提供构造方法，但提供了 5 个静态方法来获取 InetAddress 实例，如表 11.1 所示。

表 11.1　InetAddress 类的静态方法

方法声明	功能描述
static InetAddress[ ] getAllByName(String host)	在给定主机名的情况下，根据系统上配置的名称服务返回其 IP 地址所组成的数组
static InetAddress getByAddress(byte[ ] addr)	在给定原始 IP 地址的情况下，返回 InetAddress 类对象
static InetAddress getByAddress(String host,byte[ ] addr)	根据提供的主机名和 IP 地址创建 InetAddress
static InetAddress getByName(String host)	在给定主机名的情况下确定主机的 IP 地址
static InetAddress getLocalHost( )	返回本地 IP 地址对应的 InetAddress 实例

表 11.1 列出了 InetAddress 类获取实例对象的静态方法，它还有一些常用方法，如表 11.2 所示。

表 11.2 InetAddress 类的常用方法

方法声明	功能描述
String getCanonicalHostName( )	获取 IP 地址的全限定域名
String getHostAddress( )	返回 InetAddress 实例对应的 IP 地址字符串
String getHostName( )	返回 IP 地址的主机名
boolean isReachable(int timeout)	判定在指定时间内地址是否可以到达

表 11.2 列出了 InetAddress 类的一些常用方法，接下来通过一个案例来演示这些方法的具体使用方法，如例 11-1 所示。

【例 11-1】TestInetAddress.java

```
1   import java.net.InetAddress;
2   public class TestInetAddress{
3       public static void main(String[] args) throws Exception{
4           //返回本地 IP 地址对应的 InetAddress 实例
5           InetAddress localHost = InetAddress.getLocalHost();
6           System.out.println("本机的 IP 地址："+localHost.getHostAddress());
7           //根据主机名返回对应的 InetAddress 实例
8           InetAddress ip=InetAddress.getByName("www.mobiletrain.org");
9           System.out.println("2s 内是否可达："+ip.isReachable(2000));
10          System.out.println("1000phone 的 IP 地址：" + ip.getHostAddress());
11          System.out.println("1000phone 的主机名："+ip.getHostName());
12      }
13  }
```

程序运行结果如图 11.3 所示。

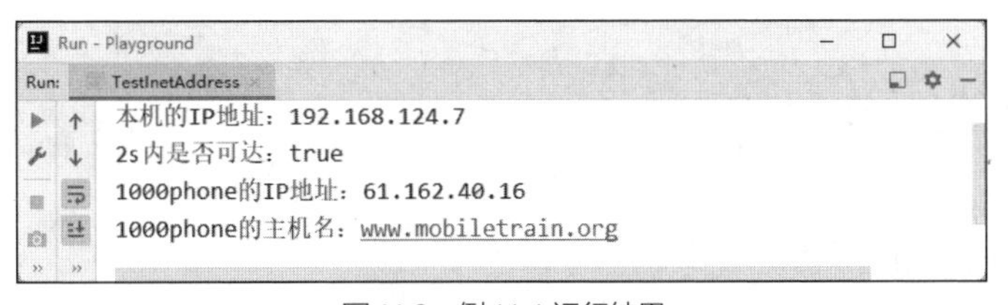

图 11.3 例 11-1 运行结果

在例 11-1 中，先调用 getLocalHost( )方法得到本地 IP 地址对应的 InetAddress 实例，并输出本机 IP 地址，然后根据主机名“www.mobiletrain.org”获得 InetAddress 实例，输出 2s 内是否可到达这个实例，最后输出 InetAddress 实例对应的 IP 地址和主机名。这是 InetAddress 类的基本使用方法。

11.1.3 UDP 与 TCP 协议

传输层有两个重要协议，分别是用户数据报协议（User Datagram Protoclo，UDP）和 TCP 协议，接下来详细解释这两个协议。

UDP 协议是无连接的通信协议，将数据封装成数据包，直接发送出去，每个数据包的大小限制在 64KB 以内，发送数据结束时无须释放资源。因为 UDP 不需要建立连接就能发送数据，所以它是一种不可靠的网络通信协议，优点是效率高，缺点是容易丢失数据。一些视频、音频大多采用这种方式传输，即使丢失几个数据包，也不会对观看或收听产生较大影响。UDP 的传输过程如图 11.4 所示。

在图 11.4 中，主机 1 向主机 2 发送数据，主机 2 向主机 1 发送数据，这是 UDP 传输数据的过程，不需要建立连接，直接发送即可。

TCP 协议是面向连接的通信协议，使用 TCP 协议前，须先采用“三次握手”方式建立 TCP 连接，形成数据传输通道，在连接中可进行大数据量的传输，传输完毕要释放已建立的连接。TCP 是一种可靠的网络通信协议，它的优点是数据传输安全和完整，缺点是效率低。一些对完整性和安全性要求高的数据采用 TCP 协议传输。TCP 的“三次握手”如图 11.5 所示。

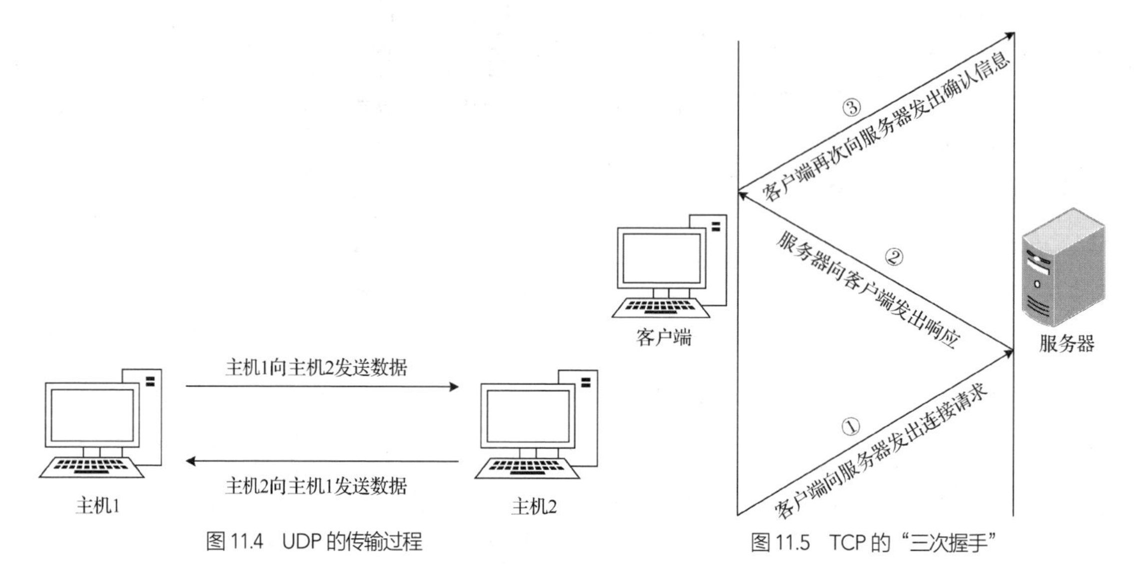

图 11.4　UDP 的传输过程　　图 11.5　TCP 的“三次握手”

在图 11.5 中，客户端先向服务器发出连接请求，等待服务器确认，服务器向客户端发送一个响应，通知客户端收到了连接请求，最后客户端再次向服务器发送确认信息，确认连接。这是 TCP 的连接方式，保证了数据安全和完整性。接下来会详细讲解 UDP 和 TCP 的有关内容。

11.2 UDP 通信

11.2.1 DatagramPacket

前面讲解了 UDP 在发送数据时，先将数据封装成数据包，在 java.net 包中有一个 DatagramPacket 类，它就表示存放数据的数据包。DatagramPacket 类的构造方法如表 11.3 所示。

表 11.3　DatagramPacket 类的构造方法

构造方法声明	功能描述
public DatagramPacket(byte[ ] buf,int length)	构造数据包，用来接收长度为 length 的数据包
public DatagramPacket(byte[ ] buf,int length, InetAddress address,int port)	构造数据报包，用来将长度为 length 的包发送到指定主机上的指定端口号
public DatagramPacket(byte[ ] buf,int offset,int length)	构造 DatagramPacket，用来接收长度为 length 的包，在缓冲区中指定了偏移量
public DatagramPacket(byte[ ] buf,int offset,int length, InetAddress address,int port)	构造数据报包，用来将长度为 length、偏移量为 offset 的包发送到指定主机上的指定端口号

续表

构造方法声明	功能描述
public DatagramPacket(byte[ ] buf,int offset,int length, SocketAddress address)	构造数据报包，用来将长度为 length、偏移量为 offset 的包发送到指定主机上的指定端口号
public DatagramPacket(byte[ ] buf,int length, SocketAddress address)	构造数据报包，用来将长度为 length 的包发送到指定主机上的指定端口号

表 11.3 列出了 DatagramPacket 类的构造方法，通过这些构造方法可以获得 DatagramPacket 类实例。DatagramPacket 类还有一些常用方法，如表 11.4 所示。

表 11.4 DatagramPacket 类的常用方法

方法声明	功能描述
InetAddress getAddress( )	返回某台机器的 IP 地址，当前数据包将要发往该机器或者是从该机器接收到的
byte[ ] getData( )	返回数据缓冲区
int getLength( )	返回将要发送或接收到的数据的长度
int getPort( )	返回某台远程主机的端口号，当前数据包将要发往该主机或者是从该主机接收到的
SocketAddress getSocketAddress( )	获取要将当前数据包发送到的或发出当前数据包的远程主机的 SocketAddress（通常为 IP 地址+端口号）

表 11.4 列出了 DatagramPacket 类的常用方法，接下来会讲解与 DatagramPacket 类关系密切的另一个类。

11.2.2 DatagramSocket

在 java.net 包中还有一个 DatagramSocket 类，它是一个数据报套接字，包含了源 IP 地址和目的 IP 地址及源端口号和目的端口号的组合，用于发送和接收 UDP 数据。DatagramSocket 类的构造方法如表 11.5 所示。

表 11.5 DatagramSocket 类的构造方法

构造方法声明	功能描述
public DatagramSocket( )	构造数据报套接字，并将其绑定到本地主机上任何可用的端口
protected DatagramSocket(DatagramSocketImpl impl)	创建带有指定 DatagramSocketImpl 的未绑定数据报套接字
public DatagramSocket(int port)	创建数据报套接字，并将其绑定到本地主机上的指定端口
public DatagramSocket(int port,InetAddress laddr)	创建数据报套接字，将其绑定到指定的本地地址
public DatagramSocket(SocketAddress bindaddr)	创建数据报套接字，将其绑定到指定的本地套接字地址

表 11.5 列出了 DatagramSocket 类的构造方法，通过这些构造方法可以获得 DatagramSocket 类实例。DatagramSocket 类还有一些常用方法，如表 11.6 所示。

表 11.6 DatagramSocket 类的常用方法

方法声明	功能描述
int getPort( )	返回套接字的端口
boolean isConnected( )	返回套接字的连接状态

续表

方法声明	功能描述
void receive(DatagramPacket p)	从套接字接收数据包
void send(DatagramPacket p)	从套接字发送数据包
void close( )	关闭数据报套接字

表 11.6 列出了 DatagramSocket 类的常用方法，通过这些方法可以使用 UDP 协议进行网络通信。

11.2.3 UDP 网络程序

前面讲解了 java.net 包中两个重要的类——DatagramPacket 类和 DatagramSocket 类，接下来通过一个案例来演示它们的使用方法。这里需要创建一个发送端程序，一个接收端程序，在运行程序时，必须接收端程序先运行才可以。首先编写接收端程序，如例 11-2 所示。

【例 11-2】TestReceive.java

```
1   import java.net.*;
2   public class TestReceive{
3       public static void main(String[] args) throws Exception{
4           //创建 DatagramSocket 类对象，指定端口号为 8081
5           DatagramSocket ds=new DatagramSocket(8081);
6           byte[] by=new byte[1024];          //创建接收数据的数组
7           //创建 DatagramPacket 类对象，用于接收数据
8           DatagramPacket dp=new DatagramPacket(by,by.length);
9           System.out.println("等待接收数据…");
10          ds.receive(dp);                    //等待接收数据，没有数据则会发生阻塞
11          //获得接收数据的内容和长度
12          String str=new String(dp.getData(),0,dp.getLength());
13          //输出接收到的信息
14          System.out.println(str+"-->"+dp.getAddress().
15                  getHostAddress()+":"+dp.getPort());
16          ds.close();
17      }
18  }
```

程序运行结果如下。

```
等待接收数据…
```

在例 11-2 中，先创建了 DatagramSocket 类对象，并指定端口号为 8081，监听 8081 端口；然后创建接收数据的数组，创建 DatagramPacket 类对象，用于接收数据；最后调用 receive(DatagramPacket p) 方法等待接收数据，如果没有接收到数据，程序会一直处于停滞状态，发生阻塞，如果接收到数据，数据会填充到 DatagramPacket 类对象中。

编写完接收端程序后，还需要编写发送端程序，如例 11-3 所示。

【例 11-3】TestSend.java

```
1   import java.net.*;
2   public class TestSend{
3       public static void main(String[] args) throws Exception{
4           //创建 DatagramSocket 类对象，指定端口号为 8090
5           DatagramSocket ds=new DatagramSocket(8090);
```

```
6           //要发送的数据
7           byte[] by="1000phone.com".getBytes();
8           //指定接收端 IP 地址为 127.0.0.1，端口号为 8081
9           DatagramPacket dp=new DatagramPacket(by,0,by.length,
10                  InetAddress.getByName("127.0.0.1"), 8081);
11          System.out.println("正在发送数据…");
12          ds.send(dp);                          //发送数据
13          ds.close();
14      }
15  }
```

程序运行结果如下所示。

```
正在发送数据…
```

在例 11-3 中，先创建了 DatagramSocket 类对象，并指定端口号为 8090，使用这个端口发送数据；然后将一个字符串转换为字节数组作为要发送的数据；接着指定接收端的 IP 地址为 127.0.0.1，即本机 IP 地址，指定接收端端口号为 8081，这里指定的端口号必须与接收端监听的端口号一致；最后调用 send(DatagramPacket p)方法发送数据。

接收端程序和发送端程序都编写好后，先运行接收端程序，再打开另一个终端运行发送端程序，接收端程序结束阻塞状态，程序的运行结果如下。

```
等待接收数据…
1000phone.com-->127.0.0.1:8090
```

运行结果显示，程序输出了接收端接收到的数据信息，接收到字符串“1000phone.com”，它来自 IP 地址为 127.0.0.1、端口号为 8090 的发送端，这里的 8090 就是在例 11-3 中第 5 行代码指定的端口号。

另外，在运行例 11-2 时，可能会出现异常，如图 11.6 所示。

```
Exception in thread "main" java.net.BindException Create breakpoint : Address already in use: Cannot bind
  at java.net.DualStackPlainDatagramSocketImpl.socketBind(Native Method)
  at java.net.DualStackPlainDatagramSocketImpl.bind0(DualStackPlainDatagramSocketImpl.java:84)
  at java.net.AbstractPlainDatagramSocketImpl.bind(AbstractPlainDatagramSocketImpl.java:93)
  at java.net.DatagramSocket.bind(DatagramSocket.java:392)
  at java.net.DatagramSocket.<init>(DatagramSocket.java:242)
  at java.net.DatagramSocket.<init>(DatagramSocket.java:299)
  at java.net.DatagramSocket.<init>(DatagramSocket.java:271)
  at io.github.TestReceive.main(TestReceive.java:9)
```

图 11.6　异常信息

从图 11.6 可知，程序发生 BindException 端口号冲突异常，因为一个端口上只能运行一个程序，这说明例 11-2 中用到的 8081 端口已经被占用。要解决这个问题，需要把占用端口的程序关闭才可以。要查询是哪个程序占用的端口，需要先打开终端，输入命令“netstat -ano”，查询所有用到的端口号，如图 11.7 所示。

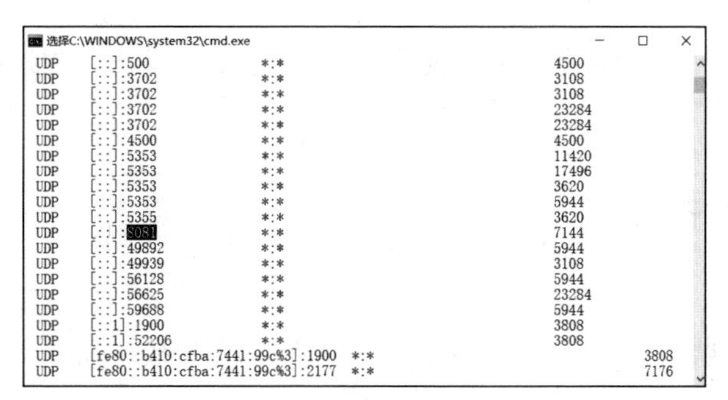

图 11.7　终端查询结果

从终端查询结果可以看出，8081 端口已被占用，占用该端口对应的 PID 为 7144，然后按“Ctrl+A”组合键或“T+Delete”组合键，打开 Windows 任务管理器，切换到“进程”选项卡，如图 11.8 所示。

图 11.8 展示了 Windows 任务管理器，但此时没有显示 PID，在“进程”选项卡下方任一列的字段名称上右击，在弹出的快捷菜单中单击“PID”选项，界面中即可显示“PID”列，如图 11.9 所示。

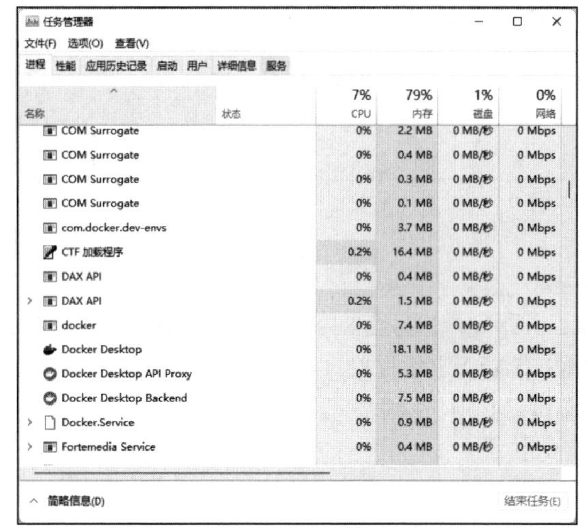

图 11.8 Windows 任务管理器

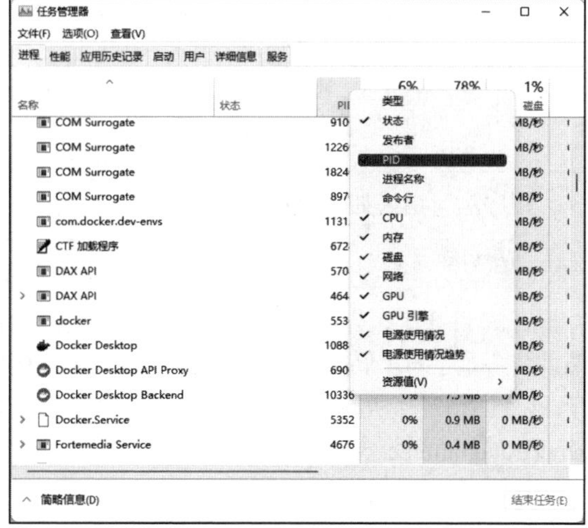

图 11.9 显示“PID”列

显示“PID”列后，在 Windows 任务管理器进程中就可以看到进程对应的 PID，找到 PID 为 7144 的进程，如图 11.10 所示。

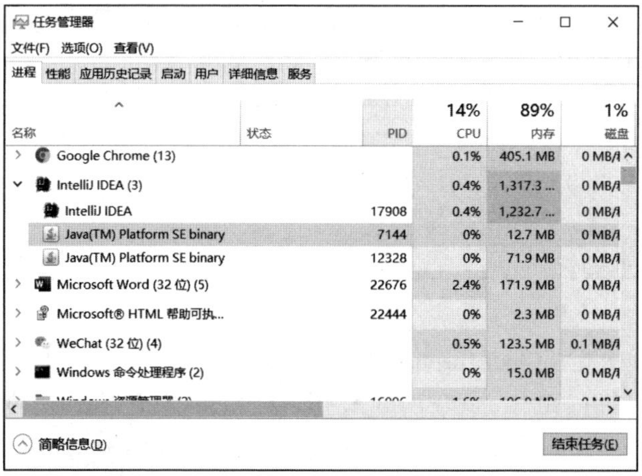

图 11.10 查找进程

在图 11.10 中，查找到了 PID 为 7144 的进程，右击该进程，在弹出的快捷菜单中选择“结束任务”选项即可。此时再次运行例 11-2，不会出现端口占用异常。

【实战训练】 聊天程序

需求描述

使用 UDP 协议实现聊天程序，要求既可以发送消息，又可以接收消息。

思路分析

（1）聊天程序需要实现发送消息和接受消息的功能，可以定义两个类分别实现这两个功能，发送消息的类使用 DatagramSocket 类对象调用 send( )方法，接收消息的类使用 DatagramSocket 类对象调用 receive( )方法。

（2）由于聊天的特殊性，在发送消息的时候需要能接收消息。可以用到线程，开启两个线程，一个负责接收，一个负责发送。

代码实现

接收消息的类，其代码如训练 11-1 所示。

【训练 11-1】Receiver.java

```
1   import java.io.*;
2   import java.net.*;
3   //接收端线程
4   class Receiver implements Runnable{
5      public void run(){
6         try{
7            //接收端需指定端口
8            DatagramSocket ds=new DatagramSocket(9090);
9            byte[] buf=new byte[1024];
10           DatagramPacket dp=new DatagramPacket(buf,buf.length);
11           String line=null;
12           //当收到的消息为“exit”时，退出
13           do{
14              ds.receive(dp);
15              line=new String(buf,0,dp.getLength());
16              System.out.println(line);
17           }while(!line.equals("exit"));
18           ds.close();
19        }catch(IOException e){
20           e.printStackTrace();
21        }
22     }
23  }
```

发送消息的类，其代码如训练 11-2 所示。

【训练 11-2】Sender.java

```
1   class Sender implements Runnable{
2      public void run(){
3         try{
4            //建立 Socket，无须指定端口
5            DatagramSocket ds=new DatagramSocket();
6            //通过控制台标准输入
7            BufferedReader br=new BufferedReader(new InputStreamReader(
8                   System.in));
9            String line=null;
10           DatagramPacket dp=null;
11           //do-while 结构，发送消息为“exit”时，退出
12           do{
13              line=br.readLine();
14              byte[] buf=line.getBytes();
```

```
15                //指定为广播 ip
16                dp=new DatagramPacket(buf,buf.length,
17                    InetAddress.getByName("127.0.0.1"),9090);
18                ds.send(dp);
19            }while(!line.equals("exit"));
20            ds.close();
21        }catch(IOException e){
22            e.printStackTrace();
23        }
24    }
25 }
```

聊天程序主类代码如训练 11-3 所示。

【训练 11-3】UDPChat.java

```
1  public class UDPChat{
2      public static void main(String[] args){
3          //运行接收端和发送端线程，开始通话
4          new Thread(new Sender()).start();
5          new Thread(new Receiver()).start();
6      }
7  }
```

运行上述代码，程序运行结果如图 11.11 所示。

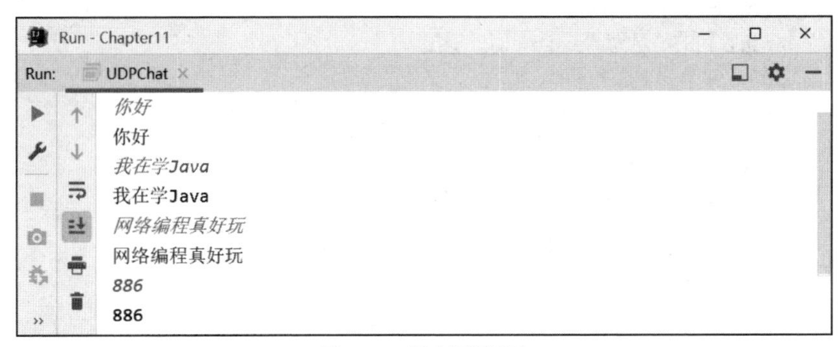

图 11.11　程序运行结果

在图 11.11 中，运行结果打印出发送端和接收端的信息，当发送或接收到“886”时，程序运行结束，发送端和接收端资源将释放。训练 11-3 中，创建了 2 个实现 Runnable 接口的类，分别是发送端（Sender 类）和接收端（Receiver 类），发送端指定将数据发送到 IP 地址为本机 IP 地址、端口号为 9090，接收端指定接收端口号为 9090 的数据，发送端发送“你好”“我在学 Java”“网络编程真好玩”后，接收端成功接收并输出，程序继续执行，发送端发送“886”后，接收端接收并输出，程序结束。

11.3 TCP 通信

11.2 节讲解了 UDP 通信，本节将讲解如何使用 TCP 实现通信。UDP 通信只有发送端和接收端，不区分客户端和服务器端，计算机之间任意发送数据。TCP 通信严格区分客户端与服务器端，通信时必须先开启服务器端，等待客户端连接，然后开启客户端去连接服务器端才能实现通信。

Java 对基于 TCP 协议的网络提供了良好的封装，使用 ServerSocket 类代表服务器端，使用 Socket 类代表客户端，接下来会详细讲解这两个类。

11.3.1 ServerSocket 类

在 java.net 包中有一个 ServerSocket 类，ServerSocket 类的构造方法如表 11.7 所示。

表 11.7　ServerSocket 类的构造方法

构造方法声明	功能描述
public ServerSocket( )	创建未绑定服务器套接字
public ServerSocket(int port)	创建绑定到特定端口的服务器套接字
public ServerSocket(int port,int backlog)	利用指定的 backlog 创建服务器套接字，并将其绑定到指定的本地端口号
public ServerSocket(int port,int backlog,InetAddress bindAddr)	使用指定的端口、侦听 backlog 和要绑定到的本地 IP 地址创建服务器

表 11.7 列出了 ServerSocket 类的构造方法，通过这些构造方法可以获得 ServerSocket 类的实例。ServerSocket 类还有一些常用方法，如表 11.8 所示。

表 11.8　ServerSocket 类的常用方法

方法声明	功能描述
Socket accept( )	侦听并接收套接字的连接
void close( )	关闭套接字
InetAddress getInetAddress( )	返回服务器套接字的本地地址
boolean isClosed( )	返回 ServerSocket 的关闭状态
void bind(SocketAddress endpoint)	将 ServerSocket 绑定到特定地址（IP 地址和端口号）

表 11.8 列出了 ServerSocket 类的常用方法，其中 accept( )方法用来接收客户端的请求，执行此方法后，服务器端程序发生阻塞，直到接收到客户端请求，程序才能继续执行，如图 11.12 所示。

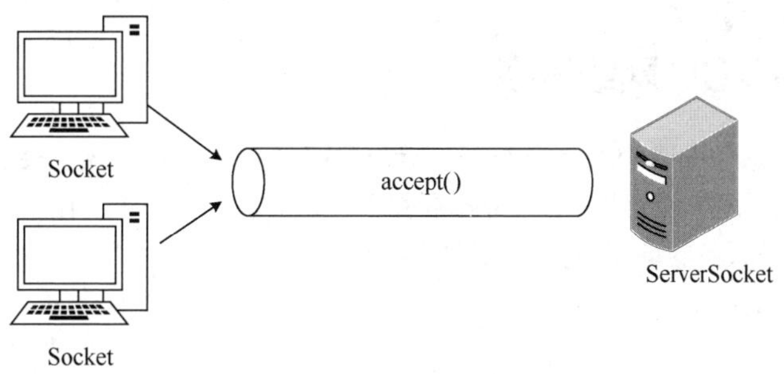

图 11.12　TCP 服务器端和客户端

在图 11.12 中，ServerSocket 代表服务器端，Socket 代表客户端，服务器端调用 accept( )方法后等待客户端请求，客户端发出连接请求后，accept( )方法会给服务器端返回一个 Socket 类对象，用于和客户端实现通信。接下来会讲解与 ServerSocket 类关系密切的 Socket 类。

11.3.2 Socket 类

在 java.net 包中还有一个 Socket 类，它是一个数据报套接字，包含了源 IP 地址和目的 IP 地址及源端口号和目的端口号的组合，用于发送和接收 UDP 数据。Socket 类的常用构造方法如表 11.9 所示。

表 11.9　Socket 类的常用构造方法

构造方法声明	功能描述
public Socket( )	通过系统默认类型的 SocketImpl 创建未连接套接字
public Socket(InetAddress address,int port)	创建一个流套接字，并将其连接到指定 IP 地址的指定端口号
public Socket(Proxy proxy)	创建一个未连接的套接字，并指定代理类型（如果有），该代理不管其他设置如何都应被使用
public Socket(String host,int port)	创建一个流套接字，并将其连接到指定主机上的指定端口号

表 11.9 列出了 Socket 类的常用构造方法，通过这些构造方法可以获得 Socket 类的实例。Socket 类还有一些常用方法，如表 11.10 所示。

表 11.10　Socket 类的常用方法

方法声明	功能描述
void close( )	关闭套接字
InetAddress getInetAddress( )	返回套接字连接的地址
InputStream getInputStream( )	返回套接字的输入流
OutputStream getOutputStream( )	返回套接字的输出流
int getPort( )	返回套接字连接到的远程端口
boolean isClosed( )	返回套接字的关闭状态
void shutdownOutput( )	禁用套接字的输出流

表 11.10 列出了 Socket 类的常用方法，通过这些方法可以使用 TCP 协议进行网络通信。

11.3.3 简单的 TCP 网络程序

前面讲解了 java.net 包中两个重要的类——ServerSocket 类和 Socket 类，接下来通过一个案例来演示它们的使用方法。这里需要创建一个服务器端程序，一个客户端程序，在运行程序时，必须先运行服务端程序。首先编写服务器端程序，代码如例 11-4 所示。

【例 11-4】TestServer.java

```
1   import java.io.*;
2   import java.net.*;
3   public class TestServer{
4       public static void main(String[] args) throws IOException{
5           ServerSocket ss=new ServerSocket(9090);
6           System.out.println("等待接收数据…");
7           Socket s=ss.accept();
8           InputStream is=s.getInputStream();
```

```
9           byte[] b=new byte[20];
10          int len;
11          while((len=is.read(b))!=-1){
12              String str=new String(b,0,len);
13              System.out.print(str);
14          }
15          OutputStream os=s.getOutputStream();
16          os.write("服务器端已收到。This is Server!".getBytes());
17          os.close();
18          is.close();
19          s.close();
20          ss.close();
21      }
22  }
```

程序运行结果如下。

```
等待接收数据…
```

在例 11-4 中，先创建了 ServerSocket 类对象，并指定端口号为 9090，监听 9090 端口；然后调用 accept( )方法等待客户端连接，创建接收数据的字节数组，用于接收数据；最后调用 getOutputStream( )方法得到输出流，用于向服务器端发送数据。

编写完服务器端程序后，还需要编写客户端程序，代码如例 11-5 所示。

【例 11-5】TestClient.java

```
1   import java.io.*;
2   import java.net.*;
3   public class TestClient{
4       public static void main(String[] args) throws IOException{
5           System.out.println("正在发送数据…");
6           Socket s=new Socket(InetAddress.getByName("127.0.0.1"),9090);
7           OutputStream os=s.getOutputStream();
8           os.write("服务器端，你好！This is Client!".getBytes());
9           //shutdownOutput():执行此方法，显式地告诉服务器端发送完毕
10          s.shutdownOutput();
11          InputStream is=s.getInputStream();
12          byte[] b=new byte[20];
13          int len;
14          while((len=is.read(b))!=-1){
15              String str=new String(b,0,len);
16              System.out.print(str);
17          }
18          is.close();
19          os.close();
20          s.close();
21      }
22  }
```

程序运行结果如图 11.13 所示。

在例 11-5 中，先创建了 Socket 类对象，并指定将数据发送到 IP 地址为 127.0.0.1、端口号为 9090 的服务器端；然后创建输出流，将一个字符串转换为字节并输出到服务器端；最后创建输入流，用于接收服务器端的响应数据。

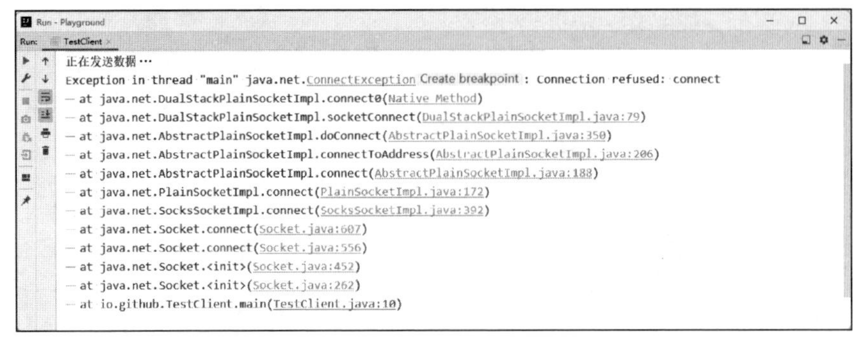

图 11.13　例 11-5 运行结果

图 11.13 中报出 ConnectException 异常，这是由于客户端指定将数据发送到端口为 9090，但此时没有启动服务器端，9090 端口未启动，应该先启动服务器端，再启动客户端。再次运行例 11-4 和例 11-5 中程序，运行结果如图 11.14 和图 11.15 所示。

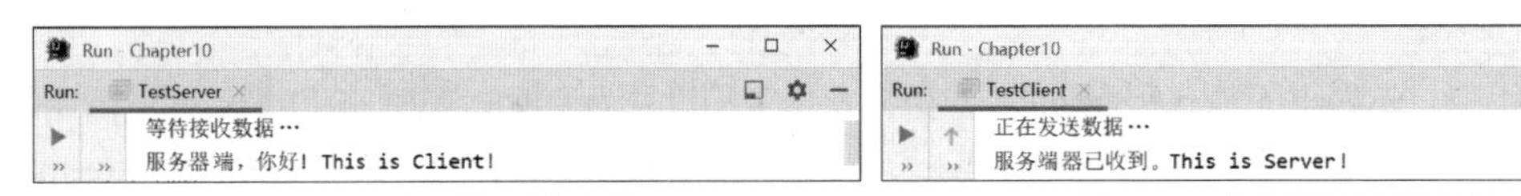

图 11.14　服务器端程序运行结果　　　　图 11.15　客户端程序运行结果

图 11.14 中，程序运行时输出了服务器端接收到的数据信息；图 11.15 中，程序运行时输出了客户端接收到的数据信息。到此，服务器端与客户端的交互完成。

11.3.4 多线程的 TCP 网络程序

上一小节中讲解了简单的服务器端、客户端通信，服务器端接收到客户端发送的数据后输出到控制台，并且向客户端发送响应数据，程序运行结束。在实际应用中，客户端可能需要与服务器端保持长时间通信，或者多个客户端都要与服务器端通信，这就需要用到前边学过的多线程知识。接下来先创建一个专门用于处理多线程操作的类，如例 11-6 所示。

【例 11-6】 TestThread.java

```
1   import java.io.*;
2   import java.net.Socket;
3   public class TestThread implements Runnable{
4       private Socket client=null;
5       public TestThread(Socket client){
6           this.client=client;                        //通过构造方法设置 Socket
7       }
8       public void run(){
9           BufferedReader br=null;                    //用于接收客户端信息
10          PrintStream ps=null;                       //定义输出流
11          try{
12             br=new BufferedReader(new InputStreamReader(
13                    client.getInputStream()));        //获得客户端信息
14             //实例化客户端输出流
15             ps=new PrintStream(client.getOutputStream());
16             boolean flag=true;                      //标记客户端是否操作完毕
17             while(flag){
18                 String str=br.readLine();
```

```
19                  if(str==null||"".equals(str)){
20                      flag=false;          //输入信息为空时，客户端操作结束
21                  }else{
22                      System.out.println(str);
23                      if("bye".equals(str)){
24                         flag=false;  //输入信息为“bye”时客户端操作结束
25                      }else{
26                          //响应客户端的信息
27                          ps.println("服务器端已收到");
28                      }
29                  }
30              }
31          }catch(Exception e){
32              e.printStackTrace();
33          }finally{                                       //释放资源
34              if(ps!=null){
35                  ps.close();
36              }
37              if(client!=null){
38                  try{
39                     client.close();
40                  }catch(IOException e){
41                     e.printStackTrace();
42                  }
43              }
44          }
45      }
46  }
```

例 11-6 中，TestThread 类实现了 Runnable 接口，构造方法接收每一个客户端的 Socket 类对象，重写 run( )方法，在方法中通过循环的方式接收客户端信息，并向客户端输出响应信息，最后释放资源。接下来应用多线程改造上一小节例 11-4 的服务器端程序，如例 11-7 所示。

【例 11-7】 TestServerThread.java

```
1   import java.io.*;
2   import java.net.*;
3   public class TestServerThread{
4       public static void main(String[] args) throws IOException{
5           ServerSocket ss=null;
6           Socket s=null;
7           ss=new ServerSocket(9090);
8           boolean flag=true;
9           while(flag){
10              System.out.println("等待接收数据…");
11              s=ss.accept();
12              new Thread(new TestThread(s)).start();
13          }
14          ss.close();
15          InputStream is=s.getInputStream();
16          byte[] b=new byte[20];
17          int len;
18          while((len=is.read(b))!=-1){
19              String str=new String(b,0,len);
20              System.out.print(str);
```

```
21              }
22              OutputStream os=s.getOutputStream();
23              os.write("服务器端已收到".getBytes());
24              os.close();
25              is.close();
26              s.close();
27              ss.close();
28          }
29      }
```

在例 11-7 中，应用多线程修改了例 11-4 的服务器端程序，接着运行服务器端程序，之后运行 3 次例 11-5 的客户端程序，程序运行结果如图 11.16 和图 11.17 所示。

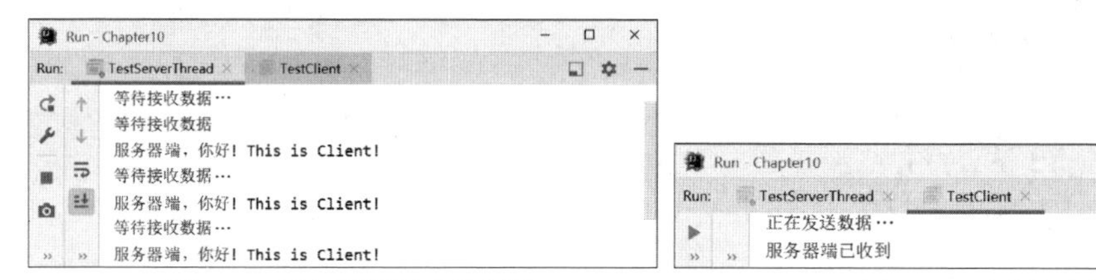

图 11.16　服务器端程序运行结果　　图 11.17　客户端程序运行结果

在图 11.16 中，程序运行后输出了服务器端 3 次接收到的数据，此时程序处于阻塞状态，等待接收客户端信息，直到接收到的信息为空或者为“bye”时，服务器端程序才会终止。在图 11.17 中，程序运行后输出了客户端 3 次接收到的数据信息。到此，服务器端与客户端的交互完成。与例 11-4 和例 11-5 不同的是，这里服务器端程序应用了多线程。

【实战训练】 文件上传

需求描述

编写程序，使用 TCP 协议模拟文件上传服务器。

思路分析

（1）文件上传的原理：客户端读取本地的文件，将文件上传到服务器，服务器再把上传的文件保存到服务器的硬盘上。

（2）程序运行流程：客户端使用本地的字节输入流读取要上传的文件，再使用网络字节输出流将读取的文件上传到服务器；服务器使用网络字节输入流读取客户端上传的文件，再用本地字节流将文件保存到服务器，并使用网络字节流给客户端回复接收成功的提示信息。

代码实现

首先编写服务器端的代码，如训练 11-4 所示。

【训练 11-4】UploadServer.java

```
1   import java.io.*;
2   import java.net.*;
3   public class UploadServer{
4       public static void main(String[] args) throws Exception{
5           ServerSocket ss=new ServerSocket(9090);  //创建服务器端
6           System.out.println("服务器端已开启，等待接收文件！");
7           Socket s=ss.accept();                    //客户端连接服务器端
```

```
8            System.out.println("正在接收来自"+
9                s.getInetAddress().getHostAddress()+"的文件…");
10           receiveFile(s);                                //连接成功，开始传输文件
11           ss.close();
12       }
13       private static void receiveFile(Socket socket) throws Exception{
14           //buffer 起缓冲作用，一次读取或写入多个字节的数据
15           byte[] buffer=new byte[1024];
16           //创建 DataInputStream 类对象，可调用其 readUTF()方法来读取要传输的文件名
17           DataInputStream dis=new DataInputStream(socket.getInputStream());
18           //首先读取文件名
19           String oldFileName=dis.readUTF();
20           //文件路径采用与客户端相同的路径，文件名重新命名，创建好客户端后放开
21           String filePath=TestUploadClient.fileDir+
22                   genereateFileName(oldFileName);
23           System.out.println("接收文件成功，另存为: "+filePath);
24           //利用 FileOutputStream 来操作文件输出流
25           FileOutputStream fos=new FileOutputStream(new File(filePath));
26           int length=0;
27           while((length=dis.read(buffer,0,buffer.length))>0){
28               fos.write(buffer,0,length);
29               fos.flush();
30           }
31           dis.close();                                   //释放资源
32           fos.close();
33           socket.close();
34       }
35       private static String genereateFileName(String oldName){
36           String newName=null;
37           newName=oldName.substring(0,oldName.lastIndexOf("."))+"-2"+
38                   oldName.substring(oldName.lastIndexOf("."));
39           return newName;
40       }
41   }
```

程序运行结果如图 11.18 所示。

图 11.18　训练 11-4 运行结果

服务器端的代码编写好后，接下来编写客户端代码，如训练 11-5 所示。

【训练 11-5】UploadClient.java

```
1    import java.io.*;
2    import java.net.*;
3    public class UploadClient{
4        //定义要发送的文件路径
5        public static final String fileDir="E:\IdeaProjects\Chapter10\src\";
6        public static void main(String[] args) throws Exception{
7            String fileName="test.jpg";        //要发送的文件名称
8            String filePath=fileDir+fileName;
```

```
9            System.out.println("正在发送文件: "+filePath);
10           Socket socket=new Socket(InetAddress.
11                   getByName("127.0.0.1"),9090);
12           if(socket!=null){
13              System.out.println("发送成功!");
14              sendFile(socket,filePath);
15           }
16       }
17       private static void sendFile(Socket socket,String filePath)
18               throws Exception{
19           byte[] bytes=new byte[1024];
20           BufferedInputStream bis=new BufferedInputStream(
21                   new FileInputStream(new File(filePath)));
22           DataOutputStream dos=new DataOutputStream(
23                   new BufferedOutputStream(socket.getOutputStream()));
24           //首先发送文件名，客户端使用 writeUTF()方法，服务器端使用 readUTF()方法
25           dos.writeUTF(getFileName(filePath));
26           int length=0;                                //发送文件的内容
27           while((length=bis.read(bytes,0,bytes.length))>0){
28               dos.write(bytes,0,length);
29               dos.flush();
30           }
31           bis.close();                             //释放资源
32           dos.close();
33           socket.close();
34       }
35       private static String getFileName(String filePath){
36           String[] parts=filePath.split("/");
37           return parts[parts.length-1];
38       }
39   }
```

编写好客户端代码后，先开启训练 11-4 中的服务端程序，然后开启训练 11-2 中的客户端程序，程序运行结果如图 11.19 和图 11.20 所示。

图 11.19　服务端程序运行结果

图 11.20　客户端程序运行结果

在图 11.19 中，运行结果显示服务器端接收到来自 127.0.0.1 的文件，接收后进行保存，文件名为“test-2.jpg”。图 11.20 中，运行结果显示客户端向服务器端发送“test.jpg”文件，发送成功。打开文件保存路径查看文件，如图 11.21 所示。

图 11.21　查看文件

11.4 Java Applet

前面几节讲解了聊天程序的基本原理，但是聊天程序是给用户使用的，需要界面，这里结合 GUI 讲解一个用于聊天的 Java Applet。

首先来分析一下，编写聊天程序需要用 UDP 协议通信，通过监听指定的端口号、目标 IP 地址和目标端口号，实现消息的发送和接收功能，并将聊天内容显示出来，这需要编写接收端和发送端的逻辑代码，还需要编写代码实现接收端和发送端的展示界面（本例中分别为窗口 1 和窗口 2）。首先编写接收端的逻辑代码及其展示界面的实现代码，如例 11-8 和例 11-9 所示。

【例 11-8】TestReceive.java

```
1   import java.net.*;
2   import javax.swing.JTextArea;
3   public class TestReceive extends Thread{
4       private String sendIP="127.0.0.1";
5       private int sendPORT=9090;
6       private int receivePORT=9095;
7       //声明发送信息的数据报套接字
8       private DatagramSocket sendSocket=null;
9       //声明发送信息的数据包
10      private DatagramPacket sendPacket=null;
11      //声明接收信息的数据报套接字
12      private DatagramSocket receiveSocket=null;
13      //声明接收信息的数据包
14      private DatagramPacket receivePacket=null;
15      //声明缓冲数组的大小
16      public static final int BUFFER_SIZE=5120;
17      private byte inBuf[]=null;              //接收数据的缓冲数组
18      JTextArea jta;
19      public TestReceive(JTextArea jta){      //构造方法
20          this.jta=jta;
21      }
22      public void run(){
23          try{
24             inBuf=new byte[BUFFER_SIZE];
25             receivePacket=new DatagramPacket(inBuf, inBuf.length);
26             receiveSocket=new DatagramSocket(receivePORT);
27          }catch(Exception e){
28             e.printStackTrace();
29          }
30          while(true){
31              if(receiveSocket==null){
32                 break;
33              }else{
34                 try{
35                    receiveSocket.receive(receivePacket);
36                    String message=new String(receivePacket.getData(), 0,
37                          receivePacket.getLength());
38                    jta.append("收到窗口 2 信息: "+message+"\n");
39                 }catch(Exception e){
```

```
40                      e.printStackTrace();
41                  }
42              }
43          }
44      }
45      public void sendData(byte buffer[]){        //发送数据
46          try{
47              InetAddress address=InetAddress.getByName(sendIP);
48              sendPacket=new DatagramPacket(buffer,buffer.length,address,
49                      sendPORT);
50              sendSocket=new DatagramSocket();
51              sendSocket.send(sendPacket);
52          }catch (Exception e){
53              e.printStackTrace();
54          }
55      }
56      public void closeSocket(){                          //释放资源
57          receiveSocket.close();
58      }
59  }
```

【例 11-9】TestReceiveFrame.java

```
1   import java.awt.event.*;
2   import javax.swing.*;
3   public class TestReceiveFrame extends JFrame implements ActionListener {
4       JTextArea jta;
5       JTextField jtf;
6       JButton jb;
7       JPanel jp;
8       String ownerId;
9       String friendId;
10      TestReceive ts;
11      public static void main(String[] args){
12          new TestReceiveFrame();
13      }
14      public TestReceiveFrame(){
15          setTitle("窗口1");
16          jta=new JTextArea();
17          jtf=new JTextField(15);
18          jb=new JButton("发送");
19          jb.addActionListener(this);
20          jp=new JPanel();
21          jp.add(jtf);
22          jp.add(jb);
23          this.add(jta,"Center");
24          this.add(jp,"South");
25          this.setBounds(300,200,300,200);
26          this.setVisible(true);
27          setDefaultCloseOperation(JFrame.DISPOSE_ON_CLOSE);
28          ts=new TestReceive(jta);
29          ts.start();
30          //窗体“关闭”按钮事件
31          this.addWindowListener(new WindowAdapter(){
32              public void windowClosing(WindowEvent e){
```

```
33                  if(JOptionPane.showConfirmDialog(null,
34                          "<html><font size=3>确定退出吗? </html>","系统提示",
35                          JOptionPane.OK_CANCEL_OPTION,
36                          JOptionPane.INFORMATION_MESSAGE)==0){
37                      System.exit(0);
38                      ts.closeSocket();
39                  }else{
40                      return;
41                  }
42              }
43          });
44      }
45      public void actionPerformed(ActionEvent arg0){
46          if(arg0.getSource()==jb){
47             byte buffer[]=jtf.getText().trim().getBytes();
48             ts.sendData(buffer);
49          }
50      }
51  }
```

程序运行结果如图 11.22 所示。

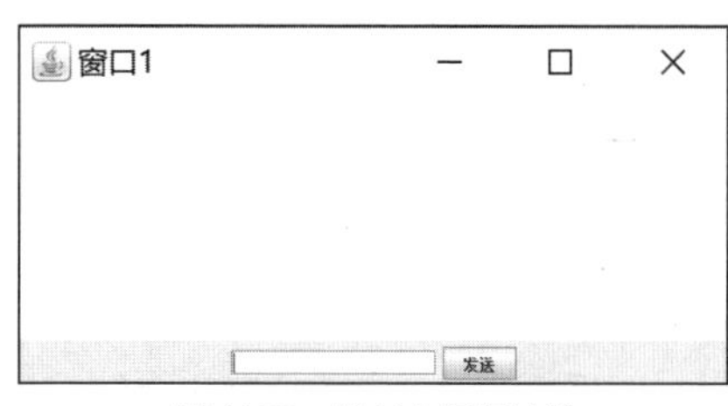

图 11.22　例 11-9 运行结果

例 11-8 是接收端的逻辑代码，TestReceive 类继承了 Thread 类，在该类中首先声明 IP 地址和端口号，用于监听端口，在构造方法中传入一个 JTextArea 类对象，用于显示文本，然后重写 run( )方法，能不停接收数据，最后写了两个被界面调用的方法，用于发送数据和释放资源。例 11-9 是接收端展示界面的代码，TestReceiveFrame 类继承了 JFrame 类，实现了 ActionListener 接口，在构造方法中将界面初始化，重写了 ActionListener 接口中的 actionPerformed (ActionEvent event)方法，用于监听用户是否单击了“发送”按钮。

编写完接收端相关代码后，接下来编写发送端的逻辑代码及其展示界面的代码，如例 11-10 和例 11-11 所示。

【例 11-10】TestSend.java

```
1   import java.net.*;
2   import javax.swing.JTextArea;
3   public class TestSend extends Thread{
4       private String serverIP="127.0.0.1";
5       private int serverPORT=9095;
6       private int receivePORT=9090;
7       //声明发送信息的数据报套接字
8       private DatagramSocket sendSocket=null;
9       //声明发送信息的数据包
10      private DatagramPacket sendPacket=null;
11      //声明接收信息的数据报套接字
12      private DatagramSocket receiveSocket=null;
13      //声明接收信息的数据包
14      private DatagramPacket receivePacket=null;
15      //声明缓冲数组的大小
16      public static final int BUFFER_SIZE=5120;
17      private byte inBuf[]=null;                          //接收数据的缓冲数组
18      JTextArea jta;
```

```
19      public TestSend(JTextArea jta){                    //构造方法
20          this.jta=jta;
21      }
22      public void run(){
23          try{
24              inBuf=new byte[BUFFER_SIZE];
25              receivePacket=new DatagramPacket(inBuf,inBuf.length);
26              receiveSocket=new DatagramSocket(receivePORT);
27          }catch(Exception e){
28              e.printStackTrace();
29          }
30          while(true){
31              if(receiveSocket==null){
32                  break;
33              }else{
34                  try{
35                      receiveSocket.receive(receivePacket);
36                      String message=new String(receivePacket.getData(), 0,
37                              receivePacket.getLength());
38                      jta.append("收到窗口1信息: "+message+"\n");
39                  }catch(Exception e){
40                      e.printStackTrace();
41                  }
42              }
43          }
44      }
45      public void sendData(byte buffer[]){        //发送数据
46          try{
47              InetAddress address=InetAddress.getByName(serverIP);
48              sendPacket=new DatagramPacket(buffer,buffer.length,address,
49                      serverPORT);
50              sendSocket=new DatagramSocket();
51              sendSocket.send(sendPacket);
52          }catch(Exception e){
53              e.printStackTrace();
54          }
55      }
56      public void closeSocket(){                  //释放资源
57          receiveSocket.close();
58      }
59  }
```

【例 11-11】TestSendFrame.java

```
1   import java.awt.event.*;
2   import javax.swing.*;
3   public class TestSendFrame extends JFrame implements ActionListener{
4       JTextArea jta;
5       JTextField jtf;
6       JButton jb;
7       JPanel jp;
8       String ownerId;
9       String friendId;
10      TestSend tc;
11      public static void main(String[] args){
```

```
12            new TestSendFrame();
13        }
14        public TestSendFrame(){
15            setTitle("窗口 2");
16            jta=new JTextArea();
17            jtf=new JTextField(15);
18            jb=new JButton("发送");
19            jb.addActionListener(this);
20            jp=new JPanel();
21            jp.add(jtf);
22            jp.add(jb);
23            this.add(jta,"Center");
24            this.add(jp,"South");
25            this.setBounds(300,200,300,200);
26            this.setVisible(true);
27            setDefaultCloseOperation(JFrame.DISPOSE_ON_CLOSE);
28            tc=new TestSend(jta);
29            tc.start();
30            //窗体“关闭”按钮事件
31            this.addWindowListener(new WindowAdapter(){
32                public void windowClosing(WindowEvent e){
33                    if(JOptionPane.showConfirmDialog(null,
34                            "<html><font size=3>确定退出吗? </html>","系统提示",
35                            JOptionPane.OK_CANCEL_OPTION,
36                            JOptionPane.INFORMATION_MESSAGE)==0){
37                        System.exit(0);
38                        tc.closeSocket();
39                    }else{
40                        return;
41                    }
42                }
43            });
44        }
45        public void actionPerformed(ActionEvent arg0){
46            if(arg0.getSource()==jb){
47              byte buffer[]=jtf.getText().trim().getBytes();
48              tc.sendData(buffer);
49            }
50        }
51    }
```

程序运行结果如图 11.23 所示。

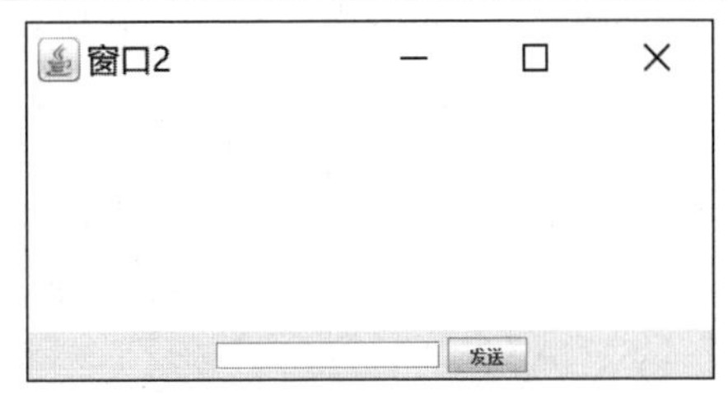

图 11.23　例 11-11 运行结果

例 11-10 是发送端的逻辑代码，TestSend 类继承了 Thread 类，该类中首先声明 IP 地址和端口号，在构造方法中传入一个 JTextArea 类对象，用于显示文本，然后重写了 run( )方法，能不停接收数据，在最后写了两个被界面调用的方法，用于发送数据和释放资源。例 11-11 是发送端展示界面的代码，TestSendFrame 类继承了 JFrame 类，实现了 ActionListener 接口，在构造方法中将界面初始化，重写了 ActionListener 接口中的 actionPerformed(ActionEvent event)方法，用于监听用户是否单击了“发送”按钮。

编写完接收端和发送端相关代码后，接下来运行例 11-9 和例 11-11 的代码，进行连接通信，运行结果如图 11.24 所示。

图 11.24　Java Applet 运行结果

在图 11.24 中，运行结果显示窗口 1 和窗口 2 成功通信，应用了 UDP 协议的聊天程序编写完成。

11.5 本章小结

通过本章的学习，读者能够掌握 Java 网络编程的相关知识。网络编程的核心是 IP、端口、协议三大元素。网络编程的本质是进程间通信。网络编程的两个主要问题：一是定位主机；二是数据传输。

11.6 习题

1．填空题

（1）要编写网络应用程序，首先必须明确网络应用程序所要使用的网络协议，_______协议是网络应用程序的首选。

（2）Java 提供了 InetAddress 类来代表 IP 地址，它有 2 个子类，分别为______类和 Inet6Address 类。

（3）________协议是无连接的通信协议，其将数据封装成数据包，直接发送出去，每个数据包的大小限制在 64KB 以内，发送数据结束时无须释放资源。

（4）TCP/IP 参考模型将网络分为 4 层，分别为物理+数据链路层、网络层、传输层和________。

（5）Java 对基于 TCP 协议的网络提供了良好的封装，使用 ServerSocket 类代表服务器端，使用________类代表客户端。

2．选择题

（1）Java 网络程序位于 TCP/IP 参考模型的哪一层？（　　）

A．网络层　　B．应用层　　C．传输层　　D．主机-网络层

（2）以下哪些协议位于传输层？（　　）

A．TCP　　B．HTTP　　C．SMTP　　D．IP

（3）下列哪个不是 InetAddress 类的方法？（　　）

A．getAddress( )　　B．getHostAddress( )　　C．getLocalHost( )　　D．getInetAddress( )

（4）在客户端/服务器通信模式中，客户端与服务器程序的主要任务是什么？（　　）

A．客户端程序在网络上找到一条到达服务器的路由

B．客户端程序发送请求，不接收服务器的响应

C．服务器程序接收并处理客户端请求，然后向客户端发送响应结果

D．客户端程序和服务器程序都会保证发送的数据不会在传输途中丢失

（5）下面对端口的概述，哪个是错误的？（　　）

A. 端口是应用程序的逻辑标识　　B. 端口是有范围限制的

C. 端口的值可以任意　　D. 0～1024 的端口不建议使用

3．简答题

（1）简述 TCP/IP 参考模型的层次结构。

（2）简述你对 IP 地址和端口号的理解。

（3）简述 UDP 和 TCP 的区别。

（4）简述如何解决端口号冲突的问题。

（5）简述建立 TCP 连接“三次握手”的过程。

4．编程题

（1）利用 TCP 协议，使用 9999 端口，客户端向服务器端发送字符串“我爱 Java”，服务器端收到后给客户端回复消息确认。

（2）利用 UDP 协议，使用 8088 端口，发送端向接收端发送字符串“Java 爱我”，接收端接收字符串并输出到控制台。

第12章 使用 JDBC 操作数据库

本章学习目标

- 了解什么是 JDBC。
- 熟悉 JDBC 的常用类和接口。
- 掌握如何使用 JDBC 操作数据库。

使用 JDBC 操作数据库

程序运行时，数据都是存储在内存中的；当程序终止时，需要将数据保存到可掉电式存储设备中，供以后使用。大多数情况下，特别是企业级应用，数据持久化意味着将内存中的数据保存到硬盘上加以“固化”，而持久化的实现大多通过各种关系数据库来完成。在基于 Java 开发的应用中，JDBC（Java DataBase Comectivity，Java 数据库连接）技术是程序员和数据库打交道的主要途径，使用 JDBC 技术可以非常方便地操作各种主流数据库，还可以对数据库中的数据进行增、删、改、查等操作。本章将详细介绍如何使用 JDBC 技术操作 MySQL 数据库。

12.1 JDBC 概述

JDBC 是一种用于执行 SQL 语句的 Java API，是 Java 语言中用来规范程序如何访问数据库的应用程序接口，提供了查询和更新数据库中数据的方法。JDBC 本身是 Java 连接数据库的一个标准/规范，是进行数据库连接的抽象层，由 Java 编写的一组类和接口组成。JDBC 接口是 Java 标准库自带的，所以可以直接编译。而具体的 JDBC 驱动由数据库厂商提供，如 MySQL 数据库的 JDBC 驱动由 Oracle 公司提供。因此，要访问某个具体的数据库，只需要引入该厂商提供的 JDBC 驱动，就可以通过 JDBC 接口来访问。应用程序通过 JDBC 操作数据库的流程如图 12.1 所示。

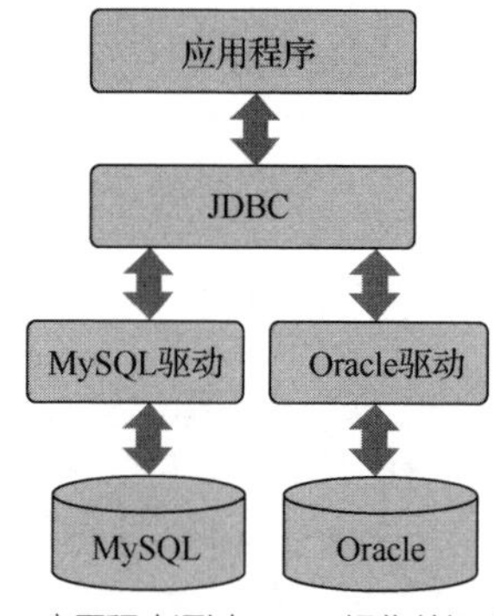

图 12.1 应用程序通过 JDBC 操作数据库的流程

JDBC 不能直接访问数据库，它只是 SUN 公司制定的访问数据规范，依赖于数据库厂商对 JDBC 规范的具体实现。不同数据库的驱动的名字有所差异。在程序中需要依赖数据库驱动来完成对数据库的操作。因此，在编写程序操作数据库时，一定要导入驱动包。

12.2 JDBC 的常用类和接口

在讲解使用 JDBC 操作数据库之前，要先了解 JDBC API。JDBC 提供了丰富的类和接口用于操作数据库，这些类和接口主要位于 java.sql 包中。本节将讲解 JDBC 的常用类和接口及它们的常用方法。

12.2.1 Driver 接口

java.sql.Driver 接口定义了数据库驱动对象应该具备的一些能力。例如，它定义了与数据库建立连接的方法。所有支持 Java 语言连接的数据库都会实现该接口。不同的数据库驱动类的类名有所区别。例如，MySQL 数据库的驱动类名称为 com.mysql.jdbc.Driver；Oracle 数据库的驱动类名称为 oracle.jdbc.driver.OracleDriver。

12.2.2 DriverManager 类

DriverManager 类是数据库驱动管理类。这个类的作用在于注册驱动，以及创建 Java 代码与数据库之间的连接。DriverManager 类的主要方法如表 12.1 所示。

表 12.1 DriverManager 类的主要方法

方法声明	描述
static void registerDriver(Driver driver)	用于向 DriverManager 中注册给定的 JDBC 驱动程序
static Connection getConnection(String url,String user, String password)	用于建立和数据库的连接,并返回表示连接的 Connection 接口对象

需要注意的是，在实际开发中，不推荐使用 registerDriver(Driver driver)方法注册驱动。com.mysql.jdbc.Driver 类的源码如下。

```
1   public class Driver extends NonRegisteringDriver implements java.sql
2   .Driver{
3       public Driver() throws SQLException{
4       }
5       static{
6           try{
7              DriverManager.registerDriver(new Driver());
8           }catch(SQLException var1){
9              throw new RuntimeException("Can\'t register driver!");
10          }
11      }
12  }
```

可以看到 com.mysql.jdbc.Driver 类中有一段静态代码块，用于向 DriverManager 注册一个 Driver 实例。如果再次执行 registerDriver(new Driver( ))方法，而此时静态代码块也已经执行了，就会实例化两个 Driver 类对象。因此，在加载数据库驱动时通常使用 Class 类的静态方法 forName( )来实现。

12.2.3 Connection 接口

Connection 接口代表 Java 程序和数据库的连接对象，只有获得该连接对象后，才能访问数据库，并操作数据表。Connection 接口的常用方法如表 12.2 所示。

表 12.2 Connection 接口的常用方法

方法声明	功能描述
DatabaseMetaData getMetaData( )	用于返回表示数据库的元数据的 DatabaseMetaData 接口对象
Statement createStatement( )	用于创建一个 Statement 接口对象来将 SQL 语句发送到数据库

续表

方法声明	功能描述
PreparedStatement prepareStatement(String sql)	用于创建一个 PreparedStatement 接口对象来将参数化的 SQL 语句发送到数据库
CallableStatement prepareCall(String sql)	用于创建一个 CallableStatement 接口对象来调用数据库存储过程

12.2.4 Statement 接口

Statement 接口是 Java 执行静态 SQL 语句的接口，并返回一个执行结果对象。DML 语句返回受影响的行，DQL 语句返回查询到的结果集，Statement 接口的对象可以通过 Connection 接口的对象的 createStatement( )方法创建。Statement 接口的常用方法如表 12.3 所示。

表 12.3　Statement 接口的常用方法

方法声明	功能描述
boolean execute(String sql)	用于执行各种 SQL 语句，返回一个 boolean 类型的值，如果为 true，则表示所执行的 SQL 语句有查询结果
int executeUpdate(String sql)	用于执行 DML 语句和 DDL 语句，并返回数据库中受该 SQL 语句影响的记录条数
ResultSet executeQuery(String sql)	用于执行 SQL 中的 DQL 语句，并返回一个表示查询结果的 ResultSet 接口对象

12.2.5 PreparedStatement 接口

PreparedStatement 接口是 Statement 接口的子接口，用于执行预编译的 SQL 语句。Statement 接口封装了 JDBC 执行静态 SQL 语句的方法，适用于通用查询，但是在实际开发过程中，大部分情况下需要将程序中的变量作为 SQL 语句的查询条件，即有参数的 SQL 语句。使用 Statement 接口每次都需要定义 SQL 语句，非常烦琐。因此，JDBC API 提供了扩展的 PreparedStatement 接口。推荐使用 PreparedStatement 接口。PreparedStatement 接口的对象可以通过 Connection 接口的对象的 PreparedStatement( )方法创建，PreparedStatement 接口的常用方法如表 12.4 所示。

表 12.4　PreparedStatement 接口的常用方法

方法声明	功能描述
void setInt(int parameterIndex,int x)	将指定参数设置为给定的 int 值
void setDouble(int parameterIndex,double x)	将指定参数设置为给定的 double 值
void setString(int parameterIndex,String x)	将指定参数设置为给定的 String 值
void setDate(int parameterIndex,Date x)	将指定参数设置为给定的 java.sql.Date 值
int executeUpdate( )	用于执行包含参数的 DML 语句和 DDL 语句。该方法返回数据库中受该 SQL 语句影响的记录条数
ResultSet executeQuery( )	用于执行包含参数的 DQL 语句，并返回一个表示查询结果的 ResultSet 接口对象
void setCharacterStream(int parameterIndex, java.io.Reader reader, int length)	将指定的输入流写入数据库的文本字段
void setBinaryStream(int parameterIndex, java.io.InputStream x,int length)	将二进制的输入流数据写入二进制字段中

从表 12.4 可以看出，PreparedStatement 接口中定义了大量的 setXxx( )方法。PreparedStatement 接口

对象可以向数据库发送含有若干参数的 SQL 语句，使用占位符“?”来代替参数，然后通过 setXxx( )方法为 SQL 语句中的参数赋值。采用哪种 setXxx( )方法则取决于参数的数据类型。如果要为 SQL 语句中第 1 个 int 类型的参数设置值为 4，那么就可以使用 setInt(1,4)设置该参数的值；如果要为 SQL 语句中第 2 个 String 类型的参数设置值为 name，那么就可以使用 setString(2,"name")。

12.2.6 ResultSet 接口

ResultSet 接口封装了执行 DQL 语句后返回的结果集。ResultSet 接口对象有一个指向结果集数据行的指针，ResultSet 接口对象初始化时，指针在结果集的第一条记录之前，调用 next( )方法可以向下移动指针。在应用程序中，常使用 next( )方法作为 while 循环的条件来迭代 ResultSet 结果集。ResultSet 接口的常用方法如表 12.5 所示。

表 12.5 ResultSet 接口的常用方法

方法声明	功能描述
String getString(int columnIndex)	用于获取指定字段的 String 类型的值，参数 columnIndex 代表字段的索引
String getString(String columnName)	用于获取指定字段的 String 类型的值，参数 columnName 代表字段的名称
int getInt(int columnIndex)	用于获取指定字段的 int 类型的值，参数 columnIndex 代表字段的索引
int getInt(String columnName)	用于获取指定字段的 int 类型的值，参数 columnName 代表字段的名称
Date getDate(int columnIndex)	用于获取指定字段的 Date 类型的值，参数 columnIndex 代表字段的索引
Date getDate(String columnName)	用于获取指定字段的 Date 类型的值，参数 columnName 代表字段的名称
boolean next( )	将指针从当前位置向下移一行
boolean absolute(int row)	将指针移动到 ResultSet 接口对象的指定行
void afterLast( )	将指针移动到 ResultSet 接口对象的末尾，即最后一行之后
void beforeFirst( )	将指针移动到 ResultSet 接口对象的开头，即第一行之前
boolean previous( )	将指针移动到 ResultSet 接口对象的上一行
boolean last( )	将指针移动到 ResultSet 接口对象的最后一行

从表 12.5 可以看出，ResultSet 接口中定义了大量的 getXxx( )方法，而采用哪种 getXxx( )方法取决于数据库中字段的数据类型。程序既可以通过字段的名称来获取指定数据，也可以通过字段的索引来获取指定的数据，字段的索引是从 1 开始编号的。例如，假设数据表的第 2 列字段名为 name，字段类型为 String，那么既可以使用 getString("name")来获取该列的值，也可以使用 getInt(2)来获取该列的值。

12.3 JDBC 编程

在了解 JDBC 的常用类和接口后，就可以编写 JDBC 的程序，使用这些类和接口对数据库进行操作。使用 JDBC 操作数据库的步骤为：注册加载驱动→获取数据库连接→创建语句对象→执行语句→关闭资源。本节将讲解如何使用 JDBC 的常用类和接口编写 JDBC 的程序。

12.3.1 JDBC 编程步骤

1．注册加载驱动

在 Java 程序中注册加载驱动使用 Class 类的静态方法 forName( )来实现，代码如下。

```
Class.forName("DriverName");
```

在上述代码中，DriverName 表示数据库驱动类的全限定名。例如，加载 MySQL 数据库的驱动，代码如下。

```
Class.forName("com.mysql.jdbc.Driver");
```

又如，加载 Oracle 数据库的驱动，代码如下。

```
Class.forName("oracle.jdbc.driver.OracleDriver");
```

加载完数据库的驱动类后，Java 会自动将驱动类的实例注册到 DriverManager。需要注意的是，使用这种方式实例化对象会抛出异常：ClassNotFoundException。

2．获取数据库连接

获取数据库连接使用 DriverManager 类的静态方法 getConnection( )来实现，代码如下。

```
Connection con=DriverManager.getConnection(String url,String user,
String pwd);
```

上述代码中，参数 url 表示连接数据库的 URL，user 表示连接数据库的用户名，pwd 表示连接数据库的密码。

连接数据库的 URL 遵循一定的书写规则。以 MySQL 数据库为例，其地址的书写格式如下。

```
jdbc:mysql://hostname:port/databasename
```

上述代码中，jdbc:mysql:是 JDBC 连接 MySQL 数据库的规范写法；mysql 指 MySQL 数据库；hostname 指主机的 IP 地址（如果是本地数据库，hostname 为 localhost 或 127.0.0.1，如果是连接非本机的数据库，那么 hostname 是所要连接机器的 IP 地址）；port 指的是连接数据库的端口号（MySQL 数据库默认端口为 3306）；databasename 指要连接的数据库的名称。例如，使用 getConnection( )方法连接本地的 MySQL 数据库中的 demo 数据库，代码如下。

```
Connection con=DriverManager.getConnection
    ("jdbc:mysql://127.0.0.1:3306/demo","root","admin");
```

需要注意的是，获取连接对象会抛出异常：SQLException。

3．创建语句对象

创建 Statement 接口对象使用 Connection 接口对象的 createStatement( )方法来实现，代码如下。

```
Statement stmt=con.createStatement();
```

该对象可以执行静态 SQL 语句。

推荐使用 PreparedStatement 接口对象，可以执行动态 SQL 语句。SQL 语句被预编译存储在 PreparedStatement 接口对象中，使用 PreparedStatement 接口对象能够多次高效执行 SQL 语句。创建 PreparedStatement 接口对象使用 Connection 接口对象的 prepareStatement( )方法来实现，代码如下。

```
PreparedStatement pst= con.prepareStatement("SELECT * FROM t_cat WHERE
    name=?");
```

上述代码中的“？”表示用于条件查询的参数。需要注意的是，创建语句对象会抛出异常：

SQLException。

4. 执行语句

（1）使用 Statement 接口对象最常用的两个方法执行 SQL 语句，方法如下。

- executeQuery(String sql)：用于执行查询语句，返回一个 ResultSet 结果集对象。
- executeUpdate(String sql)：用于执行 DML 语句和 DDL 语句，返回受影响的数据行。

示例代码如下。

```
ResultSet rs=st.executeQuery("SELECT * FROM t_cat");
```

（2）使用 PreparedStatement 接口对象最常用的两个方法执行 SQL 语句，方法如下。

- executeQuery( )：用于执行查询语句，返回一个 ResultSet 结果集对象。
- executeUpdate( )：用于执行 DML 语句和 DDL 语句，返回受影响的数据行。

示例代码如下。

```
PreparedStatement pst=con.prepareStatement("SELECT * FROM t_cat WHERE
    name=?");
pst.setString(1,"小喵");
ResultSet rs2=pst.executeQuery();
```

需要注意的是，执行语句会抛出异常：SQLException。

5. 关闭资源

每次操作完数据库后都需要关闭数据库资源。JDBC 连接数据库的过程为：首先获得 Connection 接口对象，再通过它获得相应的 Statement 接口对象，最后通过 Statement 接口对象执行 SQL 语句集 ResultSet。这些操作都会占用内存和外界数据库的资源，所以必须在方法调用结束后执行关闭操作。

上述 3 个对象之间的依赖关系，决定了它们的关闭顺序是与打开顺序相反的。为了保证任何情况下都能关闭资源，应该将关闭操作放在 try-catch 语句的 finally 代码块中。

以上就是 JDBC 编程步骤。

12.3.2 添加 MySQL 驱动包

JDBC 编程的第一步，就是要获取数据库连接。所谓“获取数据库连接”，是指创建 Connection 接口的实现对象。通过 Connection 接口的实现对象，能够使 Java 程序连接到数据库，并修改和获取数据库信息。

使用 JDBC 操作 MySQL 数据库，首先要复制 MySQL 的驱动包到项目中去，具体步骤如下。

（1）打开 MySQL 驱动包下载页面后，选择下载内容进行下载，操作系统选择 Platform Independent，如图 12.2 所示。

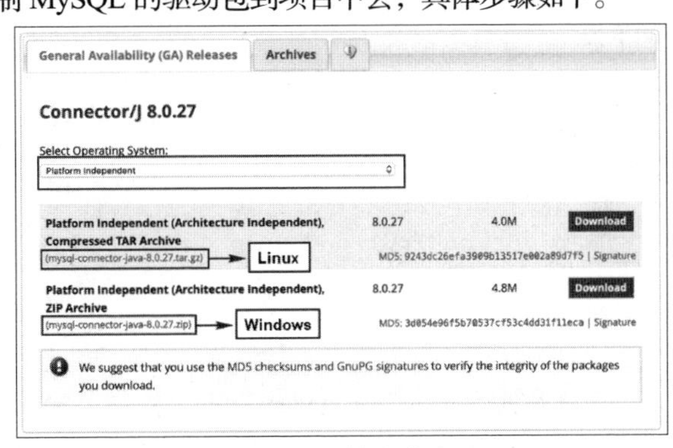

图 12.2 驱动包下载页面

图 12.2 的下方列表中有两个选项，后缀为“.tar.gz”的是 Linux 系统版本的，后缀为“.zip”的是 Windows 版本的。这里下载 Windows 版本的 JDBC 驱动，版本为 8.0.27，单击“Download”按钮进行下载。

（2）在 Chapter12 项目中，新建一个文件夹，建议名称使用“lib”，如图 12.3 所示。

（3）对下载的 zip 文件进行解压，将其中的数据库驱动程序（mysql-connector-java-8.0.27.jar）复制到“lib”文件夹中，如图 12.4 所示。

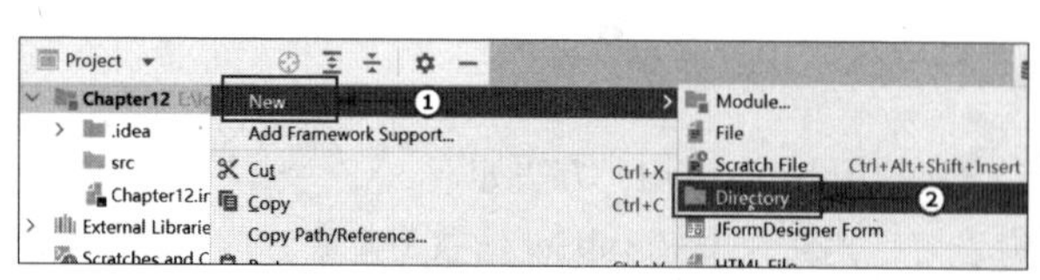

图 12.3　新建“lib”文件夹

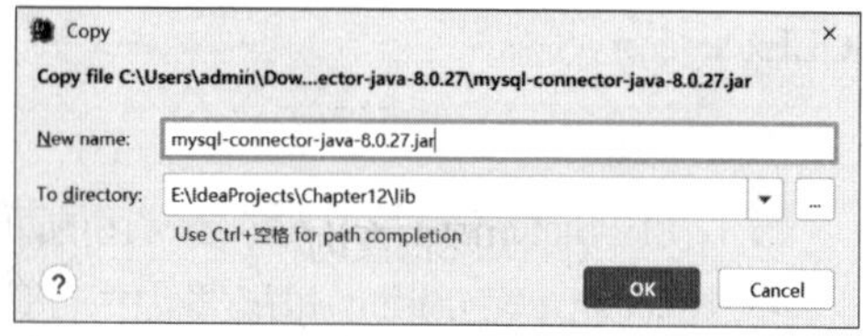

图 12.4　复制驱动程序

（4）在 IntelliJ IDEA 中依次单击“File”→“Project Structure”，在“Modules”模块的“Dependencies”选项卡单击“+”按钮，选择“JARs or Directories”，如图 12.5 所示。

在弹出的窗口中选择刚刚导入“lib”文件夹的驱动，单击“OK”按钮，如图 12.6 所示。

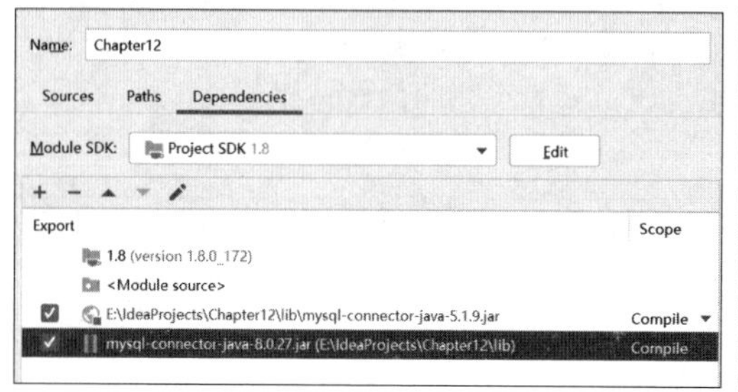

图 12.5　添加驱动程序包到项目中

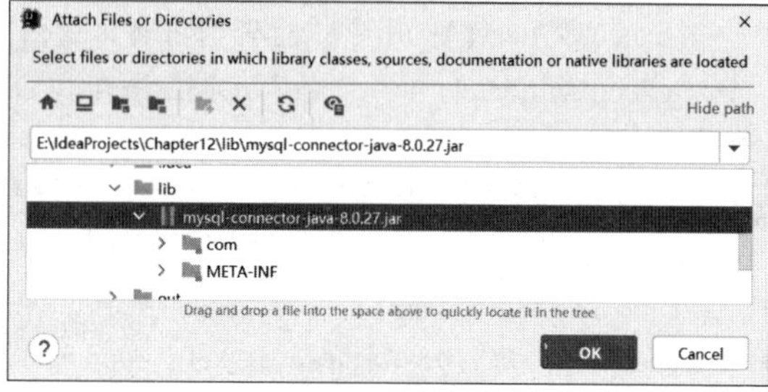

图 12.6　选择驱动

可以看到“Module”模块中多出了一个 MySQL 的驱动，最后依次单击“Apply”→“OK”，如图 12.7 所示。

此时，已经将 MySQL 的驱动添加到 Chapter12 项目中了。在实际开发中，推荐使用 MAVEN 的方式自动加载驱动。

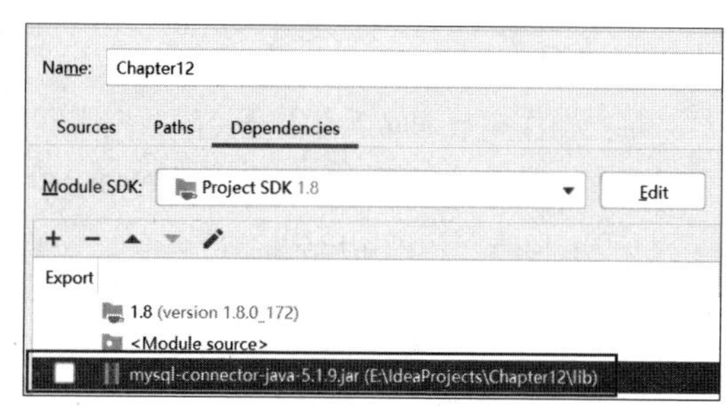

图 12.7　申请添加驱动

12.3.3　编写第一个 JDBC 程序

通过前面的学习，大家了解了 JDBC 的编程步骤，接下来完成一个小的案例，创建表 t_student 并对该表进行增、删、改、查的操作。

1．搭建数据库环境（DDL 操作）

（1）在 MySQL 中创建一个数据库，命名为 demo。在 demo 数据库中创建表 t_student。SQL 语句如下。

```
CREATE DATABASE demo;
use demo;
CREATE TABLE t_student(
   id INT(10) PRIMARY KEY,
   name VARCHAR(20),
   birthday DATE,
   gender VARCHAR(2)
);
```

上述 SQL 语句创建 t_student 表时，添加了 id、name、birthday 和 gender 字段。

（2）向 t_student 表中插入 3 条记录，SQL 语句如下。

```
INSERT INTO t_student(id,name,birthday,gender)
      VALUES(1,'李华','2004-11-04'),
```

```
    (2,'张明','123456','zm@××.com','2003-1-04'),
    (3,'赵亮','123456','zl@××.com','2005-12-14');
```

2. 编写代码实现表查询

在 Chapter12 项目的 src 文件夹下，新建包 com.qianfeng.jdbc。在包中创建类 StudentCRUD。定义方法 testQueryAll( )，查询出 t_student 表中的所有数据。示例代码如例 12-1 所示。

【例 12-1】StudentCRUD

```
1   import java.sql.*;
2   public class StudentCRUD {
3      public static void main(String[] args) {
4         testQueryAll();
5      }
6      public static void testQueryAll() {
7         Connection con = null;
8         Statement st = null;
9         ResultSet rs = null;
10        try {
11           //1.注册加载驱动
12           Class.forName("com.mysql.cj.jdbc.Driver");//驱动 8.0 版本后使用该 ip 地址
13           //2.获取连接对象
14           con = DriverManager.getConnection("jdbc:mysql://localhost:3306/demo",
      "root", "admin");
15           //3.创建语句对象
16           st = con.createStatement();
17           //4.执行语句
18           String sql = "select * from t_student";
19           int i = st.executeUpdate(sql);
20           System.out.println(i);
21           rs = st.executeQuery(sql);
22           while (rs.next()) {
23              int id = rs.getInt("id");
24              String name = rs.getString("name");
25              Date birthday = rs.getDate("birthday");
26              String gender = rs.getString("gender");
27              System.out.println(id + "\t" + name + "\t" + birthday + "\t" + gender);
28           }
29        } catch (Exception e) {
30           e.printStackTrace();
31        } finally {
32           //5.关闭资源
33           try {
34              if (rs != null) {rs.close();}
35              if (st != null) {st.close();}
36              if (con != null) {con.close();}
37           } catch (Exception e) {
38              e.printStackTrace();
39           }
40        }
41     }
42  }
```

程序运行结果如图 12.8 所示。

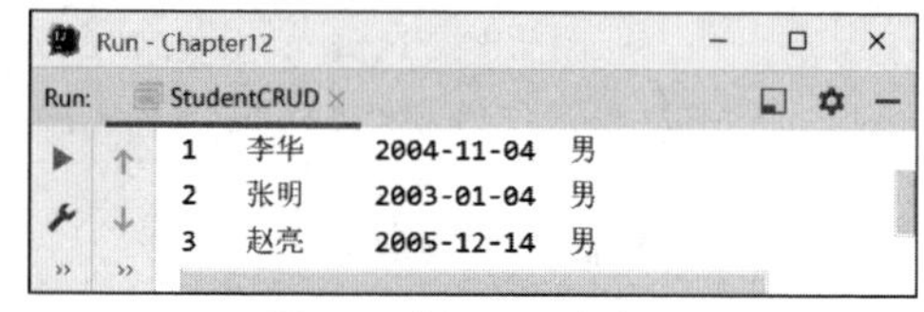

图 12.8 例 12-1 运行结果

在例 12-1 中，根据 12.3.1 小节中讲解的 JDBC 编程步骤，实现了查询数据表中所有数据。

在图 12.8 中，t_student 表中的所有数据都被输出到控制台。如果要对 t_student 表进行数据添加、修改或删除，只需要让 Statement 接口对象调用 executeUpdate( )方法执行 SQL 语句即可。例如在 t_student 表中修改李华同学的性别为“女”，在执行语句步骤的第 14 行代码之前增加如下代码。

```
String sql2="UPDATE t_student SET gender='女' WHERE name='李华'";
int i=st.executeUpdate(sql2);
System.out.println(i);
```

修改后程序运行结果如图 12.9 所示。

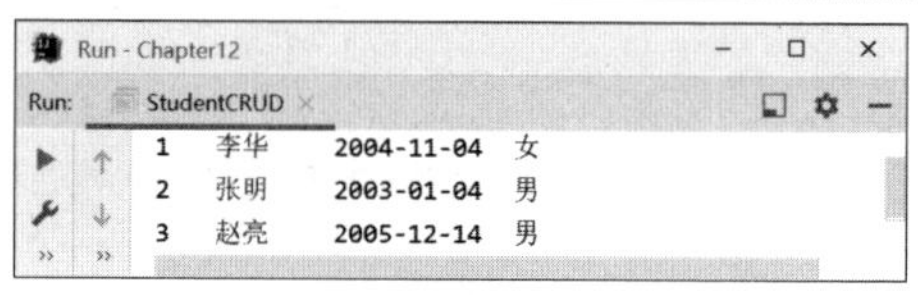

图 12.9 例 12-1 第二次运行结果

通过图 12.9 可以看到，执行完 SQL 语句后，受影响的行数是 1，再次输出 t_student 表的所有数据，李华同学的性别已成功修改为“女”。

3．动态查询

将 SQL 语句发送到数据库后，数据库中的 SQL 解释器编译 SQL 语句，执行它，完成相关的数据库操作。如果不断地向数据库发送 SQL 语句，那么就会增加 SQL 解释器的负担，从而降低 SQL 语句的执行速度。为了解决这一问题，可以使用 PreparedStatement 接口对象对 SQL 语句进行预处理，这样就可以减轻数据库中 SQL 解释器的负担，进而提高 SQL 语句的执行速度。

在预处理 SQL 语句时，可以使用通配符“？”来替代某个字段的值，示例代码如下。

```
PreparedStatement ps=con.prepareStatement("SELECT * FROM t_student
    WHERE name=?");
```

在执行预处理语句前，需要用与字段的数据类型对应的方法来设置通配符所表示的值，示例代码如下。

```
ps.setString(1,"张明");
```

在为通配符设置值之后，执行此预处理语句等同于执行如下代码。

```
PreparedStatement ps=con.prepareStatement("SELECT * FROM t_student
    WHERE name='张明'");
```

实现动态获取指定名字的同学的信息，以查询张明同学的信息为例，示例代码如例 12-2 所示。

【例 12-2】TestPrep.java

```
1   public class TestPrep{
2       public static void main(String[] args){
3           Connection con=null;
4           Statement st=null;
5           ResultSet rs=null;
6           try{
7               //1.注册加载驱动
8               Class.forName("com.mysql.jdbc.Driver");
9               //2.获取连接对象
10              con=DriverManager.getConnection(
                    "jdbc:mysql://localhost:3306/demo","root","admin");
11              //3.创建语句对象
12              PreparedStatement ps=con.prepareStatement("SELECT * FROM
                    t_student WHERE name=?");
```

```
13              //设置参数
14              ps.setString(1,"张明");
15              //4.执行语句
16              rs=ps.executeQuery();
17              while(rs.next()){
18                  int id=rs.getInt("id");
19                  String name=rs.getString("name");
20                  Date birthday=rs.getDate("birthday");
21                  String gender=rs.getString("gender");
22                  System.out.println(id+"\t"+name+"\t"+birthday+"\t"+gender);
23              }
24          }catch(Exception e){
25              e.printStackTrace();
26          }finally{
27              //5.关闭资源
28              //此处省略关闭资源的代码
29          }
30      }
31  }
```

程序运行结果如图 12.10 所示。

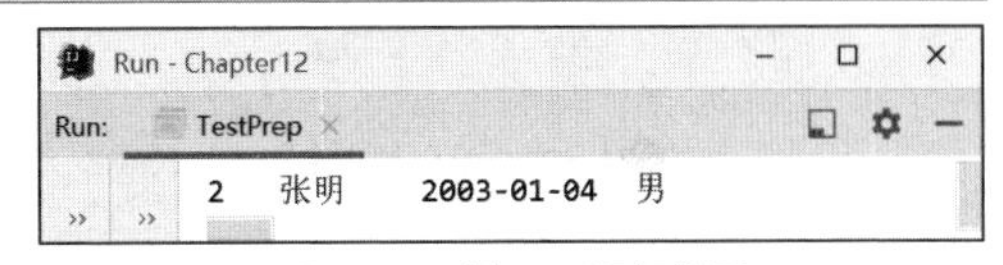

图 12.10 例 12-2 运行结果

从图 12.10 可以看出，SQL 语句被成功执行，控制台输出了张明同学的信息。

需要注意的是，PreparedStatement 类的 executeQuery( ) 方法没有参数，executeUpdate( )方法也一样，因为预编译语句是封装在 PreparedSatetment 接口对象中的。

【实战训练】 实现平台注册功能

需求描述

在第 9 章的综合练习中使用 GUI 技术实现了流浪猫救助平台的注册窗体。在程序设计开发中，绝大部分数据都是存放在数据库中的，包括用户的信息。例如，用户登录时输入的账号、密码信息，需要与数据库中保存的信息核对验证。

启动程序，单击“注册”按钮。在用户注册窗体中输入注册信息，包括昵称、地区、密码、工作是否稳定和居住是否稳定，如图 12.11 所示。如果用户注册成功，将弹出注册成功的弹窗，如图 12.12 所示。

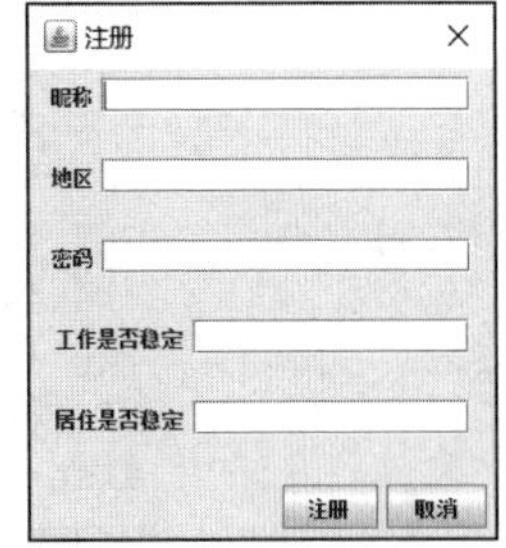

图 12.11 用户注册窗体

思路分析

（1）创建用户表，并添加用户数据。

（2）创建 UserDao 类，用于执行用户相关的数据库操作。这里实现注册方法即可。

（3）为注册对话框的注册按钮添加事件监听器。

图 12.12 注册成功的弹窗

代码实现

1．创建用户表，并添加用户数据

在 MySQL 数据库中创建表 t_user，并在表中插入 3 条记录，SQL 语句如下。

```
CREATE TABLE 't_user'(
       'id' INT(4) PRIMARY KEY AUTO_INCREMENT,
       'name' VARCHAR(40),
```

```
        'password' VARCHAR(60),
        'area' VARCHAR(40),
        'work' VARCHAR(40),
        'home' VARCHAR(40)
);
INSERT INTO t_user('name','password','area','work','home')
            VALUES( 'Tony','123456','上海','是','是'),
                  ('Jack','123','北京','是','是'),
                  ('root','admin','深圳','是','是');
```

2．编写用户注册方法

在 LoveAdopt 项目中创建包 com.qianfeng.dao。在包中定义一个用于操作用户数据的类 UserDao，并在类中定义添加用户的方法 addUser()，如训练 12-1 所示。

【训练 12-1】UserDao.java

```
1   import java.sql.*;
2   public class UserDao{
3       Connection conn=null;
4       PreparedStatement pst=null;
5       ResultSet rs=null;
6       public Boolean addUser(String name,String pwd,String area,String
          work,String home) throws SQLException{
7         try{
8           //1.注册加载驱动
9           Class.forName("com.mysql.jc.jdbc.Drover");
10          //2.获取数据库连接
11          DriverManager.getConnection("jdbc:mysql:///loveadopt",
                "root","admin");
12          //3.创建语句对象
13          String sql="INSERT INTO t_user
              ('name','password','area','work','home') VALUE(?,?,?,?,?)";
14          pst=conn.prepareStatement(sql);
15          //设置参数
16          pst.setString(1,name);
17          pst.setString(2,pwd);
18          pst.setString(3,area);
19          pst.setString(4,work);
20          pst.setString(5,home);
21          //4.执行语句
22          int i=pst.executeUpdate();
23          if(i==1){return true;}
24          else{return false;}
25        }catch(Exception e){
26          e.printStackTrace();
27        }finally{
28          //5.关闭资源
29          if(rs!=null){rs.close();}
30          if(pst!=null){pst.close();}
31          if(conn!=null){conn.close();}
32        }
33        return false;
34      }
35  }
```

在需要预处理的 SQL 语句中，使用占位符“?”来表示用户的注册信息，并通过 PreparedStatement

接口对象的 setString( )方法设置参数值。执行 SQL 语句后，如果返回结果为 1，则表示用户注册成功；如果没有注册成功，将返回 false。

3．添加监听方法

在注册的 GUI 界面程序 FrmRegister 中添加事件监听器，用于向数据库中插入用户信息。此处使用 Lambda 表达式，示例代码如下。

```
1   public void actionPerformed(ActionEvent e){
2       if(e.getSource()==this.btnCancel){
3           this.setVisible(false);
4       }else if(e.getSource()==this.btnOk){
5           try{
6               String name = edtName.getText();
7               String age = edtArea.getText();
8               String work = edtWork.getText();
9               String home = editHome.getText();
10              String password = String.valueOf(edtPwd.getPassword());
11              UserDao userDao = new UserDao();
12              Boolean result = userDao.addUser(name, age, work, home, password);
    //注册用户
13              if(result == true){
14                      JOptionPane.showMessageDialog(null, "注册成功");
15              }else{
16                      JOptionPane.showMessageDialog(null, "注册失败");
17              }
18              this.setVisible(false);
19              this.setVisible(false);
20          }catch(Exception e1){
21              JOptionPane.showMessageDialog(null,e1,"错误",
                    JOptionPane.ERROR_MESSAGE);
22              }
23          }
24  }
```

在上述代码中，首先创建了一个空的 User 类对象，然后使用该对象封装了用户在注册界面填写的所有信息，再调用训练 12-1 中的 UserDao 类的 addUser( )方法将这个封装好的对象添加到数据库中，并设置注册成功弹窗可见。

注册成功后，用户可以使用账户、密码进行登录。读者可以自行测试，此处不再演示。

12.4 本章小结

本章主要讲解了 JDBC 的基础知识，包括什么是 JDBC、JDBC 的常用类和接口，以及 JDBC 程序的编写步骤，并且使用 JDBC 的相关知识实现了流浪猫救助平台和数据库的交互。通过本章的学习，读者可以了解 JDBC 的概念并掌握 JDBC 编程方法。

12.5 习题

1．填空题

（1）＿＿＿＿＿＿＿＿是一种用于执行 SQL 语句的 Java API，由一组用 Java 语言编写的类和接口组成。

（2）JDBC API：供程序员调用的接口与类，集成在______和______包中。

（3）简单地说，JDBC 可做 3 件事：________________、________________、______________。

（4）加载 JDBC 驱动是通过调用______________方法实现的。

（5）JDBC 中与数据库建立连接是通过调用___________类的静态方法实现的。

2．选择题

（1）下面哪一项不是 JDBC 的工作任务？（　　）

A．与数据库建立连接　　B．操作数据库，处理数据库返回的结果

C．在网页中生成表格　　D．向数据库管理系统发送 SQL 语句

（2）下面哪一项不是加载驱动程序的方法？（　　）

A．通过 getConnection( )方法加载　　B．调用方法 Class.forName()

C．通过添加系统的 jdbc.drivers 属性　　D．通过 registerDriver( )方法注册

（3）以下描述错误的是（　　）。

A．Statement 的 executeQuery()方法会返回一个结果集

B．Statement 的 executeUpdate()方法会返回是否更新成功的 boolean 值

C．Statement 的 execute ()方法会返回 boolean 值，含义是是否返回结果集

D．Statement 的 executeUpdate()方法会返回值是 int 类型，含义是 DML 操作影响记录数

（4）下列选项有关 ResultSet 说法错误的是（　　）。

A．ResultSet 是查询结果集对象，如果 JDBC 执行查询语句没有查询到数据，那么 ResultSet 将会是空集合

B．判断 ResultSet 是否存在查询结果集，可以调用它的 next()方法

C．如果 Connection 对象关闭，那么 ResultSet 也无法使用

D．ResultSet 有一个记录指针，指针所指的数据行叫作当前数据行，初始状态下记录指针指向第一条记录

（5）下列哪个 URL 是不正确的？（　　）

A．jdbc:mysql://localhost:3306/数据库名

B．jdbc:odbc:数据源

C．.jdbc:oracle:thin@host:端口号:数据库名

D．jdbc:sqlserver://172.0.0.1:1443;DatabaseName=数据库名

3．简答题

（1）简述什么是 JDBC。

（2）简述 JDBC 的编程步骤。

（3）简述 PreparetStatement 接口相较于 Statement 接口的优点。

4．编程题

编写一个 JDBC 程序，要求如下。

（1）查询 t_user 表中数据。

（2）使用 JDBC 完成数据的修改和删除操作。